波長変換用蛍光体材料
―白色LED・太陽電池への応用を中心として―

Phosphor Materials for Wavelength Conversion
-Applications to White LED and Solar Cell-

《普及版／Popular Edition》

監修 山元　明，磯部徹彦

はじめに

本書では「波長変換」というキーワードのもとに蛍光体に関する研究開発および実用化を取りまとめてみることにしました。フォトルミネッセンスの蛍光体では波長変換は蛍光体元来の機能そのものでありますが，励起光を目的とする波長の光へ変換することをより強く意識として持つために本書は「波長変換用蛍光体材料」というタイトルとしました。

2011年3月に東日本大震災が起こった後，原子力発電が停止したためにエネルギーを有効に活用することがきわめて重要な課題になりました。とくに照明の分野では，蛍光体とLEDを組み合わせた白色LED固体照明が省エネルギーに非常に有効であるため，急速に普及するきっかけになりました。また，安全・安心な発電方式として太陽光発電が注目を浴びるようになりました。このような状況を踏まえながら，蛍光体がエネルギーを有効に活用するキーマテリアルであることを重視して本書を企画しました。このため，本書には「—白色LED・太陽電池への応用を中心として—」という副題を付け加えました。

本書では，まず第1章では発光材料による波長変換機構について解説しています。第2章では白色LED用蛍光体を用途および材料系の両面からまとめています。第3章では第2章で取り上げていないディスプレイ用蛍光体を取り扱っています。第4章では太陽電池の効率向上を目指して太陽電池の感度の高い波長へ光を変換する蛍光体を取り上げています。第5章では生体分子イメージング・センシングへ応用されているナノ蛍光体について解説しています。本書は学術的な内容と実用的な内容を併せ持つように配慮しております。また，本書では実用化されている蛍光体だけでなく，今後期待される蛍光体についても取り上げております。

本書の作成にあたり，ご多忙中にも関わらずご協力くださいました多くの執筆者の方々にお礼を申し上げます。本書の刊行にあたり，シーエムシー出版の共田弘和氏や筧貴行氏に多大なるご尽力をいただきましたことを感謝いたします。今後，蛍光体の研究がますます発展するために，本書が活用されることを期待しております。

2012年6月

磯部徹彦

山元　明

普及版の刊行にあたって

本書は2012年に『波長変換用蛍光体材料―白色LED・太陽電池への応用を中心として―』として刊行されました。普及版の刊行にあたり，内容は当時のままであり加筆・訂正などの手は加えておりませんので，ご了承ください。

2019年3月

シーエムシー出版　編集部

執筆者一覧（執筆順）

山元　明　東京工科大学　名誉教授

三田　陽　東京工科大学　名誉教授

小玉展宏　秋田大学　大学院工学資源学研究科　教授

下村康夫　㈱三菱化学科学技術研究センター　白色LED PJ　グループリーダー

岡本信治　NHK放送技術研究所　表示・機能素子研究部　主任研究員

楠木常夫　ソニーケミカル&インフォメーションデバイス㈱　開発部門　担当部長

大長久芳　㈱小糸製作所　研究所　研究2グループ

岡本慎二　㈱東京化学研究所　開発室　開発室長

末廣隆之　東北大学　多元物質科学研究所　助教（現：㈱物質・材料研究機構）

三上昌義　㈱三菱化学科学技術研究センター　R&D部門　基盤技術研究所　主席研究員

五十嵐崇裕　ソニー㈱　先端マテリアル研究所　統括課長

大観光徳　鳥取大学　大学院工学研究科　情報エレクトロニクス専攻　教授

國本崇　徳島文理大学　理工学部　准教授

清水耕作　日本大学　生産工学部　電気電子工学科　教授

竹下覚　慶應義塾大学　理工学部　応用化学科　助教（有期）

磯部徹彦　慶應義塾大学　理工学部　応用化学科　教授

上田純平　京都大学　大学院人間・環境学研究科　相関環境学専攻　助教

田部勢津久　京都大学　大学院人間・環境学研究科　相関環境学専攻　教授

瀬川正志　サンビック㈱　常務取締役

前之園信也　北陸先端科学技術大学院大学　マテリアルサイエンス研究科　准教授

曽我公平　東京理科大学　基礎工学部　教授

和田裕之　東京工業大学　総合理工学研究科　准教授

執筆者の所属表記は，2012年当時のものを使用しております。

目　次

第1章　発光材料による波長変換機構のあらまし

第2章　白色 LED 用蛍光体

第3章　ディスプレイ用蛍光体

第4章　太陽電池の効率向上のための波長変換材料

第5章 生体分子イメージング・センシング用蛍光体

第1章　発光材料による波長変換機構のあらまし

1 「波長変換」の意味

山元　明*

1.1 本書の目的と「波長変換」の意味

蛍光材料の用途は主に電子ディスプレイと照明であるが，これに加えて最近はエネルギー，環境問題や医療に関わる技術に注目が集まっている。東北大震災以降節電が緊急の課題となり，白色LED照明を採用する動きが広まったことは私達の記憶に新しい。また，太陽電池への依存を高める必要から光電変換効率向上に寄与できる蛍光材料に関心が高くなった。本書刊行の目的は，従来からの用途とともに新たな社会的ニーズに対応できる蛍光材料の最新情報を提供し，蛍光材料の新たな展開に資することである。

物質に光を照射した結果生じる蛍光現象（フォトルミネッセンス）では，照射光の波長と蛍光の波長とは必ず異なっている。つまり，波長の変換されない蛍光現象はないので，わざわざ「波長変換」蛍光材料と称することには奇異な感じもある。しかし，上記の白色LEDや太陽電池用蛍光材料ではとくに照射光と蛍光の波長に重要な意味がある。このため，ときに「波長変換」蛍光材料と呼ばれるようであり，本書も内容の特徴を端的に表すためにこの名称を書名に用いることとした。

1.2 蛍光現象におけるストークス・シフト

照射光の波長と蛍光の波長とは異なる，と記したが，よく知られているように蛍光波長の方が長くなるのが普通である。この現象は，蛍石などにより紫外線を可視光に変換できることを記したGeorge Gabriel Stokesの論文[1)]（1852年）を顕彰して，ストークス・シフト（Stokes shift）と呼ばれている。ストークス・シフトは，物質により吸収された光のエネルギーが蛍光および熱として使われることを述べたものであり，エネルギー保存則の帰結とも言える。孤立した発光イオン（カチオン）が結晶中にある場合について，ストークス・シフトをミクロな視点で考えてみよう。発光過程は時間経過とともに次のように進む（発光イオンとアニオンの結合距離の変化を，模式的に図1-1に示す)。

(a) 発光イオン固有の吸収帯に相当する波長の光を照射する。発光イオンの基底状態にある電子が励起状態に上がる。

(b) 励起状態の電子は過剰なエネルギーを持つので，基底状態に比べて原子核から遠い軌道にある。その結果，発光イオンと結合しているアニオンに近づき，アニオンの外殻電子との

---

* Hajime Yamamoto　東京工科大学　名誉教授

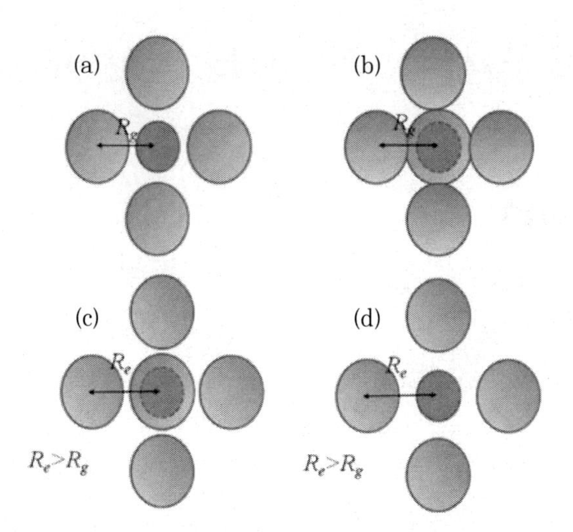

図1-1　発光する陽イオン（付活剤）が光を吸収してから発光するまでの過程を示す模式図
中央の小さい球が陽イオン，周囲の大きい球がこれと結合している陰イオンを示す。
(a)～(d) は文中の過程 (a)～(d) に対応している。
(a)　光を吸収する前の基底状態。R_g は基底状態における陽イオンと陰イオンの原子核の中心間の距離。
(b)　光を吸収した陽イオンの電子が励起状態に上がった状態。陽イオンの最外殻軌道に電子が入り，空間的に広がった様子を示す。
(c)　励起状態の陰イオンが陽イオンから遠ざかり，新たなイオン間距離 R_e に変わったことを示す。
(d)　光を放出して陽イオンの電子が基底状態に戻った様子を示す。陰イオンはまだ動かず，イオン間距離は R_e のままである。この後陰イオンが最初の位置に戻り，全体が (a) に戻る。

反撥が強まる。

(c) 発光イオンとの反撥が強まった結果，アニオンは発光イオンから遠ざかろうとする。しかし，アニオンはさらに別のカチオンに囲まれているので，ある平衡距離で止まる。発光イオンとアニオンとの距離は光の吸収が生じた瞬間（上記 (b)）よりは長くなる。アニオンは電子に比べてはるかに重いので（酸素原子では約3万倍），電子が光を吸収して励起状態に遷移する時間に比べるとはるかにゆっくり（と言っても 10^{-15} s 程度で）新しい平衡状態まで移動する。

(d) 励起状態にある発光イオンの電子は，いずれは基底状態に戻り，その際蛍光を発する。その瞬間には，発光イオンとアニオンとの最短距離は長いままであるが，やがてアニオンは当初（上記 (a)）の平衡位置に移動する。

これでサイクルが完結するわけであるが，この間アニオンが移動する過程が2回起こる（(c) と (d)）。電子に比べればずっと重いアニオンが動くので運動エネルギーが消費され，その分蛍光フォトンに回されるエネルギーは低くならざるを得ない。これがストークス・シフトとなって現れる。

以上の過程の間の発光イオンおよびアニオンの全エネルギー変化を図示すると，図1-2のようになる。このような単純化した想定を配位座標モデルと呼ぶ。

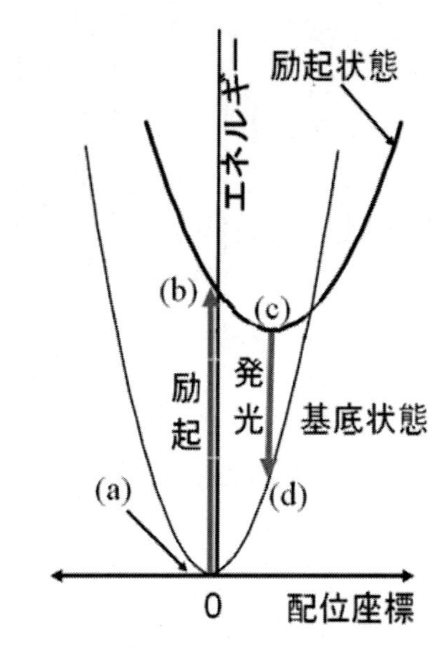

図1-2　発光する陽イオン（付活剤）が光を吸収してから発光するまでの過程のエネルギー変化を示す模式図

縦軸は光の吸収，放出を行う陽イオンの電子の全エネルギー（運動エネルギーとポテンシャルエネルギーの和）を，横軸は基底状態における平衡状態の化学結合長からのずれ（配位座標と言う）を示す。(a)～(d) は図1-1および文中の各過程 (a)～(d) を示す。上向きおよび下向きの矢印はそれぞれ光の吸収と放出を示す。このような模式図で表す簡単なモデルを，一次元配位座標モデルと呼ぶ。

1.3　波長変換の様々な機構

(a)　ラマン散乱に見られるアンチ・ストークス線

ストークスの名がついた現象は光散乱にも見られる。ラマン散乱では，試料に入射した単一波長のレーザー光が試料表面で散乱され，入射光の波長より長い波長の光が生じる。散乱の際試料の原子振動が誘起され，このために消費されるエネルギーの分だけ低いエネルギーのフォトンが放出されるからである。この光はストークス線と呼ばれ，フォノン創生を伴うフォトン散乱の結果と考えられる。と同時に，非常に弱いものではあるが，入射光の波長より短い波長の散乱光も観測され，これはアンチ・ストークス線と呼ばれる。この散乱光の生じる過程を簡略化して図1-3 (a) に示す。フォノン吸収を伴うフォトン散乱の結果生じるもので，当然高温ほど強度は大きくなる。「アンチ・ストークス」と言う名称からストークス・シフトの原則からはずれた現象のように思えるかもしれないが，そうではなく，エネルギー保存則に反するわけでもない。

(b)　電子遷移にフォノンが結合して生じる輝線（vibronic line）

希土類イオンや Cr^{3+}，Mn^{4+} などの線状蛍光スペクトルでは，ひとつの強い輝線の両側に同じエネルギー間隔で弱い輝線が認められることがある。これは蛍光フォトンの放出に伴ってフォノンが創生ないし吸収されることにより生じるもので，それぞれストークス線およびアンチ・ストークス線に対応する。フォノン放出は試料温度によらず一定の確率で起こるが，吸収はフォノン密度が高いほど，すなわち試料温度が高いほど起こりやすくなる。このようなアンチ・ストークス線が生じる過程を簡略化して図1-3 (b) に示す。また一例として，$BaTiO_3$ に添加した Eu^{3+} イオンの $^5D_0 \rightarrow {}^7F_0$ 遷移の両側に見られる弱い輝線を図1-4に示す[2)]。電子遷移とともにフォノンの吸収ないし放出が生じて起こるもので，vibronic line と呼ばれる。

(c，d)　2光子吸収と2次高調波

励起光より短波長に現れる発光は，レーザー光のように励起光密度が非常に高い場合に2光子

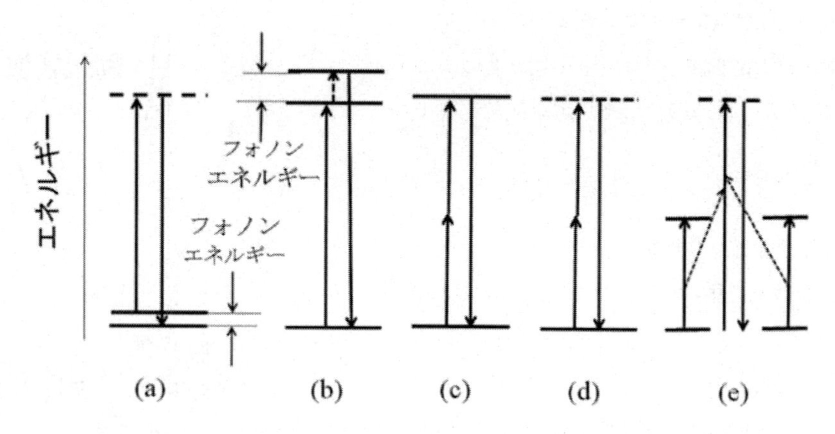

図1-3　吸収される光より短波長に蛍光が現れる現象の過程を示す略図

(a)　ラマン散乱のアンチ・ストークス線。破線は実際には電子準位がないことを示す

(b)　電子遷移にフォノンの吸収が伴って生じる蛍光の vibronic line。短い破線矢印はフォノンエネルギーを示す

(c)　2光子吸収

(d)　2次高調波発生

(e)　2つの Yb^{3+} イオンから生じる cooperative luminescence

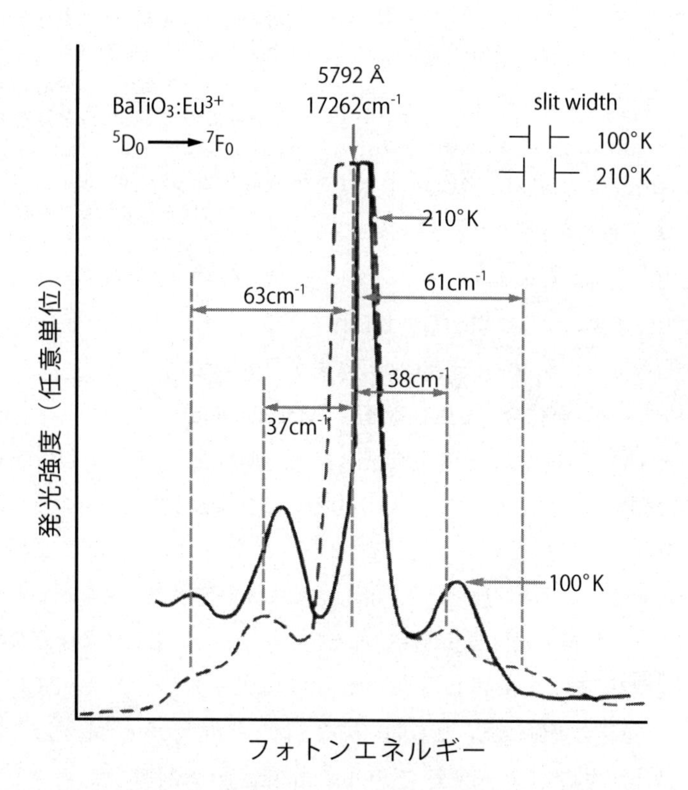

図1-4　$BaTiO_3$ 中の Eu^{3+} の $^5D_0 \rightarrow {}^7F_0$ 遷移に伴って生じる vibronic line [2)]

中央の $^5D_0 \rightarrow {}^7F_0$ 遷移は強度が大きく，途中で図の枠を超えている。

吸収や2次高調波の結果としても観測される。過程の概略を図1-3(c), (d) に示す。

(e)　協同蛍光 (cooperative luminescence)

2個の近接したYb^{3+}イオンが約1 μmの波長の光を吸収して同時に励起状態に上がり，同時に基底状態に戻る際に波長約500 nmの蛍光を生じる現象が$YbPO_4$で見出され[3]，その後多くのYb^{3+}添加化合物でも報告された。2個のフォトンの吸収により1個のフォトンを生じる現象で，cooperative luminescenceという英語の名称の通りが良い。過程の概略を図1-3(e) に示す。

(f)　量子カウンタ効果 (quantum counter action, QCA)

希土類イオンの4f準位は離散的に，複数存在する。例えばEr^{3+}やTm^{3+}などの4f準位の中には電子の平均滞在時間（寿命）がかなり長い（ms程度）ものがある。そのためあたかも梯子段を上がるように，入射光が逐次2ないし3段上の励起状態まで吸収され，そこから一挙に一番下（基底状態）まで電子が戻って蛍光フォトンを放出することが可能になる。このような2ないし3段ステップの励起の結果，入射光より短波長の蛍光が生じる現象は，量子カウンタ効果あるいはexcited state absorption (ESA) と呼ばれる。2ないし3個のフォトンを入力して1個のフォトンを生じる現象である。過程の概略を図1-5(a)（8ページ）に示す。

(g)　アップコンバージョン (up-conversion) 蛍光

Er^{3+}やTm^{3+}イオン内で起こる量子カウンタ効果による蛍光は，Yb^{3+}による増感作用により大幅に増加する[4~6]。また，Yb^{3+}による吸収光（波長0.9 μm付近の赤外線）の波長幅はEr^{3+}やTm^{3+}イオンの吸収線の幅より広くなる。これらの特徴により，Yb^{3+}による増感作用を利用した量子カウンタ効果は実用的に興味深いものとなった。一例としてEr^{3+}イオン内で起こる過程を図1-5(b)（8ページ）に示す。

この現象もアンチ・ストークス蛍光と呼ばれたことがあるが，決してストークス・シフトの原則からはずれた現象ではないので，「アップコンバージョン蛍光」という呼称が一般的になった。日本語では「上方変換」である。また赤外可視変換（infrared-to-visible conversion）といういささか長い呼び名もある。詳細は第1章2および第5章2に記されている。発見当初は，赤外LEDと組み合わせた緑色，青色LEDへの応用が目的であったが，III-V族化合物半導体を用いた発光ダイオードの進歩で一時関心は持たれなくなった。しかし，励起に用いる赤外線が生体に無害であり，生体をよく透過することからバイオセンサーへの応用が研究されるようになった。また，赤外線の検出にも使われてきた。

(h)　量子カッティングまたは量子切断 (Quantum cutting)

アップコンバージョン蛍光の逆と言える現象が，やはり希土類イオンのエネルギー準位間遷移のうちに見出された。1個のフォトンを入力して2個のフォトンが得られる現象である。蛍光灯の可視光発生効率を飛躍的に向上させる可能性のある過程として，1974年にGEとPhilipsからほとんど同時に最初の論文が発表された[7,8]。蛍光灯では水銀の放電による波長254 nmの紫外線を蛍光体により可視光に変換するが，同時に少量ながら波長185 nmの光も発生し，これがその当時のハロリン酸塩蛍光体を劣化させることが問題となっていた。上記の論文は，Pr^{3+}のエネルギー準位を利用して波長 185 nm の光から 2 個の可視光フォトンを作るというものであった。発光機構を模式的に図 1 - 7（17 ページ）に示す。このとき用いられた材料は，GE，Philips ともに $YF_3:Pr^{3+}$ などのフッ化物である。この現象は，「量子カッティング」または「量子切断」と言うインパクトのある名前で呼ばれたが，ダウンコンバージョン（下方変換）とも呼ばれる。アップコンバージョンの逆との意味であろうが，そもそも大抵の蛍光現象は下方変換なので，紛らわしい呼び名ではある。

その後，プラズマディスプレイ用蛍光体のニーズが高まり，励起光波長 147 nm に対応した量子カッティングが研究され，多くのバリエーションの発光機構が提案された[9,10]。さらに最近は，太陽電池の効率向上を目指して，近紫外線を波長 1.0 μm 付近の赤外線フォトン 2 個に変換する試みが行われている。詳細は，第 1 章 3 および第 4 章 4 に紹介されている。

文　献

1） G. G. Stokes, *Philos. Trans. R., Soc. London A*, **142**, 463（1852）
2） H. Yamamoto, S. Makishima and S. Shionoya, *J. Phys. Soc. Jpn*, **23**, 1321-1332（1967）
3） E. Nakazawa and S. Shionoya, *Phys. Rev. Lett.*, **25**, 1710-1712（1970）
4） F. Auzel, *Compt. Rend.*, **262**, 1016-1019（1966）
5） H. J. Guggenheim and L. F. Johnson, *Appl. Phys. Lett.*, **15**, 51-52（1969）
6） R. A. Hewes and J. F. Sarver, *Phys. Rev.*, **182**, 427-436（1969）
7） W. W. Piper, J. A. de Luca, F. S. Ham, *J. Lumin.*, **8**, 344（1974）
8） J. L. Sommerdijk, A. Bril, A. W. de Jager, *J. Lumin.*, **8**, 341（1974）
9） R. T. Wegh, H. Donker, K. D. Oskam, A. Meijerink, *Science*, **283**, 663（1999）
10） K. D. Oskam, R. T. Wegh, H. Donker, E. V. D. van Loef, A. Meijerink, *J. Alloys Compd.*, **300-301**, 421（2000）

2　上方変換（アップコンバージョン）過程－希土類イオン含有材料の場合－

三田　陽*

2.1　アップコンバージョン現象

大部分の蛍光材料がストークス的な発光，すなわち励起波長より長い発光波長をもつのに対して，ある種の蛍光材料は，特定の組成と励起条件の下で，明瞭な反ストークス的な発光を示す。本論では，希土類イオン含有波長変換材料について，赤外光励起下の可視発光特性とその応用を念頭において話を進める。2倍高調波発生やパラメトリック方式などコヒーレントな方法による波長変換法，あるいはラマン散乱による反ストークス光の発生などについては別書に譲ることにしたい。

希土類イオン含有材料によって，効率的な光子エネルギーの上方変換を実現するためには，発光に直接関係する付活剤（activator）や増感剤（sensitizer）の組み合わせとともに，励起光の波長などの条件を適切に選択することが必要である。たとえ同じ活性剤と増感剤の組み合わせであっても，それらの濃度や母体材料の選択，励起方法あるいは発光材料の形状などによって発光特性は大幅に異なったものとなる。

このようにみると，アップコンバージョンは一見複雑な過程であるかのように見える。しかしそこで基本になっている過程は，光吸収（optical absorption）や輻射および非輻射減衰（radiative and nonradiative decays），エネルギー伝達（energy transfer）などその物理的な性質が明らかになっているものであり，アップコンバージョン現象自体これらの過程の組み合わせであることが理解される。従って一見複雑に見える発光過程についても，多くの場合一貫した解釈が可能となるだけでなく，材料設計や最適化への指針を求めることもかなりの程度可能になっている。

2.2　アップコンバージョン現象の研究経過

希土類イオンを含む材料において，明瞭な反ストークス発光が観察されることは，まず量子カウンタ効果（quantum counter action，QCA あるいは excited state absorption，ESA）の形で明らかにされた[1)]。これは，中間準位に励起されたイオンが，もう一つの光子を吸収して高い準位に上げられて発光を引き起こすもので，これはたとえば Er^{3+} イオンなど比較的長い励起寿命をもつ準位において観察される。しかしその効率は高いとはいえなかった（図1-5 (a)）。

その後 Yb^{3+} イオン含有材料において，顕著な増感効果があることが見出された[2)]。Yb^{3+} イオンの吸収波長のピークは 1.0 μm 付近にあるが，その吸収断面積は大きく，同時に濃度消光の傾向が低いため，20 ないし 30 モル%におよぶ高濃度のドーピングが可能であり，励起状態寿命が比較的長く，しかも他の希土類イオンにエネルギー伝達を行って発光させることができるなどの特徴をもっている。このように増感剤の Yb^{3+} イオンと Er^{3+} イオンなど可視域に発光をもつ付活

---

*　Yoh Mita　東京工科大学　名誉教授

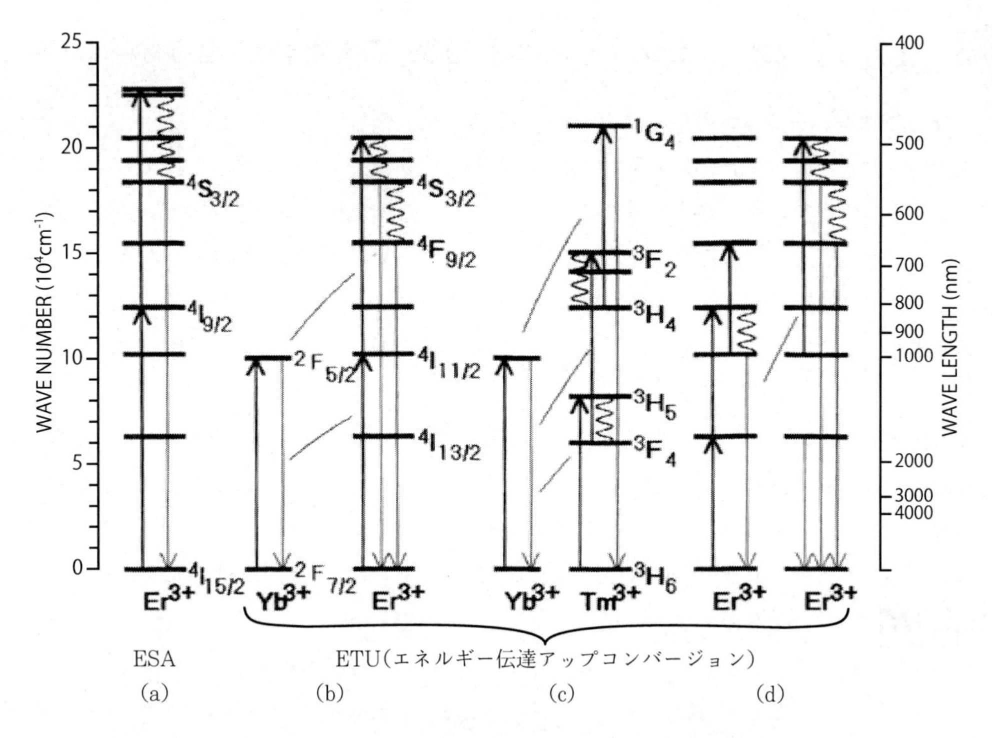

図 1-5　エネルギー準位図と遷移・エネルギー伝達の模式図

(a)　励起状態吸収－Er^{3+}イオンの量子カウンタ効果
(b)　Yb^{3+}およびEr^{3+}イオンの場合
(c)　Yb^{3+}およびTm^{3+}イオンの場合
(d)　Er^{3+}イオン間の場合

剤と組み合わせて発光効率を格段に高めることが可能になった。これを上記の量子カウンタ効果（ESA）と区別するためエネルギー伝達による上方変換（energy transfer upconversion，ETU）と呼んでいる。

このような現象を利用して，1.0 μm 付近の赤外光を，緑色および赤色発光に変換して表示デバイスを製作するため，Yb^{3+}とEr^{3+}イオンを含有した蛍光材料に期待が集まった。同様な目的のために青色発光をもつYb^{3+}とTm^{3+}イオンの組み合わせについて関心が寄せられた。このほかYb^{3+}とHo^{3+}の組み合わせにおける緑色発光がよく知られている[2~4]。これらのアップコンバータ蛍光体は，1970 年頃を中心に，その当時から容易に入手できていた 1.0 μm 帯に発光のピークをもつ GaAs:Si 赤外発光ダイオードと組み合わせて緑色と青色に発光するダイオードを製作して[5]，三原色カラーディスプレイを実現することへの期待から多くの研究が行われた[6]。このような形で発光ダイオードと蛍光体とを組み合わせて製作した光源は，現在白色光源として広く使用されている青色または紫外域の発光ダイオードと蛍光体との組み合わせと同様な形をもっている。

このような赤外可視蛍光体を利用した発光ダイオードは，その後に現れた比較的効率の高い緑色発光 GaP ダイオードや，さらにその後に実現された窒化物結晶による高効率の青・緑色の発光ダイオードの出現によって，ディスプレイへの応用可能性は薄くなった。

しかし赤外可視変換材料は，多様な特徴を備えており，今後も教育的な観点を含めて，応用への道が開ける可能性が考えられる。ここでは，過去に行われた研究について総括を行うとともに，今後の展開について考えてみたい。最近注目を集めている研究分野，たとえばナノ蛍光体や生体はじめバイオ分子に対する標識への応用など最近の進歩については別の章で紹介されるであろう。

2.3　アップコンバージョンの機構

ここでは希土類イオン間のエネルギー伝達を伴うアップコンバージョン（Energy Transfer Upconversion，ETU）を念頭において，$Yb^{3+}-Er^{3+}$における緑色および赤色発光，$Yb^{3+}-Tm^{3+}$における青色発光の例について可視発光発生の機構について考えてみよう[7,8]（図１-５(b，c))。

Yb^{3+}イオンによって吸収された赤外光のエネルギーは，そのドーピング濃度がある程度以上高い時には，多数のYb^{3+}イオン間を漂移（migration）することが知られている。もし近隣にEr^{3+}イオンが存在すれば，両者の基底・励起状態間のエネルギー差がほぼ等しいために，共鳴エネルギー伝達（resonant energy transfer）がおきる。さらにEr^{3+}イオンの場合には上方のエネルギー準位との間隔もほぼ相等しいために，二度目の共鳴エネルギー伝達が起きて$^4F_{7/2}$準位に上げられ，その後フォノンを放出して非輻射減衰（nonradiative decay）を起こして緑色発光準位$^4S_{3/2}$に達し緑色発光を生ずる。

効率のよい緑色発光を得るためには，Yb^{3+}とEr^{3+}イオンの励起状態寿命が長く，しかも，フォノン遮断周波数（phonon cut-off frequency）が低く，従って非輻射遷移確率が低い母体材料が有利である。そのためこの条件を満たすフッ化物結晶やフッ化ガラス，あるいはある種のセラミックス材料が使用される。また有効な赤外可視変換効率を得るためには，Yb^{3+}とEr^{3+}イオン濃度が高いことが望まれるが，このためには濃度消光（concentration quenching）の起こりにくい材料が必要とされる。このようにして選ばれた母体材料のうち最適なものとして，YF_3，BaY_2F_8，$NaYF_4$，LaF_3やフッ化物ガラスなどが知られている。また増感剤と付活剤の濃度についても最適化を行った結果として緑色発光には，たとえば$Y_{0.78}Yb_{0.20}Er_{0.02}F_3$の組成をもつものなどが知られている。

ある種の母体材料－酸化物や酸素を含む化合物でフォノン遮断周波数が大きい場合－においては，同一のYb^{3+}とEr^{3+}イオン濃度をもつ蛍光体であっても，緑色発光に代わって赤色発光が観察される[6,7]。このような違いが生ずる理由は，母体材料において，フォノン遮断周波数が大きいと，非輻射遷移やフォノン介在伝達（phonon-assisted energy transfer）が起こりやすくなるためと説明されている。すなわち，赤色発光準位（$^4F_{9/2}$）への励起経路の一つは，緑色発光準位（$^4S_{3/2}$）からの非輻射遷移によるものであるため，赤色発光が増大し，これにともなって緑色発光が減少する。このほかの励起経路として，緑色発光準位からYb^{3+}準位へ逆方向のエネルギー伝達がおきて，いったん赤外発光準位$^4I_{13/2}$に落ちて，その後フォノン介在伝達によって赤色発光準位に到達するという経路が考えられる。このように赤色発光準位に到達する励起経路が複数存在するため，その解析は若干複雑になる。赤色発光については，応用の可能性が高いと考えられなかったこともあって，広範な研究は行われていないが，多くの酸化物，酸塩化物，酸フッ化物などにおいて明瞭な赤色発光が認められている。変換効率それ自体は，赤色発光の方が緑色発光より高い場合が多いが，しかし比視感度において赤色が緑色より一ケタ程度不利であり，しかもその当時から赤色発光ダイオード－たとえばAlGaAs，GaP:Zn, O－に対して効率が劣っていたため，最初から実用性は認められ難かった。

これに対してYb^{3+}，Tm^{3+}イオンを含有する蛍光材料における青色発光は，3段階のフォノン介在伝達と非輻射減衰によって行われる。この青色発光も，発光ダイオードへの期待から波長変換機について多くの研究が行われた（図1-5 (c)）。

フォノン介在伝達の起きる確率は，エネルギー・ドナーとアクセプタ間のエネルギー差の開きが大きくなると指数関数的に減少すると考えられている[9]（宮川－デクスターの理論）。しかしその反面逆方向へのエネルギー伝達が起こりにくくなるので，共鳴伝達の場合より効果的なエネルギー伝達が起きることがある。Tm^{3+}イオンの第2励起準位（$^3H_5$）がYb^{3+}イオンの励起準位の若干下方にあるので，Yb^{3+}イオンの励起状態密度（population）はTm^{3+}イオンの増加とともに低下する。そのためTm^{3+}イオンの濃度をEr^{3+}イオンの場合より低い値に選ぶことが必要になる。青色発光を得るために最適な組成はたとえば$Y_{0.698}Yb_{0.3}Tm_{0.02}F_3$である[6,8]。

2.4 レイト方程式模型による解析

ここで説明したアップコンバータの諸特性は，前述のように物理的性質のわかった基本的過程からなっているので，一連のレイト方程式模型によって解析することが可能である。ここでは$Yb^{3+}-Er^{3+}$における緑色発光と$Yb^{3+}-Tm^{3+}$における青色発光について考えてみよう[7,8]。

Yb^{3+}とEr^{3+}（またはTm^{3+}）イオンの濃度をそれぞれS_1，A_1とし，上述のような一次と二次および逆伝達エネルギー伝達係数をU_1, U_2, U'とし，Yb^{3+}とEr^{3+}イオンの励起準位の励起密度をS_2，$A_2\sim A_8$とするとき，Er^{3+}イオンの第6準位からの緑色発光強度I_Gは

$$I_G = h\nu_G Wr_6 A_{6Er}$$

$$A_{6Er} = Wn_8A_8/(W_6 + U'S_1) = Wn_8U_2S_2A_3/\{(U_2S_1 + W_8)(W_6 + U'S_1)\}\sim Wn_8A_1S_2^2/\{(W_6 + U'S_1)S_1^2\}$$

$$S_2 = \sigma\Phi S_1(U_1S_1 + W_S)/(U_1S_1W_S + U_1A_1W_3 + W_SW_3)\sim\sigma\Phi S_1/(W_S + A_1W_3/S_1)$$

の形で与えられる。ここに$A_2\sim A_8$はEr^{3+}イオンの各励起準位の励起密度，$h\nu_G$は緑色発光の光子エネルギー，Wr，Wn，W（= Wr + Wn）はそれぞれ各準位の輻射，非輻射，全減衰速度であり，その他の記号は通常使用されているもので，σはYb^{3+}イオンの吸収断面積，Φは入射赤外光の光子束，W_SはYb^{3+}イオンの励起状態の減衰速度である。ここにWnは，近似的に$Wn_i = Wn_0\exp\{-\alpha(E_i - E_i - 1)\}$の関係によってすぐ下の準位との間のエネルギー差から求めることができる。またWrは，いくつかのホスト材料についての計算によって求められている。

Tm^{3+}イオンの第7準位からの青色発光についても同様にして

$$A_{7Tm} = U_1U_2U_3A_1S_2^3/W_2W_4W_7$$
$$S_2 = \sigma S_1\Phi/(W_S+U_1A_1)$$

の関係式が得られる。ここにU_1～U_3は各段のエネルギー伝達係数である。このような解析によって，アップコンバージョン蛍光体の特性の多くを，かなりの程度まで定量的に説明することが可能になっている。

このようなレイト方程式による解析の基本となっているものの一つは，Yb^{3+}イオンによって吸収されたエネルギーが，多くのYb^{3+}イオン間を漂移（migration）する結果，いわば平均化されるということが前提となっている。しかし，Yb^{3+}イオンの濃度の低い時には，見かけのエネルギー伝達係数が低くなるなど，適用限界が現われることが示されている。これらの点については文献を参照されたい[10)]。

2.5　アップコンバージョン・デバイスの改善

上述のように，アップコンバージョンによって発生する可視光の強度は，赤外励起光子束Φ，より正確には体積当たりの入射励起光の二乗（または三乗）に比例する。従って集光などの方法によって入射光密度を上げるか，あるいは小型の蛍光材料を使用するのが有利である。また赤外発光ダイオードを励起源とし蛍光体を使用した通常のアップコンバージョン・デバイスの場合，励起光の過半のエネルギーがデバイス外に赤外光の形で放散されて失われることが知られている。このような関係から，散乱効果の大きい蛍光体に代えて，透明なフッ化物単結晶あるいはフッ化物ガラスを使用し，赤外光に対して反射性で可視光に対して透過性である二色性フィルタを使用することによって変換効率を向上させることが可能であることが明らかになっている[11)]。さらに1.0 μm波長域に発光をもつ半導体レーザを使用して，より体積の小さい単結晶BaY_2F_8:Yb, Erまたはフッ化物ガラスを使用することによって変換効率をより高くできることが示されている[8)]。

2.6　その他の応用例

現在広く実用化されている応用の例として，1.5 μm光検出用蛍光体を取り上げたい。この波長帯は，光通信用シリカ・ファイバの最低損失波長域であり，しかもEr^{3+}イオンドープファイバ増幅器の利用できる波長帯であるため，応用上重要なものである。この波長域の光によって可視光を発生するのはEr^{3+}イオンを多量にドープしたフッ化物蛍光体などである。このとき1.5 μm光を照射したあとEr^{3+}イオン間でエネルギー伝達を起こさせて，赤色または緑色の発光を得ようとするものである（図1-5(d)）。

これまで知られている蛍光体組成の一例は$Y_{0.8}Er_{0.2}F_3$のようなものであるが[12)]，塩化物あるいは臭化物蛍光体を利用して改善した例も報告されている[13)]。これらのホスト材料は，フォノン遮断周波数が低いために，非輻射遷移が低いという特色を持っているので，今後ほかの用途についても応用の可能性が考えられる。ただしフッ化物と異なって湿気には弱いので取り扱いに注意が必要であるなどの欠点を有している。これに対してフッ化物を母体とした蛍光体は，化学的に安定であり長期間保存しても特性変化は認められない。

2.7 赤外－赤外アップコンバージョン過程

ここで従来あまり注目されなかった赤外—赤外アップコンバージョン過程とその応用可能性について触れておきたい。1.5 μm 光から可視光への変換過程については上述のとおりであるが，実際この場合には，1.0 μm 光への変換がより高い効率で行われている。従ってこの波長域に感度をもつ Si 光検出器と組み合わせて，簡単な方法で 1.5 μm 波長域の光強度を測定することができる。また SiCCD などの撮像装置によって画像情報の検出も可能になる。このほか Si 太陽電池と組み合わせることによって通常利用されない赤外波長域の光を活用しようとする試みも行われている。

Er^{3+} イオンだけでなく，Ho^{3+}，Tm^{3+} イオンなどの赤外域にあるエネルギー的に低い励起準位には，励起状態寿命が長いものがあり，しかも濃度消光の傾向が比較的低いために，今後も特定波長の赤外光の検知などの目的に使用できる可能性が考えられる。このほか，たとえば上述の Yb^{3+} および Tm^{3+} イオンを含有する蛍光体において，1.0 μm 光の励起によって $^3F_4$ 準位からの 0.8 μm の近赤外発光が，青色発光よりはるかに高い効率で得られることが知られている。

2.8 マーカーなどへの応用

最近のバイオと医用技術への関心の増大から，マーカーなどへの応用に関心が集まっている。赤外励起蛍光体は，紫外線励起蛍光体と異なって，励起光との分離が容易であるため，励起光の迷入が問題にならないので，応用可能性が広いと考えられている。

文　　献

1） N. Bloembergen, *Phys. Rev. Lett.*, **2**, 84 (1959)
2） F. Auzel, *Compt. Rend.*, **262**B, 106 (1966)；総説としては F. Auzel, *Proc. IEEE*, **61**, 758 (1973)
3） L. F. Johnson *et al.*, *Appl. Phys. Lett.*, **15**, 48 (1969)
4） R. A. Hewes *et al.*, *Phys. Rev.*, **182**, 427 (1969)
5） S. V. Galganaitis, *Met. Trans.*, **2**, 757 (1971)
6） J. E. Geusic *et al.*, *Appl. Phys. Lett.*, **42**, 1958 (1971)；F. W. Ostermyer *et al.*, *Phys. Rev.*, **B3**, 2698 (1971)；R. A. Hewes *et al.*, *Phys. Rev.*, **182**, 427 (1969)
7） Y. Mita *et al.*, *J. Appl. Phys.*, **43**, 1772 (1972)
8） Y. Mita *et al.*, *J. Appl. Phys.*, **74**, 4703 (1993)

9）T. Miyakawa and D. L. Dexter, *Phys. Rev.*, B **1**, 70 (1970)
10）Y. Mita *et al.*, *J. Appl. Phys.*, **85**, 4160 (1999);Y. Mita *et al.*, *Jpn. J. Appl. Phys.*, **40**, 5925 (2001)
11）Y. Mita *et al.*, *Appl. Phys. Lett.*, **23**, 173 (1973)
12）L. F. Johnson *et al.*, *J. Appl. Phys.*, **43**, 1125 (1972);Y. Mita *et al.*, *Appl. Phy. Lett.*, **39**, 587 (1981)
13）J. Owaki *et al.*, *J. Appl. Phys.*, **74**, 1272 (1993)

3 狭義の下方変換（量子カッティング）の機構

小玉展宏*

ここで述べる狭義の下方変換（ダウンコンバージョン）とは，前節で述べられたアップコンバージョンの逆過程である。すなわち，エネルギーの高い光子で励起された1つの局在中心内での励起準位間の2段階輻射遷移によるエネルギーの低い2光子発光，あるいは高エネルギー光子で励起された局在中心から複数の局在中心へのエネルギー伝達によって低エネルギーの2光子発光する，高エネルギー1光子→低エネルギー2光子への変換過程のことをいい，量子カッティングとも呼ばれる。

3.1 量子カッティング研究の契機とその意義

現代社会におけるエネルギー消費量を削減するために，照明やディスプレイ光源のエネルギー変換効率を向上させることは重要な課題の一つとなっている。現在，主に使用されている照明用蛍光灯は，水銀の放電により放出される紫外光（UV光，波長 $\lambda = 254$ nm）で，ガラス管内に塗布された蛍光体を励起し白色光に変換している。しかしながら，有害物質である水銀を利用することは環境負荷低減の観点から問題となっている。そのため蛍光灯を代替する照明光源技術の一つとして，キセノンのような希ガスの放電を用いる水銀フリーランプの開発が注目されている。このキセノンの放電で生じる光の励起による蛍光体の発光はプラズマディスプレイパネル（PDP）の原理にもなっている。キセノン放電により生じる強い発光は，147 nmと172 nmの真空紫外光（VUV光：波長 $\lambda < 200$ nm，$E > 50000$ cm^{-1}）であり，これらVUV光子のエネルギーは可視（Visible：以下，Vis）光子のエネルギーに比べ2倍以上も大きい。そのためVUV光で蛍光体を励起し可視発光を得る場合，蛍光体がVUVの1光子を吸収し，可視の1光子を放出する過程では，たとえ量子効率（光励起の場合，吸収される光子1個当たりの放出される光子の数）が100%であっても，非輻射遷移によるエネルギーロスが大きくエネルギー変換効率が水銀のUV励起に比べ低くなる。例えば，172 nmのVUV光子で励起し，460 nm（青色）および600 nm（赤色）の発光に変換する場合，各々，約62%および71%の格子振動によるエネルギーロスが生じることになる。量子効率が下がれば，さらにエネルギー変換効率が低下する。こうした中，この問題を解決しエネルギー変換効率を高める方法として，量子カッティングが提案された。量子カッティングとは1光子吸収2光子発光あるいはカスケード発光と呼ばれる現象である。これは原理的にはVUV光子から可視光子への200%の量子効率が可能となる。従来，蛍光体中の局在発光イオンとして，主に用いられている希土類イオンの近紫外域（NUV：< 50000 cm^{-1}）までの $4f^n$ エネルギー準位は，Diekeのダイヤグラム[1]として1963年にまとめられていた。その後，$4f^n$ や $4f^{n-1}5d$ エネルギー準位をVUV域（> 50000 cm^{-1}）に拡張すべく輻射光による実験[2~4]や

---

* Nobuhiro Kodama 秋田大学 大学院工学資源学研究科 教授

精密な計算[5,6]が1990年頃から多く報告され始め，応用と相まってVUV励起の量子カッティング蛍光体が精力的に研究されるようになった。量子カッティングは前述したように，水銀フリー蛍光管やPDPデバイスへの応用を目指し，1個のVUV光子を2個の可視（Vis）光子へ変換するVUV励起の可視量子カッティング材料から研究が始まった。その後Si太陽電池への応用を狙い，一つのUV/Vis光子をNIR（近赤外）光子2個へ変換する近赤外量子カッティングまで波長域が広がってきた。以下では，量子カッティング研究の歴史をできるだけ織り交ぜながら，量子カッティングモデルと幾つかの実例，量子カッティングに求められる条件や問題ならびに今後の展望を述べてみたい。

3.2　基本的な量子カッティング過程

量子カッティング過程は，局在中心である一つの光活性イオン内で，励起状態から中間の準位を経て基底状態へ連続的に輻射緩和する過程と，2つ以上の光活性イオン間のエネルギー伝達を経る過程による2つに大別される。図1-6に基本となっている量子カッティング過程の概念を表すエネルギー準位図を示す[7~9]。

第1の過程は，図1-6(a)に示される様に，1つの光活性イオン（主に希土類イオン）内で生じる，励起準位から中間準位への輻射遷移と連続して生じる基底状態への輻射遷移によるカスケード発光（2段階発光）するものである。第2の過程は，2つあるいは3つの光活性イオン対の系において，エネルギードナーとアクセプターイオン間の交差緩和エネルギー伝達（CRET）や協同エネルギー伝達によるダウンコンバージョンを通して2光子発光する過程で，提案されている基本的なモデルを図1-6(b)-(e)に示す。図1-6(b)は，最初に励起イオンI（ドナー）からイオンII（アクセプター）へ交差緩和により励起エネルギーの一部が移動し，IIが1光子

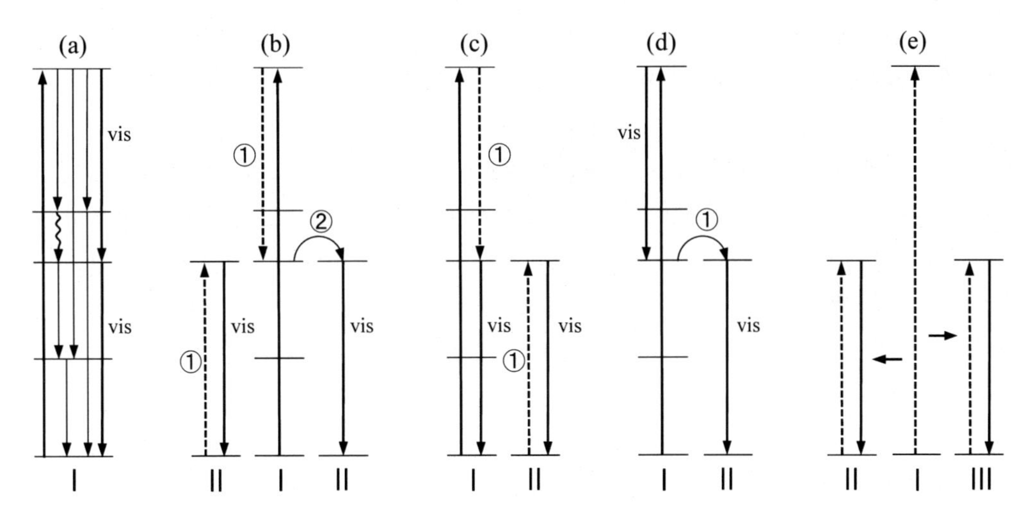

図1-6　量子カッティング（ダウンコンバージョン）の概念を表すエネルギー準位図[7,9]
Iは励起（ドナー）イオン，II，IIIはアクセプターイオン

発光，続いて中間の励起状態にあるⅠから別のⅡへ共鳴エネルギー伝達し1光子発光する2ステップエネルギー伝達を経る過程である。図1-6(c)と(d)は1つのエネルギー伝達過程のみを含む過程である。図1-6(c)は励起イオンⅠとイオンⅡ間で交差緩和後にⅠとⅡが発光する過程，図1-6(d)は励起イオンⅠが1光子発光，残りのエネルギーをⅠからⅡへ移動し1光子発光する過程である。図1-6(e)は3つの局在イオン間の相互作用によるもので，励起イオンⅠからアクセプターイオンⅡとⅢへ協同エネルギー伝達し，励起されたⅡとⅢが2光子発光する過程である。その他，これら4つの過程を基本として，3つのイオンを組み合わせた系における交差緩和と連続するエネルギー伝達による2光子発光過程や，増感剤（得た励起エネルギーをイオンⅠにエネルギー伝達させるイオン）を加えた系など，種々の量子カッティングモデルが提案されている。これらモデルによる量子カッティングが，これまで多くの材料で実証されている。

光励起イオンⅠ（あるいはドナーイオン）やアクセプターイオンⅡには，当初，希土類イオンが用いられ，VUV域の $4f^n \rightarrow 4f^n$ 励起や $4f^n \rightarrow 4f^{n-1}5d$ 励起によるものが主に研究されていた。その後，励起エネルギーのアクセプターイオンに遷移金属が用いられる過程も報告された。一方，励起には $4f^n$ や5d励起に加え，電荷移動（CT）バンドやホスト励起なども研究されている。初めに，歴史的経緯を踏まえ，高エネルギーのVUV光から可視（Vis）光への量子カッティングと各励起の特徴や増感の利用，次いで，もう一つの研究方向として最近注目されるUV/Vis光から近赤外（NIR）への量子カッティングの研究例と量子カッティングに利用される代表的なエネルギー伝達機構，最後に問題と今後の展望を述べたい。

3.3 VUV励起による量子カッティング（VUV光から可視/UV光への変換）

歴史的には，VUV励起の量子カッティングは，1974年にSommerdijk等[10]とPiper等[11]が，$YF_3:Pr^{3+}$ や $NaYF_4:Pr^{3+}$ において図1-6(a)の過程による Pr^{3+} のカスケード発光を初めて実証したことに端を発する。$YF_3:Pr^{3+}$ では，図1-7に示したように，Pr^{3+} は185 nmのVUV光で $4f^15d^1$ 準位へ励起され $^1S_0$ に非輻射緩和した後，$^1S_0 \rightarrow {}^1I_6$ 遷移（407 nm）と続く $^3P_0 \rightarrow {}^3H_J, {}^3F_J$ 遷移（～484 nm）によるUV/Visの2光子発光が観測され，140±15%の量子効率が得られている。しかしながら，$^1S_0 \rightarrow {}^1I_6$ 遷移はUV光に近い407 nmの発光であり，照明用蛍光体としては適していない。この発見後，Judd-Ofelt理論に基づき Tm^{3+} でもカスケード発光の可能性が研究されたが，高い量子効率は得られず，20年余り顕著な進展はみられなかった。1990年代に入り，輻射光を用いた希土類イオンの $4f^n$ や $4f^{n-1}5d$ の高エネルギー準位の測定やエネルギー準位の計算理論の進展があり，1997年には $LiYF_4$ における Gd^{3+} の $4f^7({}^6G_J)$ 励起による $^6G_J \rightarrow {}^6P_J$（Vis）と $^6P_J \rightarrow {}^8S_{7/2}$（UV）の2光子発光が報告された[12]。

一方，2つの希土類イオン間の交差緩和エネルギー伝達（CRET）を経るダウンコンバージョンによる量子カッティング（図1-6(b)）については，1999年にWegh，Meijerink等によって，$LiGdF_4:Eu^{3+}$ の Gd^{3+}-Eu^{3+} イオン対において，量子カッティングが初めて実証された[7, 13]。Gd^{3+}-Eu^{3+} 系に対するエネルギー準位図と Gd^{3+} の ^6G_J 準位（～50000 cm^{-1}）への励起から交差緩和を含む

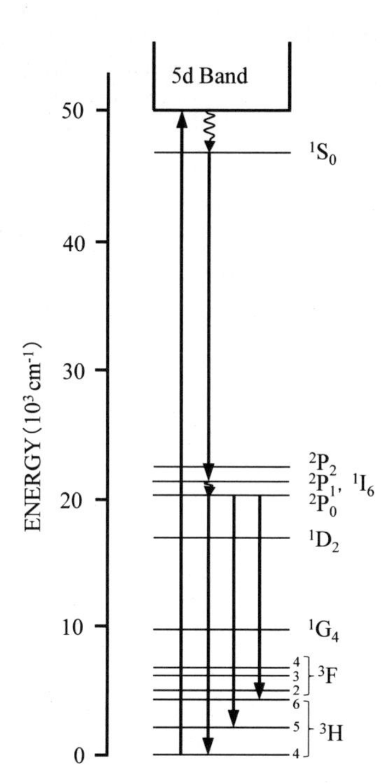

図1－7　Pr^{3+}のエネルギー準位とカスケード発光過程[10, 11]

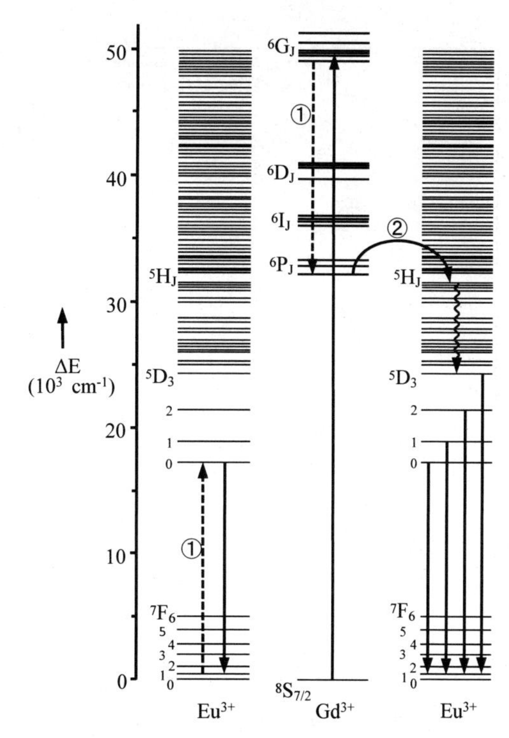

図1－8　Gd^{3+}－Eu^{3+}系の交差緩和を含む2ステップエネルギー移動による量子カッティングを示すエネルギー準位図[7, 9]

①は交差緩和，②は交差緩和後の共鳴エネルギー移動

2ステップエネルギー伝達による量子カッティング過程を図1－8に示す。Gd^{3+}の^6G_J準位への励起後，Gd^{3+}の^6G_J励起準位と熱的に分布したEu^{3+}の$^7F_1$基底準位の間で交差緩和し，Gd^{3+}は^6P_J励起準位に，Eu^{3+}は$^5D_0$準位に遷移する。このステップは，Gd^{3+}の$^6G_J \rightarrow {}^6P_J$遷移と$Eu^{3+}$の$^7F_1 \rightarrow {}^5D_0$遷移のスペクトルの重なりがあることで起こる。最初に，交差緩和により励起された第1のEu^{3+}が1光子を発光し，続いて励起状態Gd^{3+}(^6P_J)からGd^{3+}副格子を経て第2のEu^{3+}へ共鳴エネルギー伝達し^5D_J（J＝0，1，2）に緩和し1光子発光する2ステップエネルギー伝達を経たダウンコンバージョンにより，量子カッティングが起こる。$LiGdF_4$:Eu^{3+}では量子効率190％が得られている。量子カッティングを引き起こす交差緩和効率はEu^{3+}濃度に依存する。筆者らは，KGd_3F_{10}:Eu^{3+} [14]と$KLiGdF_5$:Eu^{3+} [15]で量子カッティングを見出しており，ここで量子カッティングの発現が確認される発光スペクトルと交差緩和効率のEu^{3+}濃度依存を紹介する。KGd_3F_{10}:Eu^{3+}のGd^{3+}の^6G_J（202 nm）励起と^6I_J（273 nm）励起の発光スペクトルと交差緩和効率のEu^{3+}濃度変化を図1－9(a)と(b)に示す。もし図1－8で示す2ステップエネルギー伝達による量子カッティングが起こるなら，^6G_J励起で交差緩和による$^5D_0$発光が加わる分，^6I_J（273 nm）励起（交差緩和のない過程）に対する$^5D_1$発光の相対強度の増加が予測される。図1－9(a)で示した2つの発光スペクトルから^6G_J励起の$^5D_0 \rightarrow {}^7F_J$発光強度は$^6I_J$励起の場合に比べ1.9倍増加して

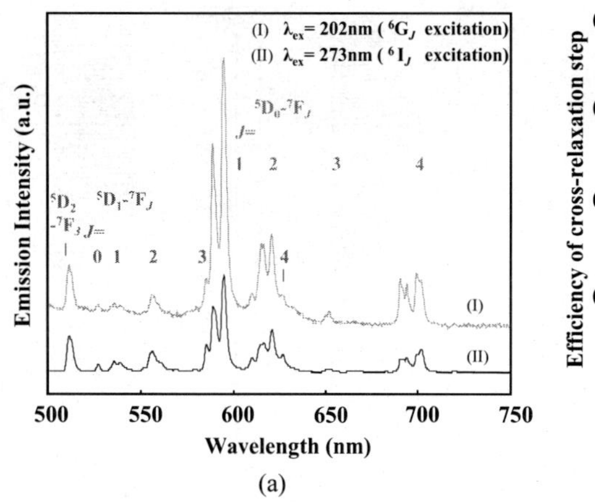

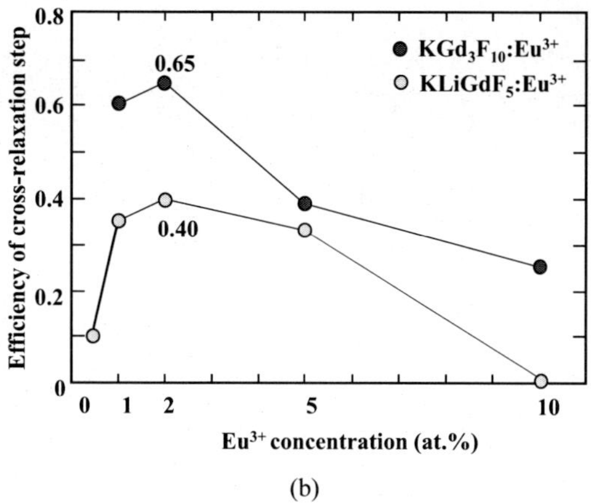

図 1 - 9

(a) $KGd_3F_{10}:Eu^{3+}$ の Gd^{3+} ^6G_J (202 nm) 励起と ^6I_J (273 nm) 励起の発光スペクトル

(b) $KGd_3F_{10}:Eu^{3+}$ と $KLiGdF_5:Eu^{3+}$ の交差緩和効率の Eu^{3+} 濃度依存 [14, 15]

おり量子カッティングが起きていることが分かる。量子カッティングに寄与する交差緩和効率は $^5D_0$ と $^5D_{1,2,3}$ の相対強度から(1)式で求められる [13]。

$$\frac{P_{CR}}{P_{CR}+P_{DT}}=\frac{R(^5D_0/^5D_{1,2,3})_{^6G_J}-R(^5D_0/^5D_{1,2,3})_{^6I_J}}{R(^5D_0/^5D_{1,2,3})_{^6I_J}+1} \tag{1}$$

ここで，P_{CR} と P_{DT} は交差緩和確率と Gd^{3+} から Eu^{3+} への直接エネルギー伝達確率である。図 1 - 9 (b) の Eu^{3+} 濃度に対する交差緩和効率は 2.at%の Eu^{3+} 濃度で 0.65 と最大で，Eu^{3+} 濃度が高くなると低下する。Eu^{3+} 濃度が増加すると Eu^{3+} の $^5D_{J+1} \rightarrow {}^5D_J$ (J = 0, 1, 2) と $^7F_0 \rightarrow {}^7F_{J'}$ (J' = 1-6) 間の交差緩和が生じ $^5D_0$ 分布が小さくなり，逆に交差緩和効率が低下すると考えている。非輻射的なロス（欠陥などのキラー中心のエネルギー伝達によるロス）がないとすると，交差緩和効率から最大の量子効率は 165%となる。さらに Gd^{3+}-Eu^{3+} 系をもつ $NaGdF_4:Eu^{3+}$ の量子カッティングとダイナミクスが解析され，^6G_J (193 nm) 励起と ^6I_J (273 nm) 励起の時間分解スペクトルから求めた $^5D_0$ と $^5D_1$ 発光の立ち上がりの比較から，交差緩和と直接エネルギー伝達過程を経ることが実証されている [16]。

Gd^{3+}-Eu^{3+} 対の量子カッティングでは，交差緩和のために Gd^{3+} の基底状態である $^8S_{7/2}$ 準位から ^6G_J (～ 50000cm^{-1}) 準位への励起が必要である。しかしながら Gd^{3+} の $4f^7$ 配置間の 4f-4f 遷移は，パリティおよびスピン禁制で吸収が弱いという問題がある。そのため，Gd^{3+}-Eu^{3+} 対で強い発光を得るためには，Gd^{3+} 励起の増感が必要となる。Gd^{3+} 以外の希土類イオンの $4f^n$ 準位励起でも，①別の希土類イオンのパリティおよびスピン許容の $4f^n \rightarrow 4f^{n-1}5d$ 遷移から励起イオンの $4f^n$ 準位へのエネルギー伝達による増感，②強いホスト吸収や CT バンド吸収から $4f^n$ 励起準位をもつイオンへのエネルギー伝達による増感，あるいは③ $4f^{n-1}5d$ 準位への直接励起からの交差緩和の利用が必要とされる。

このうち，$4f^{n-1}5d$ 準位への直接励起からの交差緩和エネルギー伝達を利用した量子カッティングは，最初に Er^{3+}-Gd^{3+}-Tb^{3+} の3種の希土類イオンの系で，$LiGdF_4$:Er^{3+},Tb^{3+} の VUV 励起で報告された[17]。図1-10に Er^{3+}-Gd^{3+}-Tb^{3+} 系のエネルギー準位図とエネルギー伝達による量子カッティング過程を示す。このモデルは図1-6 (c) の過程を基本に，イオンIとIIの交差緩和後，イオンIIから第3のイオンへの共鳴エネルギー伝達を経る過程を加えたモデルと考えられる。VUV 域の Er^{3+} の $4f^{11} \rightarrow 4f^{10}5d$ 励起により，Er^{3+} と Gd^{3+} の交差緩和後の Er^{3+} の $^4S_{3/2} \rightarrow {}^4I_{15/2}$ 遷移（～551 nm）と Gd^{3+} から Tb^{3+} へのエネルギー伝達後の Tb^{3+} の $^5D_J \rightarrow {}^7F_J$ 遷移（～545 nm）による2光子発光が観測され，量子効率は約130%と見積もられている。筆者も $CsGdF_4$:Er^{3+},Tb^{3+} における同じ過程による量子カッティング効率の Er^{3+}/Tb^{3+} 濃度比を詳細に調べ，最大130%の量子効率を得ている[18]。しかしながら，Er^{3+}-Gd^{3+}-Tb^{3+} 系では，Er^{3+} と Gd^{3+} の交差緩和後，Gd^{3+} から Er^{3+} へ逆エネルギー伝達が生じるという不利な点が指摘され，それを改善するために Tm^{3+}-Gd^{3+}-Tb^{3+} の系[19]が提案された。その他，Dy^{3+} をアクセプターイオンとした Er^{3+}-Gd^{3+}-Dy^{3+} 系の $CsGdF_4$:Er^{3+},Dy^{3+} で，100%以上の量子効率の可能性が示唆された[20]。さらに，Tb^{3+}-Tb^{3+} 対を図1-6 (c) のモデルに適用し，Tb^{3+}-Tb^{3+} 間の交差緩和を利用した VUV（172 nm）と UV（212 nm）光での Tb^{3+} の $4f^75d$ 準位への励起による Tb^{3+} ($^5D_J \rightarrow {}^7F_J$，～545 nm 緑色光）の可視量子カッティングが K_2GdF_5:Tb^{3+} で報告され，最大187%（172 nm 励起）と189%（212 nm 励起）の量子効率が得られている[21]。

量子カッティングはドナー－アクセプターイオンとして，主に希土類イオンの $4f^n \rightarrow 4f^n$ 準位や $4f^n \rightarrow 4f^{n-1}5d^1$ 準位を利用した系が研究されているが，励起エネルギーのアクセプターイオン

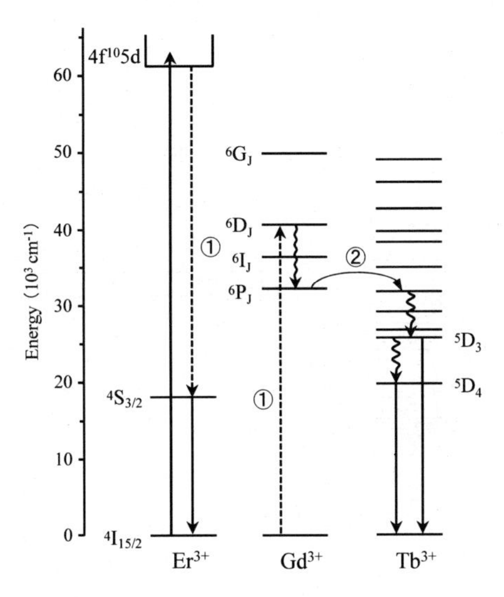

図1-10　Er^{3+}-Gd^{3+}-Tb^{3+} 系における Er^{3+} の $4f^{10}5d$ 励起でのエネルギー移動による量子カッティング過程を示すエネルギー準位図[17]

①は交差緩和，②は交差緩和後の共鳴エネルギー移動

に遷移金属を利用した例もある。例えば，図 1 - 6 (b) の過程を基本として，$PbWO_4:Pr^{3+}$ [22] において Pr^{3+} の 4f5d 準位と WO_4^{2-} アニオン間の交差緩和を経る Pr^{3+} の UV（$^1S_0 \rightarrow {}^1D_2$ (325 nm) と $^1D_2 \rightarrow {}^3H_4$ (640 nm) 遷移の 2 光子発光や $LaMgB_5O_{10}:Pr^{3+},Mn^{2+}$ [23] の VUV 励起により Pr^{3+} の 4f5d 準位と Mn^{2+} の交差緩和とエネルギー伝達（$Pr^{3+} \rightarrow Mn^{2+}$，$Mn^{2+} \rightarrow Pr^{3+}$）を通して，$Pr^{3+}$ の $^1S_0 \rightarrow {}^1D_2$ (325 nm) と Mn^{2+} の 3d-3d 遷移（$^4T_{1g} \rightarrow {}^6A_{1g}$，615 nm）の 2 光子発光が観測されている。

3.4 励起イオンの増感を利用した量子カッティング

一般に，Gd^{3+} のような希土類イオンの $4f^n$ 配置間の $4f^n$-$4f^n$ 遷移は，パリティ・スピン禁制で VUV 光の吸収は弱く，高輝度の発光が得られない。特に Gd^{3+}-Eu^{3+} 対における Gd^{3+} の $4f^7$-$4f^7$ 遷移の励起を利用する量子カッティングでは，強い発光を得るために Gd^{3+} 励起の増感が必要となる。そのため前述したように，別の希土類イオンの $4f^{n-1}5d$ 準位への励起を利用し，Gd^{3+} の $4f^7$ の準位へのエネルギー伝達による Gd^{3+} 励起の増感が提案された。多くの希土類のパリティ許容の f-d 遷移は VUV 領域で起こる。これとは別に，強いホスト吸収や CT バンド吸収から $4f^7$ 励起準位をもつイオンへのエネルギーによる Gd^{3+} の増感も提案されている。

VUV 励起（Xe 放電 147 nm，175 nm）できる 5d 準位をもつ希土類イオンによる Gd^{3+} の増感が幾つか試みられている。例えば，Meltzer 等によって Gd^{3+}-Nd^{3+} 対を利用する新しい量子カッティングモデルが提案されている [24]。このモデルは，Nd^{3+} の $4f^25d$ 準位への励起による Gd^{3+} の増感過程と交差緩和エネルギー伝達過程を含んでいる。そのエネルギー伝達過程を図 1 - 11 に示す。この系では，励起された Nd^{3+} の $4f^25d$ から Gd^{3+} の 4f の ^6G_J 準位へのエネルギー伝達による Gd^{3+} の増感（ET1）と，Gd^{3+} の ^6G_J 準位と Nd^{3+} の ^4I_J 基底準位間の交差緩和（A，B，C)，およ

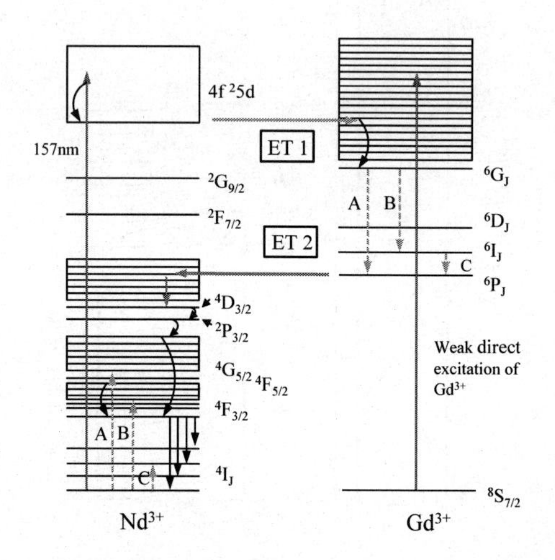

図 1 - 11 Nd^{3+}-Gd^{3+} 系における量子カッティングを示すエネルギー準位とエネルギー移動過程 [24]
ET1 と ET2 は共鳴エネルギー移動，A，B，C は交差緩和

び非輻射緩和後 Nd^{3+} の $^4F_{3/2} \rightarrow {}^4I_{9/2}$ 遷移による第1光子の放出，続く Gd^{3+} の ^6P_J 励起準位から Nd^{3+} の ^4D_J へのエネルギー伝達過程（ET2）を経た Nd^{3+} の $^4F_{3/2} \rightarrow {}^4I_{9/2}$ 遷移による第2光子の放出過程からなる。量子カッティングはこの様な3ステップエネルギー伝達過程を経て起こる。Gd^{3+}-Nd^{3+} 対をもつ $GdLiF_4:Nd^{3+}$ で，Nd^{3+} の VUV（175 nm）励起により，実際に近赤外光（860 ～ 910 nm：$^4F_{3/2} \rightarrow {}^4I_{9/2}$ 遷移）の量子カッティングが観測され，105 ± 35%の量子効率が得られている[24)]。量子カッティングのダイナミクスも詳細に明らかにされている。ただし，Nd^{3+} の系は，可視の量子カッティングではなく，Nd^{3+} の2光子発光による近赤外の量子カッティングである。これに対し，Pr^{3+}-Gd^{3+}-Eu^{3+} の系で Pr^{3+} の 4f5d 準位の励起から Gd^{3+} へのエネルギー伝達による Gd^{3+} の増感と可視量子カッティングが $GdF_3:Pr^{3+},Eu^{3+}$ で報告された[25)]。また，図1-12に模式的に示されたエネルギー伝達過程による Gd^{3+}-Eu^{3+} 系に対する Tm^{3+} の増感作用も $LiGdF_4:Tm^{3+},Eu^{3+}$ で調べられている[26)]。しかしながら，これら Pr^{3+},Tm^{3+} のいずれも Pr^{3+}（$^3H_4 \rightarrow {}^1D_2$），$Tm^{3+}$（$^3H_6 \rightarrow {}^3H_{4,5}$）の基底状態と Gd^{3+} の ^6G_J（$\rightarrow {}^6P_J$，^6D_J，^6I_J）準位間の交差緩和によって，Gd^{3+} と Eu^{3+} の交差緩和を阻害し増感作用が小さく，可視の量子カッティングの高い効率が得られず，これに替わる増感が望まれている。

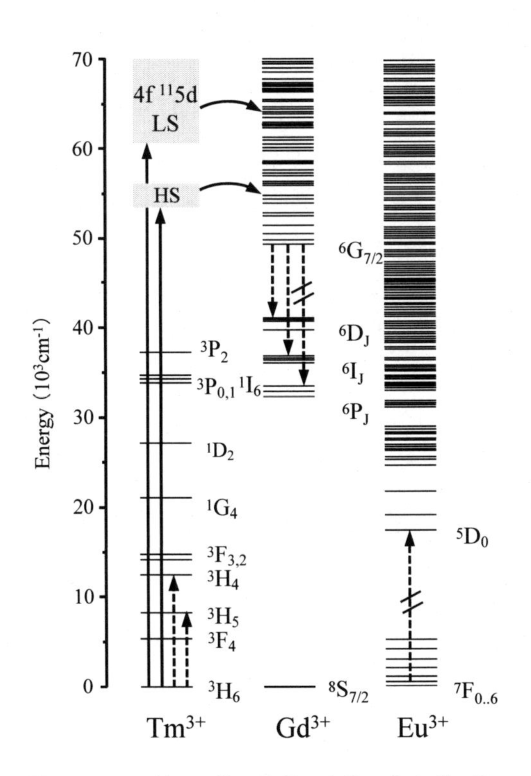

図1-12　Tm^{3+} の $4f^{11}5d$ 励起によるエネルギー移動を示すエネルギー準位図[26)]

Gd^{3+}-Eu^{3+} 系の量子カッティングに対する Tm^{3+} の増感は Gd^{3+} の ^6G_J と Eu^{3+} の ^7F_J 間の交差緩和により観測されない。

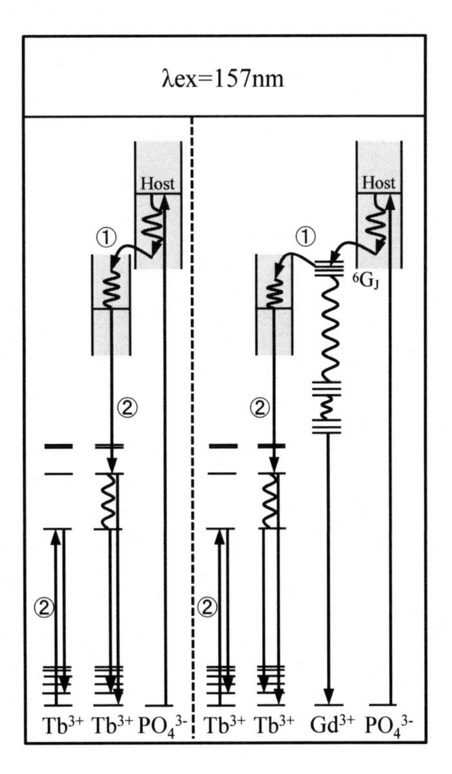

図1-13　$GdPO_4:Tb^{3+}$ および $Na_2GdF_2PO_4:Tb^{3+}$ のホスト励起によるエネルギー移動過程[28, 29)]

①は直接エネルギー移動，②は交差緩和

それに対し，VUV 励起によるホスト結晶の固有の励起状態とその発光を利用する Gd^{3+} のホスト増感作用が報告された[27]。これは VUV 励起で生じる励起子が自ら作った格子歪みのポテンシャルに捕えられた自己束縛励起子（STE）から Gd^{3+} 等へのエネルギー伝達を利用するもので，4f や 5d 準位をもつ付加的なイオンの添加を必要としない利点がある。$ScPO_4:Gd^{3+}$ と $ScBO_3:Gd^{3+}$ において，VUV 励起の STE による Gd^{3+} へのエネルギー伝達（ホスト増感）による UV/Vis カスケード発光が実証され，各々 92% と 80% の絶対量子効率が実験的に得られている[27]。一方で，観測される STE 発光の多くは VUV 域には見られず，NUV から Vis 領域にあり，そのため増感には適合しない。筆者等も別の希土類ホウ酸塩で STE に帰属される発光とエネルギー伝達する材料を報告しているが，量子カッティングには至っていない。これとは別の過程として，図 1 - 13 に示す VUV 域のホスト励起（PO_4^{3-} 基の分子内遷移：157 ～ 172 nm）から，Tb^{3+} へのエネルギー伝達を経る Tb^{3+}-Tb^{3+} 対間の交差緩和を利用した Tb^{3+} ($^5D_J \rightarrow {}^7F_J$，緑色）の可視量子カッティングが $GdPO_4:Tb^{3+}$ と $Na_2GdF_2PO_4:Tb^{3+}$ で観測され[28, 29]，各々，157％（157 nm 励起），127%（172 nm 励起）の最大量子効率が得られている。

3.5　可視励起による近赤外量子カッティング（可視光から近赤外光への変換）

前節まで述べた VUV 光子から可視 2 光子への量子カッティングは，主に水銀フリー蛍光管や PDP デバイスへの応用が期待されているものである。また，量子カッティング材料は，Si 太陽電池の効率を改善するための太陽光スペクトルの変換への利用が期待されている。これは太陽光スペクトルと Si 太陽電池の分光感度のミスマッチを改善するためで，可視（Vis)/UV 光子を近赤外（NIR）の 2 光子へ変換できるならば，Si が太陽光を吸収（特にバンドギャップ以上のエネルギーの光を吸収）した際に，生成する電子—正孔対の熱化過程によるエネルギーロスを最小にできるものである。そのため可視光子（$\leq$500 nm）から近赤外（NIR）の 2 光子への量子カッティング現象を示す材料が求められている。この Vis/UV 励起の NIR 量子カッティングとしては，ドナーには $4f^n$ 準位（Tb^{3+}，Pr^{3+}，Tm^{3+}，Er^{3+}）や $4f^{n-1}5d^1$ 準位（Eu^{2+}）また CT 準位（Ce^{3+}）を持つ希土類イオンを，アクセプターとしては NIR 域に発光をもつ Yb^{3+} との系が主に研究されている。また，電荷移動状態（CTS）Ce^{4+}-Yb^{2+} を経て起こると考えられる NIR 量子カッティングが報告されている。

可視励起の近赤外量子カッティングは，3 つの局在中心の Tb^{3+}-Yb^{3+}-Yb^{3+} 系である $Yb_xY_{1-x}PO_4:Tb^{3+}$ 結晶で初めて観測された[30]。量子カッティングは図 1 - 6 (e) に示した協同エネルギー伝達による 2 光子発光する過程を利用している。Tb^{3+}-Yb^{3+} 系に対するエネルギー準位図と量子カッティング過程を図 1 - 14 に示す。Tb^{3+} と 2 つの Yb^{3+} の 3 体間において，Tb^{3+} が $^7F_6 \rightarrow {}^5D_4$ (489 nm) 励起された後，Tb^{3+}（$^5D_4 \rightarrow {}^7D_J$）上にある仮想準位から Yb^{3+} へ 2 次の協同エネルギー伝達で 2 つの Yb^{3+} が同時に励起され，そこから $^2F_{5/2} \rightarrow {}^2F_{7/2}$ 遷移（～ 1000 nm）の発光が起こると考えられている。実測された Tb^{3+} の $^5F_4$ 発光の減衰曲線は，双極子—双極子相互作用による協同エネルギー伝達に基づいたモンテカルロシミュレーションと一致していることから，この系の量子カッティングは協同エネルギー伝達機構によることが確認されている。この結晶では，Tb^{3+}の可視励起により上限188％のNIR発光の量子効率が得られている。また，図１‐６(b)の過程として，Pr^{3+}-Yb^{3+}間の交差緩和によるYb^{3+}の２光子発光が$GdAl_3(BO_3)_4$:Pr^{3+}で[31]，Tm^{3+}-Yb^{3+}間の協同エネルギー伝達によるYb^{3+}の２光子発光がLaF_3:Tm^{3+},Yb^{3+}で報告されている[32]。Tb^{3+}，Pr^{3+}，Tm^{3+}等の励起は4f-4f遷移で，パリティおよびスピン禁制で吸収が弱く，吸収スペクトル幅は狭い。太陽電池への応用には，太陽光に多く含まれる可視/UV域にブロードな励起バンドをもつことが望まれ，それに適合するために$4f^{n-1}5d^1$準位やCT準位からYb^{3+}へエネルギー伝達する量子カッティングが幾つか報告されている。例えば，Eu^{2+}の$4f^6 5d^1$準位（325 nm）励起からYb^{3+}への協同エネルギー伝達によるNIR量子カッティングが$CaAl_2O_4$:Eu^{2+},Yb^{3+}で見出され，量子効率155％を有することが報告されている[33]。また，Ce^{3+}-Yb^{3+}系として$Y_3Al_5O_{12}$:Ce^{3+}で，Ce^{3+}の$5d^1$準位（440～450 nm）励起によりCe^{3+}の5dバンドからCTS（Ce^{4+}- Yb^{2+}）のCT準位を経てYb^{3+}へエネルギー伝達するNIR量子カッティングが観測され190％の量子効率が得られたとの報告もある[34]。その他，可視励起の近赤外量子カッティングがフッ化物や酸化物の結晶やガラス材料で研究されている。最近では，エネルギー問題から，量子カッティング材料の開発もVUV光子→可視２光子から可視/UV光→近赤外２光子へと拡大してきているようである。太陽電池の効率向上のための可視/UV光の波長変換材料については，４章で述べられるので詳しくはそこを参照されたい。

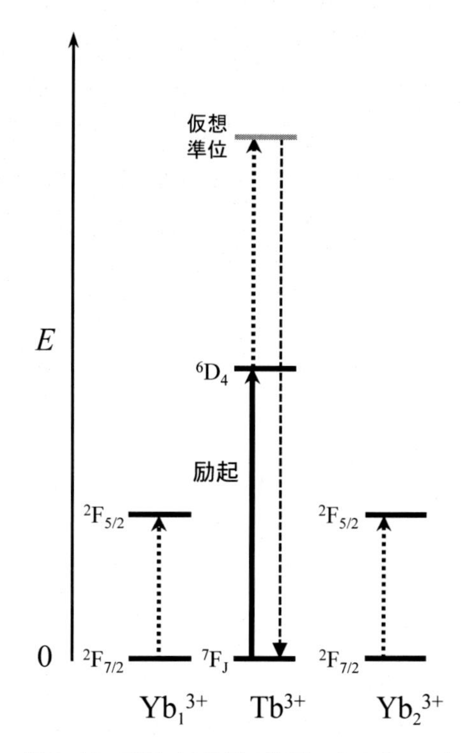

図１‐14　Tb^{3+}-Yb^{3+}系の協同エネルギーによる量子カッティングを表すエネルギー準位図[30]
協同エネルギー移動では仮想準位はTb^{3+}にある。

3.6　量子カッティングにおけるエネルギー伝達機構

量子カッティングには，励起ドナーイオンから近接するアクセプターイオンへのエネルギー伝達が利用される。主に２つの局在中心間の多極子―多極子相互作用（双極子―双極子，双極子―４極子等）によるエネルギー伝達，３つの局在中心間の多極子―多極子相互作用（双極子―双極子，双極子―４極子）による協同エネルギー伝達，および波動関数の重なりを通した交換相互作用によるエネルギー伝達などが挙げられる。これらは励起ドナーイオンの発光スペクトルとアクセプターイオンの励起スペクトルの重なりを必要とする１次のエネルギー伝達（RET）と，スペクトルの重なりのない場合の2次のエネルギー伝達に分けられる。このうち，特に寄与の大きいと考えられる双極子—双極子相互作用による1次の共鳴エネルギー伝達，2次の協同エネルギー伝達，交換相互作用によるエネルギー伝達に対して，求められた速度式を以下に示す。

2つのイオンA，Bの始状態をa，b，終状態をa'，b'，双極子—双極子相互作用を表すハミルトニアンをH_{AB}，Aの発光スペクトル関数を$g_A(E)$，Bの励起スペクトル関数を$g_B(E)$とすると，双極子－双極子相互作用（Förster機構）による$A \to B$の1次の共鳴エネルギー伝達速度P_{AB}は，

$$
\begin{aligned}
P_{AB} &= \left(\frac{2\pi}{\hbar}\right)\left|\left\langle ab\middle|H_{AB}\middle|a'b'\right\rangle\right|^2 \int g_A(E)g_B(E)dE \\
&= \left(\frac{1}{4\pi\varepsilon_0}\right)^2 \frac{3\pi\hbar e^4}{n^4 m\omega^2}\frac{1}{R_{AB}^6} f_A f_B \int g_A(E)g_B(E)dE
\end{aligned}
\tag{2}
$$

で表される[8, 35]。ここで，ωは遷移の平均振動数，$\left\langle ab\middle|H_{AB}\middle|a'b'\right\rangle$は遷移行列要素，$R_{AB}$はドナー$A$とアクセプター$B$の距離，$f_A$，$f_B$は振動子強度，$\int g_A(E)g_B(E)dE$はスペクトルの重なり積分である。交差緩和も同様に表される。

3つのイオン間の相互作用による$A \to B$，Cへの協同エネルギー伝達速度P_{A-BC}は，

$$
P_{A-BC} = \left(\frac{2\pi}{\hbar}\right)\left|\left\langle abc\middle|H_{ABC}\middle|a'b'c'\right\rangle\right|^2 \int g_A(E)g_B(E')g_C(E-E')dE'dE
$$

で与えられ，スペクトルの重なりのない2次の協同エネルギー伝達の場合は，

$$
P_{A-BC} = \frac{2\pi}{\hbar}\frac{1}{n^8}\left(\frac{n^2+2}{3}\right)^8 \frac{\rho}{(4\pi\varepsilon_0)^4}\sum_B\sum_{C>B}\frac{|\mu^B\nu^{AB}\alpha^A\nu^{AC}\mu^C|^2}{R_{AB}^6 R_{AC}^6}
\tag{3}
$$

と表される[8, 9, 36]。ここで，nは屈折率，ρはアクセプターの終状態のエネルギー密度，μ^B，μ^Bは遷移の双極子モーメント，ν^{AC}，ν^{AB}は双極子－双極子結合テンソル，α^Aは2光子相互作用テンソル，R_{AB}，R_{AC}はドナーAと，アクセプターB，Cの距離である。

A，B間の交換相互作用によるエネルギー伝達（Dexter機構）は，

$$
P_{AB} = \left(\frac{2\pi}{\hbar}\right)\frac{e^4}{j_A j_B}Z^2 \int g_4(E)g_B(E)dE
\tag{4}
$$

で表される。ここで，Zは交換積分に比例し，

$$
Z^2 = \left|\int \Psi_A(r_1)^*_B(r_2)\frac{1}{r_{12}}\Psi_A(r_{21})^*_B\Psi^*(r_1)d\tau\right|
$$

次式で近似されている[37]。

$$Z^2 = \alpha \frac{e^4}{a_0^4} \exp\left(-\frac{2R_{AB}}{L}\right) \tag{5}$$

ここで，Ψ_A，Ψ_B は波動関数，j_A，j_B はエネルギー伝達前の電子状態の縮重度，a_0 は Bohr 半径，R_{AB} はドナー A とアクセプター B の距離，L は A^* と B の有効平均 Bohr 半径と定義される。

(2)〜(5)式から，これら双極子―双極子相互作用による1次の共鳴エネルギー伝達はドナー―アクセプター間の距離 R_{AB} の六乗に反比例，2次の協同エネルギー伝達は2つのドナー―アクセプター間の距離 R_{AB}，R_{AC} の六乗の積に反比例する。一方，交換相互作用によるエネルギー伝達は，ドナー―アクセプター間の距離 R_{AB} に対して指数関数的に減衰する。したがって，エネルギー伝達速度は，結晶構造（原子間距離や配位数）によって大きく依存することになる。エネルギー伝達速度は，2準位系を仮定すると，ドナーの時間減衰強度 $I(t)$ は，アクセプターへのエネルギー伝達速度を γ_{tr}，輻射遷移速度を γ_r とすると $I(t)=I_0\exp[-t(\gamma_{tr}+\gamma_r)]$ で与えられる。エネルギー伝達速度は，アクセプターが存在するときドナーの減衰寿命 τ_A と存在しないときのドナーの減衰寿命 τ_0 から $\gamma_{tr}=\tau_A^{-1}-\tau_0^{-1}$ で求められる。観測されたエネルギー伝達速度と双極子―双極子機構等による計算値を比較してエネルギー伝達機構が検討される。

3.7　今後の展望

量子カッティングは，エネルギー変換効率の高い波長変換法として重要性が高まるであろう。量子カッティングはその多くが $4f^n \rightarrow 4f^n$ 準位間あるいは $4f^n \rightarrow 4f^{n-1}5d^1$ 準位間のエネルギー伝達による $4f^n \rightarrow 4f^n$ 発光遷移を利用した系で研究されているが，$4f^n \rightarrow 4f^n$ 遷移は発光波長に制限がある。さらに励起波長域や発光波長域を広げるために，$3d \rightarrow 3d$ 遷移や $ns^2 \rightarrow ns^1p^1$ 遷移をもつ発光中心の利用，CT バンドやホストの固有発光の利用，さらに新たなダウンコンバージョン過程の提案が考えられる。特性評価の面では，量子効率を計算値ではなく実測値で評価する必要があろう。一方，材料の面では化学的に安定な酸化物でワイドバンドギャップ（$4f^n \rightarrow 4f^n$，$4f^{n-1}5d^1$ 準位がバンドと重ならない）を持ちエネルギー伝達速度の大きくなる構造をもつ材料が望まれる。そのために，振動子強度の理論計算や構造に基づいた材料設計と材料探索が必要となろう。将来，量子カッティングモデルや材料開発にブレークスルーがあると期待しており，その発展に興味が尽きない。

文　　献

1）G. H. Dieke, H. M. Grosswhite, *Appl. Opt.*, **2**, 675 (1963)
2）W. T. Carnall, G. L. Goodman, K. Rajank, R. S. Rana, *J. Chem. Phys.*, **90**, 3443 (1989)
3）R. T. Wegh, A. Meijerink, R-J. Lamminmäki, J. Hölsä, *J. Lumin.*, **87-78**, 1002 (2000)

4) P. Dorenbos, *J. Lumin.*, **91**, 155 (2000)
5) P. S. Peijzel, A. Meijerink, R. T. Wegh, M. F. Reid, G. W. Burdick, *J. Lumin.*, **178**, 448 (2005)
6) L. van Pieterson, M. F. Reid, R. T. Wegh, A. Meijerink, *J. Lumin.*, **94-95**, 79 (2001)
7) R. T. Wegh, H. Donker, K. D. Oskam, A. Meijerink, *Science*, **283**, 663 (1999)
8) T. Kushida, *J. Phys. Soc. Jpn.*, **34**, 1318 (1973)
9) D. L. Andrews, R. D. Jenkins, *J. Chem. Phys.*, **114**, 1089 (2001)
10) J. L. Sommerdijk, A. Bril, A. W. de Jäger, *J. Lumin.*, **8**, 341 (1974)
11) W. W. Piper, J. A. DeLuca, F. S. Ham, *J. Lumin.*, **8**, 344 (1974)
12) R. T. Wegh, H. Donker, A. Meijerink, R. T. Lamminmäki, J. Hölsä, *Phys. Rev. B*, **56**, 13841 (1997)
13) R. T. Wegh, H. Donker, K. D. Oskam, A. Meijerink, *J. Lumin.*, **82**, 93 (1999)
14) N. Kodama, Y. Watanabe, *Appl. Phys. Lett.*, **84**, 4141 (2004)
15) N. Kodama, S. Oishi, *J. Appl. Phys.*, **98**, 103515 (2005)
16) H. Kondo, T. Hirai, S. Hashimoto, *J. Lumin.*, **108**, 59 (2004)
17) R. T. Wegh, E. V. D.van Loef, A. Meijerink, *J. Lumin.*, **90**, 111 (2000)
18) N. Kodama, H. Matsuoka, Abstract Intl. Cof. Dynamical Processes in Excited States of Solids, Shanghai, China, PoWe3 (2005)
19) N. M. Khaidukov, S. L. Lam, D. L. Lo, V. N. Makhov, N. V. Suetin, *Opt. Mater.*, **19**, 365 (2202)
20) A. N. Belsky, N. M. Khaidukov, J. C. Krupa, V. N. Makhov, A. Philippov, *J. Lumin.*, **94-95**, 45 (2001)
21) T. J. Lee, L. Y. Luo, E. W. G. Diau, T. M. Chen, *Appl. Phys. Lett.*, **89**, 131121 (2006)
22) F. Xiong, Y. Lin, Y. Chen, Z. Luo, E. Ma, Y. Huang, *Chem. Phys. Lett.*, **429**, 410 (2006)
23) Y. Fu, G. Zhang, Z. Qi, W. Wu, C. Shi, *J. Lumin.*, **124**, 370 (2007)
24) W. Jia, Y. Zhou, S. P. Feofilov, R. S. Meltzer, *Phys. Rev. B*, **72**, 075114 (2005)
25) S. P. Feofilov, Y. Zhou, J. Y. Jeong, D. A. Keszler, R. S. Meltzer, *J. Lumi*n., **122-123**, 503 (2007)
26) S. P. Peijzel, W. J. M. Schrama, A. Meijerink, *Mol. Sci.*, **102**, 1285 (2004)
27) S. P. Feofilov, Y. Zhou, H. J. Seo, J. Y. Jeong, D. A. Keszler, R. S. Meltzer, *Phys. Rev. B*, **74**, 085101 (2006)
28) D. Wang, N. Kodama, *J. Sold State Chem.*, **182**, 2219 (2009)
29) D. Wang, N. Kodama, L. Zhao, Y. Wang, *J. Electrochem. Sco.*, **157**, 1223 (2010)
30) P. Vergeer, T. J. H. Vlugt, M. H. F. Kox, M. I. den Hertog, J. P. J. M. van der Eerden, A. Meijerink, *Phys. Rev. B*, **71**, 014119 (2005)
31) Q. Y. Zhang, G. F. Yang, Z. H. Jiang, *Appl. Phys. Lett.*, **91**, 051903 (2007)
32) S. Ye, B. Zhu, J. Luo, J. Chen, G. Lakshminarayana, J. Qiu, *Optics Express*, **16**, 8989 (2008)
33) Y. Teng, J. Zhou, S. Ye, J. Qiu, *J. Electrochem. Soc.*, **157**, A1073 (2010)
34) J. Ueda, S. Tanabe, J. Appl. Phys., 106, 043101 (2009)
35) T. Förster, *Ann. Physik.*, **2**, 55 (1948)
36) F. K. Fong, D. J. Diestler, *J. Chem. Phys.*, **56**, 2875 (1972)
37) D. L. Dexter, *J. Chem. Phys.*, **21**, 836 (1953)

第2章　白色LED用蛍光体

1　素子構造と用途

下村康夫*

現在実用化されている白色LEDの大部分は，GaN系LEDと蛍光体を組み合わせたものとなっている。RGB3色のLEDを組み合わせる白色LEDも存在するが，特殊用途を除いてあまり普及していない。蛍光体を用いる白色LEDとしては，青色LEDを用いるものと紫色LEDを用いるものがあり，現在は前者が主流であるが，後者も高演色などの特長に注目されている。

一般的な白色LEDは図2-1のような構成となっている。樹脂やセラミックスでできたパッケージの中に青色や紫色のLEDが配置され，蛍光体を含む封止樹脂がその上を覆う形である。封止樹脂やパッケージの材質，形状等は用途や要求性能によって様々であり，耐久性，発光効率，放熱特性などの改善のための研究開発が続けられている[1)]。

1.1　蛍光体の組合せによる白色LEDの分類とその特徴

1.1.1　青色LED＋黄色蛍光体

最初に開発された白色LEDは，青色LEDと黄色の蛍光体を組み合わせたものであった[2)]。すなわち，青色LEDの光の一部を黄色蛍光体が吸収して，黄色の蛍光を発生する。吸収されな

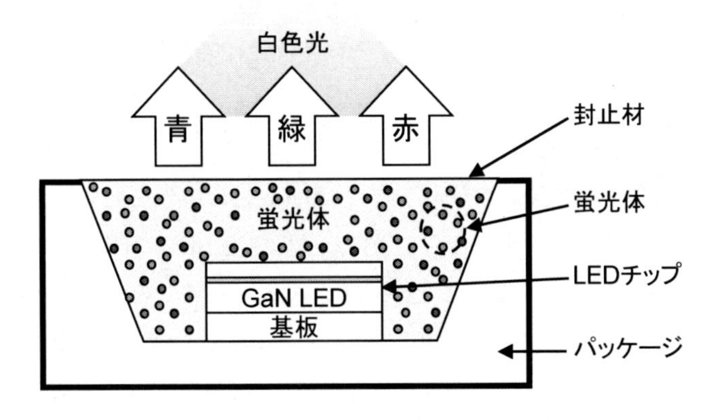

図2-1　一般的な白色LED（表面実装型）の構成

＊　Yasuo Shimomura　㈱三菱化学科学技術研究センター　白色LED PJ　グループリーダー

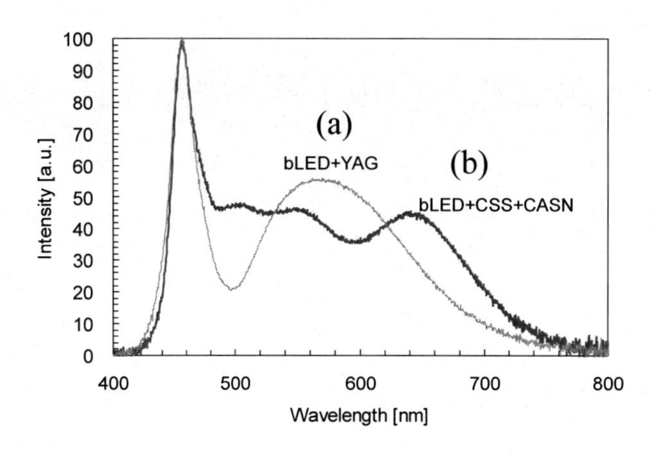

図 2 - 2　白色 LED のスペクトル

(a)　青色 LED＋黄色 YAG 蛍光体

(b)　青色 LED＋緑色蛍光体＋赤色蛍光体（照明用に適する組合せ）

かった青色光と蛍光体からの黄色光が混合されて白色光となる。黄色蛍光体として YAG 蛍光体を用いた白色 LED の発光スペクトルを図 2 - 2 (a) に示す。このタイプの白色 LED は，視感度の高い光（緑～黄色）が多く含まれるため高輝度が得られるが，一方で，赤色光が少ないために照明としての演色性をあまり高くできない等の欠点もある。

1.1.2　青色 LED＋緑色蛍光体＋赤色蛍光体

これは，黄色蛍光体を用いるタイプの欠点を補うために，緑色と赤色の 2 種類の蛍光体を混合して用いる白色 LED である。用いられる蛍光体は，用途によって要求特性が異なる。図 2 - 2 (b) に，照明に適する白色 LED の発光スペクトルを示す。照明用途では，演色性を高めるために，可視光全域の光を発せさせることが求められ，蛍光体も比較的スペクトル幅の大きい蛍光体が用いられる。一方，ディスプレイのバックライトとして用いる場合には，カラーフィルター透過後の青・緑・赤色の三原色の色純度が高くなるよう，比較的スペクトル幅の小さい蛍光体が求められる。

1.1.3　紫色 LED＋青・緑・赤色蛍光体

青色 LED（450 nm 付近の発光）の代わりに，400 nm 付近の光を発する紫色 LED を用いて，蛍光体として青・緑・赤色のものを混合して用いる形の白色 LED が開発されている。青色 LED を用いる場合よりも，色ズレが少ないこと，調色が容易であること，などのメリットがある反面，ストークスシフトが大きいために青色 LED タイプより効率が低くなること，チップの波長が短いために封止材やパッケージ材料の紫外線劣化が起きやすいこと，などの問題点が指摘されている[3)]。

1.2　白色 LED の用途

主な白色 LED の用途は，照明とバックライトである。

1.2.1　照明用途

照明用途では，当初，光量の少ない補助照明用途が大半であったが，2009年頃より白熱電球代替としての電球形白色LED照明（いわゆるLED電球）の普及が加速し，本格的に照明として用いられるようになった。直管型蛍光ランプを置き換える形の白色LEDも販売されているが，安全性の問題が指摘されている。2010年に，直管型LED照明のために新しい口金の規格が制定され[4)]，この規格に則った商品が発売された[5)]。

このような従来の照明器具の点灯部分を置き換える形ではなく，照明器具全体をLED専用に設計したものも積極的に開発され，調光や調色など，LED照明の特長を活かした新しい機能を盛り込んだ商品が発売されている[6)]。

1.2.2　バックライト用途

液晶ディスプレイのバックライトとしての用途の最初の普及は，携帯電話のバックライト用途であった。このときには色再現性はあまり問題にされず，青色LEDと黄色蛍光体を組み合わせた白色LEDが用いられた。その後，大画面の液晶テレビのバックライトとして用いられるにあたり，緑と赤の蛍光体の組合せが用いられるようになった。最近では，液晶テレビのバックライトの大半がLEDバックライトとなり，従来の冷陰極管（CCFL）の使用される割合が低下している。

1.2.3　その他（車載用途）

照明とバックライト以外にも，様々な用途で白色LEDは用いられるが，需要の大きいものとしては車載用途が挙げられる。自動車の省燃費が求められており，ハイブリッド車や電気自動車の普及が進んでいる。同時に車載用の照明器具の電力消費削減が強く求められ，白色LEDに期待が集まっている。白色LEDは，省電力性能と共に，Hgを使わないことや交換頻度を下げられる点でも期待されている。白色LEDのヘッドライトへの適用は，高級車種を中心に既に始まっているが，その比率はますます高まるものと思われる[7)]。ヘッドライトをハロゲンランプから白色LEDにすることで消費電力を約1/3に低減できる。インパネやカーナビのバックライトのLED化も始まっており，車載照明の全LED化が可能になってきている[8)]。

2　蛍光体に求められる性能

白色LEDに用いられる蛍光体に求められる性能・特徴を順に紹介する。

①　励起スペクトル

当然のことであるが，青色や紫色のLEDを吸収して蛍光を発生する必要がある。具体的にはピーク波長450 nm前後の青色，あるいは，400 nm前後の紫色の光を効率よく吸収する必要がある。青色光を吸収する蛍光体はあまり多くなく，窒化物系蛍光体が開発・実用化されたのは，この要求特性を満たすものとして好適であったためと考えられる。すなわち，窒化物系の母体結晶の共有結合性や配位環境のために，発光中心であるEu^{2+}やCe^{3+}のd準位の分裂が大きくなり，吸収にかかわるエネルギー準位が下がるため，青色や紫色の領域に吸収帯を生じることが多い，と考えられる。

② 発光スペクトル

青色LEDを用いる場合は，緑から赤色の発光を示す蛍光体が必要で，紫色励起の場合はこれに加えて青色発光蛍光体が必要である。照明用途では，一般に発光半値幅の広い蛍光体が求められる。それにより可視光全域でフラットな発光スペクトルを得ることができ，演色評価数を高くすることができる。一方，ディスプレイのバックライト用途では，赤緑青の三原色を出せるよう，半値幅の狭い蛍光体が求められる。

③ 耐久性

発光素子の長期信頼性を確保するため，水・光・熱に対する耐久性が求められる。特に，封止樹脂に蛍光体を混ぜてLEDチップの上に配置する形態の白色LEDでは，LEDチップからの熱と強い光（励起光）に対する耐久性が求められる。

④ 温度依存性

GaN系LEDは，動作時に100℃を超える温度になると言われ，その近傍に配置される蛍光体も同等の温度になる。そのため，この温度域でも発光強度が低下しないこと，すなわち，温度消光が小さいことが求められる。近年，LEDチップの高出力化が進んでおり，より一層，温度消光の小さい蛍光体が求められる傾向にある。

⑤ 粉体特性

一般に，蛍光体の粒径がある程度大きいほうが，発光効率は高くなると言われているが，発光素子製造プロセスにおいては，沈降防止や色むらの防止の観点で小粒子のほうが好ましい。白色LED用途においては，従来の蛍光体の用途（蛍光ランプ，ブラウン管など）に比べると，粒径の大きい蛍光体が使われる傾向にあるようである。これは，白色LED用途の多くの蛍光体で，発光中心（Eu^{2+}やCe^{3+}）に由来する吸収帯を利用するため，従来用途の蛍光体に比べて励起光の吸収率が低く，散乱されやすいため，散乱効果が出にくい大粒子が用いられるのではないかと考えられる。

文　　献

1） LEDの最新動向，p.67，東レリサーチセンター（2010）
2） 板東完治，野口泰延，阪野顕正，清水義則，第264回蛍光体同学会講演予稿，p.5（1996）
3） 折戸文夫，日経エレクトロニクス編，LED2011，p.64，日経BP社（2011）
4） 日経エレクトロニクス編，LED2011，p.190，日経BP社（2011）
5） 日経エレクトロニクス編，LED2011，p.194，日経BP社（2011）
6） 日経エレクトロニクス編，LED2011，p.96，日経BP社（2011）

7）D. Vanderhaeghen，日経エレクトロニクス編，LED2011，p.172，日経BP社（2011）
8）LEDの最新動向，p.317，東レリサーチセンター（2010）

3　蛍光体の評価

岡本信治*

蛍光体の評価は，発光特性，光学特性，結晶工学的特性，化学的性質に分類できる。発光特性には励起・発光スペクトル，発光強度（輝度），発光色，演色性，量子効率などの評価項目があり[1~5]，製品性能をそのまま示す評価項目が含まれる。光学特性には反射・吸収スペクトル，屈折率，体色（ボディカラー）などがある[1~5]。結晶工学的特性は，結晶構造，不純物の種類や濃度，欠陥などの評価項目があり，発光特性の原因に関係している。化学的性質とは耐熱性や吸湿性など蛍光体の分解の原因となる性質であり，蛍光体の塗布の容易性や劣化・寿命に関係している。

3.1　発光・光学的特性評価

3.1.1　励起・発光スペクトル

励起スペクトルは蛍光体を励起できる励起波長帯を示し，発光スペクトルと対で測定される。それらの測定系の例を図2-3に示す。分光器の取り扱いについては他の解説書を参考にしていただきたいが，標準光源による強度補正や波長補正を必ず行っておく必要がある。狂っているとそれまでのデータの信頼性がなくなり間違った評価結果となる恐れがある。発光スペクトル測定では，励起光源側の分光器1をある波長に固定し，分光した光を試料に照射し，その発光を分光器2で分光してそのスペクトルを測定する。励起スペクトルの測定では分光器2をある波長に固定して，分光器1を波長走査にして光源側のスペクトルを測定する。YAG:Ceと460 nm発光の

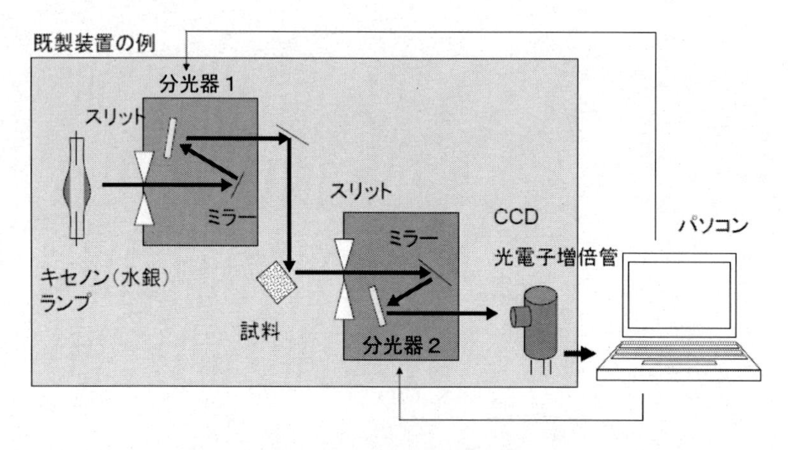

図2-3　分光測定装置の例

＊　Shinji Okamoto　NHK放送技術研究所　表示・機能素子研究部　主任研究員

青色LEDの励起・発光スペクトルの例を図2-4に示す。YAG:Ceの励起帯に青色LEDの460 nm付近の青色発光が一致しており，青色光によって効率よく励起できることが判る。

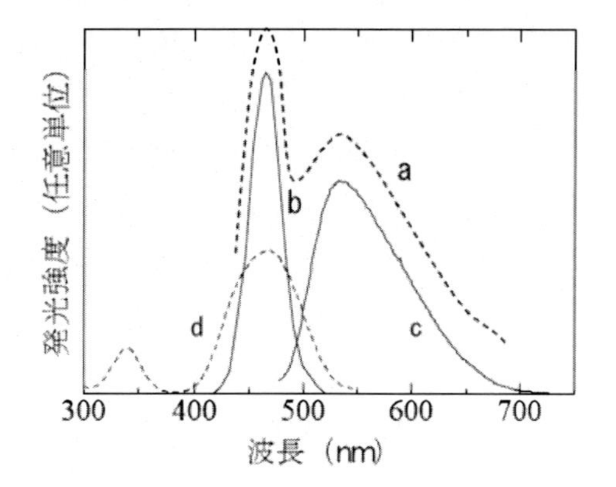

図2-4　発光スペクトルの比較
(a)　白色LEDの発光スペクトル
(b)　青色LEDの発光スペクトル
(c)　YAG:Ceの発光スペクトル
(d)　YAG:Ceの励起スペクトル

3.1.2　発光色・輝度

発光スペクトルが測定できれば以下の式を用いてCIE（Commission Internationale de l'Eclairage）色度座標（x， y，z）を求めることができる。

$$X = 680\int_{380}^{780}\Phi(\lambda)\bar{x}(\lambda)d\lambda$$

$$Y = 680\int_{380}^{780}\Phi(\lambda)\bar{y}(\lambda)d\lambda$$

$$Z = 680\int_{380}^{780}\Phi(\lambda)\bar{z}(\lambda)d\lambda$$

$\phi(\lambda)$；発光スペクトル　　$\bar{x}(\lambda)$，$\bar{y}(\lambda)$，$\bar{z}(\lambda)$；等色関数

$$x = \frac{X}{X+Y+Z},\quad y = \frac{Y}{X+Y+Z},\quad z = \frac{Z}{X+Y+Z}$$

実際の色度座標や輝度の測定には市販されている簡易な輝度計や高機能な分光輝度計が用いられ，簡便に測定できる。

3.1.3　演色性

ランプなどによって照らしたときの物体の色の見え方を演色評価数（Color Rendering Index (CRI)）によって表す。具体的には図2-5に示すように15色の試験色を基準となる照明光で照射した場合とどれぐらい違って見えるかを表す。日本工業規格 JIS.Z 8726：1990に規定されており，平均演色評価数（Ra）は白熱電球の場合100である。この評価法はなだらかで幅広いスペクトルを持つ白熱電球など従来の一般照明光源に適用されてきた。しかし，白色LEDでは急

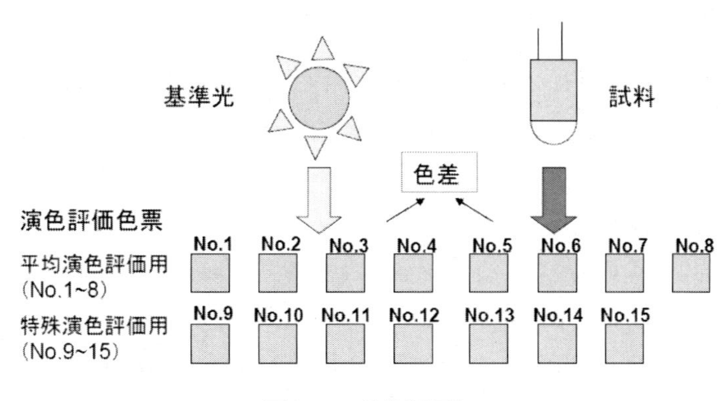

図2-5　演色評価法

峻な発光スペクトルが含まれるなど発光特性が異なり，その照明下では試験色はより鮮やかに見えることがある。見え方としてより好ましいが，試験色と大きく違って見えるため演色評価数は低下する。白色LEDの普及に伴い評価方法の見直しが検討されている。米国NIST（National Institute of Standards and Technology）からは試験色を新しく見直し，鮮やかに見える方向で減点せずに評価数を計算する方法“Color Quality Scale”（CQS）が提案されている[6]。

実際の演色評価数測定では，基準照明光下での試験色の色情報データが内蔵されている分光輝度計が用いられ，簡便に測定できる。

3.1.4 フォトルミネッセンスにおける量子効率

蛍光体に入射するフォトン数をN_e，蛍光体で発生して蛍光体外部へ放出されるフォトン数をN_p，蛍光体内部から外部への光取り出し効率をη_lとすると，外部量子効率η_{ext}と内部量子効率η_{int}は次式で表せる。

$$\eta_{ext} = \frac{N_p}{N_e}$$

$$\eta_{int} = \frac{\eta_{ext}}{\eta_l}$$

量子効率の測定には相対比較測定と絶対測定がある。相対比較測定では標準蛍光体との比較が考えられるが，標準となる蛍光体の提供が困難なため効率が測定された市販蛍光体を用いて比較することがある。一般には図2－6に示す分光器と積分球を用いた測定系による絶対量子効率測定を行う。予め図中の各種補正係数を取得しておく。以下に示す測定手順とそれに対応するスペクトルの模式図を図2－7に示す。

① 反射板（アルミナ）をセット位置Aにセットして入射光の強度（励起光量）を測定する。

② 試料をセット位置Aにセットして発光強度（蛍光量）を測定する。以下の式によって量子効率が求められる。

外部量子効率＝蛍光量／励起光量
内部量子効率＝蛍光量／光吸収量

積分球内では試料に吸収されない励起光が積分球内で反射されて再び励起光として寄与する経路も考えられるので補正を行うことがある[7]。自動的に測定できるソフトウェアが組み込まれた装置が市販されている。

3.1.5 発光波形・蛍光寿命

発光波形は発光中心の種類や数，濃度，欠陥，エネルギー伝達過程，発光応答速度，残光など発光特性を評価する上で重要な情報を提供してくれる。蛍光寿命は遷移確率に対応しており，輻射遷移確率をA，非輻射遷移確率をA’とするとそれぞれの減衰時間は次式となる。

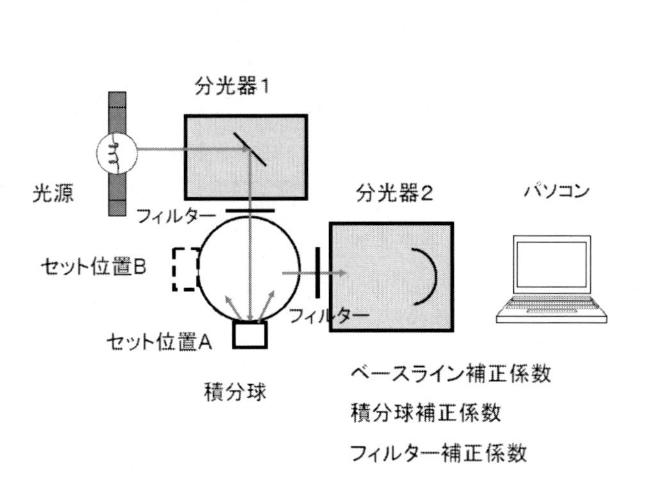

図2-6　量子効率測定系の例

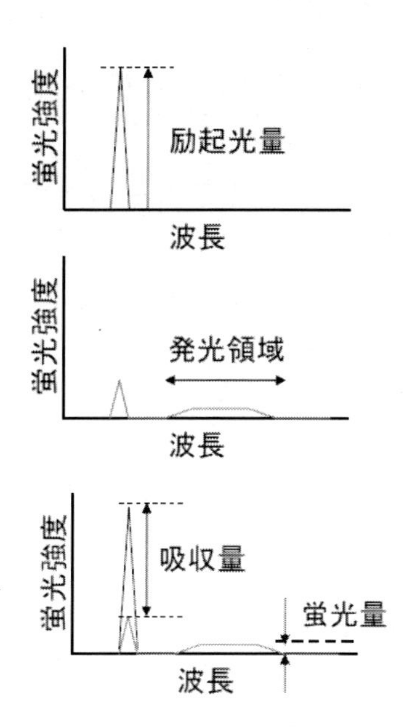

図2-7　励起光量，吸収量及び蛍光量の関係

$$\tau = 1/A \qquad \tau' = 1/A'$$

観測するのは輻射遷移過程と非輻射遷移過程の合成であり，蛍光寿命 τ_0 は次式となる。

$$\frac{1}{\tau_0} = \frac{1}{\tau} + \frac{1}{\tau'}$$

この蛍光寿命を持つ発光波形は以下の式で表せる。

$$I = I_0 e^{-\frac{t}{\tau_0}}$$

実際に測定した発光波形は上記の式に従う場合や複数の蛍光寿命が合成された複雑な波形を示すことがある。この場合には次のように複数の蛍光寿命を用いて解析する。

$$I = I_0(e^{-\frac{t}{\tau_1}} + e^{-\frac{t}{\tau_2}} + e^{-\frac{t}{\tau_3}} + \cdots)$$

一般的な測定系の例を図2-8に示す。パルス幅1 ns以下の半導体励起固体レーザ，たとえばYAG:Ndレーザの高調波を励起源として蛍光体に照射する。その発光を分光器に通して光電子増倍管などで検出してデジタルオシロスコープで記録する。希土類イオンの発光では Ce^{3+} イオンの5d-4f遷移がもっとも早くnsオーダーである。より蛍光寿命が短い場合や高速現象の測定にはストリークカメラを用いたピコ秒あるいはフェムト秒領域に対応する測定系が必要になる。発光中心イオンへのエネルギー伝達過程を分析する時間分解スペクトルが測定できる。

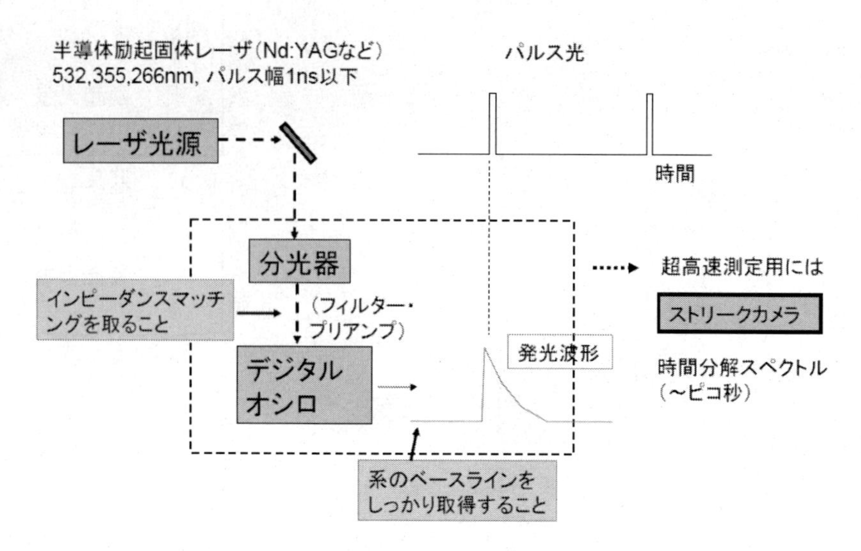

図2-8　蛍光寿命測定系

3.1.6　温度消光・寿命

蛍光体の温度が高くなると母体の格子振動が大きくなる。母体に吸収された励起エネルギーは発光中心イオンまで到達する前に格子振動と結合して消費される過程や励起状態の発光中心イオンのエネルギーが格子振動と結合して消失する過程が考えられる。一般に蛍光体の温度上昇に伴い発光強度が低下する現象を温度消光というが，後者の過程を扱う場合が多い。白色LEDのLEDチップは発光時に200℃程度になるため近接して配置される蛍光体の温度も高くなる。図2-9のような温度消光特性が重要になる。クライオスタットを用いた精密測定や大気中あるいはガス，湿度などの雰囲気を制御した加速（寿命）試験が行われる。

3.1.7　トラップ測定

一般に母体結晶に結晶欠陥や不純物イオンがあると，図2-10に示すようにキャリアを捕獲する場合がある。この捕獲準位がトラップであり，その評価に熱ルミネッセンスを測定する。実際

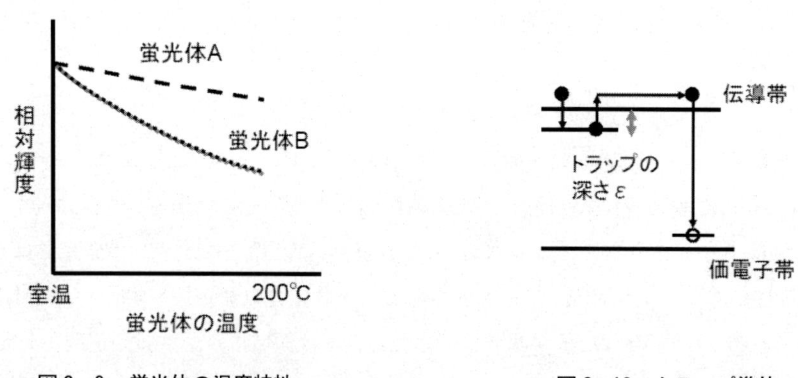

図2-9　蛍光体の温度特性

図2-10　トラップ準位

の測定では低温で蛍光体を十分光で励起しトラップにキャリアを捕獲しておく。励起を止めて温度を徐々に上昇させて捕獲したキャリアを放出させながら熱ルミネッセンス強度を測定する。この温度に対する発光強度の変化をグロー曲線という。

nをトラップされている電子数，sをトラップから電子が出て行く頻度因子，kをボルツマン定数，Tを温度とすると時間tにおける残光は，

$$I(t) \approx \frac{dn}{dt} = -ns\exp(-\varepsilon/kT)$$

である。昇温速度βを導入すると次式となる。

$$I \approx \frac{dn}{dt} = \beta\frac{dn}{dT}$$

これより，理論的なグロー曲線の形状は

$$I(T) = n_0 s\exp(-\frac{\varepsilon}{kT})\exp(-\int_{T_0}^{T} s\exp(-\frac{\varepsilon}{kT})\frac{dT}{\beta})$$

である。グロー曲線のピークの温度をT_mとすると

$$\ln(\frac{\beta}{T_m^2}) = -\frac{\varepsilon}{kT_m} + Const.$$

となる。上式の傾きからトラップの深さεを求めることができる。

3.1.8　光学的特性

一般的な反射・吸収スペクトル測定に加えて，蛍光体では拡散反射スペクトルを測定することがある。一般にホルダーに蛍光体粉末を充填した試料を用いるが，この試料では表面や内部において粒子による光吸収・反射や粒子間の散乱など複雑な過程が発生する。これらの情報を取り込むために積分球を用いて測定を行う。反射（吸収）スペクトルから吸収率，さらに前述の励起スペクトルと組み合わせて母体吸収・励起過程などを知ることができる。

3.2　結晶工学的評価

蛍光体の母体材料は2元系，3元系，4元系など多元系が多い。不純物添加剤まで含めるとさらに多くの構成元素の数になる。測定する試料は粉末形状の場合が多いが，薄膜形状やバルク形状の場合もある。粉末形状の場合には半導体工学で評価する単結晶薄膜や単結晶バルクと違って大きな粒子表面が存在する。この表面には表面欠陥が発生し発光特性に影響を与える。このような蛍光体特有の状況を踏まえて測定評価を行う必要がある。表2-1に結晶工学的な評価項目に対する測定・評価法の例を挙げる[8～10]。特に蛍光体では発光中心イオンや増感剤としての不純物

表2-1　機器分析一覧

評価項目	測定方法	線源，破壊／非破壊	特徴
結晶構造	粉末X線解析法 (X-ray diffraction:XRD)	X線，非破壊	蛍光体粉末の結晶構造，異相，結晶化などを評価
	リートベルト（Rietveld）法	X線，非破壊	新規の結晶構造の同定
組成比・不純物濃度	光電子分光法 (ESCA，XPS)	X線，非破壊 （イオンエッチングの場合破壊）	表面分析，イオンエッチングによる深さ方向組成分布
	誘導結合プラズマ発光分光分析法（ICP）	プラズマ，破壊	ある程度以上のサンプル量が必要
	オージェ電子分光（AES）	X（電子）線，非破壊	表面分析
	電子プローブ微小分析法 (EPMA)	X線，非破壊	微小領域の元素分析（EDXは広域測定）
	二次イオン質量分析法 (SIMS)	イオン照射，破壊	高感度
	ラザフォード後方散乱法 (RBS)	イオン照射，非破壊	高感度
結晶粒径・粒度	ふるい	非破壊	38ミクロン以上の粒子の分粒
	レーザー回折法	レーザー光，非破壊	サブミクロン〜ミリメートルの粒径
	透過型電子顕微鏡（TEM）	電子線，非破壊	ナノサイズ（ナノ蛍光体）
	走査型電子顕微鏡（SEM）	電子線，非破壊	数ナノ〜
	XRD	X線，非破壊	ナノサイズ〜，Williamsom-Hall法，結晶子；シェラーの式
結晶粒子形状	SEM/CL	電子線，非破壊	カソードルミネッセンス（CL）による発光分布測定
局所構造解析（原子間距離・置換サイト・価数）	X線吸収微細構造（XAFS）法	X線，非破壊	高感度，強力X線発生装置
	ESCA，XPS	X線，非破壊	化学結合状態の評価
	電子スピン共鳴法（ESR）	磁界，非破壊	不対電子（d^n，f^n スピンの測定）
結晶格子の乱れ・欠陥	TEM/断面TEM	電子線，破壊（サンプルのスライス）	格子像の観察

イオンを添加するのでこれらの価数や置換サイトなどの局所構造分析が必要となる。この分析には高輝度放射光を用いたX線吸収端近傍構造（XANES：X-ray Absorption Near Edge Structure）と広域X線吸収微細構造（EXAFS：Extended X-ray Absorption Fine Structure）から成るX線吸収微細構造（XAFS：X-ray absorption fine structure）の測定が行われる[11]。

3.3　化学的性質の評価

高温や水分に対する母体の耐性などは発光特性が優れていても実用化しにくい。酸化物といえ大気中で安定かといえばシリカ系材料の中には不安定な材料もある。水や温水に投入して蛍光体の重量の減少量を測定するなど化学的性質の評価が行われる。

文　　献

1）発光材料の基礎と新しい展開—固体照明・ディスプレイ材料—，金光義彦・岡本信治（共編），オーム社（2008）
2）光物性ハンドブック，塩谷繁雄ほか（編），朝倉書店（1984）
3）光物性測定技術，国府田隆夫・柊元 宏（著），東京大学出版会（1983）
4）蛍光体ハンドブック，蛍光体同学会（編），オーム社（1987）
5）Phosphor Handbook, S. Shionoya, W. M. Yen, H. Yamamoto ed, CRC（2006）
6）Pousset, N. Obein, G. & Razet, A., "Visual experiment on LED lighting quality with color quality scale colored samples". Proceedings of CIE 2010: Lighting quality and energy efficiency, Vienna, Austria,（2010）pp.722-729.
7）FT-7000取り扱い説明書，日立ハイテクノロジーズ
8）物質からの回折と結像—透過電子顕微鏡法の基礎，今野豊彦，共立出版（2003）
9）X線光電子分光法（表面分析技術選書），日本表面科学会，丸善（1998）
10）EXAFSの基礎—広域X線吸収微細構造，石井忠男，裳華房（1994）
11）S. Okamoto, T. Honma, K. Tanaka, G. Runhong and N. Miura, Proc. of the 14th Intern. Display Workshops（IDW '07）, Sapporo, PHp-4, pp.925-928（2007）

4　用途から見た蛍光体の種類

4.1　一般照明用蛍光体

下村康夫*

一般照明に用いられる白色 LED は，演色性を高くするために可視光全領域の光を発すること が求められる。そのため，青色 LED チップを使用する場合，黄色蛍光体単独で用いられる場合は少なく，黄色または緑色の蛍光体と，赤色蛍光体が組み合わされて用いられる。また，白色 LED としてフラットな発光スペクトルを実現するために，半値幅の大きい蛍光体が求められる。

赤色蛍光体では，主に，ピーク波長が 600 ～ 660 nm にある Eu^{2+} 付活窒化物系蛍光体が用いられる。長波長のものを用いると演色性を高くすることができる反面，光束は低下する。黄色または緑色の蛍光体としては，Ce^{3+} 付活のガーネット系蛍光体が広く使用される。黄色蛍光体の場合は，短波長寄りの蛍光体（緑色蛍光体）を用いることで演色性を高くできるが，その場合やはり光束が低下する。蛍光体の組合せは，演色性と光束のトレードオフの関係の中で，求められる要求性能に合わせて選択されると言える。以下で，照明用白色 LED に用いられる代表的な蛍光体について紹介する。

4.1.1　赤色蛍光体

（1）　$CaAlSiN_3:Eu^{2+}$，(Sr, Ca) $AlSiN_3:Eu^{2+}$

$CaAlSiN_3:Eu^{2+}$（CASN）は，窒化物系の赤色蛍光体で，650 nm 付近に発光ピークを持つものが代表的である[1,2]。蛍光は Eu^{2+} の $4f^7-4f^65d^1$ 遷移によるものである。この蛍光体の発光および励起スペクトルを図 2 - 11 に示す。青色 LED だけでなく，紫色 LED でも励起される。温度消光が小さく，耐久性も問題のない実用蛍光体である。

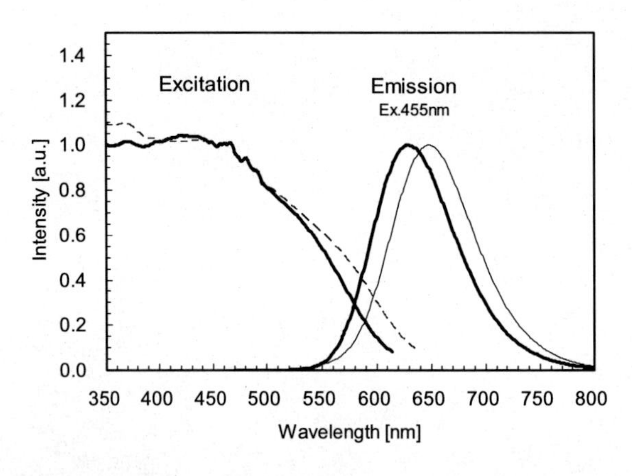

図 2 - 11　$CaAlSiN_3:Eu^{2+}$（点線）と（$Sr_{0.8}$, $Ca_{0.2}$）$AlSiN_3:Eu^{2+}$（実線）の発光および励起スペクトル

＊　Yasuo Shimomura　㈱三菱化学科学技術研究センター　白色 LED PJ　グループリーダー

結晶構造はdistorted-wurtziteと呼ばれるもので，AlNの結晶構造において，Al位置の一部をCa，Siで置換した構造である。合成は窒化物原料による固相反応で合成される。

(Sr, Ca) $AlSiN_3:Eu^{2+}$ (SCASN) は，CASNのCa位置をSrで置き換えたもので，Sr量とともに発光波長が短波長にシフトする[3,4]。代表的なSCASN蛍光体のスペクトルを図2-11に示す。図に示した発光ピーク波長が630 nm付近のものは，Ca位置の80%をSrに置き換えた場合に実現できる。波長が短波長にシフトすることで視感度の高い光成分が増えて高輝度となるので，この蛍光体を用いた白色LEDは，CASNを用いた場合よりも高効率となる。ただし，演色性が若干犠牲になる。

この蛍光体の合成法のひとつとして，構成金属の合金（金属間化合物）を窒素で窒化する方法が知られている[5]。

（2） $CaAlSiN_3$-$Si_2N_2O:Eu^{2+}$

$CaAlSiN_3$と同構造の結晶にSi_2N_2O（シオナイト）がある。$CaAlSiN_3$において，Caを欠損させ，AlとNの一つをSiとOに置換することでシオナイトとなる。このシオナイトと$CaAlSiN_3$の固溶体にEu^{2+}を付活した$CaAlSiN_3$-$Si_2N_2O:Eu^{2+}$も赤色蛍光体である[6]。シオナイト固溶量増加とともに発光スペクトルの半値幅が広がり，発光ピーク波長が短波長にシフトする（図2-12参照）。これもSCASNと同様に，高効率の赤色蛍光体として利用される。

（3） その他の赤色蛍光体

$M_2Si_5N_8:Eu^{2+}$ (M = Ba, Sr, Ca)[7,8] は，最も早く開発された窒化物赤色蛍光体の一つで，YAGと組み合わせることで演色性を向上させられることが報告された[9]。アルカリ土類金属位置のイオンを変更すること，および，Si位置をAlに置換することにより発光波長を調整することができる。

$SrAlSi_4N_7:Eu^{2+}$[10,11]（あるいは$Sr_2Si_7Al_3ON_{13}:Eu^{2+}$[12]）も窒化物系の赤色蛍光体である。青色光により効率的に励起され，580から640 nmに発光ピークを持つ。緑色のサイアロン蛍光体 ($Sr_3Si_{13}Al_3O_2N_{21}:Eu^{2+}$)[13] と組み合わせて高効率の白色LEDを作成したことが報告されている[12]。

4.1.2　黄色～緑色蛍光体

（1） ガーネット系蛍光体

$Y_3Al_5O_{12}:Ce^{3+}$ (YAG:Ce) は，短残光の電子線励起用蛍光体として古くから知られていたが[14]，青色LEDと組み合わせる蛍光体として見直され，実用化された[15]。YやAlの位置を別の元素 (Gd, Gaなど) で置換することで発光波長を変化させることができる[16]。YAG:Ce蛍光体の発光および励起スペクトルの一例を図2-13に示す。Ce^{3+}の4f-5d遷移による吸収と蛍光を示し，450 nm付近に励起スペクトルのピークが存在するため，青色LEDと組み合わせて使用するのに適している。

YAG:CeのY位置をLuで置換した$Lu_3Al_5O_{12}:Ce^{3+}$は，YAGよりも短波長の緑色蛍光体として用いられる。短波長の発光であるため，YAGを用いる場合より演色性の高い白色LEDが得られる。また，この蛍光体は温度消光が小さく[17]，高負荷の用途に適すると言われている。

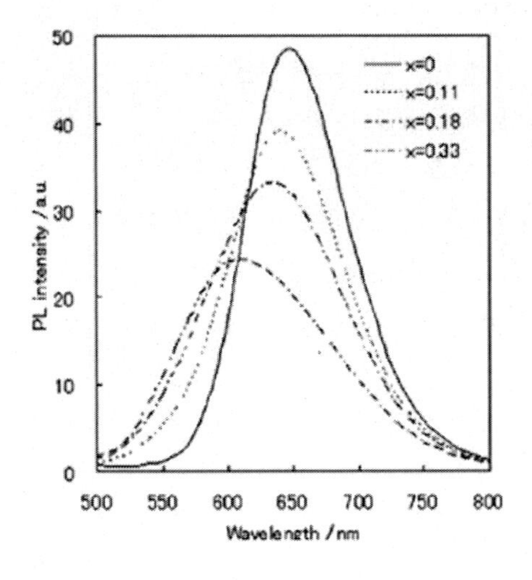

図 2 - 12　$(CaAlSiN_3)_{1-x}(Si_2N_2O)_x$:Eu の発光スペクトル

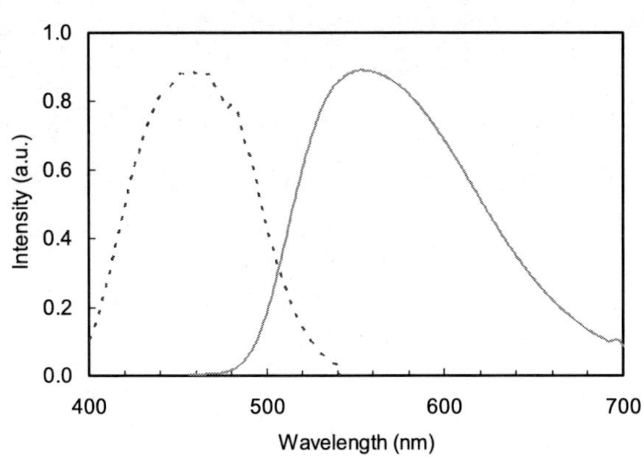

図 2 - 13　代表的な $Y_3Al_5O_{12}:Ce^{3+}$ 蛍光体の発光及び励起スペクトル

（2）　$La_3Si_6N_{11}:Ce^{3+}$

$La_3Si_6N_{11}:Ce^{3+}$ は，最近開発された窒化物系の黄色蛍光体で[18]，耐久性が高く，温度消光も小さいという特徴を持つ。発光および励起スペクトルを図 2 - 14 に示すように，Ce^{3+} に由来する吸収と発光を示す。この母体結晶の Ce が置換される La 位置は，対称性が低い配位環境にあり，そのために 5d 準位の分裂が大きく黄色発光が実現されたと考えられる。

（3）　スカンジウム系緑色蛍光体

$Ca_3Sc_2Si_3O_{12}:Ce^{3+}$ は，ガーネット構造の結晶である $Ca_3Sc_2Si_3O_{12}$ に Ce^{3+} が付活された蛍光体で，Ce^{3+} は Ca 位置を置換している[19]。この蛍光体に Mg，Na，Li 等を添加して合成することで，添加元素が結晶母体に一部置換されて発光を長波長シフトさせることができる[20]。$CaSc_2O_4:Ce^{3+}$ も

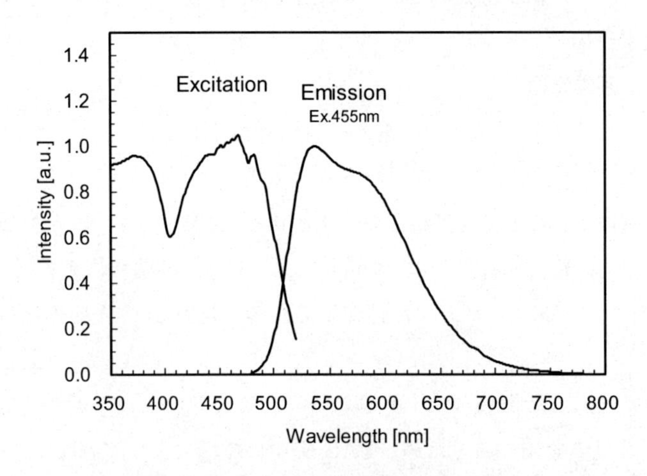

図 2 - 14　$La_3Si_6N_{11}:Ce^{3+}$ の励起及び発光スペクトル

Ce^{3+}由来の蛍光を出す緑色蛍光体である[21]。結晶構造は$CaFe_2O_4$型と呼ばれるもので，ガーネット構造とは異なるがCe置換位置であるCa位置に関して言えば，いずれも酸素が8配位しており，このことが，2つのSc含有蛍光体が類似の緑色発光をする理由と考えることができる。発光および励起スペクトルを図2－15に示す。

4.1.3　紫色LED用蛍光体

紫色LED励起の白色LEDに使用される蛍光体は，通常，青，緑，赤の3つの蛍光体である。求められる色温度や演色性により蛍光体の組合せが選択される。

青色蛍光体としては，$BaMgAl_{10}O_{17}:Eu^{2+}$(BAM)[22]が，紫LED励起白色LED用の青色蛍光体として利用されている。これは，3波長型蛍光ランプ用蛍光体として実績のある蛍光体であるが，白色LEDで使用するために，発光中心（Eu^{2+}）の濃度調整など，400 nm付近の励起光に対しての効率改善が行われる。BAM蛍光体の発光および励起スペクトルを図2－16に示す。緑色蛍光体では，$(Ba, Sr)_2SiO_4:Eu^{2+}$[23]や$Ba_3Si_6O_{12}N_2:Eu^{2+}$[24]などの緑色蛍光体が検討されている。ガーネット系蛍光体の多くは紫色（400 nm）付近では励起効率が低いため利用されない。赤色蛍光体としては，青色励起の場合と同じ窒化物系の蛍光体が利用される場合が多い。

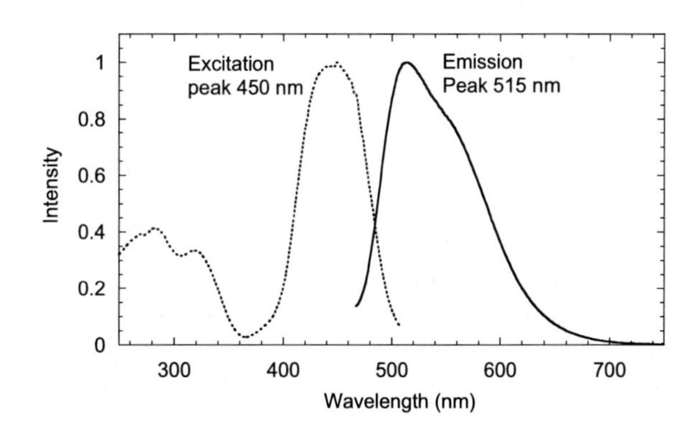

図2－15　$CaSc_2O_4:Ce^{3+}$の励起及び発光スペクトル

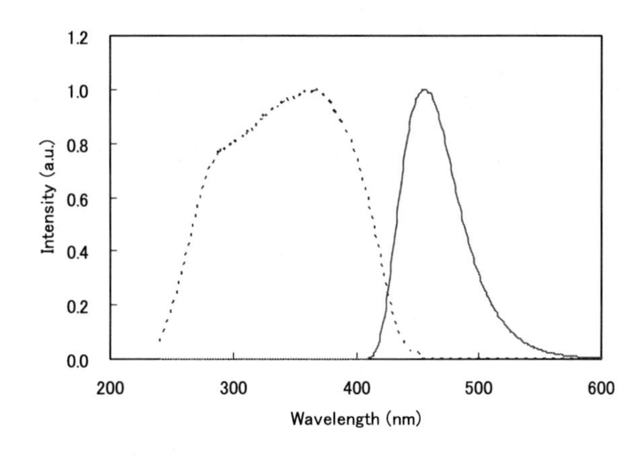

図2－16　$BaMgAl_{10}O_{17}:Eu^{2+}$の励起及び発光スペクトル

文　　献

1) K. Uheda, N. Hirosaki, Y. Yamamoto, A. Naito, T. Nakajima and H. Yamamoto, *Electrochem. Solid-State Lett.*, **9**, H22 (2006)
2) K. Uheda, N. Hirosaki and H. Yamamoto, *Phys. Stat. Sol. A*, **203**, 2712 (2006)
3) H. Watanabe, H. Wada, K. Seki, M. Itou and N. Kijima, *J. Electrochem. Soc.*, **155**, F31 (2008)
4) H. Watanabe and N. Kijima, *J. Alloys Compd.*, **475**, 434 (2009)
5) H. Watanabe, M. Imai and N. Kijima, *J. Am. Ceram. Soc.*, **92**(3), 641-648 (2009)
6) 瀬戸孝俊，広崎尚登，木島直人，伊村宏之，第54回応用物理学関係連合講演会講演予稿集，p.1530 (2007)
7) H. A. Höppe, H. Lutz, P. Morys, W. Schnick and A. Seilmeier, *J. Phys. Chem. Solids*, **61**, 2001 (2000)
8) Y. Q. Li, J. E. J. van Steen, J. W. H. van Krevel, G. Botty, A. C. A. Delsing, F. J. DiSalvo, G. de With, H. T. Hintzen, *J. Alloys Compd.*, **417**, 273 (2006)
9) M. Yamada, T. Naitou, K. Izuno, H. Tamaki, Y. Murazaki, M. Kameshima and T. Mukai, *Jpn. J. Appl. Phys.*, **42**, L20 (2003)
10) C. Hecht, F. Stadler, P. J. Schmidt, J. S. auf der Günne, V. Baumann and W. Schnick, *Chem. Mater.*, **21**, 1595-1601 (2009)
11) J. Ruan, R.-J. Xie, N. Hirosaki and T. Takeda, *J. Am. Ceram. Soc.*, **94**(2), 536-542 (2011)
12) 福田由美，岡田葵，佐藤高洋，平松亮介，松田直寿，三石巌，布上真也，第329回蛍光体同学会講演予稿，pp.17-23 (2009)
13) Y. Fukuda, K. Ishida, I. Mitsuishi and S. Nunoue, *Appl. Phys. Express*, **2**, 012401 (2009)
14) 蛍光体同学会編，蛍光体ハンドブック，pp.275，オーム社 (1987)
15) 板東完治，野口泰延，阪野顕正，清水義則，第264回蛍光体同学会講演予稿，p.5 (1996)
16) 板東完治，照明学会誌，**92**，307 (2008)
17) Q. Shao, Y. Dong, J. Jiang, C. Liang and J. He, *J. Lumin.*, **131**, 1013 (2011)
18) T. Seto, N. Kijima and N. Hirosaki, *ECS Trans.*, **25**, 247 (2009)
19) Y. Shimomura, T. Honma, M. Shigeiwa, T. Akai, K. Okamoto and N. Kijima, *J. Electrochem. Soc.*, **154**, J35 (2007)
20) Y. Shimomura, T. Kurushima and N. Kijima, *J. Electrochem. Soc.*, **154**, J234 (2007)
21) Y. Shimomura, T. Kurushima, M. Shigeiwa and N. Kijima, *J. Electrochem. Soc.*, **155**, J45 (2008)
22) 中西洋一郎，応用物理，**80**，284 (2011)
23) T. L. Barry, *J. Electrochem. Soc.*, **115**, 1181 (1968)
24) K. Uheda, S. Shimooka, M. Mikami, H. Imura and N. Kijima, *Proc. 14th International Display Workshops*, p.899 (2007)

4.2　液晶バックライト用蛍光体

楠木常夫*

4.2.1　はじめに

現在広く普及している液晶ディスプレイの高画質化には目を見張るものがある。高画質化にとって重要な要因には明るさ（輝度），色域，解像度，動画応答性能等色々あるが，バックライトはこの中の明るさ，色域を決める重要なデバイスである。また，近年話題の3D液晶テレビ用バックライトになると3D表示性能を向上させるためバックライトを点滅使用することなどが検討され，その際はその残光特性なども重要視される。液晶バックライト用光源は長い間冷陰極管（CCFL：Cold Cathode Fluorescent Lamp）が主流であり，一般照明用蛍光管で培われた豊富な材料・知見を元に，液晶ディスプレイの用途に合ったものが開発された。

一方，次世代光源として注目されていた発光ダイオード（LED：Light Emitting Diode）では，日亜化学工業が1996年に初めて市場に投入した青色LEDと青色光によって効率良く黄色に発光する $Y_3Al_5O_{12}$:Ce（YAG:Ce）蛍光体を組み合わせた疑似白色LEDが2000年頃より小型液晶ディスプレイ用バックライトに採用されていた[1]。大型液晶テレビでは2004年にソニーが赤色，緑色，青色発光LEDを配列したLEDバックライトを採用し，これまでにない鮮明な色再現を実現した[2]。しかし一方，赤色，緑色，青色発光LEDを用いたバックライトは液晶ディスプレイの色域を広げるには有利であるが，電気的特性のそれぞれ異なるLEDをコントロールしなければならず，電気回路が複雑になるなどの課題があった。小型液晶ディスプレイに採用されていた疑似白色LEDは，その後，発光効率や色ばらつきが改善され，現在では大型液晶テレビ用のバックライトとしても主流になっている。図2－17，2－18に白色LED方式バックライトの模式図を示す。バックライト方式には大きく分けて，液晶モジュールの直下に光源を配置する直下型方式と，導光板の側面に光源を配置するエッジライト方式とある。直下型方式は液晶画面を分割して光らせる部分駆動方式に向いている。一方，エッジライト方式はディスプレイの薄型化への寄与が大きいため近年多くの液晶テレビがこの方式を採用している[3]。図2－18の蛍光体シート方式は照明用途でも提案されているが蛍光体がLEDチップから離れて配置されるため

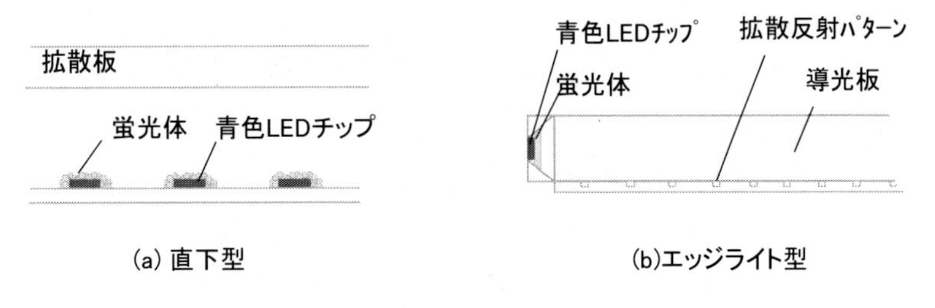

図2－17　白色LED方式バックライト

＊　Tsuneo Kusunoki　ソニーケミカル＆インフォメーションデバイス㈱　開発部門　担当部長

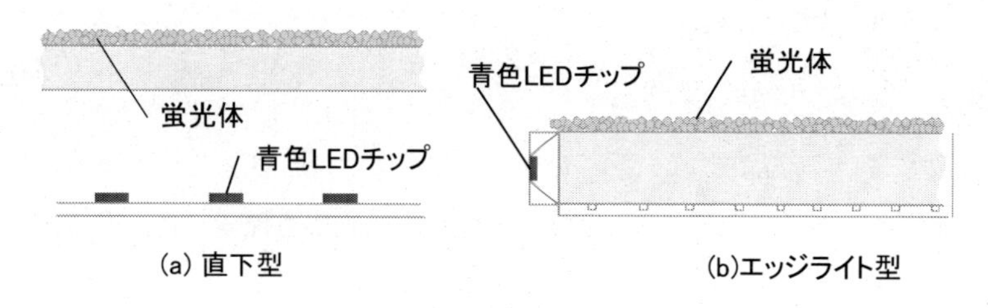

図 2-18　蛍光体シート方式

蛍光体の温度上昇が抑制され温度消光による発光効率の低下が減じられる，発光面積が広くなるため励起密度が低くなり，輝度飽和による発光効率の低下が減じられる，均一なシートを作製することにより色ムラを低減させることが可能であるとされている[4]。

4.2.2　液晶バックライト用白色 LED

バックライトシステムの光源である白色 LED は液晶ディスプレイの色域と輝度に大きな影響を与える。色域とはそのディスプレイが表示出来る「色の再現範囲」であり，一般的にそのディスプレイの 3 原色点を色度図上にプロットし，それらを結んだ三角形の内側のことを示す。図 2-19 には疑似白色 LED を用いた場合の液晶テレビの典型的な色域を示す。液晶ディスプレイの色域性能の指標としては NTSC の基準 3 原色を結んだ面積に対する大きさや sRGB 規格[5] の色域をどの程度カバーするのかというカバー率が使われることが多い。この色域は図 2-20 のようなカラーフィルターの透過特性とバックライトの発光特性によって決まる。液晶バックライトの発光スペクトルとして典型的な 2 種類を示すが，一つはこれまで述べた（a）青色 LED と黄色蛍光体を中心に組み合わせた疑似白色 LED タイプのもので，もう一つは（b）青色 LED と緑色蛍光体と赤色蛍光体を組み合わせのタイプの白色 LED（広色域白色 LED）である。

一般的に液晶ディスプレイの輝度を重視する場合は，バックライト用光源として疑似白色 LED を用い，色域を重視する場合は緑色蛍光体と赤色蛍光体が使われている広色域白色 LED を光源として用いる場合が多い。これは青色 LED と黄色蛍光体の組み合わせの疑似白色 LED ではカラーフィルターと組み合わせたとしても緑色及び赤色領域での発光出力が少ないため，より色純度の高い緑色や赤色が得られず，代わりに，輝度と相関する比視感度曲線（図 2-20）とより重なりの多い発光が透過されるので輝度は高く維持出来るからである。このため疑似白色 LED では色域の狭さを改善するために黄色蛍

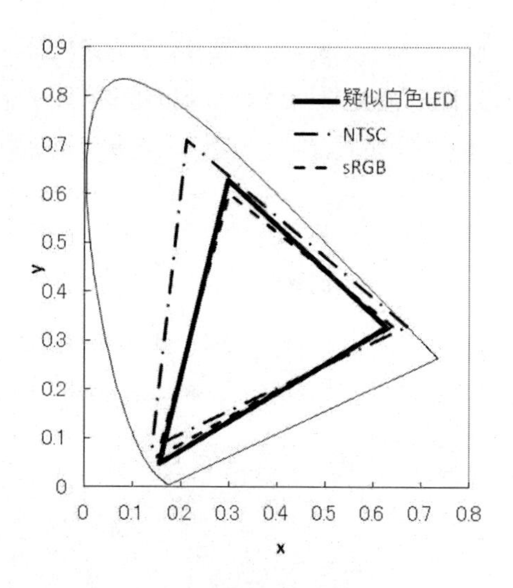

図 2-19　液晶テレビの色域
（疑似白色 LED バックライト）

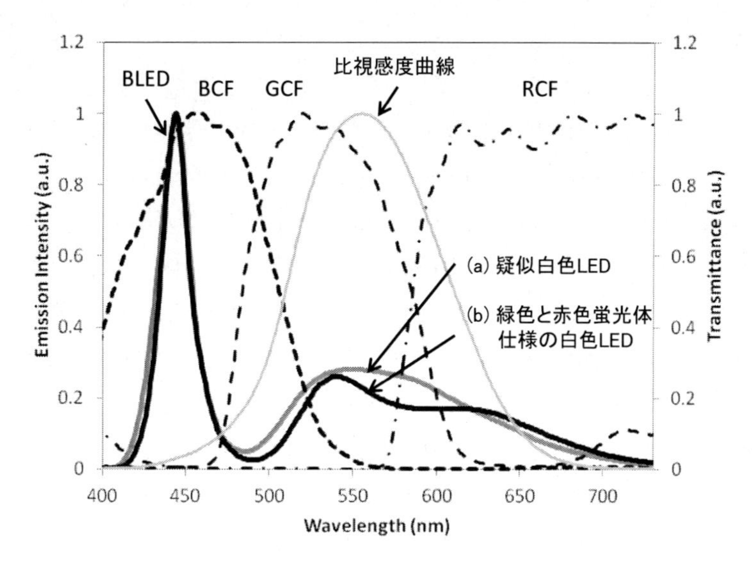

図2－20　液晶バックライトの発光スペクトルとカラーフィルター透過特性

光体に加え赤色蛍光体を添加するタイプのものも多く市場に投入されている。一方，広色域白色LEDでは緑色蛍光体と赤色蛍光体からの発光で白色を作っているために黄色付近の発光が疑似白色LEDに比べ相対的に少なく深い緑色や深い赤色発光が取り出せ，色域は拡大出来る。しかしながら，輝度は逆に疑似白色LEDに比べ低くなる傾向がある。ただ，色域は先に述べたようにカラーフィルターの透過特性によっても決まるので，カラーフィルターの透過特性を調整することにより両方式に大きな差が出ないこともある。

4.2.3　液晶バックライト用蛍光体

（1）　要求性能

疑似白色LEDは一般照明用途としても広く使用されているが，前述のように液晶ディスプレイ用バックライトにも多く使用されているので，この白色LEDに使用されている黄色蛍光体はバックライト用途としても非常に重要である。一方，広色域白色LEDは液晶バックライト用ならではのもので，それに使用される蛍光体には一般照明用途とは異なった特性が要求される。一般照明用途では演色性が重要視され，可視域全体に発光出力があるものが要求されるが，液晶バックライト用途では，よりディスプレイの色域を広げることや，より輝度を高くすることが要求される。その為には，各カラーフィルターの透過域に合致した波長域に半値幅が狭く，且つ，強度の高い発光スペクトルが必要である。特に緑色蛍光体では両脇の波長域に青色及び赤色カラーフィルターの透過域があるため半値幅が狭くないと混色を起こし，色域を狭める原因となってしまう。また，4.2.1で述べた残光時間についてはCCFL用の蛍光体では発光中心が禁制遷移のTb^{3+}やEu^{3+}で1/10残光時間がミリ秒オーダーと長かったが，後述する青色LED用蛍光体の発光中心は主に許容遷移のEu^{2+}とCe^{3+}であるため残光時間はマイクロ秒以下と短く問題にはならない。

（2） 黄色蛍光体

黄色に発光するガーネット系蛍光体 $Y_3Al_5O_{12}$:Ce（YAG:Ce）は電子線用蛍光体として実用化されていたが，その励起帯が青色 LED の発光波長と良い一致を示すことから疑似白色 LED 用蛍光体として広く使われている。この蛍光体は $Y_3Al_5O_{12}$:Ce を基本組成として，Y サイトの一部を Gd で置換することで波長を長波長側にシフト出来，Al サイトの一部を Ga で置換することにより短波長側にシフトさせることが出来るなど発光波長が微調整可能なことも好都合である。また，オルソシリケート（Ba, Sr,)$_2SiO_4$:Eu も YAG:Ce と同様の発光特性を示すため使用されることが多い（図 2 - 21）。この蛍光体もアルカリ土類元素の比率を変更することにより発光波長を緑色から黄色までコントロールすることが出来る。

また，白色 LED の普及が進むにつれ，α型 Si_3N_4 を骨格とする $Ca_x(Si,Al)_{12}(O,N)_{16}$:Eu（α-SiAlON）や近年では $La_3Si_6N_{11}$:Ce 黄色蛍光体も開発され実用化されている（42 ページ，図 2 - 14 参照）[6,7]。これら窒化物系の蛍光体は結晶内部の強固な SiN_4 の共有結合により信頼性や温度特性に優れるという特徴を持っている。

これら黄色蛍光体では YAG:Ce が Ce^{3+} の発光であり，Ce^{3+} のエネルギー準位の異なる二つの基底状態への遷移により他の Eu^{2+} の発光のものより半値幅が広くなる。しかしそれでも前述したように赤色成分を補うために赤色蛍光体を加えることもある。

（3） 緑色蛍光体

広色域白色 LED 用緑色蛍光体として重要な特性は効率が高いのはもちろんであるが，半値幅の狭いことが重要である。これは半値幅が広いと前述のように緑色カラーフィルターだけではなく青色カラーフィルターや赤色カラーフィルターを通して青色や赤色の画素に光が混入し他の 2 色の色純度を下げてしまうからである。図 2 - 22 は液晶ディスプレイ用広色域白色 LED が開発さ

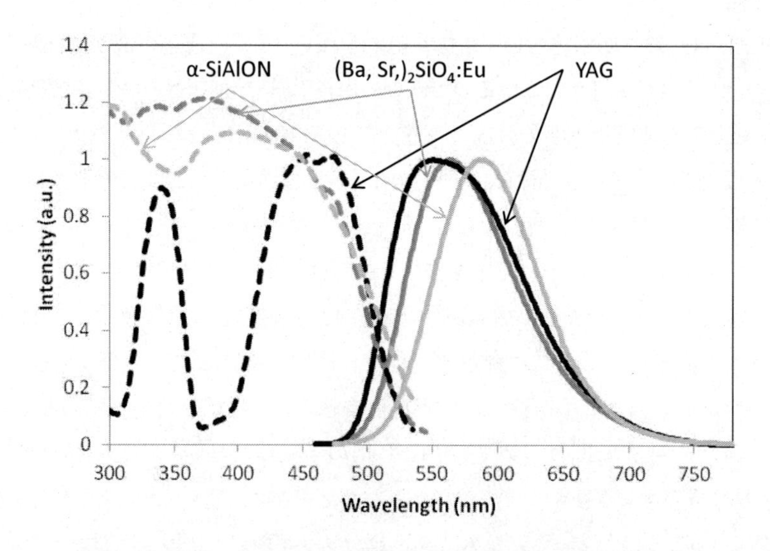

図 2 - 21　液晶バックライト用黄色蛍光体の発光と励起スペクトル

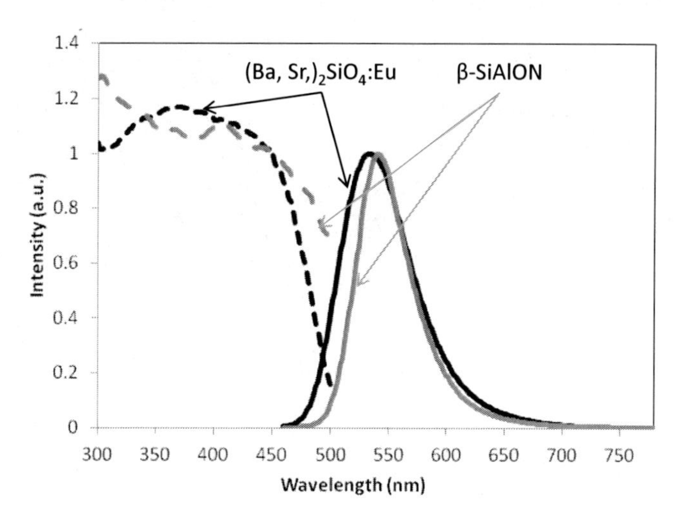

図2－22　液晶バックライト用緑色蛍光体の発光と励起スペクトル

れた当初より緑色蛍光体として使われているオルソシリケート系蛍光体（Ba, Sr,)$_2$SiO$_4$:Euと近年採用が始まっているβサイアロン（β-SiAlON）蛍光体Si$_{6-z}$Al$_z$O$_z$N$_{8-z}$:Euの励起と発光スペクトルである[6]。これら蛍光体はそれぞれ半値幅が73 nm，54 nmと比較的狭く広色域白色LED用途として好適である。

ところで最近は液晶テレビの薄型化への要望が強く，4.2.1で述べたエッジライト方式が採用される場合が多い。エッジライト方式の場合，LEDの取付けスペースの関係で取り付け数が限られ，出力の高いLEDを使用する場合が多く，蛍光体への負荷は大きくなる傾向にある。βサイアロン蛍光体はβ-Si$_3$N$_4$構造を骨格としており温度特性が良好で，信頼性が高く，このような高負荷がかかる用途には適しているが，開発当初はEuの固溶濃度が低く発光強度が高くなかった。また，色度がやや黄色寄りといった点も指摘されている。しかし，近年では効率の改善がなされ，また，色純度改善の検討も精力的になされている[6,8]。また，同様の窒化物蛍光体としてはBa$_3$Si$_6$O$_{12}$N$_2$:Euがあり実用化に向けて研究されている[9]。一方（Ba, Sr,)$_2$SiO$_4$:Eu蛍光体はアルカリ土類を多く含み耐湿性等信頼性に課題があると言われているが，高効率で合成法も窒化物に比べ簡易なためコスト的な利点はある。

（4）　赤色蛍光体

広色域白色LED用赤色蛍光体では発光の他色への混入という点では緑色蛍光体とは異なり長波長側に注意を払う必要はないが，視感度の低い長波長側への光出力は効率のロスにつながるので半値幅が狭いものが望まれる。発光波長としては色域重視の場合はピーク波長が650 nm付近のものが使われる場合が多く，輝度を重視する場合は更に短波長のものが使われることが多い。また，4.2.2項で述べたように黄色蛍光体と組み合わせて色域を広げる目的で使用される場合もある。図2－23にLED用赤色蛍光体として使われるCaAlSiN$_3$:Eu (CASN)，(Sr, Ca) AlSiN$_3$:Eu (SCASN）とややピーク波長が短波長で橙色に発光するCa$_x$(Si, Al)$_{12}$(O, N)$_{16}$:Eu (α-SiAlON)

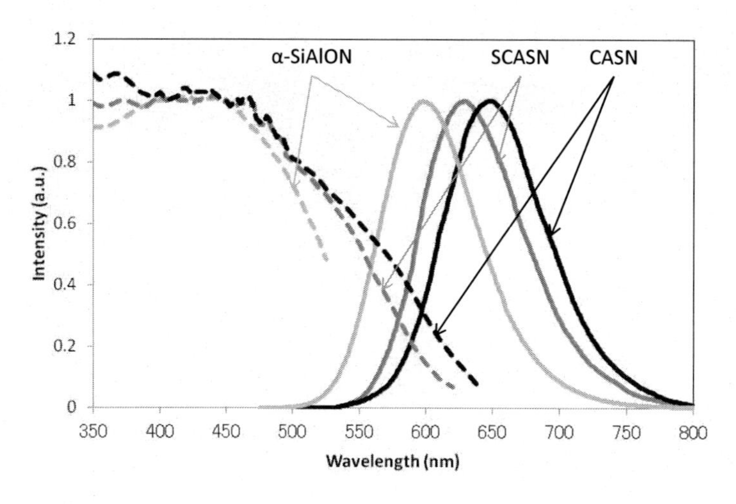

図2－23　液晶バックライト用赤色蛍光体の発光と励起スペクトル

の発光と励起スペクトルを示す[6,10,11]。これら窒化物赤色蛍光体は温度特性も良く信頼性も高い。

（5）　その他の蛍光体

液晶ディスプレイバックライト用蛍光体としてこれまで述べて来たもの以外に興味深いものとして硫化物系蛍光体がある。緑色蛍光体としては（Ba, Sr, Ca）Ga_2S_4:Eu，赤色蛍光体としては（Sr, Ca）S:Eu である。これら蛍光体は効率も高く，また，アルカリ土類の比率を変えることにより波長をコントロール出来る。$SrGa_2S_4$:Eu と CaS:Eu の発光と励起スペクトルを図2－24に示すが，それぞれ半値幅は 48 nm，64 nm と非常に狭く，色純度も優れている。しかしながらこれら硫化物蛍光体には耐湿性に劣っている，あるいは，温度消光が大きいなどの課題があり，使い方を工夫し更なる高効率化を図ることなどの検討が行われている[12,13]。

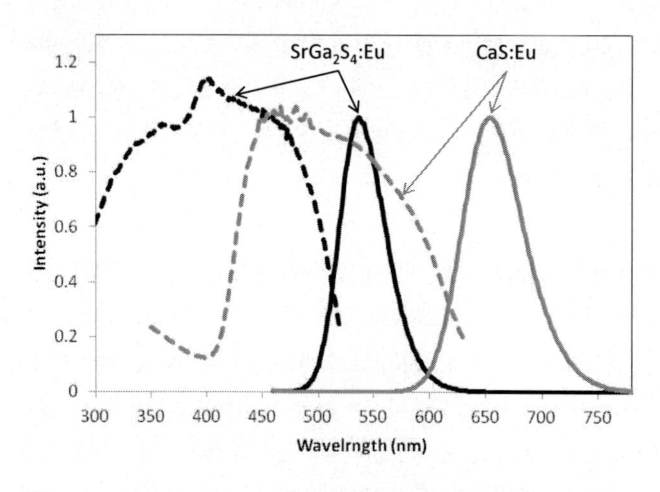

図2－24　液晶バックライト用赤色蛍光体の発光と励起スペクトル

4.2.4 おわりに

液晶ディスプレイ用バックライトの急速な白色LED化に伴い，これまで述べたように様々な蛍光体が検討されている。また，これら白色LEDにどのような蛍光体が使用されるかは白色LEDメーカーと液晶ディスプレイメーカーで決められるが，カラーフィルター特性や蛍光体に関する特許環境がどういった状況になっているかなどの背景もあり様々な仕様がある。しかしながら本質的にはディスプレイの永遠の課題である，輝度と色域の相反する関係が少しでも改善され，また，信頼性の高い蛍光体が今後採用あるいは開発されていくのではないかと考えられる。

文　献

1） 坂東，野口，阪野，清水，第264回蛍光体同学会講演予稿，p.5（1996）
2） K. Kakinuma, *Japanese Journal of Applied Physics*, **45**, 5B, p.4330（2006）
3） カランタル・カリルほか，LEDバックライティング技術，シーエムシー出版（2010）
4） Y. Ito, T. Tsukahara, S. Masuda, T. Yoshida, N. Nada, T. Igarashi, T. Kusunoki and J. Ohsako, SID08 DIGEST, p.866（2008）
5） IEC61966-2-1
6） 山田，江本，伊吹山，廣﨑，第335回蛍光体同学会予稿，p.9（2010）
7） T. Seto and N. Kijima, *ECS Transactions*, **25**(9), p.247（2009）
8） 広崎，解，高橋，第59回応用物理学関係連合講演会　講演予稿集，14-169（2012）
9） K. Uheda, S. Shimooka, M. Mikami, H. Imura and N. Kijima, Proc. 14th International Display Workshops, p.899-902（2007）
10） K. Uheda, N. Hirosaki, Y. Yamamoto, A. Naito, T. Nakajima and H. Yamamoto, *Electrochem. Solid-State Lett.*, **9**, H22-H25（2006）
11） H. Watanabe, H. Wada, K. Seki, M. Itou and N. Kijima, *J. Electrochem. Soc.*, **155**, F31-F36（2008）
12） 武居，鈴木，伊東，宮本，大観，第70回応用物理学会学術講演会 講演予稿集，p.1313（2009）
13） T. Kusunoki, T. Izawa, K. Akimoto and S. Odakiri, SID11 DIGEST, p.1471（2011）

4.3 紫色ないし近紫外 LED 励起用蛍光体

大長久芳*2

NEDO プロジェクト「21 世紀のあかりプロジェクト」で報告[1)]されて以降，紫色ないし近紫外 LED チップを用いた白色 LED は，優れた演色性，色の安定性が期待できることから，その実用化が追求されてきた。しかし一般に，紫色ないし近紫外 LED チップを用いた白色 LED の発光効率は，主流である青色 LED チップと YAG 蛍光体を組み合わせた白色 LED に及ばないと言われている。その主な理由は，LED チップの発光波長と白色光を構成する可視光の波長の差が大きく，波長変換で大きなストークスロスが発生する為である。しかしながら，このことは紫色ないし近紫外 LED チップを用いた白色 LED の可能性を言及するには，適切ではない。本項では，筆者が知りうる紫色ないし近紫外 LED チップの可能性，そしてその LED チップに蛍光体を実装した白色 LED の課題について記載した後に，この波長の LED チップに適した蛍光体の特性及び個別の蛍光体を紹介する。

4.3.1 紫色ないし近紫外 LED チップと青色 LED チップの違いについて

白色 LED の発光効率の良し悪しは，LED チップの効率によるところが大きい。そこでまず青色と紫色ないし近紫外 LED チップの違いについて述べる。LED チップの発光色は，発光層のバンドギャップの大きさで決まる。InGaN 系の場合では，発光層に含まれる In の含有量でバンドギャップの大きさが決まり，In の含有量が少ない程，バンドギャップが大きく発光波長は短波になるが，短波長化は 365 nm までが限界であった。最近は，AlInGaN の 4 元系が検討されている。この系では 210 nm の発光が得られている[2)]が，4 元系の LED チップの外部量子効率は未だ低く，10%未満に留まる[3)]。そこで本項では，効率の高い InGaN 系 LED チップで，紫色ないし近紫外と青色 LED チップの違いについて記載する。特に，量子効率・ドゥループ現象・電圧効率及び，発光色の影響について比較する。

まず，LED チップの量子効率について述べる。量子効率には LED チップ内部の電光変換効率を示す内部量子効率と，LED チップからの光取り出し効率も含めた外部量子効率がある。光取り出し効率は，主にチップデザインで決まり，発光波長の違いによる影響は小さいので，ここでは内部量子効率について述べる。内部量子効率は，LED チップの発光層に注入された電子に対し，フォトンを発生する確率であり，注入された電子数と同数のフォトンが生じたときに，効率 100%になる。量子効率を司る要因には，結晶の貫通転移欠陥，励起子の拡散長に影響を及ぼす In 量及び，InGaN の結晶性が密接に関連する。InGaN 系のエピタキシャル層には，10^{8}～10^{10} cm^{-2} 程度の高密度の転移欠陥が存在している。この欠陥は，非発光再結合中心となり量子効率を低下させる。エピタキシャル層に高密度の欠陥があるにも関わらず高い発光効率を示す要因は，In の存在が指摘されている。In イオンはその周りにキャリアをトラップし，励起子の拡散長を短くする。その結果，非発光サイトである転移欠陥に捕獲される励起子を減らし，量子効

* Hisayoshi Daicho ㈱小糸製作所 研究所 研究 2 グループ

率の低下を防いでいる。一方，InGaN系の結晶においては，イオン半径の大きなInイオン（Inイオン0.62 Å > Gaイオン0.42 Å）の含有量が増えるほど結晶性は低下し，量子効率は下がる。その結果，InGaN系のLEDチップは，In含有量に対し量子効率の極大値が存在し，その含有量は約10～20 mol%と言われており，そのときのバンドギャップを発光波長に換算すると405～420 nmの紫色の領域になる[4)]。

次に，ドゥループ現象について述べる。LEDチップは，特に照明用途で用いる場合では，1チップ当りの光量を得るために，約1 mm□以下のLEDチップ面積に数百mAから1 Aの高い電流で駆動させる。ドゥループ現象とは，このような電流密度が高い領域で駆動電流に対しリニアに光出力が増加せず，電光変換効率が低下することである。図2-25に示すように，この現象はLEDチップの発光色の違いで異なり，青色LEDチップでは，電流密度が100 mA/mm^{2}以上になるとドゥループ現象が確認され始めるのに対し，紫色LEDチップでは，それ以上に電流密度が上がっても，殆どドゥループ現象は観測されない。したがって，紫色LEDチップは，高い電流密度での使用時に有利である[5)]（但し，ドゥループ現象がInGaN系LEDで本質的なものかどうかは不明であるので，今後見極める必要はある）。

次に，電圧効率について述べる。前述したように，発光波長は発光層のバンドギャップによって決まるため，発光にはバンドギャップ以上の電圧が必要になる。よって，発光に必要なエネルギーは，理論的には紫色の方が青色より15～20%程大きなエネルギーが必要となる。しかし，十分な光量を得るために駆動電流を上げた場合は，駆動電圧を支配するのはバンドギャップではなく，素子全体の抵抗になる。同一チップ構造の紫色LEDチップと青色LEDチップを比較し

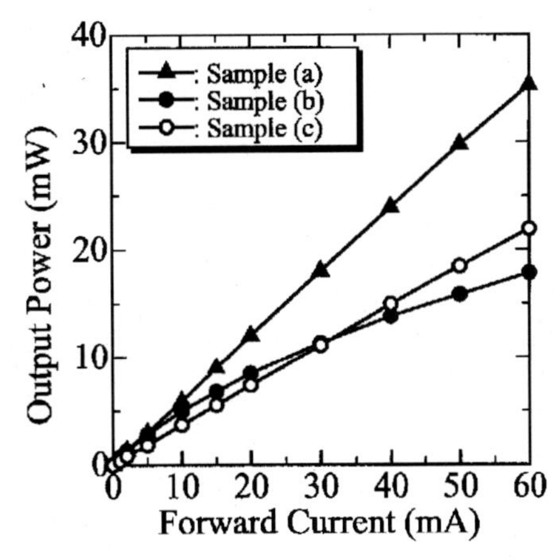

Copyright 2002 The *Japan Society of Applied Physics*

図2-25　駆動電流に対するチップ出力[5)]

Sample（a）：ピーク波長400 nm紫LEDチップ
Sample（b）：ピーク波長460 nm青LEDチップ
Sample（c）：ピーク波長400 nm紫LEDチップ＋青色蛍光体
チップサイズ　350 μm□，リードフレームにマウント後，エポキシモールド

た例は少ないが，筆者の知る限りでは，高い電流をLEDチップに注入する場合の駆動電圧は，紫色は青色に対し同等以下であり，電圧効率の側面からも，紫色LEDチップは高い電流密度での使用時には有利となる[5)]（この特性もInGaN系LEDで本質的なものか，今後見極めていくことは必要である)。

最後にLEDチップの発光色（紫色ないしは近紫外光と青色光）の影響を比較する。まず明るさの分光感度である分光視感度においては，紫色ないし近紫外光光は青色光に対し3%以下と低く，明るさへの寄与は低い（図2-26)。そのため，紫色ないしは近紫外LEDチップで白色LEDを構成するときは，LEDチップの光をなるべく波長変換する必要がある。次に色度に対する影響について記載する。人が色を感じるRGBの等色関数の中で，最も波長の近い青色の等色関数を考える。400 nm近辺の紫色は，青色（445 nm）に対し1/26と小さく，色に対しての影響が少ない（図2-27)。よって，白色LEDから未変換のLEDチップ光が輻射された場合でも発光色度への影響が小さく，発光色をばらつかせる要因にならない。

ここまで紫色ないし近紫外LEDの優位性を中心に述べてきたが，現状は青色LEDチップに対し紫色LEDチップの開発は遅れている。筆者が知る限りの各LEDチップの最高の外部量子効率は，青色LEDチップは63%に達しており[6)]，紫色LEDチップの43%[7)]を大きく上回っている。それは，以下に述べる蛍光体材料及び白色LEDの構造における課題が十分検討されてなく，青色LEDチップを用いた白色LED以上の性能が見込めるまでになっていないためである。

4.3.2　紫色ないし近紫外LEDチップを用いた白色LEDの課題

現時点で報告されている，紫色ないし近紫外LEDチップを用いた白色LEDの発光効率は，青色LEDチップを用いた白色LEDの発光効率の5～6割程度に留まる。発光効率の低下要因の約半分は，LEDチップ開発が遅れている為である。しかし，LEDチップの効率が同等となったとしても，紫色ないし近紫外LEDチップを用いた白色LEDの発光効率は2～3割低く，青

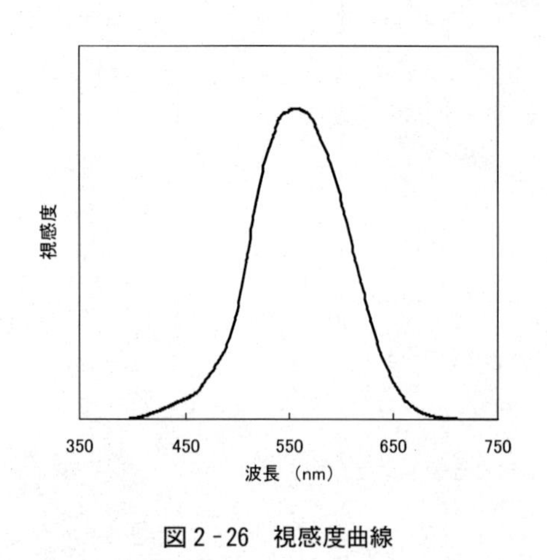

図2-26　視感度曲線

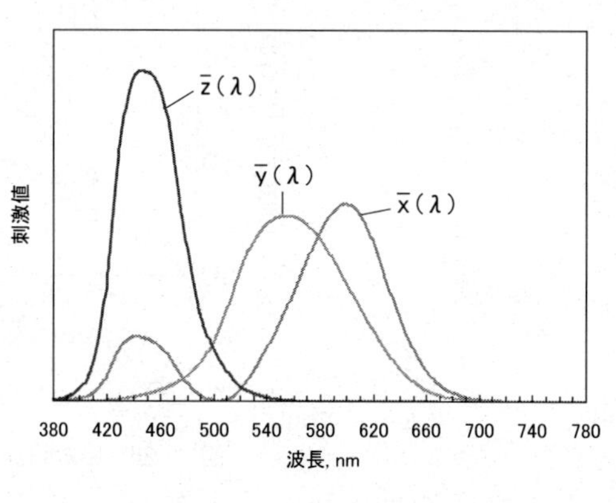

図2-27　2°等色関数

色LEDチップを用いた白色LEDの発光効率まで達しない。その主な理由は，チップの発光波長と白色光との波長の差によるストークスロスが大きいためと言われているが，実はその影響は小さい。前述の通り，青色LEDチップ対し紫色ないしは近紫外LEDチップでは，高電流駆動時の量子効率は上回り，しかも駆動電圧は同等以下である。そのため，LEDチップの投入電力に対する出射フォトン数は，青色以上の効率が期待できる。蛍光体での変換は1個のフォトンを吸収し1個のフォトンを射出する量子変換となるので，蛍光体の量子効率さえ高ければストークスロスの影響は受けない。

しかし実際，この波長のLEDチップを用いた白色LEDの発光効率は高くない。その主要因は，次の2点である。一つ目は，蛍光体量が多いためである。LEDチップから出射される光の殆どを蛍光体によって波長変換するので，蛍光体の量は多く必要となる。蛍光体は3～20 μm の粒子であり，このような粒子の高充填は，蛍光体層内で粒子表面による光散乱，遮蔽が発生し，その結果，発光効率の低下を引き起こす。二つ目は，蛍光体の多重励起（Cross excitation）である。照明またはディスプレイに活用される白色光源には，青～赤まで幅広い領域の発光波長が求められる。1種類の蛍光体で白色光を発するブロードな発光を示す例は少なく，多くの場合，複数種の蛍光体を混合し白色光を構成している。このとき，混合蛍光体の中で長波側発光の蛍光体が短波側発光の蛍光体の発光により励起されるCross excitationが発生し，全体の発光効率を下げるだけでなく，発光色度のバラツキも大きくしている。

4.3.3　紫色ないし近紫外LEDチップに適した蛍光体特性

紫色ないし近紫外LEDチップ用の蛍光体には，LED用蛍光体に求められる特性（量子効率，演色性，耐湿性等）の他に，要求される特性がある。

前述のとおり，紫色ないしは近紫外LEDチップは高い電流で動作した時に，量子効率・電圧効率で青色LEDチップに対し優位になる。そのとき，蛍光体はLEDチップからの多量のフォトンに曝される。多量のフォトンに対応し輝度飽和を起こさないためには，蛍光体の発光寿命は短くなければならない。そこで，発光中心は4f-5dの許容遷移による発光寿命の短いEu^{2+}およびCe^{3+}が望ましい。

また，高いフォトン密度に曝され続けても劣化しない耐光性が求められる。一般に無機物である蛍光体の耐光性を問題にすることはないが，高い電流密度のLEDチップ上に設置されるので，この特性は考慮に入れなければならない。

また，温度特性も青色LEDチップ用の蛍光体以上に必要となる。ストークスロスは，量子効率としては考慮しなくてもよいが，蛍光体の発熱として影響を及ぼす。そのため，青色LEDチップに実装した蛍光体より温度上昇するので，蛍光体の温度特性は重要になる。

最後に，励起特性について述べる。この波長のLEDチップ光を白色光へ変換するには，複数の蛍光体を実装するケースが多い。このとき，Cross excitationが発生しないように，蛍光体の励起特性において可視光域に励起帯を持たないことが重要となる。このことは，白色LEDの発光効率の向上だけでなく，白色LEDの色度の安定化につながる。

4.3.4 紫色ないし近紫外LED励起用の蛍光体

紫色ないしは近紫外で励起する主な蛍光体について，発光強度・耐久性・温度特性・Cross excitationを表2-2に列挙した。このうち酸化物を母体とした蛍光体は，母体のバンドギャップが大きいため，付活剤をドープしても360 nm付近にまでしか励起帯が現れず，紫色ないしは近紫外LEDに適した励起波長を示す例は，数少ない。製品化に至っている蛍光体は，青色発光する（Ba,Sr）$MgAl_{10}O_{17}:Eu^{2+}$（BAM:Eu^{2+}），(Ca,Sr,Ba,Mg)$_{10}(PO_4)_6Cl_2:Eu^{2+}$（クロロアパタイト），及び緑～黄色で発光する（Ba,Sr)$_2SiO_4:Eu^{2+}$が挙げられる。このうち（Ba,Sr)$_2SiO_4:Eu^{2+}$の発光励起スペクトルを図2-28に示す[8]。一方，酸窒化物・窒化物を母体とした蛍光体は，共有結合性が高いことから付活剤イオンの周りの配位構造が変り，結晶場が強くなることより，励起波長が可視光域まで延びている。特に製品化または製品化レベルにある蛍光体は，緑色発光のβ-SiAlON，（Ba,Sr,Ca）$Si_2O_2N_2:Eu^{2+}$，燈色発光のCa-αSiAlON，赤色発光の（Ca,Sr）$AlSiN_3:Eu^{2+}$等がある。β-SiAlON[9]，$CaAlSiN_3:Eu^{2+}$[10]の発光励起スペクトルを図2-29，30に示す。

図2-28～30に代表されるように，現在製品化されている蛍光体の励起スペクトルは，青色領域にも広がっており，青色発光の蛍光体と混合したとき，Cross excitationが生じ発光色が安定しない。そこで，Cross excitationを解消する蛍光体も開発されつつある。その開発例として，緑色発光の$Ba_2MgSi_2O_7:Eu^{2+}$，$Cs_2SrP_2O_7:Eu^{2+}$及び燈色発光の$Cs_2CaP_2O_7:Eu^{2+}$等が報告されている（図2-31～33）[11, 12]。しかし，これらの蛍光体は，発光強度または，耐湿性が十分でなく，実用に至っていない。

表2-2　紫色および近紫外で励起する主な蛍光体

発光	組　成	製品化	発光強度	耐久性	温度特性	Cross excitation
黄	$Sr_8MgLa(PO_4)_7:Eu$		×	−	×	○
	Ca-SiAlON:Eu		○	○	○	△
	BOSE	○	○	△	△	△
	$Ba_2Mg(PO_4)_2:Eu$		△	−	×	○
赤	$(Ca,Sr)_2Si_5N_8:Eu$	○	△	○	○	×
	$(Sr,Ca)AlSiN_3:Eu$	○	○	○	○	×
	$(Sr,Ba)_3SiO_5:Eu$		△	×	○	△
燈	$Cs_2CaP_2O_7:Eu$		△	×	○	○
緑	$Cs_2SrP_2O_7:Eu$		○	×	○	○
	$Ba_2MgSi_2O_7:Eu$		△	○	○	○
	$(Ca,Sr,Ba)Si_2O_2N_2:Eu$		○	○	○	△
	β-SiAlON	○	○	○	○	△
	$(Ba,Sr)_7(PO_4)_2(SiO_4)_2:Eu$		△	×	−	○
	$Ba_3Si_6O_{12}N_2:Eu$	○	○	○	○	△
青	$(Ca,Sr,Ba,Mg)_{10}(PO_4)_6C_{12}:Eu$	○	○	○	○	−
	$(Ba,Sr)MgAl_{10}O_{17}:Eu$	○	○	○	○	−

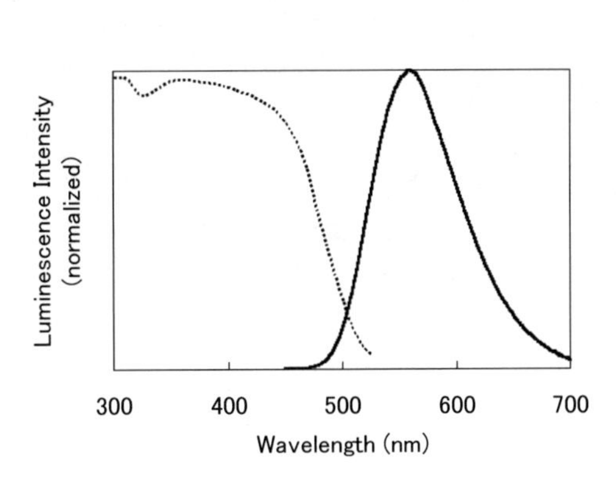

図2-28　黄色発光する $(Ba,Sr)_2SiO_4:Eu^{2+}$ の発光励起スペクトル[8]

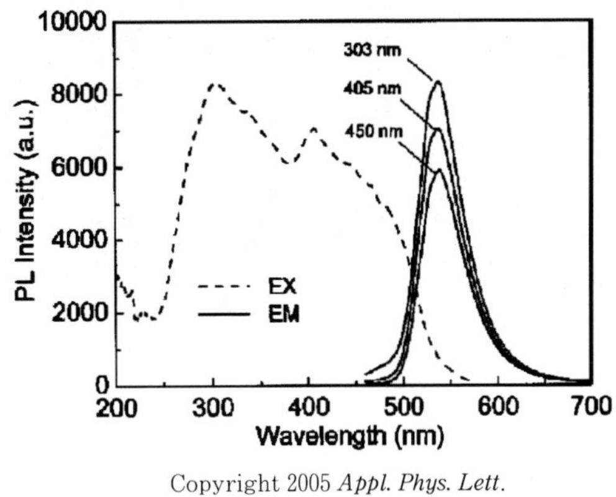

Copyright 2005 *Appl. Phys. Lett.*

図2-29　緑色発光する β-SiAlON:Eu^{2+} の発光励起スペクトル[9]

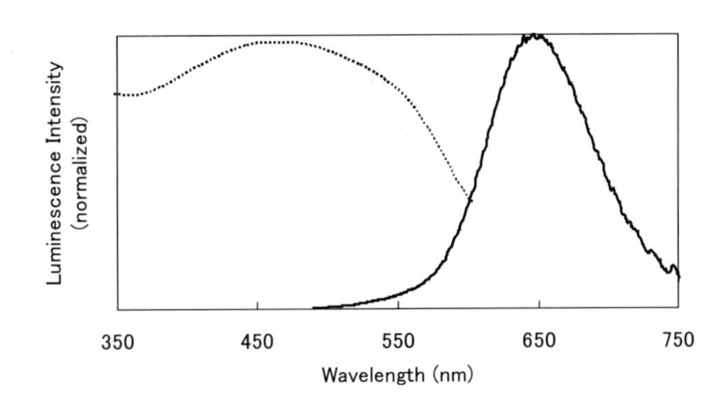

図2-30　赤色発光する $CaAlSiN_3:Eu^{2+}$ の発光励起スペクトル[10]

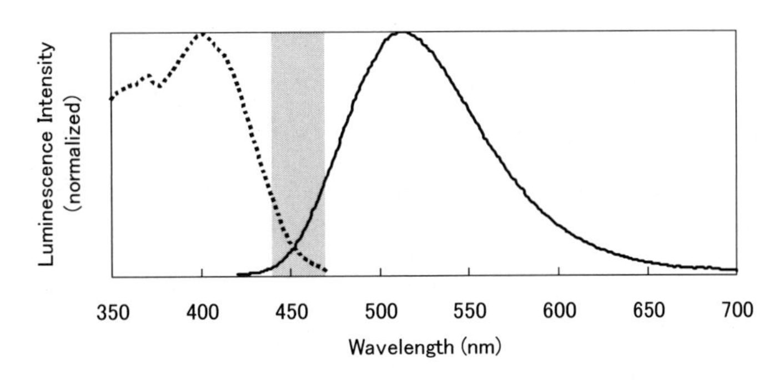

図2-31　緑色発光する $Ba_2MgSi_2O_7:Eu^{2+}$ の発光励起スペクトル[11]
ハッチング部は，青色光の波長帯を示す。

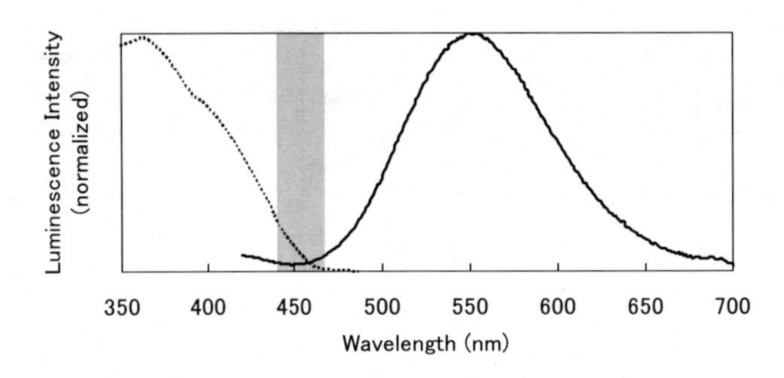

図 2-32　緑色発光する $Cs_2SrP_2O_7:Eu^{2+}$ の発光励起スペクトル[12)]
ハッチング部は，青色光の波長帯を示す。

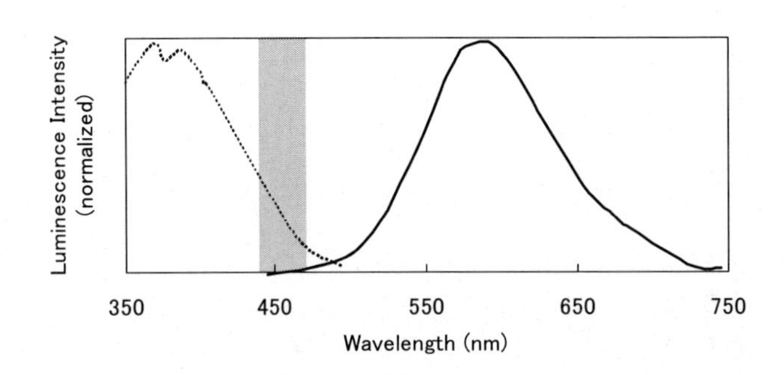

図 2-33　だいだい色発光する $Cs_2CaP_2O_7:Eu^{2+}$ の発光励起スペクトル[12)]
ハッチング部は，青色光の波長帯を示す。

Cross excitation を解消することは，発光色を安定化するだけでなく，この波長の LED チップを用いた白色 LED の発光効率を大幅に改善することができる。前述のようにこの波長の LED チップを用いた白色 LED は，青色チップを用いた白色 LED より多くの蛍光体が必要であり，そのため，蛍光体粒子表面での散乱・遮蔽により，光の取り出し効率が低くなる。そこで，白色 LED の効率を高めるには，蛍光体粒子近傍に光が通過できる空間を確保すればよい。そのためには，LED チップを封止する蛍光体層の蛍光体濃度を下げ，その分蛍光体層を厚肉化すればよい（図 2-34）。このような構造では，発光効率を損なうことがなく，青色 LED チップを用いた白色 LED と同等の光取り出し効率を確保することができる。しかし，このような構造を実現するには，蛍光体が Cross excitation を起こさないことが必要条件となる。

最後に，耐光性について述べる。通常，酸化物，窒化物を母体にした蛍光体は，紫色ないしは近紫外光程度のエネルギーの低いフォトンに曝されても劣化するものではなかった。しかしながら，この波長の LED チップが高出力に発光すれば，酸化物蛍光体であっても十分な耐光性を示さない。その報告例は少ないが，筆者らが評価した結果を図 2-35 に示す。この図は，400 nm の光を約 1,000 kW/m^2 のエネルギー密度で照射した耐光劣化状況を示したものである。現在 LED チップには 1 A/mm^2 以上の電流密度での駆動が試みられており，蛍光体はこのレベルの

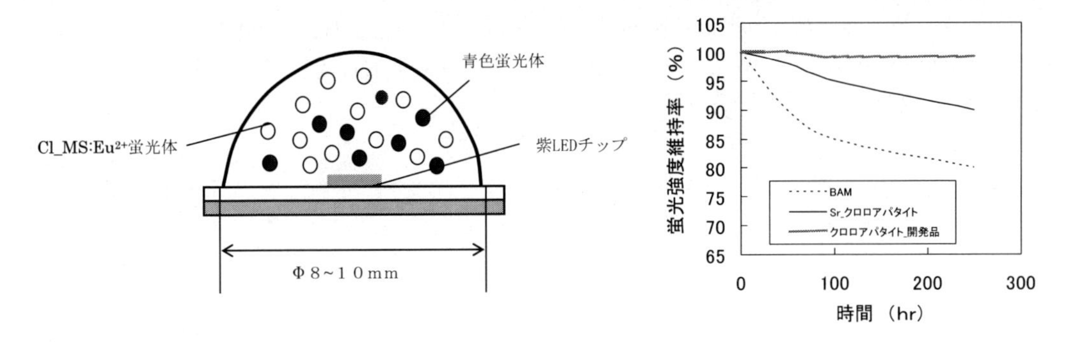

図2-34　蛍光体粒子表面での散乱・遮蔽ロスが少ない構造の白色LED

図2-35　青色蛍光体の耐光性の比較

耐光性能が要求される。製品化されている青色蛍光体BAM系とクロロアパタイト系（$Sr_{10}(PO_4)_6Cl_2:Eu^{2+}$）の耐光性は，高出力LEDに活用するには，十分ではない。筆者らは，クロロアパタイト系蛍光体の結晶性を向上させることで，耐光劣化を起こさない青色蛍光体の開発に成功した。しかし，蛍光体の耐光性については，未評価の点が多く，更に多くの種類を評価し，LEDに相応しい耐光性を保有した蛍光体の結晶構造について，検討する必要がある。

以上述べたように，紫色ないしは近紫外LEDチップを用いた白色LEDの性能は，現在主流の青色LEDチップに黄色蛍光体を組み合わせた白色LEDを超えるポテンシャルがある。それを実現できていないのは，蛍光体・LEDチップ・白色LED構造等の検討が進んでいないためである。特に，蛍光体は材料開発が伴うため，ボトルネックとなっている。良い蛍光体が開発できれば，他の開発の拍車がかかり，将来主流の白色光源となると確信する。

文　　献

1） T. Taguchi, *IEEJ* Trans, **3**, 21-26（2008）
2） A. Kinoshita, N. Hirayama, M. Ainoya, Y. Aoyagi, A. Hirata, *Appl. Phys. Lett.*, **77**,175（2000）
3） 岩谷素顕，竹内哲也，上山智，赤崎勇，天野浩，*OPTRONICS.*, **9**, 116（2011）
4） R. M. Krames *et al., J. Disp. Tech.*, **3**, 160（2007）
5） Y. Narukawa, I. Niki, K. Izuno, M. Yamada, Y. Murazaki, T. Mukai, *Jpn. J. Appl.* **41**, 371（2002）
6） Y. Narukawa *et al., Jpn. J. Appl. Phys.*, **45**, L1084（2006）
7） M. Nagashima *et al.*, Ext. Abstr.（64th Attumn Meet. 2003）The Japan Society of Applied Physics 2p-G-1
8） 公開特許公報 2005-277441

9) N. Hirosaki *et al., Appl. Phys. Lett.*, **86**, 211905 (2005)
10) K. Uheda *et al., Electrochemical and Solid－State Letters*, **9**, H22 (2006)
11) X. Zhang, J. Zhang, R. Wang, M, Gong, *J. Am. Ceram. Soc.*, **93** (5), 1368 (2010)
12) A. M. Sirivastava *et al., J. Lumin.*, **129**, 919 (2009)

5　母体材料からみた蛍光体の種類

5.1　酸化物・酸ハロゲン化物

岡本慎二*

5.1.1　4f-5d 遷移の利用

LED 用蛍光体のほとんどは，希土類イオンの Eu^{2+} や Ce^{3+} における 4f-5d 遷移の吸収・発光を用いている。これは 4f-5d 遷移がパリティ許容であるため[1]，吸収効率，ひいては発光強度が高くなるためである。また Eu^{2+} や Ce^{3+} の 4f-5d 遷移が希土類イオンの中では最も低いエネルギー，つまり最も長波長側に位置するためでもある。ただし Eu^{2+} や Ce^{3+} の発光は多くの酸化物中において，近紫外から青色光領域にある。例えば，Eu^{2+} を発光中心として付活した $BaMgAl_{10}O_{17}:Eu^{2+}$ ($BAM:Eu^{2+}$) は，発光ピーク波長が 450 nm 付近にある，代表的なランプ用青色蛍光体であり[2]，近紫外 LED 用蛍光体としても検討されている。

酸化物でも Ce^{3+} や Eu^{2+} の 4f-5d 遷移発光が比較的長波長にある蛍光体が少ないながら報告されている。もっとも有名なものが $(Y,Lu,Gd)_3(Al,Ga)_5O_{12}:Ce^{3+}$ ($YAG:Ce^{3+}$)[3] 系蛍光体である。現在市販されている多くの白色 LED は青色 LED のチップ上に黄色蛍光体である $YAG:Ce^{3+}$ 系蛍光体を樹脂で塗布したものである[4]。LED からの青色光と，その青色光の一部を使って $YAG:Ce^{3+}$ を励起して得られる黄色光を使うことにより，高輝度な疑似白色を得ている。$YAG:Ce^{3+}$ が可視発光するのは，ガーネット構造中の歪みに起因しているようである[5]。この歪みの強度を変えること，例えば YAG 結晶中の元素を置換することにより，発光色を変えることができる。例えば，Y を Lu，あるいは Al を Ga に置換すると発光スペクトルが短波長側にシフトし，緑色が強くなる。それとは逆に，Y を Gd に置換すると長波長シフトする。また発光中心である Ce^{3+} の濃度を増やすことによっても長波長シフトする。その結果，発光ピーク波長を 530-580 nm の間で変化させることができる。

図 2 - 36 に $Y_3Al_5O_{12}:0.03Ce^{3+}$ の励起・発光スペクトルを示す。$YAG:Ce^{3+}$ 系の絶対内部量子効率は 470 nm 励起において約 90%[6] とかなり高い。一方，$YAG:Ce^{3+}$ 単体で使用すると，赤色発光成分の不足や，図 2 - 36 の励起スペクトルからわかるように近紫外光では発光効率が大きく落ちるため，近紫外光 LED では使用しづらいなどの欠点もある。

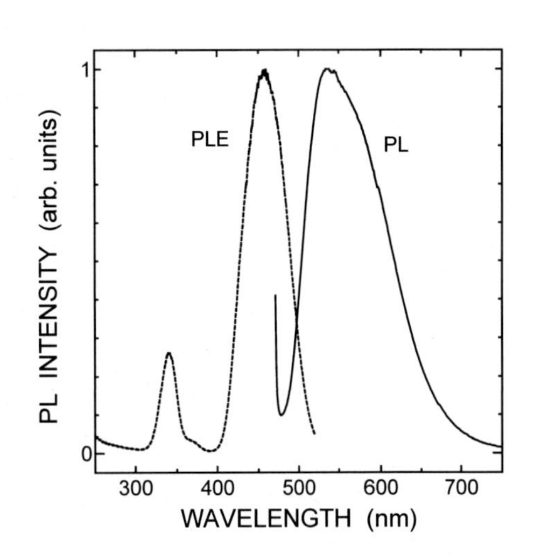

図 2 - 36　$Y_3Al_5O_{12}:0.03Ce^{3+}$ の 465 nm 光励起における発光スペクトル（実線），および 535 nm の発光ピーク波長をモニターしたときの励起スペクトル（点線）

---

* Shinji Okamoto　㈱東京化学研究所　開発室　開発室長

先に記したように，$YAG:Ce^{3+}$が可視発光するのはガーネット構造中の歪みに起因していると推測され，他のCe^{3+}付活ガーネット構造蛍光体においても可視発光を示すものが多い。例えば$Ca_3Sc_2Si_3O_{12}:Ce^{3+}$は505 nmにピークを持つ緑色発光を示し[7]，$Lu_2CaMg_2Si_3O_{12}:Ce^{3+}$は605 nmに発光ピーク波長を持つオレンジ色発光を示す[8]ことが報告されている。

Ce^{3+}やEu^{2+}の4f-5d遷移を利用した，ガーネット構造以外のLED用酸化物蛍光体として代表的なものに，$YAG:Ce^{3+}$の代用品としても使用され，通称BOS蛍光体と呼ばれている$(Ca,Sr,Ba)_2SiO_4:Eu^{2+}$[9]が挙げられる。$(Ca,Sr,Ba)_2SiO_4:Eu^{2+}$は，450 nm光励起において絶対内部量子効率が90-95%，また近紫外光励起でも95-98%と非常に高い[6]。さらに$(Ca,Sr,Ba)_2SiO_4:Eu^{2+}$はCa,Sr,Baの組成比を変えることにより，500-580 nmの間で発光ピーク波長を変化させることができる。ただし$(Ca,Sr,Ba)_2SiO_4:Eu^{2+}$は湿気に弱く，温度消光しやすいといわれている。また，赤色窒化物蛍光体である$(Ca,Sr)_2Si_5N_8:Eu^{2+}$や$YAG:Ce^{3+}$と共に使用される高演色形白色LED用蛍光体として，490 nm付近に発光ピークを持つ青緑色酸化物蛍光体である$Sr_4Al_{14}O_{25}:Eu^{2+}$が検討されている[10]。そのほか，515 nmに発光ピークを持つ緑色蛍光体である$CaSc_2O_4:Ce^{3+}$などが報告されている[11]。

Ce^{3+}やEu^{2+}の4f-5d遷移と，ガーネット構造以外の酸化物母体結晶を利用して，近紫外光や青色光励起で高効率に赤色発光する蛍光体を作製することは特に困難である。LED励起用を特に目的とはしていないが，ガーネット構造以外の酸化物でも4f-5d遷移吸収・発光のストークスシフトの大きい赤色蛍光体が報告されている。$Ba_3SiO_5:Eu^{2+}$や$Ba_2LiB_5O_{10}:Eu^{2+}$，$Ba_2Mg(BO_3)_2:Eu^{2+}$の室温での発光ピーク波長はそれぞれ590 nm[12]，612 nm[13]，608 nm[14]である。これら3種類の蛍光体に共通するのは，$YAG:Ce^{3+}$の場合と同様に『歪んだ構造』を持っていることである。$Ba_3SiO_5:Eu^{2+}$ではBa^{2+}が非対称な格子点にある。Ba^{2+}サイトにEu^{2+}が置換すると，最低5d準位の位置がこの歪んだ結晶場によってさらに下がって発光が長波長にシフトしたものと考えられる。またBa^{2+}のイオン半径はEu^{2+}よりも大きく，酸素イオンとの配位構造にも隙間があるので励起状態である5d電子の空間分布が広がり，ストークスシフトが広がったとも解釈されている[15]。$Ba_2Mg(BO_3)_2:Eu^{2+}$などではEu^{2+}と結合している酸素イオンに注目し，歪んだ配位構造中の酸素イオンの2p電子が励起されると歪みを緩和する方向に酸素イオンが平衡状態から移動し，ストークスシフトが大きくなると解釈されている。またEu^{2+}が置き換わる母体構成イオン（この場合はBa^{2+}）のサイズが大きく，電荷が少ないほどEu^{2+}イオンの5d電子の動く余地が生じるのでストークスシフトが大きくなるものとも考えられる[14]。いずれの解釈にせよ，Ba^{2+}のような大きいイオンのサイトにEu^{2+}が入るとストークスシフトが大きくなるので，Ba^{2+}をSr^{2+}に置換すると発光ピークが短波長側にシフトする。またストークスシフトが小さくなることにより発光効率が高くなることも期待される。図2-37は$Sr_3SiO_5:0.03Eu^{2+}$の発光・励起スペクトルである。可視光領域でも励起でき，450 nm光励起下における発光ピーク強度は，青色LED用蛍光体の比較参照試料としてよく使用されている市販$YAG:Ce^{3+}$であるP46-Y3の約2倍になることが報告されている[16]。なお様々な母体中でのEu^{2+}の4f-5d遷移発光波長などについて非常によくまとめられた文献[17]があるので，そちらも参考にしていただきたい。

5.1.2　4f-4f遷移の利用

これまで4f-5d遷移を利用した酸化物蛍光体について記してきたが，この他に希土類の内殻遷移である4f-4f遷移を利用した蛍光体も検討されている。Eu^{3+}など希土類イオンでは，紫外から赤外領域にわたって内殻遷移である4f-4f遷移吸収・発光が見られる。内殻遷移ゆえ外場の影響が小さい[18]。つまりどの母体にドープしても4f-4f遷移により吸収・発光する波長がほぼ予想できる。4f-4f遷移で高効率な赤色発光をするイオンはEu^{3+}であり，Eu^{3+}をドープして高効率に発光する蛍光体が主に探索されている。

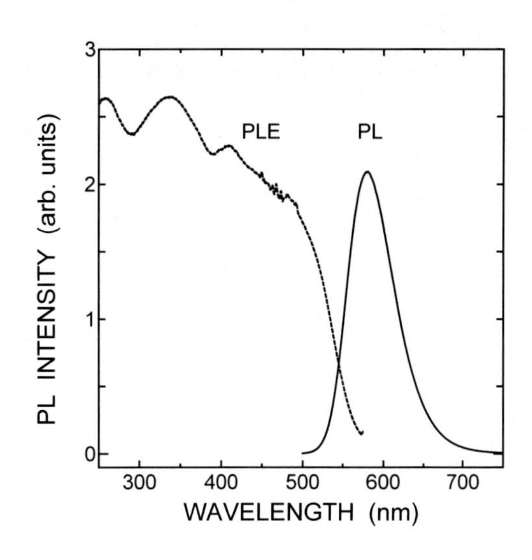

図2－37　Sr_3SiO_5:0.03Eu^{2+}の450 nm光励起における発光スペクトル（実線），および580 nmの発光ピーク波長をモニターしたときの励起スペクトル（点線）

この4f-4f遷移吸収・発光を利用する際のキーポイントは，高濃度でも濃度消光を起こさない母体の探索である。4f-4f遷移吸収がもともと禁制遷移であるため[18]，振動子強度が小さい。平たく言えば，希土類イオン1個の光吸収量が小さい。したがって母体により高濃度に発光中心をドープし，なるべく光吸収量をかせぐ必要がある。ただし多くの蛍光体では発光中心の最適ドープ量は数 mol%であり，それより高濃度になると発光強度が低下する，いわゆる濃度消光が起こる。この濃度消光は，同じエネルギー準位構造を持ったイオン間で非輻射的にエネルギーの共鳴伝達が次々に行われる，いわゆるエネルギー回遊が起こり，このエネルギー回遊の末に結晶表面などの欠陥へ励起エネルギーが移って非輻射的に消滅してしまうことが原因の一つと解釈されている[19]。発光イオンが1次元や2次元のような低次元に配列している蛍光体では，発光イオンが配列している層と層との間隔が広いため，励起光のエネルギーの回遊が制御されることにより濃度消光が抑制されるといわれている。

$LiEuW_2O_8$ではEu^{3+}が母体の構成元素になっており（つまりドープ量としては100 mol%），濃度消光をほとんど起こさない[20]。また最近，Eu^{3+}を高濃度ドープした$La_2W_3O_{12}$の発光特性も報告されている。図2－38は$La_{0.5}Eu_{1.5}W_3O_{12}$の発光スペクトルと励起スペクトルである。$La_{0.5}Eu_{1.5}W_3O_{12}$の発光ピーク強度は，395 nm励起では化成オプトニクス社製赤色蛍光体Y_2O_2S:Eu^{3+}であるP22-RE3の約2.2倍であった[21]。Eu^{3+}の4f-4f遷移を利用したその他の蛍光体として，Ca(Eu,La)$_4Si_3O_{13}$[22]，$Eu_2W_2O_9$系[23]，NaM$(WO_4)_{2-x}(MoO_4)_x$:Eu^{3+}(M=Gd，Y，Bi)[24]，$Ba_2Gd_3Li_3Mo_8O_{32}$:Eu^{3+}[25]，(Ba,Sr)$_2$Ca(Mo,W)O_6:Eu^{3+},Li^+[26～28]などが報告されている。

5.1.3　エネルギー伝達の利用

これまでは，一つの発光中心のみで光吸収・発光させる蛍光体のみを記してきたが，光吸収と発光を別々のイオンで行わせる方法，つまり光吸収が近紫外光や青色領域にあるイオンを経由して他の発光イオンにエネルギー伝達して，さらに長波長側で発光をさせる方法も考えられている。このようなエネルギー伝達を利用するもので，最もよく知られている蛍光体は $BaMgAl_{10}O_{17}:Eu^{2+}$, Mn^{2+} である。これは先に記したランプ用青色蛍光体である $BaMgAl_{10}O_{17}:Eu^{2+}$ に，Mn^{2+} を共付活したものであり，515 nm 付近に発光ピークを持つ[29]。この場合，Eu^{2+} から Mn^{2+} へのエネルギー伝達が起こり，Mn^{2+} の緑色発光を示す。また 450 nm 付近にある Eu^{2+} の青色発光でモニターした場合の励起スペクトルと，515 nm 付近の Mn^{2+} の緑色発光でモニターした場合の励起スペクトルがほぼ重なっていることからも，エネルギー伝達していることが確認できる。

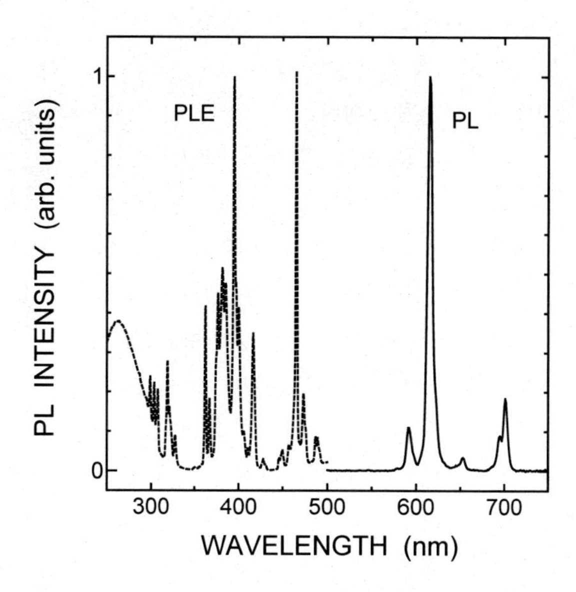

図 2 - 38 $La_{0.5}Eu_{1.5}W_3O_{12}$ の 395 nm 光励起における発光スペクトル（実線），および 616 nm の発光ピーク波長をモニターしたときの励起スペクトル（点線）

先に記したように，酸化物では近紫外光や青色光励起で高効率な赤色を示す蛍光体は少ない。これはそもそも酸化物母体の蛍光体では，近紫外 - 青色光付近で光吸収効率のよい吸収帯を持ち，なおかつ高効率な赤色発光する発光中心があまりないためである。そのためエネルギー伝達を利用した赤色蛍光体の研究も行われている。

$Ba_3MgSi_2O_8:Eu^{2+}$ は近紫外光励起でも効率よく青色発光することが励起スペクトルから確かめられる[30]。実際，Eu を 10 mol%ドープした試料の 405 nm 光励起における発光ピーク波長は 437 nm とやや紫がかっているが，発光ピーク強度は蛍光灯用市販 BAM 比の約 2 倍である[31]。一方，この蛍光体にさらに Mn^{2+} を入れた $Ba_3MgSi_2O_8:Eu^{2+},Mn^{2+}$ は水銀輝線（254 nm）励起において，Eu^{2+} から Mn^{2+} へエネルギー伝達し，Mn^{2+} の赤色発光を示すことが以前より知られている[30]。以上の結果から，$Ba_3MgSi_2O_8:Eu^{2+},Mn^{2+}$ は近紫外光励起でも高効率な赤色発光を示すことは想像に難くない。実際，近紫外光励起でも Eu^{2+} から Mn^{2+} へのエネルギー伝達により，625 nm 付近に Mn^{2+} による高効率な赤色発光を示す。図 2 - 39 は 405 nm 光励起下における $Ba_3MgSi_2O_8:0.1Eu^{2+},0.1Mn^{2+}$ の発光スペクトルと励起スペクトルである。405 nm 光励起下において $Ba_3MgSi_2O_8:Eu^{2+},Mn^{2+}$ の赤色発光ピーク強度，相対輝度は P22-RE3 のそれぞれ約 2.2 倍および 15.6 倍であると報告されている[31]。

先に $LiEuW_2O_8$ と $La_{0.5}Eu_{1.5}W_3O_{12}$ の発光特性を記したが，これらの蛍光体に，さらに Sm^{3+} を共添加することにより，405 nm の発光強度を上げることができる。Sm^{3+} を共付活すると

405 nm励起での発光強度が上がる理由は，Sm^{3+}の4f-4f遷移吸収が405 nmで起き，そののちSm^{3+}からEu^{3+}へのエネルギー伝達が起こるからである。Eu^{3+}サイトをSm^{3+}4 mol％で置換した$LiEu_{0.96}Sm_{0.04}W_2O_8$の赤色発光の相対輝度は，405 nm励起では$Y_2O_2S:Eu^{3+}$の約6.4倍と報告されている[20]。また，$Sm^{3+}$を10 mol％置換した$La_{0.4}Sm_{0.1}Eu_{1.5}W_3O_{12}$の発光ピーク強度は395 nm光励起ではやや下がるものの，405 nm光励起ではP22-RE3の約6.5倍以上と報告されている[21]。ただしSm^{3+}を置換すると温度上昇による発光強度低下，いわゆる温度消光がより顕著になる[21]。

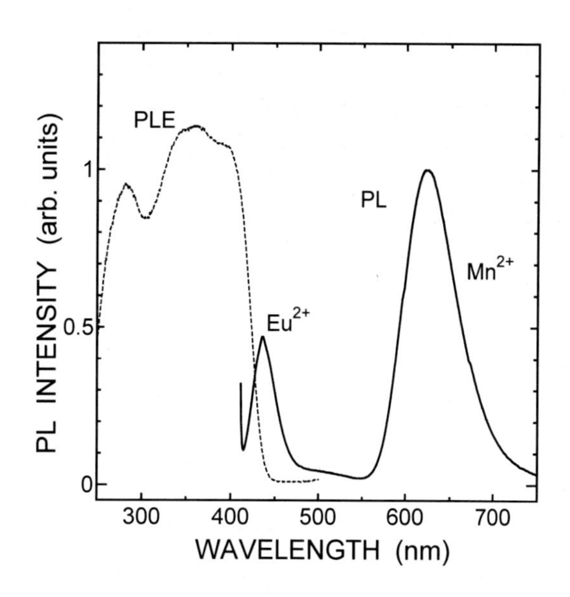

図2-39　$Ba_3MgSi_2O_8:0.1Eu^{2+},0.1Mn^{2+}$の405 nm光励起における発光スペクトル（実線），および，625 nmの発光ピーク波長でモニターしたときの励起スペクトル（点線）
Eu^{2+}は437 nmに，Mn^{2+}は625 nmに発光ピークがある。

5.1.4　酸ハロゲン化物蛍光体

これまで酸化物母体の蛍光体の話を続けてきたが，近年，酸ハロゲン化物がLED用蛍光体母体材料として再評価されている。特にEu^{2+}付活酸塩化物は，Eu^{2+}の4f-5d遷移による励起帯が近紫外から青色光領域にあり，LED用蛍光体としての使用に適している。青色や緑色発光を示す酸塩化物蛍光体が報告されている。

以前からランプ用蛍光体として知られている蛍光ランプ用青色蛍光体の$(Ca,Sr,Ba)_{10}(PO_4)_6Cl_2:Eu^{2+}$[32]は，同じくランプ用青色蛍光体である$BaMgAl_{10}O_{17}:Eu^{2+}$とともに近紫外LED用青色蛍光体として検討されている。この他に$Ba_5SiO_4Cl_6:Eu^{2+}$[33]なども報告されている。また青色LED励起用として，$Ca_3SiO_4Cl_2:Eu^{2+}$[34]や$Ca_{10}(Si_2O_7)_3Cl_2:Eu^{2+}$[35]，$Ca_8Mg(SiO_4)_4Cl_2:Eu^{2+}$[36～38]をベースにした緑色蛍光体などが検討されている。$Ca_8Mg(SiO_4)_4Cl_2:0.2Eu^{2+}$の蛍光体の発光スペクトルおよび励起スペクトルを図2-40に示す。450 nm光励起下における発光ピーク波長は509 nm，発光ピーク強度はP46-Y3比で約2.8倍であった[39]。

また最近，$K_2SiF_6:Mn^{4+}$[40, 41]や$CaAl_{12}O_{19}:Mn^{4+}$[42, 43]など，Mn^{4+}を付活した赤色蛍光体の研究が盛んに行われている。Mn^{4+}を付活した蛍光体では，ランプ用としても使用されている深赤色蛍光体の$3.5MgO\cdot 0.5MgF_2\cdot GeO_2:Mn^{4+}$[44, 45]がよく知られており，この蛍光体を改良することにより近紫外や青色光で高い発光強度が得られている。図2-41は$3.5MgO\cdot 0.5MgF_2\cdot GeO_2:Mn^{4+}$中の0.8モルのMgOを0.8モルの$SrF_2$に原料配合時に置換して焼成した蛍光体の励起・発光スペクトルである。450 nm光励起下における発光ピーク波長は659 nm，発光ピーク強度はP46-Y3比で約3倍であった[46]。

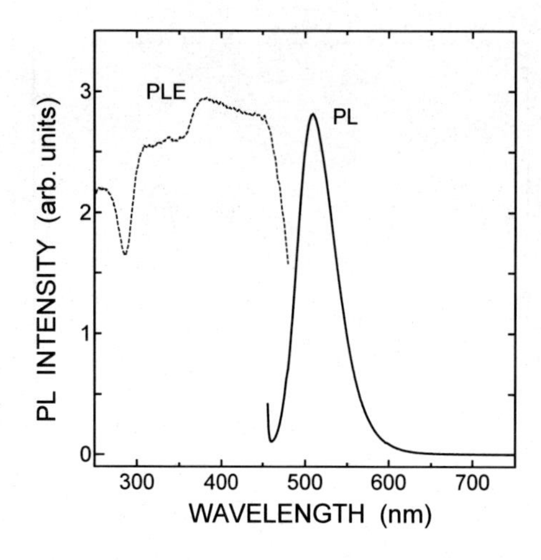

図2-40　$Ca_8Mg(SiO_4)_4Cl_2$:0.2Eu^{2+}の450 nm光励起における発光スペクトル（実線），および509 nmの発光ピーク波長でモニターしたときの励起スペクトル（点線）

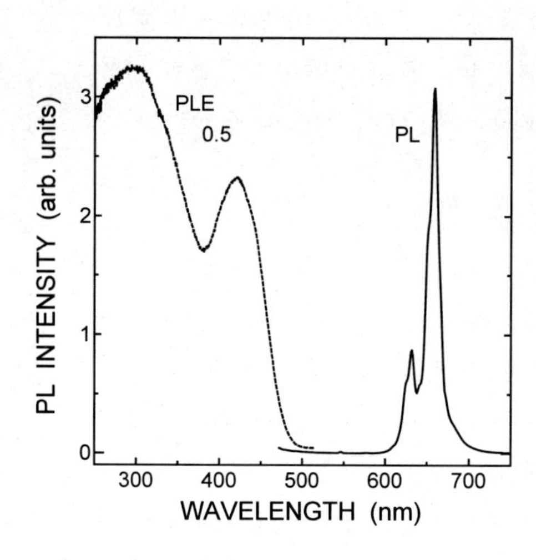

図2-41　2.7MgO・0.8SrF_2・MgF_2・GeO_2:0.02Mn^{4+}の450 nm光励起における発光スペクトル（実線），および659 nmの発光ピーク波長でモニターしたときの励起スペクトル（点線）

文　　献

1）加納　剛，蛍光体ハンドブック，蛍光体同学会編，p.113，オーム社（1987）
2）神谷　茂，水野英夫，蛍光体ハンドブック，蛍光体同学会編，p.225，オーム社（1987）
3）S. Nakamura and G. Fasol, The Blue Laser Diode: GaN Based Light Emitters and Laser, p.216, Springer, Berlin（1997）
4）成川幸男ほか，応用物理，**74**(11)，1423（2005）
5）山元　明，応用物理，**76**(3)，244（2007）
6）大塩祥三，第310回蛍光体同学会講演予稿集，p.7（2005）
7）Y. Shimomura *et al.*, *J. Electrochem. Soc.*, **154**, J35（2007）
8）A. A. Setlur *et al.*, *Chem. Mater.*, **18**, 3314（2006）
9）J. K. Park *et al.*, *Electrochem. Solid-State Lett.*, **7**, H15（2004）
10）板東完治，照明学会研究会資料No. MD-09-01（2009）
11）Y. Shimomura *et al.*, *J. Electrochem. Soc.*, **154**, J234（2007）
12）安田論史ほか，第51回応用物理学会学術講演会講演予稿集，No.3，p.1607，講演番号29p-P11-10（2004）
13）G. J. Dirksen and G. Blasse, *J. Solid State Chem.*, **92**, 591（1991）
14）A. Akella and D. A. Keszler, *Mater. Res. Bull.*, **30**, 105（1995）
15）M. Yamaga *et al.*, *Phys. Rev. B*, **71**, 205102（2005）
16）梅津陽介，岡本慎二，特許第4530755号
17）P. Dorenbos, *J. Lumin.*, **104**, 239（2005）

18) 加納　剛，蛍光体ハンドブック，蛍光体同学会編，p.111，オーム社（1987）
19) 中沢叡一郎，蛍光体ハンドブック，蛍光体同学会編，p.78，オーム社（1987）
20) 小田喜　勉ほか，第298回蛍光体同学会講演予稿集，p.9（2003）
21) S. Okamoto and H. Yamamoto, *Electrochem. Solid-State Lett.*, **10**, J139（2007）
22) 山田健一ほか，照明学会誌，**88**(5)，297（2004）
23) 長谷　尭，泉　雅絵，公開特許公報 特開2004-269834
24) S. Neeraj *et al.*, *Chem. Phys. Lett.*, **387**, 2（2004）
25) 関　聡美ほか，日本セラミックス協会 第19回秋季シンポジウム講演予稿集，p.97（2006）
26) V. Sivakumar and U. V. Varadaraju, *Electrochem. Solid-State Lett.*, **9**, H35（2006）
27) V. Sivakumar and U. V. Varadaraju, *J. Electrochem. Soc.*, **154**, J28（2007）
28) S. Ye *et al.*, *Appl. Phys. B*, **91**, 551（2008）
29) 神谷　茂，水野英夫，蛍光体ハンドブック，蛍光体同学会編，p.226，オーム社（1987）
30) T. L. Barry, *J. Electrochem. Soc.*, **115**, 733（1968）
31) Y. Umetsu *et al.*, *J. Electrochem. Soc.*, **155**, J193（2008）
32) 神谷　茂，水野英夫，蛍光体ハンドブック，蛍光体同学会編，p.213，オーム社（1987）
33) Q. Zeng *et al.*, *Appl. Phys. Lett.*, **88**, 051906（2006）
34) J. Liu *et al.*, *Chem. Lett.*, **34**, 1340（2005）
35) W. Ding *et al.*, *Chem. Phys. Lett.*, **435**, 301（2007）
36) H. Lin *et al.*, *Opt. Mater.* (Amsterdam, Neth.), **18**, 297（2002）
37) H. S. Kang *et al.*, *Jpn. J. Appl. Phys., Part 1*, **45**, 1917（2006）
38) H. Y. Koo *et al.*, *Jpn. J. Appl. Phys., Part 1*, **47**, 163（2008）
39) S. Okamoto and H. Yamamoto, *Electrochem. Solid-State Lett.*, **12**, J112（2009）
40) S. Adachi and T. Takahashi, *J. Appl. Phys.*, **106**, 013516（2009）
41) T. Arai and S. Adachi, *Jpn. J. Appl. Phys.*, **50**, 092401（2011）
42) T. Murata *et al.*, *J. Lumin.*, **114**, 207（2005）
43) Y. X. Pan and G. K. Liu, *Opt. Lett.*, **33**, 1816（2008）
44) L. Thorington, *J. Opt. Soc. Am.*, **40**, 579（1950）
45) 神谷　茂，水野英夫，蛍光体ハンドブック，蛍光体同学会編，p.231，オーム社（1987）
46) S. Okamoto and H. Yamamoto, *J. Electrochem. Soc.*, **157**, J59（2010）

5.2　窒化物・酸窒化物

5.2.1　窒化物，酸窒化物蛍光体の発光特性と高圧合成

山元　明*

本項では，希土類イオンを発光イオンとする窒化物，酸窒化物蛍光体によく見られる特徴を，従来から知られている酸化物などの蛍光体と比較しつつ記すことにする。個別の蛍光体の結晶構造，発光特性についての記述は文献[1]に詳しい。また，窒化物，酸窒化物蛍光体の総説として文献[2~5]が，窒化物の総説として[6~8]などが出版されている。

（1）　化学組成から見た特徴

①　III-V 族化合物半導体との比較

半導体レーザーや発光ダイオード（LED）に用いられる材料はIII-V族化合物半導体で，バンド間遷移による発光を利用している。これに対し，主に白色LED用に開発された窒化物，酸窒化物蛍光体は，不純物としてドープされた希土類イオン（とくにEu^{2+}，Ce^{3+}）またはMn^{2+}イオンの内部遷移を用いた発光を利用し，励起光の吸収もこれらのイオン内の遷移により起こる。発光イオン（付活剤とも言う）を収容する母体結晶は発光イオン内部の遷移については透明な物質で，バンドギャップの広いものである。このような構成になる理由は，外部からの光照射で励起するため電気抵抗が高くてよいことおよびイオン内の局在した電子の遷移に特有な長所を利用できることにある。すなわち，母体の選択により発光，吸収帯の波長域をある程度変化できること，比較的高い温度（200℃程度）まで高い発光効率を維持できる可能性があること，などが挙げられる。

②　窒化物，酸窒化物蛍光体の長所と化学組成の基本

このような構成の物質は，従来から知られている酸化物，硫化物などにも多数存在する。しかし，酸化物ではEu^{2+}，Ce^{3+}などの吸収帯が青色領域に存在する例が限られる。また硫化物では，Eu^{2+}，Ce^{3+}などの吸収帯は酸化物に比べ長波長にあるが，耐湿性に欠けるものが多い。一方窒化物ではEu^{2+}，Ce^{3+}などの吸収帯が長波長にあり，かつ化学的に安定なものが多い。このためとくに白色LED用に窒化物，酸窒化物蛍光体が注目された。具体的には，SiおよびAlの窒化物を骨格とし，希土類イオンやMn^{2+}が入りうる格子点または格子間位置を持つ結晶が母体として開発されてきた。Eu^{2+}と置き換わるイオンとしてはアルカリ土類，Ce^{3+}，Tb^{3+}にはY^{3+}，La^{3+}，Gd^{3+}，Mn^{2+}にはZn^{2+}，Al^{3+}が結晶構成イオンとして用いられている。

構成上単純な例としては，Ca_3N_2とSi_3N_4の組み合わせと見ることのできる$CaSiN_2$，$Ca_2Si_5N_8$などがある。これらの化合物では，Caの一部をEu^{2+}で置き換えることができ，Eu^{2+}は青色光を吸収して橙色に発光する。Si_3N_4，AlNを骨格とする化合物は，それぞれimido-silicate，imido-aluminateと呼ばれる。これらのNの一部をOで置き換えた酸窒化物は，それぞれ

*　Hajime Yamamoto　東京工科大学　名誉教授

oxoimido-silicate，oxoimido-aluminateと呼ばれる。酸化物のケイ酸塩，アルミン酸塩に対応して見ることができるが，相違点も多い。

③　交差置換（cross-substitution）による酸窒化物の創製

N^{3-}の一部をO^{2-}で置き換えると負の電荷が不足する。これを補うために，Si^{4+}の一部をAl^{3+}で置き換えることが行われる。また逆に酸化物アルミン酸塩のAl^{3+}，O^{2-}の対をSi^{4+}，N^{3-}で置き換えうる場合がある。このような「交差置換」により新たな酸窒化物を作ることが可能な場合がある。どのような場合も交差置換が可能なわけではないが，考えられる酸窒化物の組成は非常に多く，材料探索の範囲は広いと言えよう。

例を挙げると，α相，β相Si_3N_4の交差置換によりそれぞれα型，β型SiAlONの骨格ができ，これにEu^{2+}を導入したものが蛍光体になる。また，$SrAl_2O_4:Eu^{2+}$の交差置換により酸窒化物$SrAl_{2+x}O_{4-x}N_x:Eu^{2+}$が生成する[9]。

同様に，Nの一部をCで置き換えた組成が報告されている[10]。Bによる部分置換も考えられる。

④　代表的な化学組成

窒化物，酸窒化物の化学式は多岐にわたり，分類法も確定していない。ここでは，発光イオン（付活剤）がEu^{2+}またはCe^{3+}である場合について，これらを収容する母体構成元素の種類により分類してみたい。Tb^{3+}を付活剤とするものも報告されているが，基本的にはCe^{3+}付活の場合と同じ母体で可能と考えられる。主な蛍光体の組成，発光色，ピーク波長などを表2-3，2-4にまとめて示す。

（2）　結晶構造から見た特徴

①　母体結晶の特徴

化学組成の特徴の結果，これまでに開発された窒化物，酸窒化物蛍光体結晶には，$[SiN_4]$，$[AlN_4]$ないし$[Si(N,O)_4]$，$[Al(N,O)_4]$の四面体が頂点ないし稜を共有して繋がった骨格が備わっている（以下これら四面体の総称を$[(Si,Al)(N,O)_4]$で表す）。骨格内部には籠状ないしトンネル状にスペースが生じ，ここにアルカリ土類元素や希土類元素が入り込む。例として，$Sr_2Si_5N_8$の結晶構造を図2-42に示す。$CaAlSiN_3$については第2章4.1項を参照されたい。このような構造は，酸化物のケイ酸塩，アルミン酸塩でも見られるが，O原子が多くの場合2つのカチオンと結合しているのに対し，N原子では2つのみでなく3つのカチオンとの結合が多く生じ，化合物によっては（例えば$SrYSi_4N_7$）4つのカチオンとの結合も見られる。言い換えると，化合物によっては，3個または4個の四面体がひとつの頂点を共有して繋がる構造が見られる。図2-42では，2つないし3つのSiと結合しているN原子をそれぞれ$N^{[2]}$および$N^{[3]}$と表している。このような結合の結果骨格は堅固になり，原子間の振動に対して形状が崩れにくい特徴を備える。このため，窒化物，酸窒化物は全般的に耐熱性があり，機械的強度も大きい。また，発光強度の温度依存性が少ない傾向が見られる。

表2－3　構成元素により分類した主なEu^{2+}付活窒化物，酸窒化物蛍光体

母体化学式	結晶構造，空間群	付活剤サイト数	発光色	発光ピーク波長（nm）@Eu 濃度
AE-Si-N				
$CaSiN_2$	O，Pbca（No. 61）[12]	2	赤色	620（2 at.%）[14]
$CaSiN_2$	C，F23（No.196）[13]	1	赤色	640[13]
$SrSiN_2$	M，$P2_{1/c}$（No. 14）[12]	1	深赤色	670（2 at.%）[14]
$BaSiN_2$	O，Cmca（No.64）[12]	1	赤色	600（2 at.%）[14]
$Ca_2Si_5N_8$	M，Cc（No. 9）[15, 16]	2	黄橙色	620（5 a1.%）[18]
$Sr_2Si_5N_8$	O，Pmn21（No. 31）[15, 17]	2	赤橙色	625（5 a1.%）[18]
$Ba_2Si_5N_8$	O，Pmn21（No. 31）[15, 17]	2	赤橙色	640（5 a1.%）[18]
$SrSi_6N_8$	O，Imm2（No.44）[19]	1	青色	450（3 at.%）[20]
$BaSi_7N_{10}$	M，Pc（No.7）[21]	2	シアン	484（1 at.%）[22]
	AE-Al-Si-N			
$CaAlSiN_3$	O，$Pna2_1$（No.33）[23, 14]	1	深赤色	650（1 at.%）[24]
$SrAlSiN_3$	O，$Pna2_1$（No.33）[25]	1	赤色	610（1 at.%）[25]
$SrAlSi_4N_7$	O，$Pna2_1$（No.33）[26]	2	赤色	632（2 at.%）[26]
SrYSi4N7	O，$Pna2_1$（No.33）[27]	2	黄色	550（5 at.%）[27]
$Ba_2AlSi_5N_9$	Tric，P1（No.1）[28]	8	黄白色	584（2 at.%）[28]
(Ca-)Si-Al-O-N(α-，β-SiAlON)				
Ca-α-sialon*	Trig，P31c（No.159）[29]	1	黄色	580（7.5 at.%）[30]
β-sialon**	H，$P6_3/m$（No.176）[31]	1	緑色	538（0.3 at.%）z = 0.3[32]
(Sr-)Si-Al-O-N(Sr-SiAlON)				
Sr-SiAlON***	R，$P6_3cm$（No.185）[33]	1	青色	490（10 at.%）[34]
$AlN:Eu^{2+}$，Si	Sr-SiAlONと同じ？[35]	?	青色	465（0.24 mol.%）[36]
$Sr_3Si_{13}Al_3O_2N_{21}$	O，$P2_1$（No.4）[37]	1	緑色	515（2.7 at.%）[37]
$Sr_2Si_7Al_3ON_{13}$	O，Pna21（No.33）[38]	2	赤色	615[38]
$SrSi_2AlO_2N_3$	O，$P2_12_12_1$（No.19）[39]	1	緑色	520（2 at.%）[40]
AE-Si-O-N				
$CaSi_2O_2N_2$	M，$P2_1$（No.40）[41, 42]	1	黄色	566（2 at.%）[42]
$SrSi_2O_2N_2$	Tric，P1（No.1）[42, 43]	1	緑色	538（2 at.%）[42, 44]
$BaSi_2O_2N_2$	O，Cmcm（No.63）[42, 45]	1	青緑色	502（2 at.%）[42]
$Ba_3Si_6O_9N_4$	Trig，P-3（No.143）[46]	3	青緑色	475[47]
$Ba_3Si_6O_{12}N_2$	Trig，P-3（No.147）[47]	2	緑色	525[47]

* $Ca_xSi_{12-m-n}Al_{m+n}O_nN_{16-n}$，$x = m/2$。
** $Eu_xSi_{6-z}Al_{z-x}O_{z+x}N_{8-z-x}$。
*** $SrSi_{10-x}Al_{18+x}N_{32-x}O_x (x \approx 0)$，例えば$SrSi_9Al_{19}ON_{31}$。

AE = Ca，Sr，Ba。Eu濃度はEuが置換するサイトに対する原子数の比（%）。結晶構造の記号は，Tric: triclinic system，三斜晶系，M: monoclinic system，単斜晶系，O: Orthorhombic，斜方晶系，Trig: trigonal system，三方晶系，R: rhombohedral system，菱面体晶系，H: hexagonal system，六方晶系，C: cubic system，立方晶系。

表2-4　構成元素により分類した主な Ce^{3+} 付活窒化物，酸窒化物蛍光体

母体化学式	結晶構造，空間群	付活剤サイト数	発光色	発光ピーク波長（nm）@Eu濃度
La-Si(-Al)-N(-O)				
$LaSi_3N_5$	O，$P2_12_12_1$（No.19）[48]	1	青色	464-473（10 at.%）[49] 450（2 at.%）[50]
$LaSi_{3-x}Al_xN_{5-x}O_x$:Ce^{3+}	O，$P2_12_12_1$（No.19）[50]	1	青色	465（2 at.%）[50]
$La_3Si_6N_{11}$	T，P4bm，（No.100）[51]	2	黄色	585，543（2 at.%）[51]
Ln-Si-O-N(Ln = Y，La)				
$La_5(SiO_4)3N$* または $La_{10}Si_7O_{23}N_4$	H，$P6_3/m$（No.176）[52]	2	青色	478（6 at.%）[52]
$La_4Si_2O_7N_2$*	M，$P12_1/c1$（No.14）[52]	4	青緑色	488（6 at.%）[52]
$LaSiO_2N$*	H，P-6c2（No.188）[52]	1	青色	416（6 at.%）[52]
$La_3Si_8O_4N_{11}$*	O，C2/c（No.15）[52]	1	青色	424，458（6 at.%）[52]
La-Si-Al-O-N				
$LaAl(Si_{6-z}Alz)(N_{10-z}Oz)_8$ （JEM相）	O，Pbcn（No. 60）[54]	2	青色	475（5 at.%）[55]
Ca-Si-Al-O-N				
Ca-α-sialon**	Trig，P31c（No.159）[29]	1	青色	510 [56]（15 at.%），$m = 2$

* $Y_5(SiO_4)_3N$，$Y_4Si_2O_7N_2$，$Y_4Si_2O_7N_2$，$Y_2Si_3O_3N_4$ に Ce^{3+} または Tb^{3+} を付活した系も報告されている[53]。
** $Ca_xSi_{12-m-n}Al_{m+n}OnN_{16-n}$，$x = m/2$。
Ce濃度はCeが置換するサイトに対する原子数の比（%）。結晶構造の記号は，三斜晶系，M: monoclinic system，単斜晶系，O: Orthorhombic，斜方晶系，Trig: trigonal system，三方晶系，H: hexagonal system，六方晶系，T: tetragonal system，正方晶系。

②　付活剤が占める結晶内位置

(a)　母体結晶構成イオンを置き換える場合

母体を構成するアルカリ土類イオンの一部を Eu^{2+} が，あるいは La^{3+}，Gd^{3+}，Y^{3+} の一部を Ce^{3+} が置き換える場合がもっとも多い。図2-42に示したように，これらの付活剤は［$(Si,Al)(N,O)_4$］の連結でできている骨格の隙間に入る形となる。

母体組成および結晶構造が複雑なため，付活剤の占める格子点に等価でない複数のものが存在するケースがある。例えば図2-42に示した $Sr_2Si_5N_8$ では，図2-43に示すような2種類の格子点がある。図2-43では付活剤とNの結合のあいだで距離，角度に違いがあるため，付活剤が占める格子点の対称性（site symmetry）が低くなっている。酸窒化物母体では，付活剤と結合するアニオンが2種類あることも対称性を低下させる原因になる。酸化物でもケイ酸塩，ほう酸塩などでは付活剤の格子点対称性が低い場合が多い。参考例として，赤色発光を示す Ba_3SiO_5:Eu^{2+} における Ba^{2+}(Eu^{2+}）の周囲の酸素配置を図2-44に示す。窒化物，酸窒化物では，図2-44に示す場合よりも対称性が低いことが多い。

単純な結晶構造の場合は配位数が明確に決まるが，複雑な構造では中心イオンからの結合距離

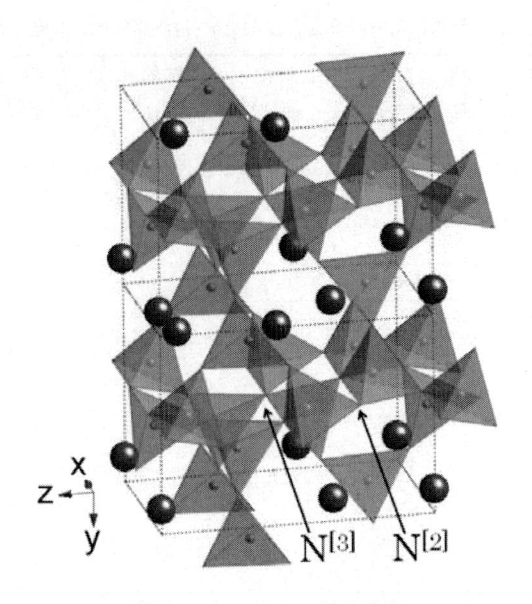

図 2 - 42　$Sr_2Si_5N_8$ の結晶構造
2 個の Si と結合している N 原子を N[2]，3 個の Si と結合している N 原子を N[3] と記す。

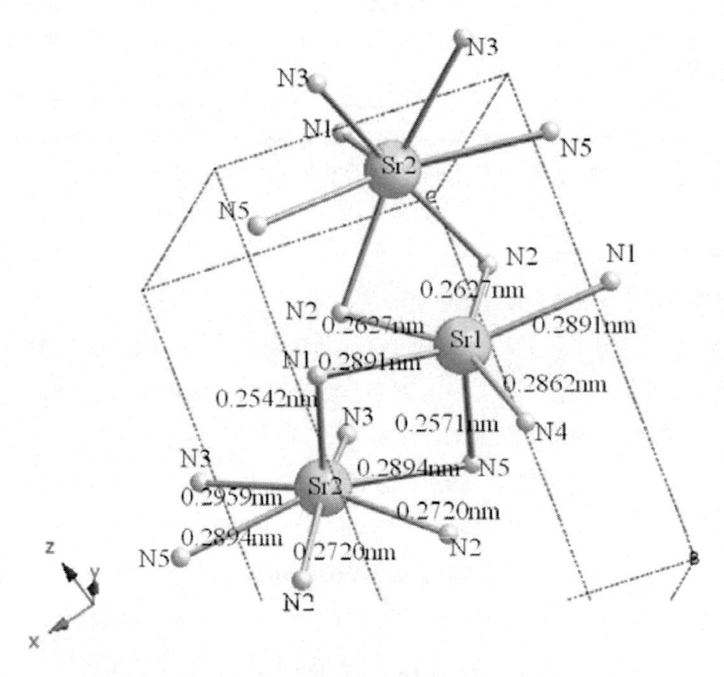

図 2 - 43　$Sr_2Si_5N_8$ の 2 種類の Sr 格子点の周りの N 原子配置

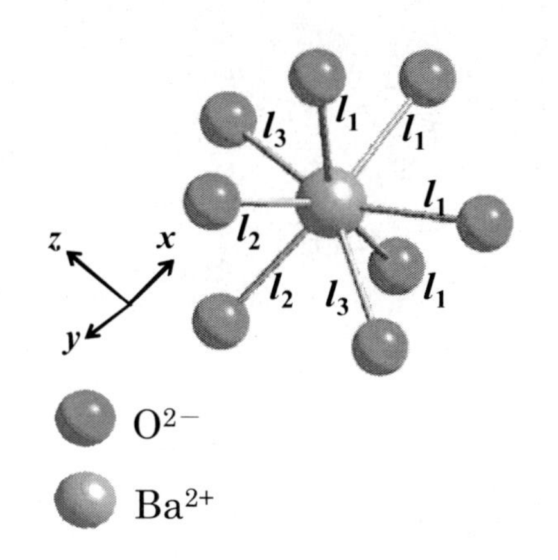

図2-44　Ba_3SiO_5 の Ba の周りの酸素原子配置
3種類の結合長を l_1, l_2, l_3 で示す。$l_1 = 0.2945$ nm, $l_2 = 0.2677$ nm, $l_3 = 0.2674$ nm。

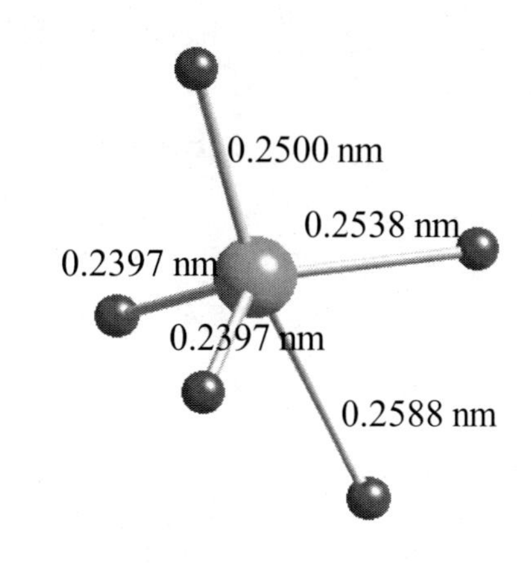

図2-45　$CaAlSiN_3$ 中の Ca の周りの配位
(Reproduced from reference 11 by permission of The Ceramics Society of Japan.)

にはっきりした線引きを行うのが困難で，中心イオンからの距離を決めないと配位数を決定できない。窒化物，酸窒化物では0.3 nm程度で配位数を決めることが多い。希土類イオンの配位数は，単純な構造では6ないし8が多いが，窒化物，酸窒化物では12配位のこともあり，$CaAlSiN_3$ では逆に4配位または5配位と見える（図2-45）[11]。一般に配位数が多いと結合距離は長くなるので，結晶場ポテンシャルは弱くなり，Eu^{2+}, Ce^{3+} では光吸収，蛍光の波長は短くなる傾向にある。

(b)　格子間位置を占める特異な例

上記と異なる例として，Eu^{2+} 付活のCa-α-SiAlONおよびβ-SiAlONを取り上げたい。Ca-α-SiAlONでは図2-46に示すような籠状のスペースがあって，ひとつの単位胞当たり2個の Ca^{2+} を収容することができる。その Ca^{2+} の一部を Eu^{2+} が置き換えている（わざわざ Ca^{2+} を置換した形で Eu^{2+} を入れるのは，Eu^{2+} 間の距離を適度に離して相互作用を弱め，発光効率を高くするためと解釈できる)。α-SiAlONの構造を基準として見ると Ca^{2+} は格子間位置にあるので，Eu^{2+} もまた

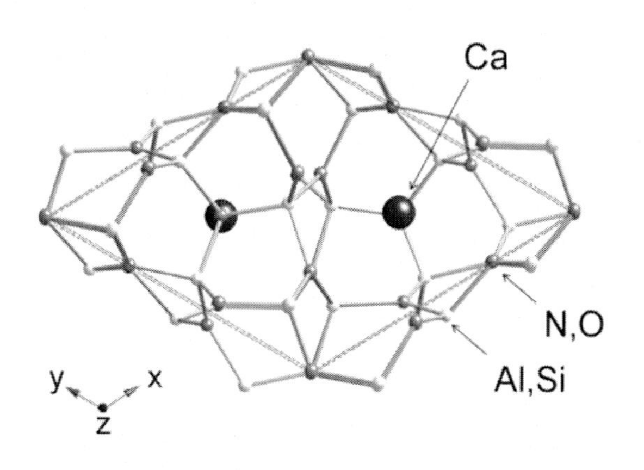

図2-46　Ca-α-SiAlON格子のCa格子点

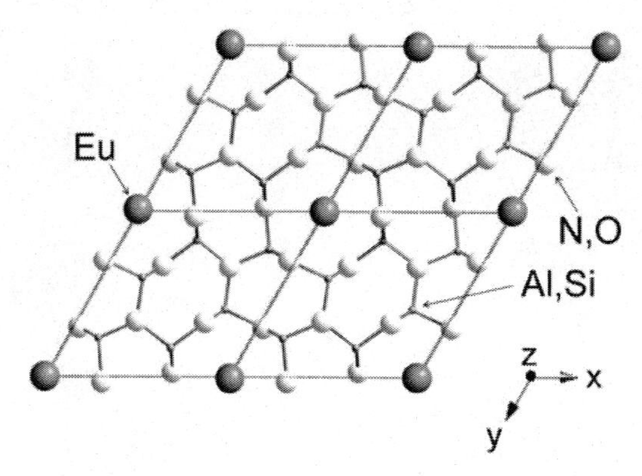

図 2 - 47　β-SiAlON 格子の Eu が入りうる格子間位置を黒い球で示す
この位置は空孔であり，そのすべてが Eu で埋まるとは限らない。

格子間位置にあると言える。図 2 - 47 に示すβ-SiAlON では，骨格の隙間が狭いので Eu^{2+} の固溶限界が低く（約 12 mol.%[32]），Ca^{2+} を導入する必要性が無い。この場合は明瞭に，Eu^{2+} のみが格子間位置を占めている。従来の蛍光体では，付活剤は母体結晶を構成する元素（イオン）を置き換えて母体に入るので，α- および β-SiAlON の場合は，非常にまれな例である。

(c)　付活剤が層状に分布する構造

窒化物，酸窒化物蛍光体の中には，［$(Si,Al)(N,O)_4$］四面体から構成されるブロックとブロックの間に付活剤を含む薄い層が挟まれた構造を持つものがある。このような層状構造では，付活剤イオンは 2 次元ないしそれに近い異方性の強い分布をしており，相互作用が弱くなるので高濃度でも発光効率の低下が少ない（濃度消光が少ない）。白色 LED は青色あるいは紫色 LED の発光で蛍光体を励起するが，これらの励起光は Eu^{2+} や Ce^{3+} に固有の吸収帯で吸収されるので，これらの付活剤を高濃度でドープできることは発光出力を増すうえで有利な条件である。以下に層状化合物の例を示す。

(i)　化合物群 $AESi_2O_2N_2:Eu^{2+}$（AE ＝ Ca，Sr，Ba）

この化合物群は互いに似た層状構造を持つが，それぞれ異なる空間群に属している。発光効率の高い Sr 化合物と Ba 化合物の結晶構造を図 2 - 48 に示す。Eu^{2+} が置換する AE 格子点は，O 原子のみと配位している。発光色は Ca，Sr，Ba の化合物について，それぞれ黄色，緑色，青色である。Sr 化合物と Ba 化合物の混晶の発光スペクトルは，混晶比率に対して一様には変化しない。Eu 濃度 1 mol.%の場合のスペクトル変化を図 2 - 49 に示す。このような不規則な変化は，両端化合物の構造の違いにより Eu 周辺の局所構造にひずみが生じているためと推察される。

青緑色発光の $SrSi_2O_2N_2:Eu^{2+}$ について Eu 濃度 2 mol.%で内部発光量子効率が 95%という高い値が報告されている[42]。一方，黄色発光の $Sr_{0.75}Ba_{0.25}Si_2O_2N_2:Eu^{2+}$ について発光強度の最大値が 10 〜 15 mol.%の高い値にあるとの報告もある[57]。この組成での内部量子効率は 61%であるが，吸収効率が 81%と高い値にある。濃度消光が少ないために高い Eu 濃度においても発光効率の低下が少ないので，吸収強度を高くすることができていると解釈される。

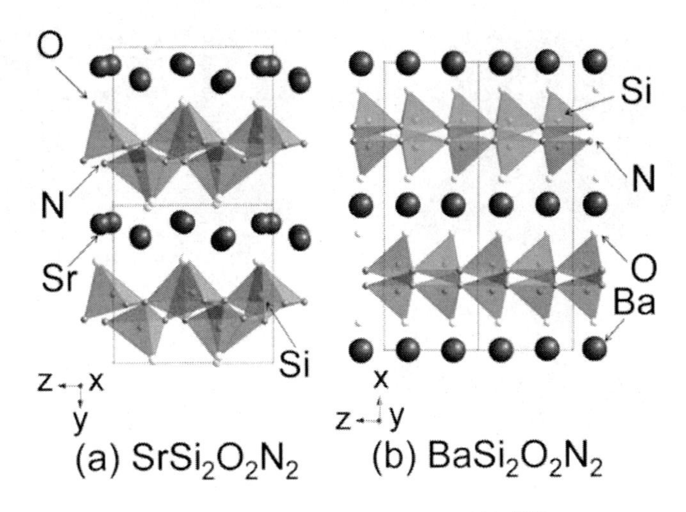

図2-48　$SrSi_2O_2N_2$ と $BaSi_2O_2N_2$ の結晶構造

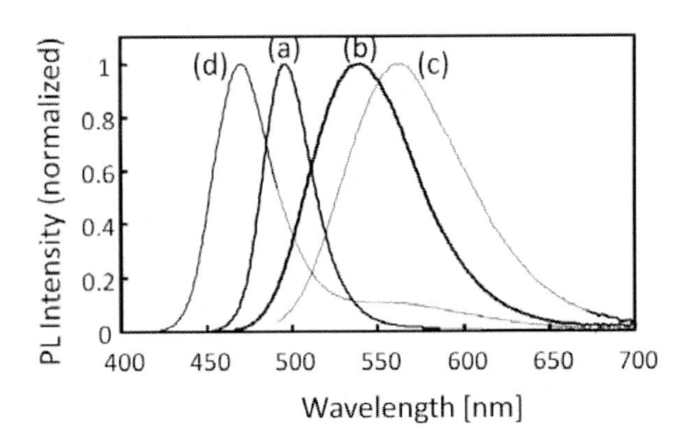

図2-49　$(Sr_{1-u}Ba_u)_{0.99}Eu_{0.01}Si_2O_2N_2$ の発光スペクトル
(a) $u = 0.75$, (b) $u = 1.0$, (c) $u = 0$, (d) $u = 0.50$

（ii）　$Ba_3Si_6O_{12}N_2:Eu^{2+}$ および $Ba_3Si_6O_9N_4:Eu^{2+}$

この2つの化合物は，上記の $BaSi_2O_2N_2:Eu^{2+}$ とともに一般式 $Ba_3Si_6O_{(3+3n)}N_{(8-2n)}:Eu^{2+}$ （n = 1, 2, 3）で表記できる。それぞれ異なる構造を持つが，層状である点では共通している。$Ba_3Si_6O_{12}N_2:Eu^{2+}$ は，青色光励起で緑色に発光し，かつ発光帯の半値幅が比較的狭いので液晶ディスプレイ，とくにテレビのバックライト用に適している。これに対し $Ba_3Si_6O_9N_4:Eu^{2+}$ は，$Ba_3Si_6O_{12}N_2:Eu^{2+}$ に化学式も結晶構造も類似しているにもかかわらず発光効率の温度依存性がはるかに大きく，低温においてさえ効率が低い。この相違点は，Eu^{2+} の5d準位と伝導帯底部のエネルギー差が少ないことによるphoto-ionization（またはauto-ioinization）の結果と解釈されている[58]。

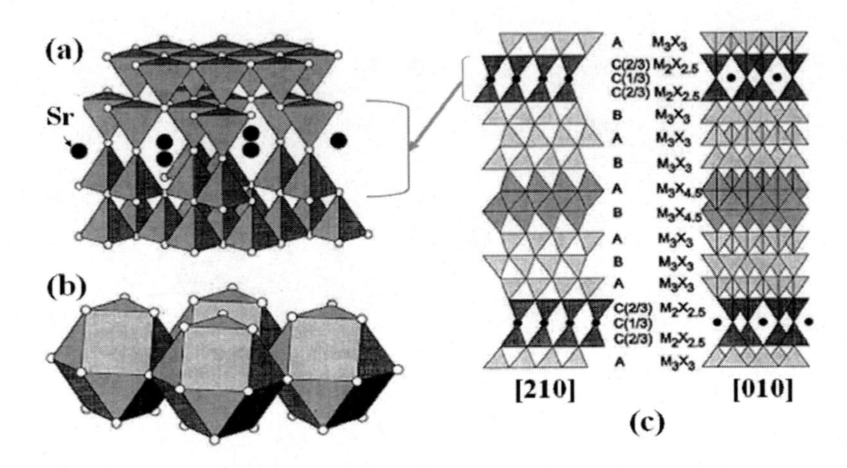

図 2 - 50　Sr-SiAlON の結晶構造の模式図

(a) Sr^{2+} イオンを収容できる空間を示す図。全体図 (c) のうち，中かっこでくくった部分を拡大したもの。四面体の中心に Si または Al があり（示されていない），頂点に N または O がある（小さい白丸）。(b) Sr^{2+} に配位している N および O 原子をつないでできる 14 面体。(c) 結晶構造の模式図。記号 A で示した $[(Si,Al)(N,O)_4]$ 四面体層とこれを 180° 回転した B とが交互に重なってできる。M = Si, Al, X = N, O (Reproduced from reference 33 by permission from Elsevier.)。

(iii)　Sr-SiAlON

Sr^{2+} は，イオン半径が 6 配位で 0.118 nm と Ca^{2+}（6 配位で 0.100 nm）より大きいため，SiAlON 格子の空隙に入り込みにくい（低濃度であれば Eu^{2+} と同様に β-SiAlON に入るはずである）。そのため，$[(Si,Al)(N,O)_4]$ ブロックから分離された形で原子サイズの薄層を形成し，α-, β-SiAlON とは異なる相を作る。このような化合物は Sr-SiAlON と呼ばれている。化学式は $SrSi_{10-x}Al_{18+x}N_{32-x}O_x$ ($x \approx 0$) で表される。Grins らにより決定された構造の模式図を図 2 - 50 に示す[33]。構造を反映させた化学式は，$(SrM_4X_5)(M_6X_9)(M_3X_3)_{n-2}$, (M = Si or Al, X = N or O) と書ける。図 2 - 50(c) に記号 A で示した $[(Si,Al)(N,O)_4]$ 四面体層とこれを 180° 回転した B とが交互に重なったブロックが形成されるが，その厚さ（上記化学式の n）のピッチは規則的ではない。したがって，厚さの変化により様々なポリタイプ構造（polytypoid）が生じる。Sr^{2+} に配位している N および O 原子をつなぐと，図 2 - 50(b) に示す 14 面体になる。14 面体中央部に並ぶ 6 個の O 原子および上下にそれぞれ三角形状に並ぶ 6 個の N 原子と配位している。

Sr^{2+} の一部を Eu^{2+} で置換した化合物は，電子線励起で青色に発光する[34]。窒化物，酸窒化物では Eu^{2+} の発光は緑～赤色を呈し，青色に光るものはむしろ稀である。Sr^{2+} の配位数は 12 であり，この大きな数から予想されるように $Sr^{2+}(Eu^{2+})$-N,O 原子間距離は約 0.30 nm と Eu^{2+}-N,O の一般的な原子間距離より長いので，結晶場が弱いことが青色（短波長）発光の原因と考えられる。

(iv)　AlN:Eu^{2+},Si

イオン半径が 0.117 nm（6 配位）の Eu^{2+} がイオン半径の小さな Al^{3+}（4 配位で 0.039 nm）を置き換えるとは考えにくい。さりとて AlN の格子間位置は狭くて Eu^{2+} を入れられるとは思えな

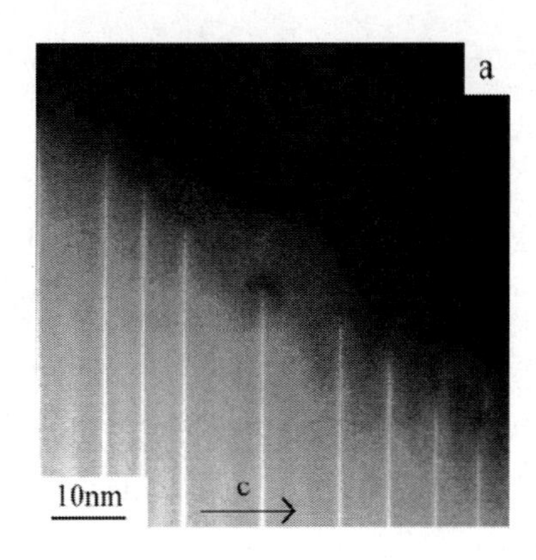

図2-51　AlN:Eu^{2+},Siの高角度環状暗視野走査型透過電子顕微鏡（HAADF-STEM）による格子像観察
縞状の明るい線の部分にEuが分布（Reproduced from reference 60 by permission of The Royal Society of Chemistry.）。

い。Eu^{2+}によると思われる青色発光は，Siを加えないと強くならない。窒化物なのに，青色に発光するのはなぜであろう？　さらに，この物質は数十Vの低圧電子線で明るく発光する[59]が，これは他の窒化物，酸窒化物ではめったに見られない現象である。このように，上記の化学式には多くの謎があり，大変興味深い物質である。結晶構造については，エネルギー分散X線分光を備えた透過電子顕微鏡（TEM-EDS）および高角度環状暗視野走査型透過電子顕微鏡（HAADF-STEM）による格子像観察（図2-51）などにより，Eu，Si原子が格子中にきわめて薄い縞状に分布していることが明らかになった[60]。この事実などから，AlN:Eu^{2+},SiはSr-SiAlONのひとつと見られることが確かになった。この結果から，発光特性についても推論を行うことができる。Eu^{2+}が青色に発光するのは，Sr-SiAlONでも見られたことである。励起電子線はAlN四面体からなるブロックに吸収され，自由電子と正孔を創り出す。AlNは単純な結晶構造であるため欠陥密度が低く，結晶中を拡散する自由電子はあまり散乱，捕捉されずにあらかじめ正孔を捉えたEu^{2+}に到達し，再結合の結果エネルギーをEu^{2+}に伝える，と考えられる。典型的な電子線励起用蛍光体がZnS，ZnOのような2元化合物半導体であることを想起すると，AlNブロックは電子線励起用に適した組成であろうと思われる。AlN:Eu^{2+},Siは，自由電子を作るAlNの部分と発光するEu^{2+}を含む部分が分離された巧みな構成の材料と見ることができる。このような構成の蛍光体は，かつて無かったものである。

③　格子欠陥の影響

窒化物，酸窒化物は，多元化合物であるがゆえに多種の格子欠陥が発生していても不思議ではない。白色LED用途の場合，発光特性に対する格子欠陥の影響はあまり認識されないが，それは励起および発光の過程がほぼひとつのイオン内で起こり，周囲の原子配列の影響を受けにくいためと思われる。それでも，付活剤イオン間で励起エネルギーの伝播が起これば母体結晶の欠陥濃度が高いほどエネルギーを失う可能性が高くなる。発光効率または強度の温度依存性（温度消光）が付活剤濃度の高いほど顕著になることが，$Y_3Al_5O_{12}$:Ce^{3+}，について報告されており[61]，

$CaAlSiN_3:Eu^{2+}$でも同様の結果が認められる。この現象は，付活剤イオン間にエネルギー伝達が起こっていることを示しており，発光効率が母体結晶の欠陥濃度にも依存することを示唆している。また，窒化物，酸窒化物の多くは電子線や短波長紫外線による励起によってはあまり良く発光しない事実も，欠陥濃度が高いことを示唆している（上記の $AlN:Eu^{2+}$,Si は例外的である）。

いくつかの窒化物，酸窒化物では，残光や熱ルミネセンスが観察されている。これは，トラップ濃度が高いこと，すなわち欠陥が少なからず存在することの証拠である。例えば，$Ba_2Si_5N_8:Eu^{2+}$[62]，$CaAlSiN_3:Eu^{2+}$では残光や熱ルミネセンスが認められ，$Ca_2Si_5N_8:Eu^{2+}$[63, 64]，$SrSi_2O_2N_2:Eu^{2+}$[65]では積極的にこの現象を利用して長残光蛍光体を作ろうとする試みが報告されている。

具体的にどのような欠陥が存在し，何がトラップあるいは非輻射中心になるか，については，まだあまり明らかになっていない。存在が確実な欠陥の例としては，Al/Si あるいは N/O 原子の無秩序分布がある。$CaAlSiN_3$では等価な格子点に Si と Al が無秩序分布することが確かめられている（第 2 章 6.3 項）。また，交差置換で得られたα-，β-SiAlON などでは N および O 原子の無秩序分布が生じる。ただし，$AESi_2O_2N_2$では N と O 原子は秩序分布をしている。$SrSi_2O_2N_2$では，電子線回折と高分解能 TEM 像により実構造観察が行われ[43]，サイズが数 nm 程度の双晶，転位，ドメインが生じていることが明らかになった。$Ca_2Si_5N_8:Eu^{2+}$では原料のひとつの Ca_3N_2 の融点が他の原料に比べて低いことから Ca 空孔の存在を推察しているが，確証は得られていない。

格子欠陥の同定と制御が進めば，窒化物，酸窒化物の性能向上につながることが期待できる。

（3） 発光特性

① 光吸収および蛍光遷移の長波長化

窒化物，酸窒化物蛍光体の大きな特徴は，付活剤（とくに Eu^{2+}，Ce^{3+}）の光吸収が青～紫色領域にまで延びており，必然的に蛍光も可視部にあって赤色～近赤外部に発光する化合物もある，ということである。この特徴は，付活剤と N 原子の結合の共有結合性が高い点に原因があると考えられている。同じ特徴が硫化物蛍光体にも見られることも，この考えを支持している。ただし，原因はこれだけと限ったわけではない。以下に 5d 軌道のエネルギー準位に基づいて光の吸収と放出が長波長領域に生じること（以下これを“Red shift”と呼ぶ）の考えうる原因を記す。Eu^{2+}，Ce^{3+}とも 4f-5d 遷移により光の吸収と放出が起こることに違いはないが，Ce^{3+}は 4f 電子を 1 個持つのみであるためエネルギー準位がより単純である。そこで，主に Ce^{3+}を例にとって説明する。4f 電子を 7 個持つ Eu^{2+}については，本節末尾に簡単に記す。

図 2-52 は Ce^{3+}のエネルギー準位の模式図である。この図は基本的に第 2 章 6 節の図 2-72 と同じものであるが，Red shift の説明に必要な記号が付け加えてある。Ce^{3+}の周囲に何も存在しないとき（自由イオンないし気相のとき）のエネルギー準位を（a）に示す。また，Ce^{3+}を結晶中に入れたときに生じる変化を要因ごとに分けて（b）～（d）に示す。エネルギーの大きさは，結晶中の Ce^{3+}の基底状態（$4f^1$）を基準にとって示してある。結晶中で Ce^{3+}が周囲のイオンから

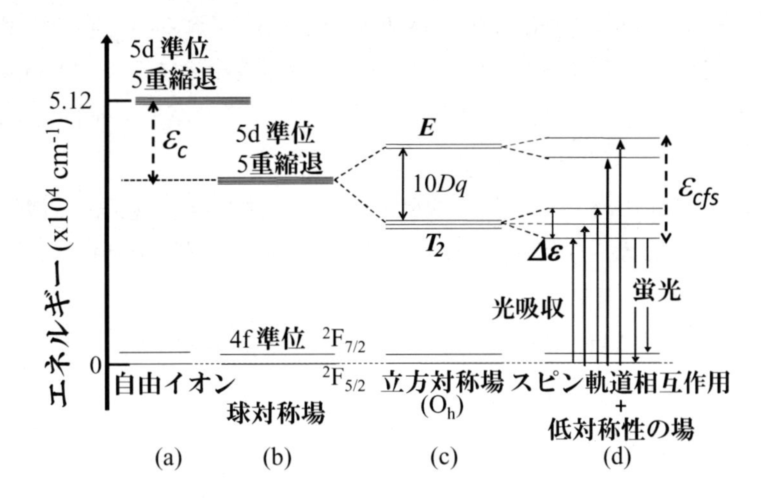

図2-52　Ce^{3+}のエネルギー準位の模式図

エネルギーの基準は基底状態。(a) 自由イオンすなわち気相中。(b), (c), (d) は結晶中で, (b) は仮想的な球状の結晶場, (c) は立方対称の結晶場, (d) は立方対称場にスピン軌道相互作用と低い対称性の場が摂動として加わった場合。

受けるクーロン力の結果として, 4f, 5d 準位のエネルギーは自由イオンの場合より低下する。Ce^{3+}が結晶中に安定に存在することの反映でもある。結晶中では周囲のイオンの配置によりCe^{3+}が受ける静電的ポテンシャル（結晶場ポテンシャル）に方向性が生じるが, この効果を無視した仮想的な球状ポテンシャルの状態を（b）に, 立方対称の場の状態を（c）に, 異方性の場が摂動として加わった場合を（d）に示す。異方性成分によっては, （d）のように縮退が完全に解けるとは限らない。Red shift が起こる原因として, 一般的には図2-52のε_c, 10 Dq, $\varDelta\varepsilon$のいずれか, またはすべてが大きいことが挙げられる[66]。

Eu^{2+}のエネルギー準位についても, Red shift に上記3つの要因がある点ではCe^{3+}と同じである。ただし, Eu^{2+}の7個の4f電子の一つが5d準位に励起されると, Eu^{3+}($4f^6$) の基底状態が残り, 5d準位と組み合わされて励起状態の数はCe^{3+}よりもはるかに多くなる（Eu^{3+}($4f^6$) の^7F_J (J = 0…6) 準位の総数は49個ある)。Eu^{2+}の発光の励起スペクトルがCe^{3+}の励起スペクトルよりも構造が多く, 励起波長に対して平坦になるのはこのためである。一方, 各エネルギー準位の帰属を決めることは難しくなる。

窒化物, 酸窒化物の Red shift の主な原因はε_cが大きいこと, すなわち共有結合性が大きいことであると思われている。事実, 橙～赤色に発光する蛍光体は, 酸窒化物よりは窒化物の方が多い。また, Eu^{2+}付活窒化物については, ［SiN_4］四面体が縮合している化合物に顕著な Red shift が見られる傾向があるとの指摘がある[67]。例えば, 発光ピーク波長は$N^{[3]}/(N^{[2]}+N^{[3]})$ = 1/2 の$Ca_2Si_5N_8$:Eu^{2+}では618 nm であるのに対して, 2/3 の$CaAlSiN_3$:Eu^{2+}では約650 nm, $N^{[4]}$を含むCa_4SiN_4:Eu^{2+}では725 nm である。ただし, ［SiN_4］四面体の縮合度と Eu-N 結合の共有結合性との関連は明らかではない。

窒化物でも $AlN:Eu^{2+}$,Si や $SrSi_6N_8:Eu^{2+}$ は青色に発光する。これらの物質では，Eu-N の結合距離が長く，5d 軌道の結晶場分裂（10 *Dq*）が小さいと推察される[19, 35]。$AlN:Eu^{2+}$,Si が Sr-SiAlON と同形とすれば，Eu の配位数は 12 であり，$SrSi_6N_8:Eu^{2+}$ の Sr の配位数は 10 であるので，結合距離が長いことは理解できる。

窒化物では，酸化物に比べて N^{3-} の形式電荷が O^{2-} より大きいので，結晶場が酸化物より大きいとする考えがある。また，希土類イオンが入る格子点の対称性が低い化合物が多いので，図 2 - 52 の $\Delta\varepsilon$ が大きいと考えられる。

このように 3 つの要因のいずれが Red shift を起こしているのか，個別の化合物についてより定量的な検討が必要である。

② 発光効率の温度依存性

窒化物，酸窒化物中の Eu^{2+}，Ce^{3+} の発光強度は，温度上昇によってあまり低下しない（温度消光が少ない）ことが知られている。さらに，$CaSiN_2$，$Ca_2Si_5N_8$，$CaAlSiN_3$ の 3 種について Eu^{2+} の発光強度の温度依存性を比較すると，$N^{[3]}/(N^{[2]}+N^{[3]})$ が高いほど（上記左から右に進むほど）発光強度の低下が少ないとの結果となった（図 2 - 53）。このことから，結晶構造の骨格が堅牢で，熱振動の影響を受けにくいことが温度消光の少ない第一の原因と考えられる。また，$CaAlSiN_3:Eu^{2+}$ では熱ルミネッセンスが目視されるので，その効果もあるのではないか，と思われる。

付活剤内部の電子遷移を対象とした温度依存性の考察だけでは，理解できない現象もある。典型的な例は，(c)(ii) に記した緑色蛍光体 $Ba_3Si_6O_{12}N_2:Eu^{2+}$ と青緑色発光の $Ba_3Si_6O_9N_4:Eu^{2+}$ との相違である。この原因は 5d 準位に上がった電子が伝導帯を経て非輻射中心に到達する過程（photo-ionization または auto-ionization）にあると考えられる（第 2 章 6.4，6.5 項参照）。

（2）③に記したように，$Y_3Al_5O_{12}:Ce^{3+}$ では Ce 濃度の増加とともに温度消光が顕著になる。Ce^{3+} 間のエネルギー伝達が Ce 濃度の増加とともに生じやすくなり，その結果蛍光に使われるべ

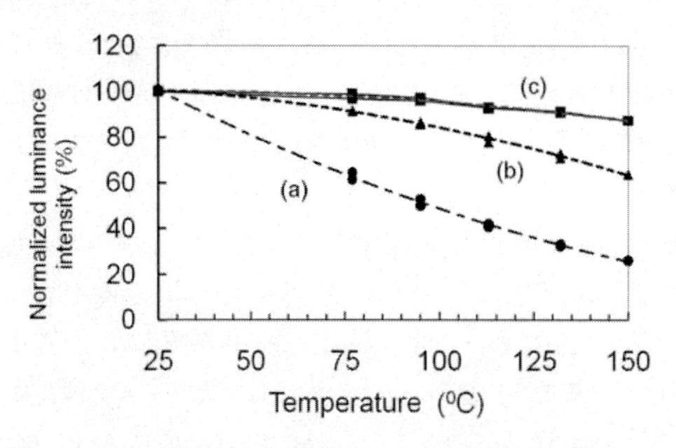

図 2 - 53　3 種の Eu^{2+} 付活窒化物蛍光体の発光強度の温度依存
(a) $CaSiN_2$，(b) $Ca_2Si_5N_8$，(c) $CaAlSiN_3$

表2-5　白色LED用蛍光体の発光量子効率の例
励起光の波長は450ないし455 nm。

化学式	内部量子効率（%）	発光色（ピーク波長）
$Y_3Al_5O_{12}:Ce^{3+}$	> 90[68]	黄色 (580 nm)
$Ca_{m/2}Si_{12-m-n}Al_{m+n}O_nN_{16-n}:Eu^{2+}$ M = 1.4，n = 0.7，[Eu] = 7.5 at.% ($Ca\text{-}\alpha\text{-}SiAlON:Eu^{2+}$)	69[69]	黄色 (580 nm)
$Si_{6-z}Al_zO_zN_{8-z}:Eu^{2+}$ ($\beta\text{-}SiAlON:Eu^{2+}$)	73[70]	緑色 (538 nm)
$SrSi_2O_2N_2:Eu^{2+}$ [Eu] = 2 at.%	95[42]	緑色 (544 nm)
$Sr_3Si_{13}Al_3O_2N_{21}:Eu^{2+}$ [Eu] = 2.7 at.%	75[37]	緑色 (515 nm)
$Sr_2Si_5N_8:Eu^{2+}$ [Eu] = 2 at.%	82[1]	赤色 (628 nm)
$SrAlSi_4N_7:Eu^{2+}$ [Eu] = 1 at.%	69[26]	赤色 (632 nm)
$CaAlSiN_3:Eu^{2+}$ [Eu] = 1 at.%	87[69]	深赤色 (650 nm)

きエネルギーが非輻射中心で赤外発光や熱振動に消費されるためであろうと思われる。類似の現象は，$CaAlSiN_3:Eu^{2+}$でも認められる。

③　発光量子効率

白色LED用途の場合，励起および発光の過程がほぼひとつのイオン内で起こるので，高い内部量子効率が期待できる。逆に，室温における内部量子効率が低い場合は，温度消光が大きいか付活剤イオン間のエネルギー伝達，auto-ionizationといった非局在過程が働いていると推察される。非局在過程の場合は，試料内の欠陥，不純物濃度の削減により効率が向上できる可能性がある。

製品化された蛍光体および製品化に近いレベルの蛍光体の量子効率を，表2-5にあげる。これらのデータは発表済みの値であり，必ずしも到達最高値ではない。

（4）　合成法

多くの長所を持つ窒化物，酸窒化物蛍光体ではあるが，合成には難しい点がある。第一は窒化剤の選定である。酸化物を合成する場合には，大気中の酸素が酸化剤の役割を果たすが，大気中の窒素ガスには酸素ガスの酸化作用に匹敵する窒化作用は無い。結合エネルギーを比べると，O_2では498 kcal/molであるのに対しN_2では946 kcal/molと高いので，活性なNラジカルを作るには高いエネルギーが必要である。結合エネルギーは，NH_3のN-H結合では431 kcal/molと小さくなるので，NH_3の窒化作用は強い。$Si(NH)_2$（シリコン・ジイミド），尿素，$Ca(NH_2)_2$を窒化剤とする方法もある。アルカリ土類や希土類元素の原料に活性な金属を使えば，これらのいずれを用いても 600 ～ 1400℃の比較的低温で窒化物を合成できる。

固相法で合成する場合は，Si の原料でもある Si_3N_4 を窒化剤として用いる場合が多い。しかし，Si_3N_4 は化学的に活性ではないので，反応には高温が必要である。また，活性を持つに至る高温では分解して N_2 ガスを放出するので，これを抑えるために高圧が必要になる。高圧，高温での反応のためには高圧炉が必要であり，金属や Ca_3N_2 を扱うにはグローブボックスが必要になる。従来の大気圧下，1400℃程度以下の合成の場合，液相の介在により組成元素の拡散促進が可能であり，粒子形状と粒径の制御，分散性の良い滑らかな表面形状の粒子成長が可能になる。このために融剤（フラックス）の選定が重要な技術になる。これに対し，現状の窒化物合成条件では，非常に高い合成温度のため粒子の焼結，凝集が進み，後処理として強い粉砕が必要になる。このため，破砕面が現れ，表面層に欠陥が生じることが多い。また，高温，高圧法による試料合成は従来法とは異なる装置，環境を準備する必要があるため初期投資が高価になる。

このような高温，高圧の固相合成法の欠点を解決する手法として，気相の窒化剤，還元剤を用いるガス還元窒化法が研究されている。これについては，第 2 章 5.2.2 項を参照されたい。

以後本節では，固相反応の例をいくつか示す。

(a) $3\{(2-x)Ba+xEu\}+N_2 \rightarrow (Ba_{2-x}Eu_x)_3N_2$, N_2 気流中 550 ～ 800℃。
$(2/3)(Ba_{2-x}Eu_x)_3N_2+(5/3)Si_3N_4 \rightarrow (Ba,Eu)_2Si_5N_8$, N_2/H_2 気流中 1300 ～ 1400℃ [71]。

(b) $3Eu+2NH_3 \rightarrow Eu_3N_2+3H_2$, N_2 中 550 ～ 800℃
$(2-x)Ba+xEu+5Si(NH)_2 \rightarrow Ba_{2-x}Eu_xSi_5N_8+5H_2+N_2$, N_2 中 800℃, 1h → 1600℃, 40h → 1650℃ [62]。

(c) $Eu+NH_3 \rightarrow EuN+(3/2)H_2$, N_2 中 600℃, 12h → 850℃,
$EuN+Ca_3N_2+AlN+Si_3N_4 \rightarrow CaAlSiN_3{:}Eu^{2+}$, N_2 1 MPa 中 , 1600℃, 2h → 1800℃, 2h [24]。

(d) Ca, Sr, Eu, Al, Si（金属微粉末→アーク溶融，$Ca_{1-x-y}Sr_xEu_y(Al_{0.5}Si_{0.5})_2$（合金）→ N_2 中粉砕 → N_2 中 HIP，室温で 50 MPa，1900℃で 190 MPa → 200℃で 70 MPa [25]。

これらの中で，(d) はとくに高い気圧，温度の下での反応である。$SrAlSiN_3{:}Eu^{2+}$ および Sr 比率の高い $(Ca,Sr)AlSiN_3{:}Eu^{2+}$ は 1 MPa 程度の高圧では準安定相であるため，合成には非常に高い気圧と温度を必要とする。

一方，窒化物ではあっても $Ca_2Si_5N_8$ は大気圧でも合成が可能である。酸窒化物の中では $MSi_2O_2N_2{:}Eu^{2+}$（M = Ca，Sr，Ba）が大気圧下，1300℃付近で合成可能であり，むしろ高温，高圧では不安定になる。M_2CO_3，Si_3N_4，SiO_2，Eu_2O_3 を原料とする固相反応が報告されているが，$M_2SiO_4{:}Eu^{2+}$ を前駆体とし，Si_3N_4 との反応で窒化させる経路により単一相，高効率の試料が得られる [57]。

（5） まとめと今後の展望

これまでに多数の窒化物，酸窒化物蛍光体が開発されてきたが，元素の組み合わせの数を考えればまだ新化合物発見の可能性は少なくないと思える。例えば，Sr-SiAlONに分類した化合物群はCa化合物に比べて合成された物質が少ないので，探索の余地が多いであろう。また，Si,Alの窒化物に加え，C, Bを含む骨格を持つ窒化物まで視野に置けば，さらに広い範囲の探索が可能になる。これらの共有結合性の高い母体を用いれば，赤〜近赤外領域に発光する材料がより多く見出せるかもしれない。

窒化物，酸窒化物蛍光体は白色LEDの用途に非常に適性があるが，欠点も残っている。すなわち，(i) 格子欠陥濃度が高い（と思える）こと，(ii) 非常に高い温度で合成するために粒子の凝集が進み，分散性が悪いこと，(iii) 高温高圧合成であるためコスト高になること，などである。(ii) (iii) の改善には，還元窒化法のような新たな合成法の開発が望まれる（第2章5.2.2項)。また，(i) の欠陥については，例えば酸素不純物の影響解明が課題のひとつである。発光特性に対する不純物酸素の影響は，第2章4.1，6.5項に一端が紹介されている。今後酸素の影響が解明されれば，既に開発された化合物についても，もう一段の性能向上が達成される可能性があると思える。

文　　献

1） R.-J. Xie, Y. Q. Li, N. Hirosaki and H. Yamamoto, "*Nitride Luminescent Materials and Solid State Lighting*", CRC Press, Boca Ratan (2011)
2） R.-J. Xie and N. Hirosaki, "Silicon-based oxynitride and nitride phosphors for white LEDs-A review", *Sci. Tech. Adv. Mater.*, **8**, 588-600 (2007)
3） Y. Q. Li and H. T. Hintezen, "High Efficiency Nitride Based Phosphors for White LEDs", *J. Light & Vis. Env.*, 129-134 (2008)
4） R.-J. Xie, N. Hirosaki, Y. Q. Li and T. Takeda, "Rare-Earth Activated Nitride Phosphors: Synthesis, Luminescence and Applications", *MATERIALS*, **3**, 3777-3793 (2010)
5） P. F. Smet, A. B. Parmentier and D. Poelman, "Selecting Conversion Phosphors for White Light-Emitting Diodes", *J. Electrochem. Soc.*, **158**, R37-R54 (2011)
6） R. Marchand, Y. Laurent, J. Guyader, P. L. Haridon and P. Verdier, "Nitrides and Oxynitrides: Preparation, Crystal Chemistry and Properties", *J. Eur. Ceram. Soc.*, **8**, 197-213 (1991)
7） 三友護，セラミックス，「窒化ケイ素とサイアロンの発展」，**38**，668-685 (2003)
8） 山根久典，「多元系窒化物および窒化物関連の新規化合物」日本結晶学会誌，**47**，323-333 (2005)
9） Y. Q. Li, G. de With, H. T. Hintzen, *J. Electrochem. Soc.*, **153**, G278-282 (2006)
10） C. J. Duan, Z. Zhang, S. Rösler, A. Delsing, J. Zhao and H. T. Hintzen, *Chem. Mater.*,

23, 1851-1861 (2011)
11) K. Uheda, H. Yamamoto, H. Yamane, W. Inami, K. Tsuda, Y. Yamamoto and N. Hirosaki, *J. Ceram. Soc. Jpn.*, **117**, 94-98 (2009)
12) Z. A. Gal, P. M. Mallinson, H. J. Orchard and S. J. Clarke, *Inorg. Chem.*, **43**, 3998-4006 (2004)
13) R. Le Toquin and A. K. Cheetham, *Chem. Phys. Lett.*, **423**, 352-356 (2006)
14) C. J. Duan, X. J. Wang, W. M. Otten, A. C. A. Delsing, J. T. Zhao and H. T. Hintzen, *Chem. Mater.*, **20**, 1597-1605 (2008)
15) J. W. H. van Kreval, *Ph.D Thesis, Chapter 2*, Technische Universiteit Eindhoven (2000)
16) T. Schlieper and W. Schnick, *Z. Anorg. Allg. Chem.*, **621**, 1037-1041 (1995)
17) T. Schlieper, W. Milius and W. Schnick, *Z. Anorg. Allg. Chem.*, **621**, 1380-1384 (1995)
18) Y. Q. Li, J. E. J. van Steen, J. W. H. van Krevel, G. Botty, A. C. A. Delsing, F. J. DiSalvo, G. de With and H. T. Hintzen, *J. Solid State Compd.*, **417**, 273-279 (2006)
19) F. Stadler, O. Oeckler, J. Senker, H. A. Höppe, P. Kroll and W. Schnick, *Angew. Chem.*, **117**, 573-576 (2005)
20) K. Shioi, N. Hirosaki, R.-J. Xie, T. Takeda and Y. Q. Li, *J. Mater. Sci.*, DOI 10.1007/s10853-008-2764-1 (2008)
21) H. Huppertz and W. Schnick, *Chem. Eur. J.*, **3**, 249-252 (1997)
22) Y. Q. Li, A. C. A. Delsing, R. Metslaar, G. de With and H. T. Hintzen, *J. Alloys Compds.*, **487**, 28-33 (2009)
23) F. Ottinger, *Ph. D. Thesis*, Technische Hochshule Zürich (2004)
24) K. Uheda, N. Hirosaki, Y. Yamamoto, A. Naito, T. Nakajima and H. Yamamoto, *Electrochem. Solid-State Lett.*, **9**, H22-H25 (2006)
25) H. Watanabe, H. Wada, K. Seki, M. Itou and N. Kijima, *J. Electrochem. Soc.*, **155**, F31-F36 (2008)
26) C. Hecht, F. Stadler, P. J. Schmidt, S. J. Schmedt auf der Günne, V. Baumann and W. Schnick, *Chem. Mater.*, **21**, 1595-1601 (2009)
27) Y. Q. Li, , C. M. Fang, G. de With and H. T. Hintzen, *J. Solid State Chem.*, **177**, 4687-4694, (2004)
28) J. A. Kechele, C. Hecht, O. Oeckler, S. J. Schmedt auf der Günne, P. J. Schmidt and W. Schnick, *Chem. Mater.*, **21**, 1288-1295 (2009)
29) R.-J. Xie, Y. Q. Li, N. Hirosaki and H. Yamamoto, "*Nitride Luminescent Materials and Solid State Lighting*", CRC Press, Boca Ratan, p.217 (2011)
30) 例えば，R.-J. Xie, N. Hirosaki, M. Mitomo, Y. Yamamoto and T. Suehiro, *J. Phys. Chem. B*, **108**, 12027-12031 (2004)
31) Y. Q. Li, N. Hirosaki, R.-J. Xie, T. Takeda and M. Mitomo, *J. Solid State Chem.*, **181**, 3200-3210 (2008)
32) R.-J. Xie, N. Hirosaki, H. L. Li, Y. Q. Li and M. Mitomo, *J. Electrochem. Soc.*, **154**, J314-J319 (2007)
33) J. Grins, S. Esmaeilzadeh, G. Svensson and Z. J. Shen, *J. Euro. Ceram. Soc.*, **19**, 2723-2730 (1999)
34) 福田由美，平松亮介，浅井博紀，玉谷正昭，多々見純一，米谷勝利，脇原　徹，第315回蛍光体同学会講演予稿，1-9 (2006)
35) T. Takeda, N. Hirosaki, R.-J. Xie, K. Kimoto and M. Saito, *J. Mater. Chem.*, **20**, 9807-10042 (2010)

36) K. Inoue, N. Hirosaki, R.-J. Xie and T. Takeda, *J. Phys. Chem. C*, **113**, 9392-9397 (2009)
37) Y. Fukuda, K. Ishida, I. Mitsuishi and S. Nunoue, *Appl. Phys. Express*, **2**, 012401 (2009)
38) Y. Fukuda, A. Okada and A. K. Albessard, *Appl. Phys. Express*, **5**, 062102 (2012)
39) R. Lauterbach and W. Schnick, *Z. Anorg. Allg. Chem.*, **624**, 1154-1158 (1998)
40) V. Bachmann, A. Meijerink and C. Ronda, *J. Lumin.*, **129**, 1341-1346 (2009)
41) H. A. Höppe, F. Stadler, O. Oeckler and W. Schnick, *Angew. Chem. Int. Ed.*, **43**, 5540-5542 (2004)
42) P. Schmidt, A. Tuecks, H. Bechtel, D. Wiechert, R. Mueller-Mach, G. Mueller, W. Schnick, *Proc. of SPIE*, **7058**, 70580L-1-7 (2008)
43) O. Oeckler, F. Stadler, T. Rosenthal and W. Schnick, *Solid State Sci.*, **9**, 205-212 (2007)
44) V. Bachmann, T. Jüstel, A. Meijerink, C. Ronda and P. J. Schmidt, *J. Lumin.*, **121**, 441-449 (2006)
45) J. A. Kechele, O. Oeckler, F. Stadler and W. Schnick, *Solid State Sci.*, **11**, 537-543 (2009)
46) F. Stadler and W. Schnick, *Z. Anorg. Allg. Chem.*, **632**, 949-954 (2006)
47) K. Uheda, S. Shimooka, M. Mikami, H. Imura and N. Kijima, *Proc. IDW'07*, 899-902, 2007, Dec.5-7 (2007) Sapporo
48) K. Uheda, H. Takizawa, T. Endo, H. Yamane, M. Shimada, C.-M. Wang and M. Mitomo, *J. Lumin.*, **87-89**, 967-969 (2000)
49) T. Suehiro, N. Hirosaki, R.-J. Xie and T. Sato, *Appl. Phys. Lett.*, **95**, id. 051903 (3 pages) (2009)
50) J. W. Park, S. P. Singh and K.-S. Sohn, *J .Electrochem. Soc.*, **158**, J184-J188 (2011)
51) T. Setó, N. Kijima and N. Hirosaki, *ECS Transactions*, **25**, 247-252 (2009)
52) B. Dierre, R.-J. Xie, N. Hirosaki and T. Sekiguchi, *J. Mater. Res.*, **22**, 1933-1941 (2007)
53) J. W. H. van Krevel, H. T. Hintzen, R. Metselaar and A. Meijerink, *J. Alloys. Compd.*, **268**, 272-277 (1998)
54) J. Grins, Z. Shen, M. Nygren and T. Ekstrom, *J. Mater. Chem.*, **5**, 2001-2006 (1995)
55) 広崎尚登，解栄軍，佐久間健，セラミックス (*Bull. Ceram. Soc. Jpn.*), **41**, 602-606 (2006)
56) R.-J. Xie, N. Hirosaki, M. Mitomo, T. Suehiro, X. Xu and H. Tanaka, *J. Am. Ceram. Soc.*, **88**, 2883-2888 (2005)
57) B.-G. Yun, Y. Miyamoto and H. Yamamoto, *J. Electrochem. Soc.*, **154**, J320-J325 (2007)
58) M. Mikami, H. Watanabe, K. Uheda, S. Shimooka, Y. Shimomura, T. Kurushima and N. Kijima, *Mater. Sci. Eng.*, **1**, 012002 (10 pages) (2009)
59) N. Hirosaki, R.-J. Xie, K. Inoue, T. Sekiguchi, B. Dierre, and K. Tamura, *Appl. Phys. Lett.*, **91**, 061101; doi.org/10.1063/1.2767182 (3 pages) (2007)
60) T. Takeda, N. Hirosaki, R.-J. Xie, K. Kimoto and M. Saito, *J. Mater. Chem.*, **20**, 9948-9953 (2010)
61) V. Bachmann, C. Ronda and A. Meijerink, *Chem. Mater.*, **21**, 2077-2084 (2009)
62) H. A. Höppe, H. Lutz, P. Morys, W. Schnick and A. Seilmeier, *J. Phys. Chem. Solids*, **61**, 2001-2006 (2000)
63) Y. Miyamoto, H. Kato, Y. Honna, H. Yamamoto and K. Ohmi, *J. Electrochem. Soc.*, **156**, J235-J241 (2009)
64) K. van den Eeckhout, P. F. Smet and D. Poelman, *J. Lumin.*, **129**, 1140-1143 (2009)
65) J. Botterman, K. van den Eeckhout, A. J. J. Bos, P. Dorenbos and P. F. Smet, *Opt. Mater. Expr.*, **2**, 341-349 (2012)
66) P. Dorenbos, *J. Lumin.*, **91**, 91-106 (2000)

67） H. T. Hintzen, Abst. #2365, *218th ECS Meeting, The Electrochemical Society*, Las Vegas, 2010, October
68） 大塩祥三，第 310 回蛍光体同学会講演予稿，pp.7-16（2005）
69） 廣崎尚登，解栄軍，第 53 回応用物理学会関係連合講演会予稿集，Vol.3, p.1557（2006）
70） 山田鈴弥，江本秀幸，伊吹山正浩，廣崎尚登，第 335 回蛍光体同学会講演予稿，pp.9-14（2010）
71） J. W. H. van Krevel, *Ph. D. Thesis, Technical University of Eindhoven*.（2000）

5.2.2　窒化物・酸窒化物の還元窒化法合成

末廣隆之*

(1)　はじめに

窒化物粉体の簡便な直接合成プロセスとして，カーボンブラック等の固体炭素源により窒素雰囲気下で酸化物粉末の還元窒化を行う炭素還元窒化法（Carbothermal Reduction-Nitridation method：CRN）が知られている。CRN は高純度 AlN 粉末の工業的製法として実用化されると共に，早くも 1988 年には α-SiAlON の粉末合成への応用が試みられている[1]。近年では出発原料に市販の Si_3N_4 粉末を用い，窒化物の取り扱いが困難なアルカリ土類や希土類成分のみを酸化物原料とした部分還元窒化と言うべき CRN により，$Y_2Si_4N_6C:RE^{3+}$ (RE=Ce, Tb) や $AEYSi_4N_7:Eu^{2+}$ (AE=Ca, Sr, Ba) 等の合成が試みられている[2,3]。CRN により合成された窒化物系蛍光体は一般に 2 wt%程度の残留炭素を含有し，報告された発光効率は外部量子効率 20%未満ないし市販の $YAG:Ce^{3+}$ 蛍光体の 25%程度と低い。

筆者らが開発したガス還元窒化法（Gas-Reduction-Nitridation method：GRN）は CRN を発展させた一手法であり，アンモニア―炭化水素混合ガスを用いて酸化物粉末を還元窒化することにより窒化物粉末の合成を行う。出発原料を所定の雰囲気下で焼成する単一工程のみで窒化物粉末の直接合成が可能となること，および気―固相間反応に基づく窒化の進展により出発原料の特性を反映した粒子形態のコントロールが可能となる点が最大の特徴である。また GRN は表 2-6 に示す様に熱力学的に有利な反応であり，CRN および NH_3 ガス単独による低温下での還元窒化の達成が困難な反応系への応用が可能となることが特徴である。筆者らはこれらの利点に着目し，これまでに各種の遷移アルミナを出発原料に用いた AlN 真球状粒子，AlN ファイバー，AlN ナノ粒子等の特異なモルフォロジーを有する AlN 材料の開発に GRN を応用してきた[4~8]。

本稿では耐久性に優れた白色 LED 用蛍光体として普及が期待される Eu^{2+} ドープ SiAlON の合成に GRN プロセスを応用し，その微粒子合成法を確立した結果[9~14, 16]を報告すると共に，GRN による各種のアルカリ土類および希土類窒化ケイ素系微粒子蛍光体合成手法としての最近の応用事例[17~21, 23]を紹介する。

(2)　GRN による SiAlON 系蛍光体の合成

①　GRN による Ca-α-SiAlON 微粒子合成条件の最適化[9~12]

BET 粒子径 0.23 μm の非晶質 SiO_2 粉末を出発原料に用い，目標組成を α-SiAlON の一般式 $Ca_{m/2}Si_{12-(m+n)}Al_{m+n}O_nN_{16-n}$ における m=1.6，n=0.8 とした $CaO-SiO_2-Al_2O_3$ 系複合粒子を共沈法により調製した。反応

表 2-6　Al_2O_3 の各種還元窒化反応における平衡転化率

Reaction	Eq. 1	Eq. 2	Eq. 3
1200 K	0.9990	0.1789	0.0009
1400 K		0.9119	0.0059
1600 K		0.9985	0.0225
1800 K			0.0622

Eq. 1: $Al_2O_3 + 2NH_3(g) + C_3H_8(g) \rightarrow 2AlN + 3CO(g) + 7H_2(g)$
Eq. 2: $Al_2O_3 + 3C + 2NH_3(g) \rightarrow 2AlN + 3CO(g) + 3H_2(g)$
Eq. 3: $Al_2O_3 + 2NH_3(g) \rightarrow 2AlN + 3H_2O(g)$

*　Takayuki Suehiro　東北大学　多元物質科学研究所　助教（現：(独)物質・材料研究機構）

ガスとしてNH_3-1.5 vol% CH_4を用い，合成温度1400-1500℃，保持時間0.5-4 hの範囲でGRN合成を行った。表2-7に1500℃-2 hの一定条件で昇温速度を750-200℃/hの範囲で変化させてGRN合成を行った結果を示す。いずれの条件においてもほぼ完全な窒化が達成されるが，昇温速度の速い試料ではβ-SiAlON相の含有（約30 wt%）と比表面積の低下が顕著となることが分かる。対照的に200℃/hの昇温条件では，α相含有量約92%，粒径0.21 μmの高純度微粒子が得られた。これらの結果は昇温過程におけるCaO-SiO_2-Al_2O_3系の過剰な液相生成を抑制することにより，競合するβ相の生成と粒子の粗大化の抑制が可能となることを示している。

以上の知見に基づき昇温速度200℃/hの一定条件の下，合成温度の最適化を行った結果を表2-8に示す。これらの好適合成条件により相純度約90%，平均粒径0.19-0.35 μmのCa-α-SiAlON微粒子が得られた。完全窒化に要する反応時間は1425℃における4 hから1500℃の0.5 hまで減少した。高温短時間条件による焼成は粒子の微細化に有効であるが，残留炭素量は増加する傾向となった。またX線Rietveld解析により見積もられたα-SiAlON格子中へのCaの実際の固溶量（x値）はas preparedの状態で目標組成の0.8に対し0.44-0.57程度であった。図2-54に最適化した条件により合成された粉末C6およびC8の粒子形態を示す。分散性の良い0.2-0.3 μmの均一な1次粒子から構成されることが確認された。

表2-9に上記の合成粉末C6，C8を常圧N_2雰囲気中1700℃-4 hの条件でポストアニールした試料（C6R，C8R）の特性，および図2-55に試料C6RのX線回折パターンを示す。Caの完全な固溶によりα-SiAlON単相化が達成され，結晶性が向上することが確認される。図2-56のFESEM観察結果に示す様に，ポストアニールにより粒径は1.8-2.6 μm前後に成長するが，良好な分散性は維持された。

表2-7　種々の昇温速度で1500℃-2 hの焼成により得られた合成粉末の特性

Sample	Heating rate(℃/h)	Phase assemblage	$\Delta W_{obs}/\Delta W^{*}_{theor}$	S_{BET} (m^2/g)	D_{BET} (μm)
C1	500	α′ (70.7%), β′ (29.3%)	1.01	4.61	0.46
C2	750	α′ (69.8%), β′ (30.2%)	1.05	1.63	1.14
C3	300	α′ (85.4%), β′ (14.6%)	1.03	5.89	0.32
C4	200	α′ (91.7%), AlN (4.7%), β′ (3.6%)	1.04	8.84	0.21

*窒化率に相当

表2-8　昇温速度200℃/hで最適化された合成条件による粉末の各種特性

Sample	Reaction conditions	α′content (wt%)	x	$\Delta W_{obs}/\Delta W_{theor}$	S_{BET} (m^2/g)	D_{BET} (μm)	Carbon content (wt%)
C5	1400℃-4 h	89.6	0.57(1)	0.96	6.50	0.28	0.06(1)
C6	1425℃-4 h	89.6	0.47(1)	1.00	5.35	0.35	0.09(1)
C7	1450℃-1 h	90.7	0.44(1)	0.98	10.23	0.18	0.11(1)
C8	1500℃-0.5 h	91.9	0.50(1)	1.03	9.57	0.19	0.53(1)

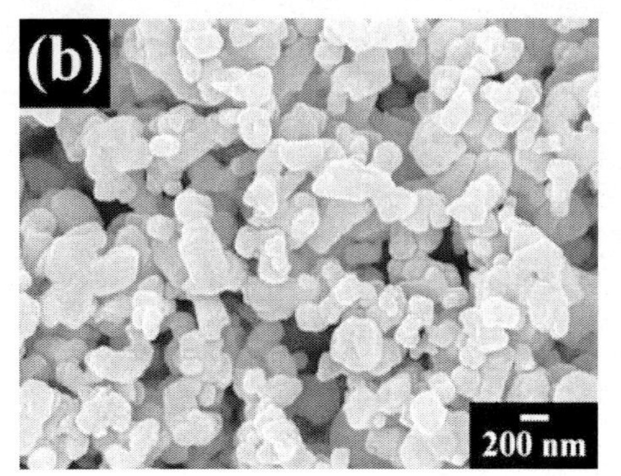

図2-54　(a) 1425℃-4hおよび (b) 1500℃-0.5hの合成条件により得られたCa-α-SiAlON粉末のFESEM写真

表2-9　1700℃-4hのポストアニール後の合成粉末の特性

Sample	Phase assemblage	x	S_{BET} (m^2/g)	D_{BET} (μm)
C6R	α′ (single phase)	0.816(10)	0.712	2.59
C8R	α′ (99.1%), AlN (0.9%)	0.797(9)	0.999	1.84

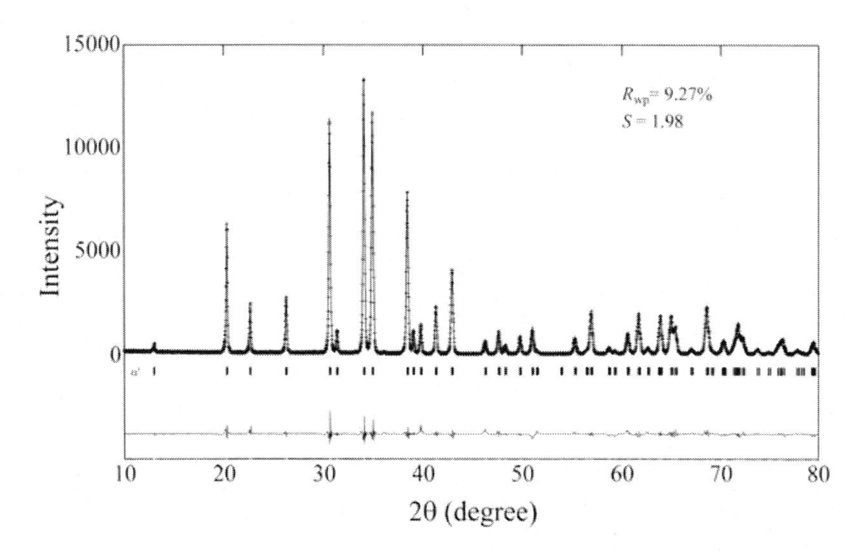

図2-55　1425℃-4hの焼成後 N_2 中1700℃-4hのポストアニールを行った合成粉末（C6R）のXRDパターン

GRNにより合成したCa-α-SiAlON粉末の特徴として，残留炭素分による可視光吸収が極めて低いことが挙げられる。図2-57にGRNによる合成粉末C5-C8，および反応焼結法（炭素量0.01(1) wt%）とCRN（炭素量1.00(1) wt%）により合成した比較試料の紫外-可視拡散反射スペクトルの測定結果を示す。GRNによる合成粉末の反射率は約85-96%と高く，アルミナ管状炉を用いてカーボンフリーな条件下で合成した反応焼結試料に匹敵する値となり，また不純物炭

図 2-56　ポストアニール後の合成粉末の FESEM 写真
(a) 試料 C6R および (b) 試料 C8R

素量に直接依存していることが分かる。CRN による合成では，通常の酸化脱炭処理のみで GRN に匹敵する不純物吸収の少ない白色粉末を得ることはできない。

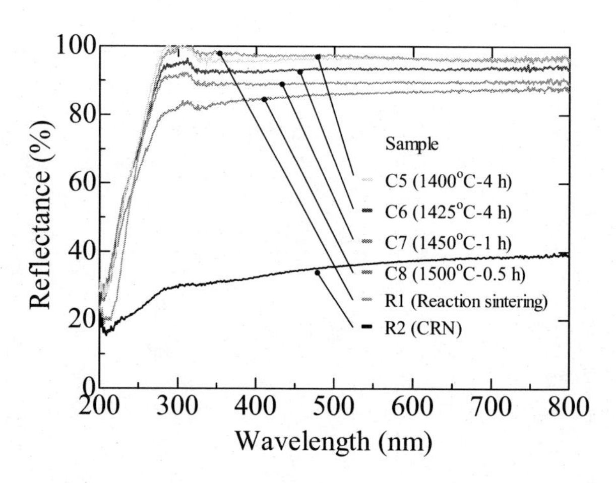

図 2-57　GRN により合成した Ca-α-SiAlON 粉末の紫外ー可視拡散反射スペクトル

② Post-Synthesis Activation (PSA) による蛍光体化プロセスの開発 [13)]

GRN により得た α-SiAlON 微粒子を出発原料として用い，これに発光イオンを液相添加し N_2 雰囲気中でポストアニールを行う自由度の高い蛍光体化プロセスを考案した[13)]。上記 GRN 合成の結果により得た粉末 C6（以下粉末 A と表記）および粉末 C8（以下粉末 B）の 2 種類の出発原料を純水に超音波分散することによりコロイド溶液とし，目標組成を $Ca_{0.8}Eu_ySi_{9.6}Al_{2.4}O_{0.8-2y}N_{15.2+2y}$ (y＝0.010-0.075) とする所定量の $Eu(NO_3)_3$ 水溶液を添加した。これを乾燥して得た粉末を常圧 N_2 中 1550-1750℃の温度範囲で 4 h 焼成することにより PSA 処理を行った。図 2-58 に 2 種類の合成粉末を 1700℃で PSA 処理して得られた Ca-α-SiAlON:Eu^{2+} (y＝0.050) の PL スペクトルの測定結果を示す。GRN-PSA による合成粉末は従来の反応焼結法による試料と同様の特性を示し，α-SiAlON 結晶中では不活性雰囲気下のプロセシングにおいても Eu^{2+} が安定となることが分かる。表 2-10 に上記 2 種類の合成粉末の各種特性を，同一条件で合成した undoped 試料の特性と共に示した。Eu^{2+} 付活試料は共に α-SiAlON 単相となり，粒径および不純物酸素量は PSA 処理による影響を殆ど受けないことが確認された。

図 2-59 に 2 種類の原料粉末から合成された Ca-α-SiAlON:Eu^{2+} の 450 nm 励起下における吸収

率（α），外部量子効率（QE_{ext}）および主波長値（λ_d）のEu添加濃度依存性を示す。Eu^{2+}の$4f^7$-$4f^6 5d$直接励起に基づく吸収率はEu添加濃度の上昇と共に単調に増大し，粉末Aから合成された試料が一貫して高い値を示した。一方，外部量子効率は粉末Bを用いた試料の緩慢な変化に対し，粉末Aではy=0.050-0.075の範囲で濃度消光の徴候を示した。主波長値はEu添加濃度の増大に伴いレッドシフトし，吸収率と同様の傾向，即ち粉末Aから合成された試料が一貫して高い値を示す結果となった。これらの結果は2種類の原料粉末中の炭素含有量の差違（表2-8）に由来するものと推察され，炭素量の低い粉末Aでは粒成長の促進によりα-SiAlON格子中へのEu^{2+}の固溶がより高い濃度で達成されているものと考えられる。原料粉末Aから合成された，最も発光効率の高い組成（y=0.025）の外部量子効率は励起波長385-450 nmにおいて46-55%に達した。

表2-11に種々のPSA温度により粉末Bから合成されたCa-α-SiAlON:Eu^{2+}(y=0.050）の粒径とPL特性をまとめた。1550-1750℃の全てのPSA条件でα-SiAlON単相が得られるこ

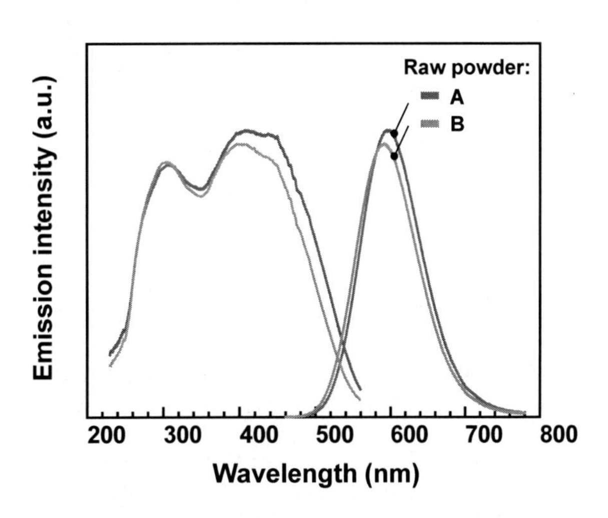

図2-58　1700℃-4hのPSA処理により得られたCa-α-SiAlON:5% Eu^{2+}粉末のPLスペクトル

表2-10　1700℃のPSA処理により得られた合成粉末の各種特性

Raw powder used	y	Phase assemblage	Lattice volume（Å^3）	S_{BET} (m^2/g)	D_{BET} (μm)	C_N (wt%)	C_O (wt%)
A	0	α' (single phase)	303.612(9)	0.71	2.59	35.7(1)	2.77(2)
A	0.050	α' (single phase)	305.112(14)	0.67	2.75	35.0(1)	2.38(1)
B	0	α' (99.1%), AlN (0.9%)	303.179(13)	1.00	1.84	35.8(2)	2.41(1)
B	0.050	α' (single phase)	303.912(10)	0.98	1.87	35.4(1)	2.45(1)

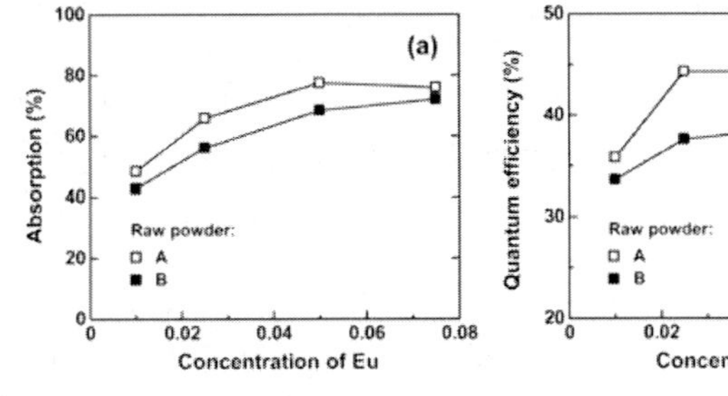

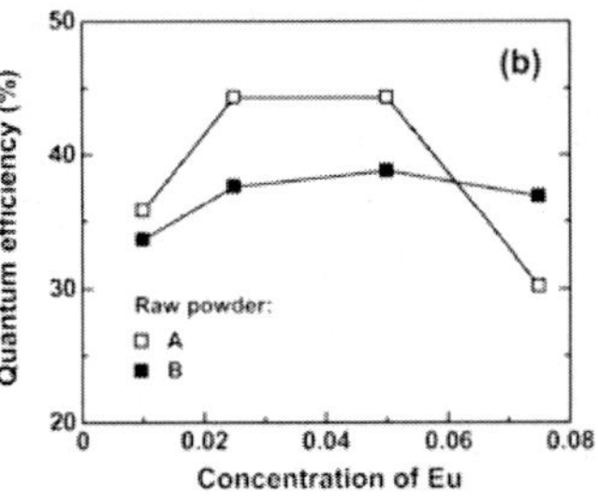

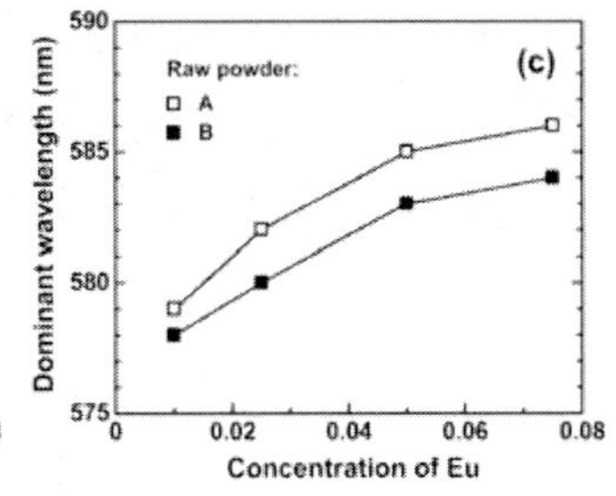

図2-59　2種類の出発原料から1700℃のPSA処理により得られた合成粉末
(a) 吸収率，(b) 外部量子効率，(c) 主波長値のEu添加濃度依存性

表2-11　種々のPSA温度で得られた合成粉末（y = 0.050）の粒径およびPL特性

PSA temp. (℃)	D_{BET} (μm)	α (%)	QE_{int} (%)	QE_{ext} (%)	λ_d (nm)
1550	0.87	49.6	49.3	24.5	582
1600	1.41	59.1	63.5	37.6	582
1700	1.87	68.4	56.8	38.8	583
1750	2.35	68.6	57.8	39.7	583

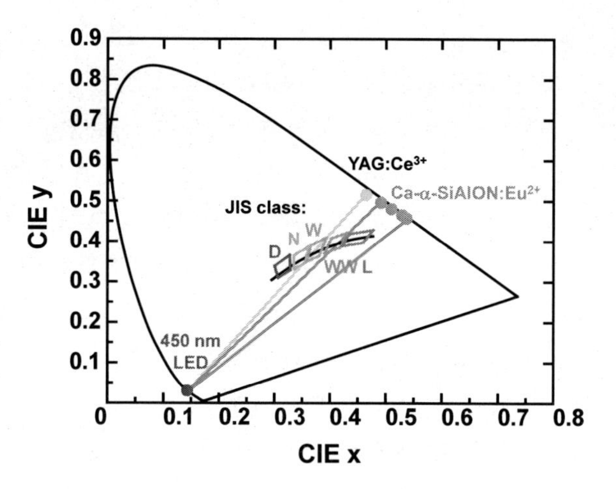

図2-60　PSAにより得られた合成粉末（y = 0.010-0.075）の450 nm励起下におけるCIE1931色度

とが確認された。PSA温度の上昇に伴う吸収率の増大は，主波長値の変化が僅かであることから判断される様に主として粒径の増大に由来するものと考えられる。一方，内部量子効率（QE_{int}）は1600℃で最大値を示すことにより外部量子効率は1600-1750℃のプロセス温度範囲でほぼ飽和する結果となり，2 μm以下の微細な粒子径で最大値の95%程度の発光効率が得られることが示された。図2-60にPSA温度1700℃で粉末Bから合成された試料（y=0.010-0.075）の色度座標値を示す。PSAプロセスにより単一のホスト組成に対してEu付活濃度を変化させるのみで，450 nm青色LEDとの組み合わせによりJIS温白色から電球色をカバーする広範な黄橙色発光の実現が可能となることが確認された。

③　Y-α-SiAlON:Eu^{2+}の合成[14)]

従来CRNによる単相粉末の合成が報告されたα-SiAlONの組成はCa系に限られており[1, 15)]，Y-α-SiAlONを始めとする希土類安定化α-SiAlONの合成に成功した例はない。筆者らは（2）の①項と同様の前駆体調製法および反応条件に従い，GRNによるY-α-SiAlON（m=1.8，n=0.9）粉末の合成を行った[14)]。GRNによる窒化後の試料はβ-およびα-SiAlON，AlNの他に少量の$Y_4Si_2O_7N_2$および$Y_2Si_4N_6C$等を含む複雑な相構成から成り，β相に対するα相の含有率は18-32%程度とCa系に比較して大幅に低い結果となった。図2-61に昇温速度200℃/hの条件下で合成を行った窒化途上の試料のXRD結果を示す。Y系ではCa系とほぼ同様の窒化速度を示すにもかかわらず，$Y_3Al_5O_{12}$および$Y_4Si_2O_7N_2$，$Y_2Si_4N_6C$等の中間生成相がα相を安定化するYをトラップすることにより，as-prepared状態での単相化が困難となることが明らかとなった。1500℃-1 hのGRN条件により炭素分の析出等を伴うことなく完全窒化が達成され，N_2雰囲気中1700℃-4 hのポストアニールにより相純度98%のほぼ単相に近いY-α-SiAlON粉末が得られた。熱処理による単相化温度は2.5 wt%のYF_3をフラックスとして添加した場合，1600℃に低減された。

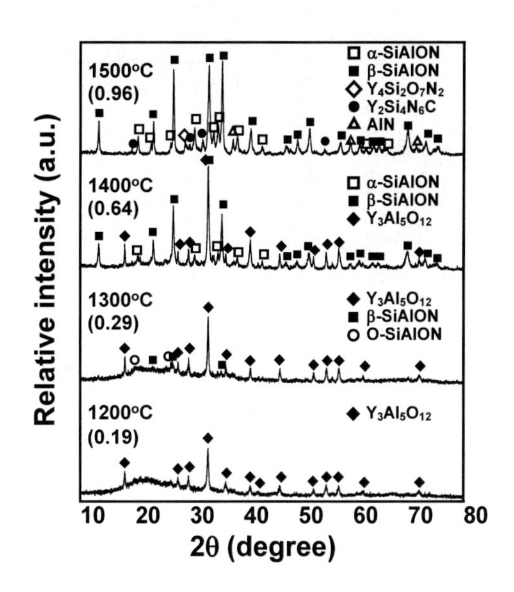

図2-61　1200-1500℃の各合成温度で0h保持により得られた試料のXRDパターン
括弧内は窒化率を示す

図2-62に1700℃-4hおよびYF_3添加後1600℃-4hのポストアニールにより得られたY-α-SiAlON試料のFESEM観察結果を示す。ポストアニール後の粉末はBET粒子径1.3-1.4 μmの分散性の良い1次粒子から構成され，理論組成にほぼ等しい窒素酸素含有量および0.08 wt%程度の非常に低い炭素含有量を示した。DRS測定による可視光域における反射率は90%前後とCa系と同様に高く，吸収端位置はCa系の類似組成における4.43 eVに対し3.76 eVとバンドギャップの狭小化が確認された。

図2-63に1700℃-4hのPSA処理により5%のEuを付活したY-α-SiAlON粉末のPL励起発光スペクトル，および図2-64にPL強度の温度依存性を示す。Y-α-SiAlON:Eu^{2+}の発光主波長値は590 nmとCa系の583 nmに対しレッドシフトが見られたが，Eu周囲の配位環境が

図2-62　ポストアニールにより得られたY-α-SiAlON粉末のFESEM写真
(a) 1700℃-4h，(b) YF_3添加後1600℃-4h

ほぼ同様であることから予想される様に，両系は類似した励起発光スペクトルを示した。一方，発光効率はCa系における吸収効率68%，内部量子効率57%に対しそれぞれ75%，17%と内部量子効率の著しい低下が認められると共に，Ca系に対する高温発光強度の大幅な低下が確認された。両系に関するDFTに基づく電子状態計算結果から，Euの5d準位とエネルギーが近接するYの4d軌道により構成される伝導帯への励起電子のイオン化が，Y系において観察された内部量子効率および高温発光特性の顕著な低下の原因であることが示唆された。

④　β-SiAlON:Eu^{2+}の合成[16)]

α-SiAlON微粒子蛍光体の合成法として確立したGRNプロセスをSiO_2-Al_2O_3系に適用し，蛍光体母体として好適なAl固溶量の希薄な低z値のβ-SiAlON微粒子の合成法を開発した。BET粒子径0.23 μmの非晶質SiO_2粉末に$Al(NO_3)_3$水溶液を含浸し乾燥することにより，目標組成を$Si_{6-z}Al_zO_zN_{8-z}$（z=0.25，0.50）とした均質な前駆体粉末を調製し，NH_3-1.5 vol% CH_4気流中において1500℃-2 hの焼成を行うことにより完全窒化を達成する合成条件を確立した。As-prepared状態の合成粉末はβ-SiAlONおよびα-Si_3N_4から構成され，α-SiAlONの生成条件と対照的に，β相含有率は昇温速度を1000℃/hまで高めることにより向上し，z=0.25組成における相純度は約50%，z=0.50組成ではほぼ単相のβ-SiAlON

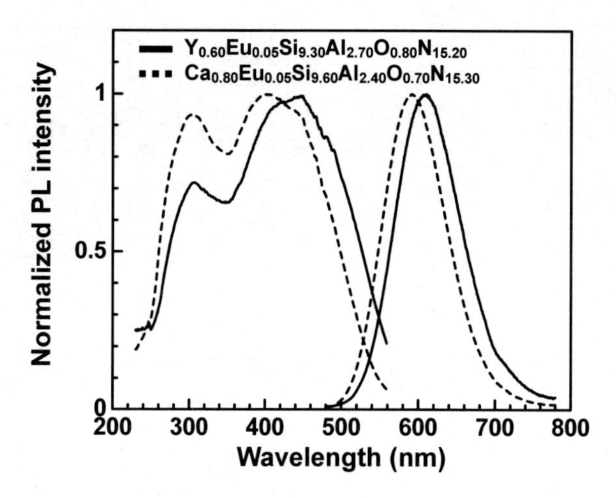

図2-63　1700℃-4 hのPSAにより合成したY-α-SiAlON:Eu^{2+}のPLスペクトル

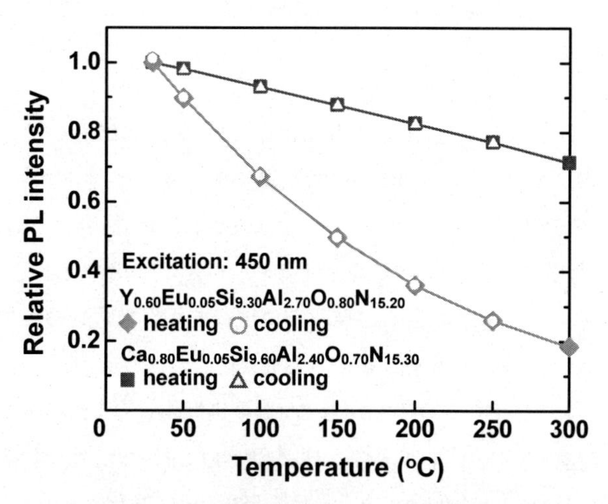

図2-64　450 nm励起下におけるY-α-SiAlON:Eu^{2+}のPL強度の温度依存性

図2-65　GRNにより合成されたβ-SiAlON（z = 0.50）粉末のFESEM写真

粉末が得られた。図2-65に示す様に，GRNにより得られた合成粉末（z=0.50）は部分的にβ相の柱状晶が発達したサブミクロンサイズの1次粒子から構成されることが確認された。β-SiAlONへの単相化およびEuのドープは，GRNによる合成粉末を純水に超音波分散したコロイド溶液に付活量を1.3 mol%とする$Eu(NO_3)_3$水溶液を添加し，N_2雰囲気中1700℃-4 hの焼成を行うことにより達成された。1700℃のPSA処理により得られたβ-$SiAlON:Eu^{2+}$は従来法による合成粉末とほぼ同一の色度（x=0.34，y=0.61）の緑色発光を示すが，相対発光強度は10%程度に留まった。GRN-PSAプロセスによりSi_3N_4-AlN-Eu_2O_3系の高温反応による合成粉末と同等の発光効率を達成するには従来法と同程度の高温処理条件が必要であり，高輝度化の観点からは還元窒化法を用いるメリットは少ないものと考えられる。

(3)　GRNによるアルカリ土類窒化ケイ素系蛍光体の合成

①　$Sr_2Si_5N_8:Eu^{2+}$の合成[17)]

物材機構のH.-L. Liらはゾル-ゲル法により調製したSrO-Eu_2O_3-SiO_2系前駆体からNH_3-CH_4ガスを用いたGRNにより，ミクロンサイズの$Sr_2Si_5N_8:Eu^{2+}$粉末の合成を行った[17)]。硝酸に溶解した$SrCO_3$およびEu_2O_3とTEOSの混合溶液にクエン酸を添加してゲル化した前駆体を200℃で仮焼し，NH_3-1.0 vol% CH_4気流中1300-1450℃の温度範囲で3 hの二段階焼成を行うことにより，平均粒径2.4 μmの$Sr_2Si_5N_8:Eu^{2+}$単相粉末が得られた。合成粉末の化学分析結果から，還元窒化に伴うSr含有量の減少は1 wt%以下であり，残留炭素量は0.05 wt%と低いことが確認された。発光波長域における拡散反射率は93%程度と高く，図2-66に示す様にCRNおよび従来のSr_3N_2-Si_3N_4系からの合成粉末に比較して高い発光強度が得られた。2%のEuを付

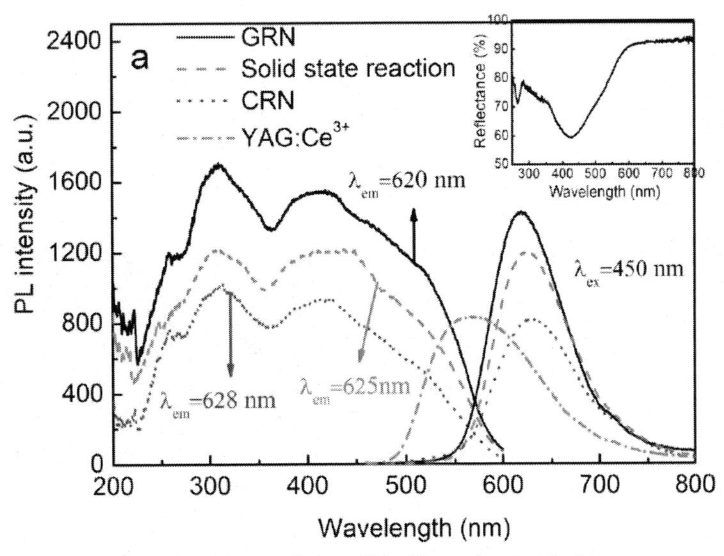

Reproduced by permission of The Electrochemical Society

図2-66　GRNおよび固相反応，CRNにより合成された$Sr_2Si_5N_8:Eu^{2+}$のPLスペクトル測定結果[17)]
挿入図はGRNによる試料の拡散反射スペクトルを示す

活した試料の450 nm励起下における外部量子効率は約63%に達し，高温発光特性においても従来法による合成粉末に遜色のない発光強度が維持された。

② $CaAlSiN_3:Eu^{2+}$の合成[18)]

筆者らはGRNによる$CaO-Al_2O_3-SiO_2$系からの$CaAlSiN_3$微粒子の直接合成法を開発した[18)]。$CaCO_3$，$\alpha-Al_2O_3$，SiO_2の単純湿式混合による原料粉末を用い，NH_3-1.5 vol% CH_4気流中において焼成温度1300-1400℃，保持時間2-4 hの条件によりGRN合成を行った。Ca：Al：Si比1：1：1の定比組成から合成を行った結果，$CaAlSiN_3$相の生成はプロセス温度範囲1365-1375℃，保持時間4 h以上の限定的な条件下でのみ可能となり，1400℃以上の焼成では原料系の三元共晶に基づく溶融が生じた。合成後の粉末は2次相としてAlNを含有すると共に，既報の単結晶構造データと比較して格子収縮を示し，表2-12に示す様にICP-AESによる組成分析結果から，還元窒化途上で多量のCa成分の揮散が生じていることが確認された。Caの選択的な揮散は反応途上におけるCaOの生成に伴う高比表面積化に起因すると共に，熱力学的検討からは還元反応により生じるCaの蒸気圧がプロセス温度域において0.1 atm程度に達することが予測された。これを解決する手段としてCa過剰組成からの合成を試行すると共に出発組成の(Ca,Si)/Al比の最適化を検討し，1370℃-4 hおよび1400-1500℃，保持時間0-15 minの二段階GRN処理を行うことにより，相純度90-96%，酸素含有量1.1-1.2 wt%の$CaAlSiN_3$粉末を得る合成条件を確立した。従来の$Ca_3N_2-AlN-Si_3N_4$系の高温反応による合成では粒子の粗大化が顕著となるが，図2-67に示す様に，GRNによる合成粉末はBET粒子径1.4 μm程度の分散性の良い1次粒子から構成される均一な粒子形態を示した。一方，合成された準単相試料に関するX線回折データのRietveld解析からは，Ca-N間および（Al,Si)-N間結合距離の減少が確認され，Ca欠損による格子緩和および酸素固溶が示唆されると共に，Caサイトの占有率が79%程度であることが明らかとなった。上記プロセスにおいて二段階焼成前に1%のEuを液相添加し合成を行った$CaAlSiN_3:Eu^{2+}$試料はCa欠損と酸素固溶の影響を示唆する顕著な発光波長のブルーシフトにより，通常の深赤色発光に対し橙色発光（CIE色度x=0.53，y=0.46）を示した。

表2-12　1370℃-4 hのGRN反応後の合成粉末の組成分析結果

Initial composition			Final composition		
Ca	Si	Al	Ca	Si	Al
1.00	1.00	1.00	0.666(3)	0.964(5)	1.036(5)
1.20	1.00	1.00	0.761(2)	0.894(6)	1.106(9)
1.50	1.00	1.00	0.805(2)	0.906(5)	1.094(5)
2.00	1.00	1.00	0.872(2)	0.868(6)	1.132(6)
3.00	1.00	1.00	1.192(3)	0.879(7)	1.121(7)
2.00	1.00	0.75	1.083(3)	1.076(6)	0.924(6)

図2-67　GRNにより合成した$CaAlSiN_3$の粒子形態

③　$AESi_2O_2N_2:Eu^{2+}$（AE＝Ca,Ba）の合成

$AESi_2O_2N_2$系蛍光体は安定な$AECO_3$-SiO_2-Si_3N_4原料系からの合成が可能であるが，Donghua大学のGuらは$AECO_3$粒子をSiO_2で被覆したコアｰシェル状粒子を純NH_3を用いてガス還元窒化することにより，中空球状，ロッド状等の特異なモルフォロジーを付与してLED蛍光体としての特性を高める試みを報告した[19, 20]。

$CaSi_2O_2N_2:Eu^{2+}$はミセル形成剤を用いた共沈法により（Ca,Eu)CO_3中空球状粒子を調製し，さらにNa_2SiO_3の加水分解によりシリカ被覆を行うことによりコアｰシェル型前駆体粒子を調製し，NH_3気流中1200-1300℃の温度範囲でGRN処理を行うことにより合成された。1300℃-1hの合成条件により$CaSi_2O_2N_2$への単相化が達成され，1300℃-5hの条件で合成を行った試料は$CaCO_3$-SiO_2-Si_3N_4系から1400℃-10hの条件により合成した比較試料を上回る発光強度を示した。還元窒化後の合成粉末は出発原料の中空球状の粒子形態をある程度維持しており，高充填化や散乱抑制の点で有利となることが示唆された。

一方，$BaSi_2O_2N_2:Eu^{2+}$は斜方晶の自形を発達させた（Ba,Eu)CO_3のマイクロロッドに上記と同様にシリカ被覆を行い，NH_3気流中1000-1200℃の温度範囲でGRN処理を行うことにより合成された。$BaSi_2O_2N_2$の生成は1000℃付近で開始すると共に1100℃-2hの焼成により窒化がほぼ達成され，プロセス温度の顕著な低温化が可能となった。還元窒化反応は溶融状態を経た前駆体からの核生成を伴い進行するものと推測され，合成後の粉末は出発原料とは異なる0.5 μm程度の微細な柱状粒子から構成されることが確認された。図2-68に示す様に，コアｰシェル構造の前駆体粒子から合成された粉末は（Ba,Eu)CO_3とSiO_2ナノ粒子の単純混合による原料から合成された不規則形状の粒子と比較し，エポキシ中での分散性に優れ，LED封止樹脂中での蛍光体粒子の沈降分離が起こり難いことが示されている。

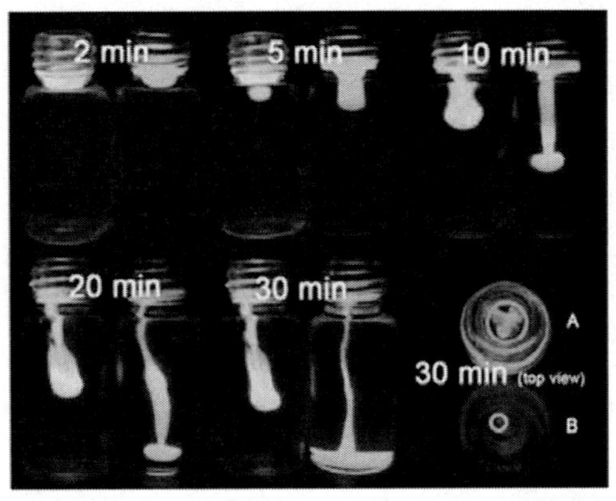

図2-68　GRNにより2種類の異なる出発原料から合成された$BaSi_2O_2N_2:Eu^{2+}$粉末のエポキシ樹脂中での沈降挙動の比較[20]

左側およびAはコアｰシェル型前駆体から得られたロッド状粒子，右側およびBは単純混合による原料から得られた不規則形状粒子の沈降挙動を示す

(4) GRNによる希土類窒化ケイ素系蛍光体の合成

① $LaSi_3N_5:Ce^{3+}$の合成[21)]

筆者らはGRNによる希土類窒化ケイ素系青色蛍光体$LaSi_3N_5:Ce^{3+}$のLa_2O_3-CeO_2-SiO_2系からの直接合成プロセスを開発した[21)]。$La_{1-x}Ce_xSi_3N_5$粉末試料はLa_2O_3，CeO_2，およびSiO_2粉末の単純湿式混合により出発原料を調製し，NH_3-1.0 vol% CH_4気流中1300℃-2 h，およびNH_3-0.5 vol% CH_4気流中1450℃-1 hの二段階GRN処理により合成を行った。また常圧N_2中1500℃-12 hのポストアニールを行い，発光特性への影響を検討した。表2-13にGRNにより合成を行った$LaSi_3N_5:Ce^{3+}$粉末の各種特性を示す。X線回折の結果からx＝0.01-0.50の組成範囲で，単結晶構造解析に基づく既報の$CeSi_3N_5$型構造と同一の単相試料が得られたことが確認された。不純物酸素量は1.6 wt%未満に低減され，また平均粒径は約0.4-0.6 μmと微細であり，GRNプロセスによりLaN-Si_3N_4を反応系とする従来の高温固相反応（約1900℃）では得ることができない$LaSi_3N_5:Ce^{3+}$高純度微粒子の直接合成が可能となることが示された。

表2-14にCe付活量の最適化を行った$La_{0.90}Ce_{0.10}Si_3N_5$試料に関する，355 nmおよび380 nm励起下における量子効率測定結果を示す。$LaSi_3N_5:Ce^{3+}$は355 nmの紫外光励起により主波長値464-473 nmの青色発光を示し，x＝0.10組成のas-prepared状態における外部量子効率は約44%であった。発光効率はN_2中1500℃のポストアニール処理により顕著に向上し，外部量子効率は380 nm励起下で34%，355 nm励起においては67%に達し，実用蛍光体に遜色ない発光効率を示すことが確認された。また$LaSi_3N_5:Ce^{3+}$のGRN合成においては，Caを始めとするアルカリ土類元素の添加が励起・発光波長のレッドシフトおよび視感効率の向上に有効であり，固溶体化した$(La,Ca)Si_3(O,N)_5:Ce^{3+}$と$SrSi_2O_2N_2:Eu^{2+}$および$Sr_2Si_5N_8:Eu^{2+}$蛍光体の組み合わせにより，Ra＝93-95前後の高演色白色LEDの実現が可能となる[22)]。

表2-13 GRNにより合成された$La_{1-x}Ce_xSi_3N_5$粉末の各種特性

x	S_{BET} (m^2/g)	D_{BET} (μm)	Lattice volume (Å^3)	C_N (wt%)	C_O (wt%)
0.01	2.19	0.60	424.99(2)	22.96(11)	1.550(10)
0.10	2.02	0.65	424.15(1)	23.67(4)	0.500(4)
0.50	3.41	0.38	423.29(2)	23.00(4)	1.330(3)

表2-14 $La_{0.90}Ce_{0.10}Si_3N_5$試料の量子効率測定結果

	Excitation (nm)	α (%)	QE_{int} (%)	QE_{ext} (%)
As prepared	355	69.1	63.2	43.7
	380	42.0	50.1	21.0
Heat treated	355	77.4	86.6	67.0
	380	49.8	68.9	34.3

②　$(La,Ca)_3Si_6N_{11}:Ce^{3+}$の合成[23)]

筆者らは$LaSi_3N_5:Ce^{3+}$に関して基本条件を確立したプロセスに基づき，GRNによる$(La,Ca)_3Si_6N_{11}:Ce^{3+}$系蛍光体の合成を行った[23)]。$La(NO_3)_3\cdot 6H_2O$，$Ca(NO_3)_2\cdot 4H_2O$，$CeO_2$および$SiO_2$粉末を湿式混合し，450℃-2hの仮焼を行い原料粉末を調製した。GRN合成はNH_3-1.0vol% CH_4気流中1300℃-4h，およびNH_3-0.5vol% CH_4気流中1450℃で0.5-1hの二段階処理により行い，常圧N_2中1500℃-12hのポストアニールを実施した。表2-15に上記プロセス条件により合成を行った$(La_{1-x-y}Ca_xCe_y)_3Si_6O_{3x}N_{11-3x}$試料の各種特性を示す。Ca無添加およびCe付活量20%以下の組成範囲では$(La,Ce)Si_3N_5$およびLaN相への不均化が生じ，$(La,Ce)_3Si_6N_{11}$の生成が困難となることが見出されたが，Laに対する5%のCaドープにより反応系の均一化が促進され，y=0.20組成における相純度は約65%に向上した。CaO-SiO_2系における共晶温度は1436℃とLa_2O_3-SiO_2系の1625℃に比較して顕著に低く，還元窒化過程における適度な液相生成が$(La,Ce)_3Si_6N_{11}$への単相化を促進するものと考えられた。y=0.50組成では80%前後の相純度が達成され，酸素含有量1.2-1.4wt%以下，平均粒径2.1-2.3μmの$(La,Ca)_3Si_6N_{11}:Ce^{3+}$微粒子の合成が可能となった。x=0.05，y=0.50組成（試料C50）に関するX線回折データのRietveld解析結果から，2種類のLaサイトに対するCa固溶量は0.15-0.16前後でほぼ等しく，精密化による組成は$(La_{0.340(9)}Ca_{0.160(9)}Ce_{0.500})_3Si_6O_{0.48(3)}N_{10.52(3)}$となることが確認された。

表2-16にGRNにより合成された$(La,Ca)_3Si_6N_{11}:Ce^{3+}$蛍光体の450nm励起下における発光特性を示す。合成された$(La,Ca)_3Si_6N_{11}:Ce^{3+}$は紫外270nmから可視490nm前後に至る広範な励起帯により主波長値577-581nm，半値幅130-143nm前後のブロードな黄橙色発光を示し，図2-69の色度座標値に示す様に，発光波長450nmの青色LEDとの組み合わせにより相関色温度約2600-3800Kの範囲の温白色および電球色白色LEDの実現が可能となる。また図2-70に示す様に，開発した$(La,Ca)_3Si_6N_{11}:Ce^{3+}$は20-50%の非常に高いCe付活量にもかかわらず本質的に高い高温安定性を維持しており，プロセス条件の改良によるCa添加量およびCe付活量の最適化により，発光効率と高温特性の更なる向上が達成されるものと考えられる。

表2-15　GRNにより合成した$(La_{1-x-y}Ca_xCe_y)_3Si_6O_{3x}N_{11-3x}$粉末の各種特性

Sample	Composition		Purity (wt%)	Lattice volume (Å^3)	C_N (wt%)	C_O (wt%)
	x	y				
20	0.00	0.20	–	–	20.4(1)	1.24(1)
C20	0.05	0.20	65	500.14(1)	20.7(1)	1.23(1)
50	0.00	0.50	80	498.51(1)	20.4(1)	1.19(1)
C50	0.05	0.50	78	498.12(1)	20.7(1)	1.39(1)

表 2-16 GRN により合成した $(La,Ca)_3Si_6N_{11}:Ce^{3+}$ の 450 nm 励起下における PL 特性

Sample	CIE coordination		λ_d (nm)	Quantum efficiencies		
	x	y		α (%)	QE_{int} (%)	QE_{ext} (%)
C20	0.487	0.502	576.9	83.6	38.5	32.2
50	0.501	0.492	578.7	86.0	37.7	32.4
C50	0.517	0.478	581.0	87.1	48.6	42.4

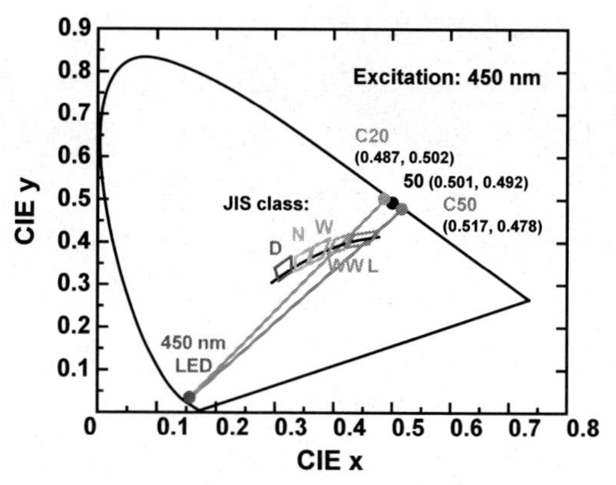

図 2-69 GRN により合成した $(La,Ca)_3Si_6N_{11}:Ce^{3+}$ の 450 nm 励起下における CIE1931 色度

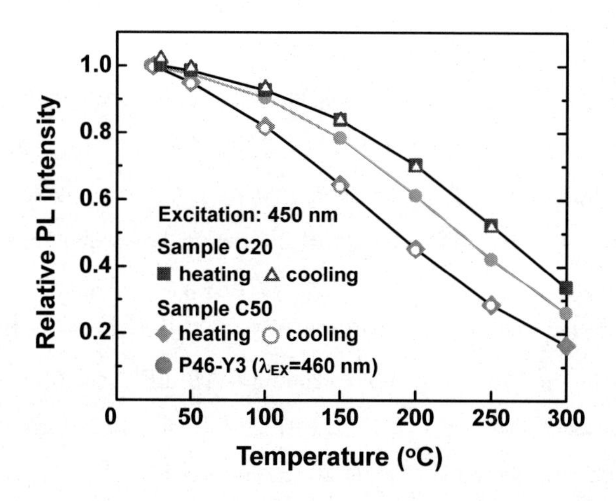

図 2-70 GRN により合成した $(La,Ca)_3Si_6N_{11}:Ce^{3+}$ の PL 強度の温度依存性

(5) おわりに

還元窒化法は従来の窒化物原料系の高温高圧下での反応に代わる窒化物・酸窒化物蛍光体の量産プロセスとして今後の開発が期待される一手法であり，筆者らを中心に開発した GRN を用いることにより，Ca-α-SiAlON:Eu^{2+} や $Sr_2Si_5N_8:Eu^{2+}$ 等の実用蛍光体では，微粒子化に加え従来法による蛍光体に遜色ない発光特性を達成することが可能となった。希土類窒化物を主成分とすることから従来合成が困難であった希土類窒化ケイ素系蛍光体に関しても，GRN により安定な全酸化物系原料から 1500℃以下の低温焼成により容易に合成を行うことが可能となった。また酸化物を出発原料とする還元窒化法は窒化物を主原料とする従来プロセスとは異なり，溶液系原料の使用や窒化物原料の入手が困難な反応系への適用が可能であることから，現在固相系でのみ試みられているコンビナトリアル的手法[24, 25]による材料開発等への将来応用が期待できるものと考えられる。

文　　献

1 ）　M. Mitomo *et al.*, *Ceram. Int.*, **14**, 43（1988）
2 ）　H. Zhang *et al.*, *J. Electrochem. Soc.*, **153**, H151（2006）
3 ）　T. Kurushima *et al.*, *J. Electrochem. Soc.*, **157**, J64（2010）
4 ）　T. Suehiro, K. Komeya *et al.*, *J. Eur. Ceram. Soc.*, **22**, 521（2002）
5 ）　T. Suehiro, K. Komeya *et al.*, *J. Am. Ceram. Soc.*, **85**, 715（2002）
6 ）　T. Suehiro, K. Komeya *et al.*, *Mater. Lett.*, **57**, 910（2002）
7 ）　T. Suehiro, N. Hirosaki *et al.*, *J. Am. Ceram. Soc.*, **86**, 1046（2003）
8 ）　T. Suehiro, N. Hirosaki *et al.*, *Nanotechnology*, **14**, 487（2003）
9 ）　T. Suehiro, N. Hirosaki *et al.*, *Chem. Mater.*, **17**, 308（2005）
10）　広崎尚登，末廣隆之，特許第 4581120 号
11）　N. Hirosaki and T. Suehiro, United States Patent, US 7,598,194 B2.
12）　N. Hirosaki and T. Suehiro, Chinese Patent, ZL2005800090952.
13）　T. Suehiro, N. Hirosaki *et al.*, *Appl. Phys. Lett.*, **92**, 191904（2008）
14）　T. Suehiro, N. Hirosaki *et al.*, *J. Phys. Chem. C*, **114**, 1337（2010）
15）　J. W. T. van Rutten *et al.*, *J. Eur. Ceram. Soc.*, **15**, 599（1995）
16）　T. Suehiro *et al.*, unpublished work.
17）　H.-L. Li *et al.*, *J. Electrochem. Soc.*, **155**, J378（2008）
18）　N. Hirosaki and T. Suehiro, WO2006132188-A1.
19）　Y. Gu *et al.*, *J. Electrochem Soc.*, **157**, B388（2010）
20）　Y. Gu *et al.*, *J. Mater. Chem.*, **20**, 6050（2010）
21）　T. Suehiro, N. Hirosaki *et al.*, *Appl. Phys. Lett.*, **95**, 051903（2009）
22）　A. Yaguchi, T. Suehiro *et al.*, *Appl. Phys. Express*, **4**, 022101（2011）
23）　T. Suehiro, N. Hirosaki *et al.*, *ACS Appl. Mater. Interfaces*, **3**, 811（2011）
24）　B. Lee *et al.*, *ACS Comb. Sci.*, **13**, 154（2011）
25）　W.-B. Park *et al.*, *J. Mater. Chem.*, **21**, 5780（2011）

6　計算化学的手法によるアプローチ

三上昌義*

6.1　はじめに—計算化学への期待—

InGaN ベースの白色発光ダイオード（LED）用蛍光体の研究開発が活況を呈している。特に 4f-5d 遷移発光（Ce^{3+}/Eu^{2+}）を活用する窒化物・酸窒化物蛍光体が今世紀になって続々と発見・開発されてきている[1)]。酸窒化物・窒化物は共有結合性が酸化物より強いことから，電子雲膨張効果（nephelauxetic effect）も強くなり，励起帯および発光帯が長波長化することが期待された。また強固な Si-N 結合ネットワークを持つ窒化物・酸窒化物母体は酸化物より頑丈になるため Stokes シフトも小さくなり，その結果エネルギー変換効率が高くなることが期待された。元素置換による組成改変（例：(Al,O) ↔ (Si,N) 同時置換）の自由度も大きく，新規組成探索に向いている材料系であるとも期待された。

しかし，実際には全ての酸窒化物・窒化物が蛍光体用母体として活用できるわけではない。酸窒化物・窒化物系母体であるにも関わらず，Ce^{3+}/Eu^{2+} の発光が思ったほど長波長発光しない（励起帯が近紫外〜青色領域にない），あるいは室温〜高温での消光が激しく実用的でない／室温で非発光である，等の事例も決して少なくない。また，構成元素の一部置換も思いのままにできるわけではない事も認識されつつある。

そこで新蛍光体探索・開発を効率よく実施するためにも，理論的アプローチ，特に計算化学への期待も高まってきている。理想的には非経験的計算（第一原理計算）だけで，新材料組成・構造モデルをもっともらしく予測するだけでなく，蛍光体の励起帯・発光色および発光効率を予測することが究極的な目標である。しかし，これらは容易ではない。特に発光特性予測に関しては固体の多電子問題（励起状態）と強電子相関（希土類発光中心の 4f 電子）が複雑に絡み合う問題であり，現時点で上記の要望を満足できる理想的な計算手法は一般に利用可能なレベルまで完成してないのが実情である。しかし，経験論的アプローチと計算化学的アプローチをうまく併用することで蛍光体の理解が深まり，新規探索・開発が効率よく進む場面があることも確かである。本稿の目的は，そのような計算化学的アプローチの現状及び今後の展開について述べることにある。

6.2　第一原理計算について

第一原理計算とは「構造と周期表が与えられると物質の電子構造が精度良く求められる計算」を指す。原理的には実験結果から決定されるような経験的なパラメータを用いない計算であり，その汎用性は高い。ここで構造モデルをクラスターモデルとするか周期的境界条件とするかで分子軌道法（クラスター計算）もしくはバンド計算を選択することになる。電子構造はどちらの計算手法でも解析できるが，母体の結晶構造の予測及びその実現可能性（熱化学的安定性）を議論

---

*　Masayoshi Mikami　㈱三菱化学科学技術研究センター　R＆D 部門　基盤技術研究所　主席研究員

するためにはバンド計算手法に頼る必要がある。そこで本稿では，材料構造設計・予測の観点からバンド計算手法を適用した事例について主に解説する。

現在の第一原理バンド計算は密度汎関数法（Density Functional Theory）[2]に基づくものが主流である。固体の電子状態は本質的に多電子問題であり，その扱いは容易ではない。そこで全エネルギーの極小値（基底状態）を与える電子密度をKohn-Sham方程式（一電子近似）を解くことにより電子構造を決定する手法が密度汎関数法である。これまで密度汎関数法は弱い電子相関の系（半導体など）で数多くの成功をもたらしてきた。電子相関については幾つかの近似法があり，計算結果はその近似法に依存する（主な近似法として局所密度近似（LDA）や一般化勾配近似（GGA）がある）。原子に加わる力や単位格子にかかるストレスはHellman-Feynman則より解析的に計算できるため，それらの力がゼロになるように結晶構造を精度良く最適化することができる。実際，GGAで全エネルギーを極小化するように結晶格子を最適化すると格子定数は実験値の1～2％程度以内の過剰見積もりの範囲に収まる。逆に言えば，この誤差範囲に収まらない計算結果を得た場合（計算に必要な入力パラメータの間違いがない限り），構造モデルがどこか間違っていることを示唆している場合が多い。こうして想定した結晶モデルの確からしさも議論可能である。また，バルクだけでなく欠陥に関する解析もスーパーセルによるモデル計算で可能である。

計算で求まる全エネルギーの絶対値は直接実験と比較できないが，系ごとの全エネルギー値の相対比較（ΔSCF）には十分な精度があり，特に室温レベル（1～2 kcal/mol）以上のエネルギー差は有意であると見てよい（この場合，LDAよりGGAの方が精度が良いことが知られている）。常温・常圧の条件に近い固体状態の議論では圧力の効果や熱振動エネルギーの項は十分小さく，エネルギー比較では相殺されることになるので，熱化学的議論においては自由エネルギーの代わりに全エネルギーを代用しても差し支えない[3]。つまり，反応物と生成物の全エネルギーの差を比較することで，生成熱の正負（吸熱／発熱）を議論できる。こうして，反応の進み易さについて熱平衡論に基づく議論を行うことができる。これについては後で$CaAlSiN_3$・$SrAlSiN_3$を例に説明する。

また，系に対して仮想摂動を加えた時の全エネルギーの微小変化を解析的に求める方法（密度汎関数摂動法）により，様々な物理量を求めることもできる[2]。例えば，仮想的な原子変位に対する全エネルギーの応答から格子振動数が求まる。仮想的な電場変化に対する全エネルギーの応答から誘電率テンソルが求まる。仮想的なストレス変位から弾性率テンソルが求まる。その他，これらの仮想変位の組合せで求まる物理量もある（ピエゾ係数など）。通常蛍光体は粉体試料として得られるものであり，大きな単結晶試料が得難く実測できる物理量が限られることを想起すれば，このように算出される物性値は（ある程度誤差はあるものの）参考になる。

一方，Kohn-Sham方程式（一電子近似）の解の副産物である波動関数・エネルギー固有値は，原理的には現実（多電子問題）の波動関数・エネルギー固有値に直接対応するわけではないことに留意する必要がある。よって通常のLDA/GGAで計算されたバンド構造から見積もられるバンドギャップは原理的に実験値を正しく与えるものではなく，2～5割ほど過小評価しているのが常である。バンド計算手法では多電子問題の取扱いに特化した手法（例：GW法）に頼る必要がある（クラスター計算であれば配置間相互作用による計算が必要となる）。

また，蛍光体特有の事情としてランタノイド元素（母体構成元素であるLa/Gdや発光中心Ce/Eu）を扱う必要が出てくるが，これらは電子相関の強い4f軌道を有するため，これらを価電子として扱うには上記のLDA/GGAでは原理的に全く不十分である。強電子相関向けの計算手法はLDA(GGA)+U法などがあるが，第一原理的に入力パラメータを決定する方法は確立していない。現状ではCe^{3+}/Eu^{2+}の4f/5d電子状態と母体の励起状態を同時に精度良く計算できる非経験的手法は一般に利用可能なレベルまで完成していない。最近の蛍光体計算に関する論文では，このような事情を鑑みることなく，母体のバンドギャップや4f-5d励起エネルギーの計算値と実験値を安易に比較する議論が散見されるが，それは原理的には正当化されるものではない。計算値と実験値の一致のみが計算手法の正当性を与えるものではないことに注意する必要がある。

以上をまとめると，実際の蛍光体開発の場面において計算化学を活用する際は，結晶構造および熱化学的議論は比較的信頼できるが，励起状態に関する議論は実験的検証なしには危ういことを意識する必要がある。そのような計算上の制約を受け入れつつ，蛍光体設計のために計算化学をどのように生かすかが腕の見せ所となる。筆者は蛍光体設計に関係する既知の経験則と計算化学を組み合わせることで，幾つかの蛍光体開発において，その有効性を確認してきた。以下，重要な経験則について概観したのち，計算化学の適用例を幾つか説明する。なお，本稿では網羅しきれなかった計算化学の適用例については文献1）など他書を参考にされたい。

6.3 結晶構造設計に関する経験則

窒化物・酸窒化物では新結晶組成を得るために元素置換がよく用いられる。酸化物蛍光体では典型的な同じイオン価数同士の元素置換（例$Ca^{2+} \rightarrow Mg^{2+}/Sr^{2+}/Ba^{2+}$）の他，2元素を同時置換する手法が数多く知られている[4]。例えば（Si^{4+}, N^{3-}）↔（Al^{3+}, O^{2-}）（例：$Y_3Si_3O_3N_4 \leftrightarrow Y_2Si_{3-x}Al_xO_{3+x}N_{4-x}$, $SrYSi_4N_7 \rightarrow SrYSi_{4-x}Al_xN_{7-x}O_x$)，（$M^{2+}$, O^{2-}）→（Ln^{3+}, N^{3-}）（例：$SrAl_{12}O_{19} \rightarrow LaAl_{12}O_{18}N$)，（$Na^+$, O^{2-}）→（Ba^{2+}, N^{3-}）（例：$NaAl_{11}O_{17} \rightarrow BaAl_{11}O_{16}N$)，（$Na^+$, Al^{3+}）→（Ba^{2+}, Mg^{2+}）（例：$NaAl_{11}O_{17} \rightarrow BaMgAl_{10}O_{17}$)，及び以上の2元素置換の組合せ（例：$LaSi_3N_5 \rightarrow SrSi_2AlO_2N_3/SrSiAl_2N_2O_3$）。特に（$Al^{3+}$, O^{2-}）→（Si^{4+}, N^{3-}）置換は典型的な元素置換であり，実施例も多い（例：$BaAl_{2-x}Si_xO_{4-x}N_x$:Eu[5]，$Y_3Al_{5-x}Si_xO_{12-x}N_x$:Ce[6]，$Sr_2Al_{2-x}Si_{1+x}O_{7-x}N_x$:Eu[7]）。

これらの元素置換は組成式全体で電気的中性を保っていることは勿論必要であるが，局所的な電気的中性も保つことが重要である。具体的には「Paulingの第2結晶則」も満足する必要がある。このPaulingの第2結晶則とは「安定な配位構造において，配位多面体のなす陰イオンの電荷は，多面体の中心にある陽イオンから到達する静電原子価結合の強さによって相殺される」という原理を意味する。このPaulingの第2結晶則の（酸）窒化物における重要性は文献8）

に詳しい。実際，このPaulingの第2結晶則を満たす構造が他の構造に比べエネルギー的にも安定になることが筆者の研究からも分かってきた。

ここではPaulingの第2結晶則の観点から$CaAlSiN_3$(CASN）構造を説明してみよう（図2-71)[9]。CASN構造はAlNウルツ構造から派生した構造（$Cmc2_1$）である。ここでCa原子は格子間位置（$4a$位置）を占め5配位構造となり，Al/Si原子は$8b$位置に1:1の占有率で全くランダムに入り，SiN_4(AlN_4）の四面体構造を形成する（図2-71(a))。この時，CASN中の窒素原子には2配位窒素（$N^{[2]}$）と3配位窒素（$N^{[3]}$）の2種類が存在する。Al/Siの占有位置を全くランダムにAl/Siが占めるために，このAl/Si位置の形式電荷は+3.5価になっている。この時，$N^{[2]}$位置における陽イオン電荷の寄与の総和（bond sum）は$3.5/4 \times 2 + 2/5 \times 3 = 2.95$，$N^{[3]}$位置におけるbond sumは$3.5/4 \times 3 + 2/5 \times 1 = 3.025$であり，Nの形式電荷（−3）と近似的に電荷補償して局所的な電気的中性を実現していることが確認できる[9]。なおAl/Siが規則配置のモデル（Cm，Cc，$P2_1$）について同様な議論を行うことができ，全エネルギー比較によりPaulingの第2結晶則を満たすモデルがエネルギー的に安定であることも確認できる。それについては**6.5.1**で再び触れる。

ここで前述の2元素同時置換をCASNにおいて適用するとどうなるか興味のある所である。つまり（Ca^{2+}, Si^{4+}）→（La^{3+}, Al^{3+}）置換を施した“$LaAl_2N_3$”や，（Si^{4+}, N^{3-}）→（Al^{3+}, O^{2-}）置換を施した“$CaAl_2N_2O$”という仮想結晶が想像できる。しかし，このような組成の化合物の報告例は実際にはない。これもPaulingの第2結晶則より説明できる。CASN中には2配位位置

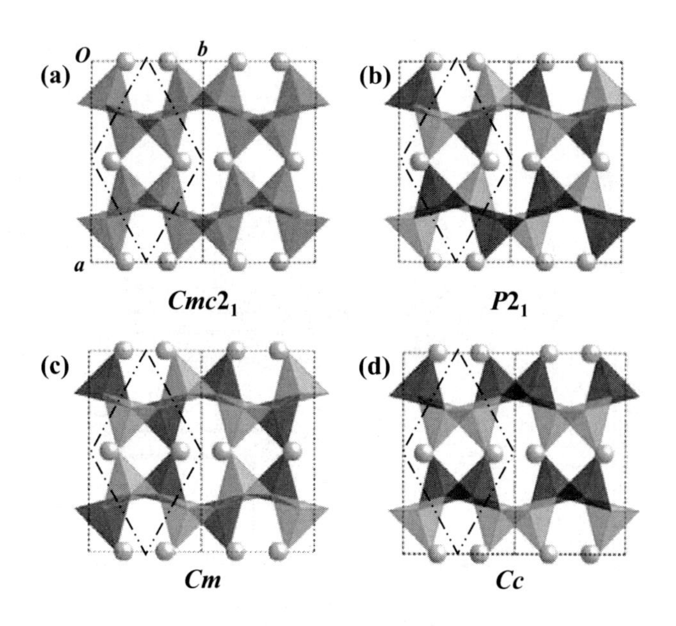

図2-71　$CaAlSiN_3$の結晶構造モデル

a）球はCa，四面体はAlN_4ないしSiN_4を表す。b)-d）球はCa，薄い色の四面体はAlN_4，濃い色の四面体はSiN_4を表す。点線はconventional unit cell，一点鎖線はprimitive unit cellを表す。

窒素（$N^{[2]}$）の結合電荷和は前述の通りほぼ窒素の形式電荷（−3）と打消し合うのに対し，$LaAl_2N_3$ における $N^{[2]}$ の結合電荷和は3.3，$CaAl_2N_2O$ における（$O^{[2]}$）の結合電荷和は2.7となり，窒素（酸素）の形式電荷−3（−2）と打消しが不十分となっており，よってこれらが不安定構造であると理解できるのである[10)]。

なお上述した2元素同時置換の例では（Al, $O^{[2]}$）→（Si, $N^{[2]}$）のように酸素・窒素は2配位位置に関するものが主であった。しかし最近では（Al, $O^{[3]}$）→（Si, $N^{[3]}$）置換の例（$Sr_3Al_{10-x}Si_{1+x}O_{20-x}N_x$）も筆者らによって見出されていることも付言しておく[11)]。この場合もPaulingの第2結晶則を満たすモデルがエネルギー的に安定であると理解される。

6.4 母体組成設計および配位子場設計に関する経験則

ここでは Ce^{3+}/Eu^{2+} の4f-5d励起・発光について説明する。過去の膨大な蛍光体文献を網羅的に調べ上げたDorenbosは Ce^{3+} の4f-5d遷移エネルギーについて次のような経験式を導いた（図2-72）[12)]。

$$E_{abs}(Ce^{3+}, A) = E_{freeA}(Ce^{3+}) - D(3+, A)$$

$$D(3+, A) = \varepsilon_c(3+, A) + \varepsilon_{cfs}(3+)/r(A) - 1890\ \mathrm{cm}^{-1},$$

$$\varepsilon_c(3+, A) = 1.443 \cdot 10^{17} \cdot N \cdot \alpha_{sp}/R_{eff}^6$$

$$\varepsilon_{cfs}(3+) = \beta_{poly}/R_{eff}^2$$

$$E_{em}(Ce^{3+}, A) = E_{abs}(Ce^{3+}, A) - \Delta S$$

ここで $E_{abs}(Ce^{3+}, A)$ は母体Aの中に付活された Ce^{3+} の4f-5d遷移エネルギー，$D(3+, A)$ は $E_{freeA}(Ce^{3+})$ は孤立 Ce^{3+} の4f-5d遷移エネルギー（49340 cm^{-1}），$D(3+, A)$ は長波長シフト，

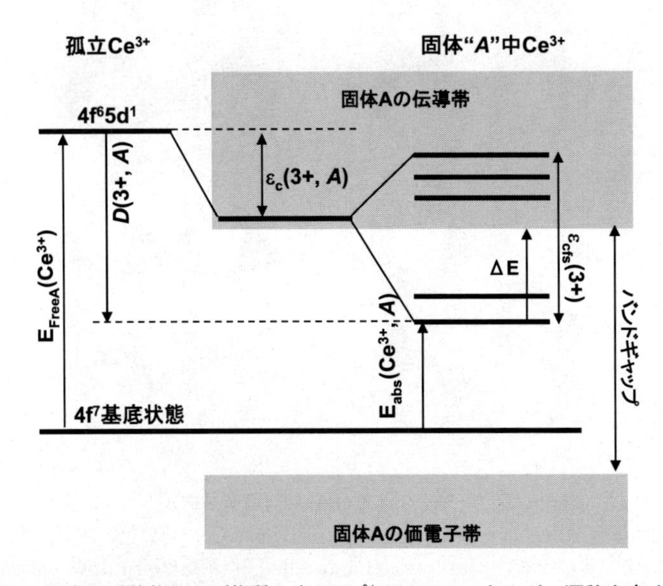

図2-72　孤立原子状態および物質A内の Ce^{3+} の4f-5dエネルギー遷移を表す簡易図

$\varepsilon_c(3+, A)$ は5d準位の重心シフト（centroid shift），$\varepsilon_{cfs}(3+)$ は結晶場分裂（crystal field splitting）に関する項である。Nは配位数，α_{sp} は（分光学的）分極率，R_{eff} は配位子との平均距離に相当するもの，$r(A)$ は結晶場分裂の項から長波長シフトを導く為の係数（1.7～2.4程度），β_{poly} は発光中心と配位子の構成するクラスターの対称性に関するパラメータ（0.4～1程度）である（なお，Eu^{2+} の4f-5d遷移エネルギーの議論の際は，Eu^{2+} の長波長シフトD(2+, A)と Ce^{3+} の長波長シフトD(3+, A)との間にD(2+, A)＝0.64 D(3+, A)－0.233 eVの関係があることに注意する)。また，4f-5d発光エネルギー（$E_{em}(Ce^{3+}, A)$）は励起エネルギーからStokesシフト（ΔS）を引いたものになる。

ここで結晶場分裂 ε_{cfs} だけでなく重心シフト ε_c も発光中心と配位子の距離の関数となっている点に注意する。窒化物蛍光体であるにも拘らず予想外に短波長発光しているもの（例：$BaSi_7N_{10}$:Eu（青緑）[13]，AlN:Eu,Si（青緑）[14]）は配位数が多くて配位子との距離が大きくなっており，結晶場分裂が小さいのみならず重心シフトも小さくなっているためと理解できる[15]。

また，上の議論において重心シフト ε_c は配位子の分極率に相当するものに依存する点に注意を要する。この分極率の大きなアニオンほど ε_c が大きくなり，励起帯（発光帯）の長波長化を促すことを意味する。実際，ランプ用蛍光体から白色LED用蛍光体へ研究対象が変わったとき，酸化物から（酸）窒化物・硫化物に注目が集まったわけだが，これを言い換えると，「より大きな分極率を持つアニオンを有する母体が有望視された」ということに他ならない。

ここで従来は「共有結合性が高い母体ほど電子雲膨脹効果が大きく，Ce^{3+}/Eu^{2+} の4f-5d励起・発光が長波長化する」という表現がなされる。しかしイオン性が高い結晶でも4f-5d遷移エネルギーが波長化する例は散見され（例：SrO:Eu 赤色蛍光体，Sr_3SiO_5:Eu^{2+} 橙色蛍光体，Sr_2SiO_4:Eu^{2+} 緑色蛍光体），“共有結合性”という定量性の乏しい概念だけではデータ整理しがたい。そこで筆者らは分極率と相関する物理量である誘電率（屈折率）の観点でデータ整理できる可能性を指摘した[15]。上記の酸化物の例では平均誘電率（計算値）はそれぞれSrO:3.76，Sr_3SiO_5:3.34，Sr_2SiO_4:3.21となっており，Eu^{2+} の発光色の長波長化と誘電率の大きさとがよく対応している。誘電率の差が発光色に影響を与えている例として $LaSi_3N_5$:Ce（青色発光，平均誘電率（計算値5.32)）と $La_3Si_6N_{11}$:Ce（黄色発光，平均誘電率（計算値5.46)）を挙げることもできる。この屈折率の観点に基づけば $CaAlSiN_3$:Euにおける Si_2N_2O 固溶により Eu^{2+} 発光が短波長化する傾向も説明できる（**6.5.3**）[16]。

なお5d-4f遷移発光を論じる際には前述のようにStokesシフトも考慮にいれる必要がある。配位座標モデルを第一原理計算で取り扱うのが難しいことから，恣意的・経験的な仮定・パラメータなしにStokesシフトを求めるのは難しい（例えばYAG:Ceの第一原理クラスター計算ではStokesシフトが過少見積りとなっている[17]）。経験的にはStokesシフトは母体の固さ(stiffness）と関係していると推測されている[18]。この考え方に基づけば $M_2Si_5N_8$:Eu（M: アルカリ土類）や β-SiAlON:Euにおける（Si,N)→(Al,O）置換で長波長化する理由は（Al,O）固溶により母体が柔らかくなりStokesシフトが大きくなったと理解される[19]。但し β-

SiAlON:Euでは（Al,O）置換の程度が大きくなると短波長発光することも知られている[20]。これは（Si,N）→（Al,O）置換による格子拡張により結晶場が弱くなる効果もさることながら，イオン性の高い酸素の影響で分極率が低下するために発光色の短波長化を促したとも考えられる。このように（Si,N）→（Al,O）置換には長波長化の効果と短波長化の効果の両方があることを念頭に置く必要がある。

なお，発光効率を考える上では発光の熱失活にも注意が必要である。発光強度の温度依存性は配位座標モデル[18]で説明できる場合が多いが，それでも説明がつかない場合は光イオン化（auto-ionization）を疑う必要がある。光イオン化はCe^{3+}/Eu^{2+}の5d励起帯と母体の伝導体底との位置関係（図2-72のΔE）が重要であり，このエネルギーギャップが十分離れていないと室温で非発光であるか，あるいは温度消光が激しい蛍光体となる。そこで蛍光体母体は十分大きなバンドギャップを持つ必要がある。この光イオン化による消光機構は酸化物系でも周知の事実ではあるが[21]，窒化物・硫化物は酸化物より更に狭いバンドギャップを持つ傾向があるため，特に注意を要する。例えばα-SiAlON:Eu系の温度消光は配位座標モデルだけでは説明がつかず光イオン化モデルで説明可能な場合がある[22]。本稿では$Ba_3Si_6O_{12}N_2$:Euと$Ba_3Si_6O_9N_4$:Euとの比較を例に挙げて後で議論する（**6.5.4**）。

6.5 第一原理計算の適用例

6.5.1 $CaAlSiN_3$

Eu^{2+}付活$CaAlSiN_3$(CASN)（図2-73(a)）は，温度特性が良く高効率な赤色発光を特長とする蛍光体である[23]。前述の通り，この構造はAlN（図2-73(c)）から導かれる。3AlN → $CaAlSiN_3$という組成変形から推定されるように，一部のAlをCaに置換し，電荷補償のために一部のAlをSiに置換することで導かれる。実際には格子緩和するのでCa原子は格子間位置（4*a*位置）を占め5配位構造となる。Al/Si原子は8*b*位置に1：1の占有率でランダムに入り，SiN_4(AlN_4)の四面体構造を形成する。ここでAlとSiは規則分布するモデル（図2-71(b)$P2_1$，(c)Cm，(d)Cc）も考えられるはずであるが，なぜランダム分布になるのかCASN蛍光体発見当時は説明がなかった。

そこで筆者らは第一原理計算による解析を行ったところ，Al/Siの分布はランダム分布とならざるを得ないことを結論した。つまり，Ccモデルと$P2_1$モデルは斜方晶に極めて近い単斜晶として最適化され，単位胞のサイズに殆ど差がなく，全エネルギー差も0.1 kcal/molより小さいことを見出した。そこで，Ccと$P2_1$の結晶格子の「レンガ」をランダムに並べ重ね生じる平均構造が実際の結晶構造（$Cmc2_1$）と同定されていると理解できるわけである。このAl/Siランダム分布は励起帯の幅広さと関係しているかもしれない[23]。また，発光スペクトル幅にも影響をしている可能性もあり（不均一広がり），その意味では発光スペクトルの半値幅の調節は原理的に難しいかもしれない。

なおこの計算でCmモデルがCc/$P2_1$に比べて4 kcal/molほど不安定化していることも判明

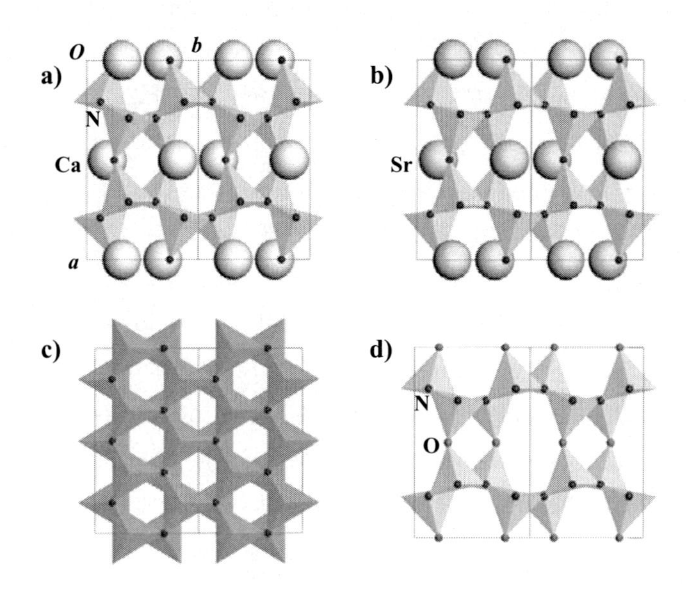

図2-73　第一原理計算で構造最適化された結晶モデル
(a) $CaAlSiN_3$,（b）$SrAlSiN_3$,（c）AlN,（d）Si_2N_2O

した。このエネルギー差はAl/Si配置に関するエントロピー（1～2 kcal/mol程度）よりも有意に大きいため，*Cm*構造は不安定構造と結論付けてよい。この構造の不安定性はPaulingの第2結晶則の観点で説明できる。$Cc/P2_1$モデルにおける$Si\text{-}N^{[2]}\text{-}Al$結合においては$3/4 + 4/4 + 2/5 \times 3 = 2.95$となりPaulingの第2結晶則をほぼ満たすのに対し，*Cm*モデルでは$Al\text{-}N^{[2]}\text{-}Al$結合においては$3/4 \times 2 + 2/5 \times 3 = 2.7$, $Si\text{-}N^{[2]}\text{-}Si$結合においては$4/4 \times 2 + 2/5 \times 3 = 3.2$となりPaulingの第2結晶則を満足しなくなっているのである。

ここでアルミノ珪酸塩（ゼオライト）の結晶構造に関する経験則（Loewenstein則）との類推で考えると更に興味深い。Loewenstein則とは「頂点共有のAl四面体は$Al\text{-}O^{[2]}\text{-}Al$のような結合を持たない」ことを指摘した経験則である。CASNの*Cm*構造の不安定性に関する指摘は「窒化物において頂点共有のAl四面体は$Al\text{-}N^{[2]}\text{-}Al$のような結合を持たない」ことを示唆しており，いわば「Loewenstein則の窒化物版」とも言うべきものである。実際，先述の仮想物質“$LaAl_2N_3$”はこの新規則に反していたわけである。現在筆者の知る限りにおいて，この新規則を破る窒化物の報告はないようである。この$Al\text{-}N^{[2]}\text{-}Al$結合に関する経験則は化学組成からAl含有窒化物構造を推定する上で有益な経験則となるであろう。

6.5.2　(Sr,Ca) $AlSiN_3$

Eu付活（Sr,Ca) $AlSiN_3$(SCASN）はCASN蛍光体より短波長シフトした発光スペクトルを持つ蛍光体であり，照明用途に有望である[24)]。これはSr置換により格子サイズが大きくなることでEu^{2+}の5d準位の重心シフト及び結晶場分裂が小さくなるためと理解される。CASN蛍光体の登場以来，短波長シフトを目指したSCASN蛍光体の特性向上が試みられてきた。筆者の第一原理計算では$SrAlSiN_3$(SASN)の最適化構造(図2-73(b))には問題はなく[16]，実験結果[25]ともよく一致していたが，その構造を見た限りでは合成の困難の度合いは窺い知れなかった。

そこで窒化物原料のCASN/SASN固相反応について第一原理計算の立場から考察した[16]。いずれも$CaSiN_2$($SrSiN_2$)を経由してCASN(SASN)が得られると考えた場合，$CaSiN_2$ + AlN → $CaAlSiN_3$が－4 kcal/molの発熱反応であるのに対し，$SrSiN_2$ + AlN → $SrAlSiN_3$は＋1 kcal/molの吸熱反応となることが計算結果から推定された。一方，$2SrSiN_2$ + Si_3N_4 → $Sr_2Si_5N_8$の反応は－20 kcal/mol発熱反応であり，局所的にSi_3N_4リッチな条件があればSASN生成の代わりに$Sr_2Si_5N_8$相が生成する(AlNは残存する)のが熱化学的に有利であると理解され，実験の傾向を説明できる。初期の高輝度SCASN蛍光体の文献には，(Sr,Ca) AlSi合金を高圧窒素下で直接窒化を用いるものも見られるが，上記のような事情を反映しているものと思われる。このようにして熱平衡論の観点で反応の実現可能性(feasibility)を議論することが出来る。またSCASNの例のように，第一原理計算の結果からは実現困難そうに見える合成反応も，反応のkineticsの工夫次第では実現できる点に注意されたい。

6.5.3 $CaAlSiN_3$-Si_2N_2O固溶体

CASN:Eu(図2-73(a))の発光を短波長化する方法としてSi_2N_2O(図2-73(d))と固溶させる方法があることについては先述の通りである。この固溶体の構造モデルを第一原理計算でそのまま扱うのは難しい。Al/Siの分布だけでなく，N/Oの分布を併せて考える必要があり，原子配置の場合の数だけの超格子モデルを扱う必要が出てくるためである。そこで筆者らは仮想結晶近似を採用した。仮想結晶近似とは，複数の元素がある結晶位置を占める時，その占有率に対応するように各元素のポテンシャルを混ぜる操作を指す。通常は同じイオン価の元素に対して仮想結晶近似を施すのが通例であるが，異イオン価であるAl/Siに対しても仮想結晶近似が良く結晶構造を再現することはCASNの計算で明らかになっていた[9]。これはAlとSiのイオン径や電気陰性度が似通った元素だったためと考えられた。そこでAl/Siと同時にO/Nについても仮想結晶近似を用いることでCASN-Si_2N_2O固溶系をモデル化することを考えた。

このCASN-Si_2N_2O固溶系のSi_2N_2O固溶割合に対する格子定数の変化について図2-74(a)に載せる[16]。計算の格子定数は実験値を1～2％過剰見積りするため，そのままでは実験値と計算値を直接比較するのは難しいため，Si_2N_2O固溶無し(CASN100％)の場合の格子定数を基準として，Si_2N_2Oが固溶するにつれて格子定数がどのように変化するのかを示した。この図2-74(a)から見られるようにSi_2N_2Oの固溶割合に対する格子定数の変化の仕方は，実験値と計算値が良く一致する傾向にある。また，格子定数の変化は固溶割合に応じて線形的に変化しない(Vegard則を満たさない)ことも分かる。この結晶モデルについて屈折率を計算したものが図2-74(b)である。Si_2N_2Oの固溶が進むにつれて屈折率が小さくなっており，これがEu^{2+}発光の短波長化に影響を与えていると考えることができる(**6.4**)。

6.5.4 $Ba_3Si_6O_{12}N_2$

$Ba_3Si_6O_{12}N_2$はEu付活により緑色蛍光体となる。この結晶は発見当時は未知物質であったが，

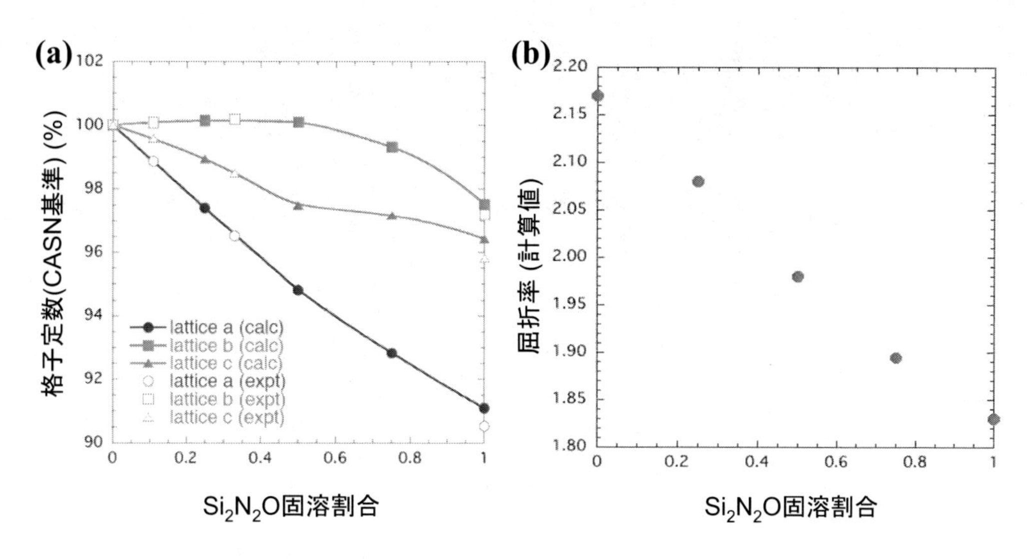

図2-74　$CaAlSiN_3$-Si_2N_2O 固溶体における格子定数の変化（a）及び屈折率変化（b）
実線は説明のために適宜引いた内挿である。

その結晶組成・構造は実験と計算の協同により同定された[26]。まず単相に近い当該試料について透過型電子線顕微鏡の観察がなされ，格子定数と対称性が推定された。元素分析・比重などの実験結果も併せて考慮された結果，$Ba_3Si_6O_9N_4$(P3）に格子定数が近い三方晶系の酸窒化物であることが推定された。$Ba_3Si_6O_xN_y$ の化学組成を仮定すると，系全体の電荷中性の条件により(x,y)＝(15,0)，(12,2)，(9,4)，(6,6）などが候補に挙がるが，X線回折パターンが新規であったことから，新規組成の $Ba_3Si_6O_{12}N_2$ が該当すると推定された。そこでX線構造解析（直接法）で結晶構造（$P3$）が推定されたがRietveld解析は収束に至らなかった。そこで，その結晶構造($P3$）について第一原理計算による最適化を実施したところ，最適化された結晶構造（図2-75(a)）において原点を取り直すことにより反転対称性が存在することが見出され（図2-75(b)），$P\bar{3}$ として結晶構造パラメータが導かれた。その構造パラメータを用いて再度Rietveld解析が実施され，最終的に構造決定に至った。なおこの発見後，$(Ba,Sr)_3Si_6O_{12}N_2$ の報告も現れている[27]。

このｰ $Ba_3Si_6O_{12}N_2$ の発見以前，Ba-Si-O(-N）相として $BaSi_2O_2N_2$，$Ba_3Si_6O_9N_4$，$BaSi_2O_5$ が知られていた。$Ba_3Si_6O_{12}N_2$ 相の発見により，$Ba_3Si_6O_{15-3x}N_{2x}$（x＝0，1，2，3）のシリーズが完結したことになる。なお，これらの酸窒化物の結晶構造に着目すると，窒素は3つのSiと結合しているのに対し，酸素はSiと1ないし2配位となっており，一つのSiと結合する酸素はBaと配位結合していることが分かる。これは窒素の共有性が高く，酸素のイオン性が高いことと関係があるのではないかと筆者は考えている[10,28]。これらにEuを付活すると，$BaSi_2O_2N_2$:Eu（青緑），$Ba_3Si_6O_9N_4$:Eu（青緑），$Ba_3Si_6O_{12}N_2$（緑），$BaSi_2O_5$:Eu（青緑）となることが報告されている。

ここで特に興味深いのは $Ba_3Si_6O_9N_4$:Eu は室温消光（低温のみの発光）するのに対し，$Ba_3Si_6O_{12}N_2$:Eu は温度特性が良い点である[26]。これらの蛍光体のStokesシフトは同程度の大き

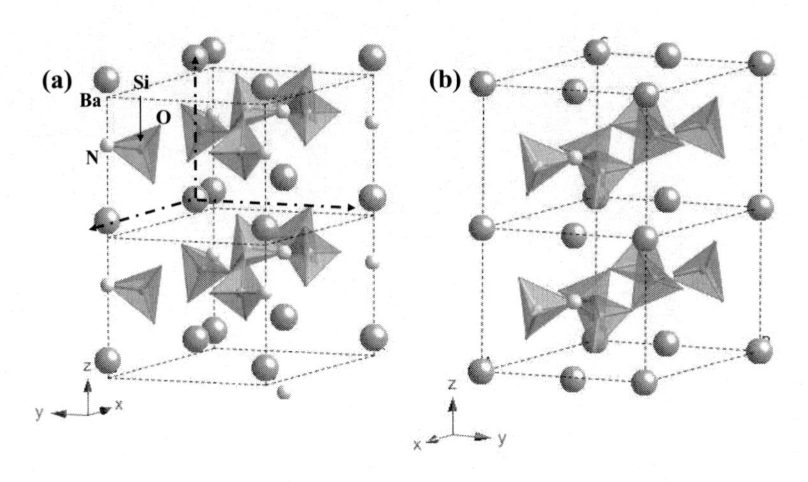

図 2-75　$Ba_3Si_6O_{12}N_2$ 結晶モデルの計算結果
(a) P3 モデル, (b) P$\bar{3}$ モデル
図 (a) の一点鎖線は反転中心を原点として取り直した新しい格子軸。

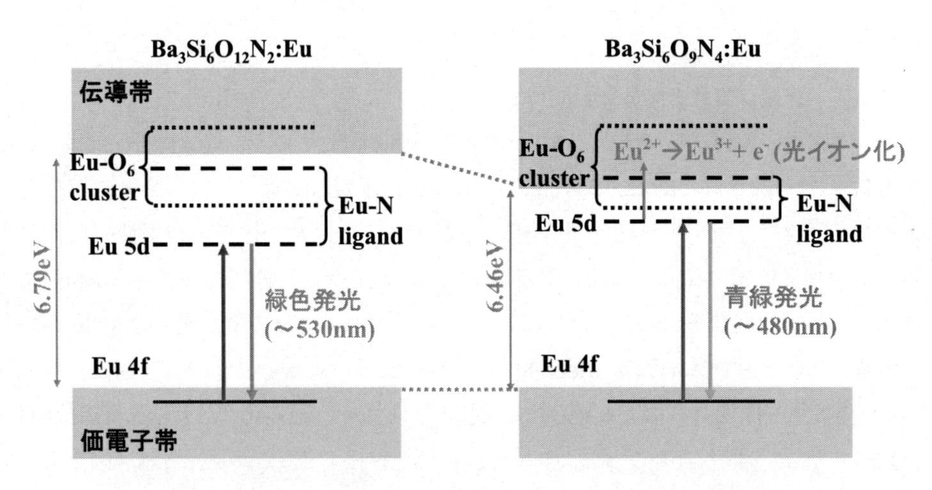

図 2-76　$Ba_3Si_6O_{12}N_2$:Eu 及び $Ba_3Si_6O_9N_4$:Eu の電子状態の簡易図

さであり，$Ba_3Si_6O_9N_4$:Eu が $Ba_3Si_6O_{12}N_2$:Eu よりも短波長発光することから，古典的な配位座標モデルでは両者の温度特性の説明がつき難い。通常は Stokes シフトが大きいほど，また 4f-5d 遷移エネルギーが小さいほど熱失活が強くなるが[18]，$Ba_3Si_6O_9N_4$:Eu では Stokes シフトが大きくなったり 4f-5d 遷移エネルギーが小さくなったりする傾向が認められないためである。最近の第一原理バンド計算の結果によれば $Ba_3Si_6O_{12}N_2$ の方が $Ba_3Si_6O_9N_4$ よりもバンドギャップが広がっていると予想されており[10]，発光波長の差も考え合わせると光イオン化モデルによる温度消光機構で考えるのが自然である（図 2-76）[10, 26, 27]。$Ba_3Si_6O_9N_4$:Eu の発光波長の方が短波であるため，Eu の 5d 準位が $Ba_3Si_6O_{12}N_2$:Eu の 5d 準位より高い位置にあり，かつ，$Ba_3Si_6O_9N_4$ のバンドギャップの方が狭いため，$Ba_3Si_6O_9N_4$ の伝導帯位置は低い位置にくると考えられる。つまり

$Ba_3Si_6O_9N_4$:EuではEu^{2+}の5d準位と伝導帯底とが接近していると考えられるのである。但し，Euの4f/5d準位とバンドギャップとの位置関係について定量的には確証されておらず，今後の課題となっている。

6.6　まとめと今後の期待

以上見てきたように，蛍光体設計において経験則を念頭に置きながら計算化学をうまく適用すると実験結果をうまく解釈できるばかりでなく，時には構造決定において実験と相補的な役割を果たすこともできる。しかしながら，励起帯・発光色をゼロから高精度に設計し実証するところまでは至っていない。第一原理計算の方法論が希土類付活蛍光体を取り扱うには未熟であるためである。しかし，経験則を念頭に結晶組成・構造をモデル化し，その妥当性を第一原理計算から確かめ，合成の実現可能性に関する予測を念頭に実験するという方向で研究を加速することができよう。

今後の方向として，希土類元素を陽に扱う第一原理バンド計算に期待を寄せるところが大きい。LDA/GGAレベルの計算を超える試み（GW法，LDA（GGA）+U法，改良型GGA（meta GGA，hybrid-GGA））などを希土類元素系にも適用し，その実用性を検証し，逐次改良する必要がある。この計算のためにはスーパーセルによるモデリングも必要となり，大規模計算が必要となる。また実際の発光色の定量的評価のためにはStokesシフトの取り扱いが避けて通れない。そのためには励起状態での構造安定性を議論する必要があり，ハードルが高い。これらは現時点ではうまく扱えないのは確かであるが，ここ四半世紀の計算技術の進歩とその適用範囲の広がりを思い起こせば，計算化学の未来をそう悲観することはないと思われる。

文　　献

1） R. -J. Xie *et al.*, “Nitride Phosphors and Solid-State Lighting”, CRC Press（2011）
2） R. Martin, “Electronic Structure”, Cambridge University Press（2004）
3） R. Dronskowski, “Computational Chemistry of Solid State Materials”, Wiley-VCH（2005）
4） H. T. Hintzen and Y.-Q. Li, “Encyclopedia of Materials: Science and Technology”, K. H. J. Buschow ほか編, Elsevier（2004）
5） Y.-Q. Li *et al.*, *J. Electrochem. Soc.*, **153**, G278（2006）
6） A. A. Setlur *et al., Chem. Mater.*, **20**, 6277（2008）
7） Y.-Q. Li *et al.*, *Sci. Technol. Adv. Mater.*, **8**, 607（2007）
8） P. E. D. Morgan, *J. Mater. Sci.*, **21**, 4305（1986）
9） M.Mikami *et al.*, *phys. stat. sol.*(a), **203**, 2705（2006）
10） M.Mikami *et al.*, IOP Conf. Series, *Mater. Sci. Eng.*, **18**, 102001（2011）

11) H. Matsuo *et al.*, *ECS Transactions*, **25** (9), 207-212 (2009) ; M. Mikami *et al.*, *J. Electrochem. Soc.*, **159**, J176 (2012)
12) P. Dorenbos, *J. Phys.: Condens. Matter*, **15**, 4797 (2003)
13) H.A. Höppe, Thesis, Ludwig-Maximilians-Universitat München (2003)
14) T. Takeda *et al.*, *J. Mater. Chem.*, **20**, 9948 (2010)
15) M.Mikami and N.Kijima, *Opt. Mater.*, **33**, 145 (2010)
16) M.Mikami *et al.*, *Mater. Res. Soc. Symp. Proc.*, **1040**, Q10-09 (2008)
17) J. Garcia *et al.*, *J. Lumin.*, **128**, 1248 (2008)
18) G. Blasse and B.C. Grabmaier, "Luminescent Materials", Springer (1994)
19) R. J. Xie *et al.*, *J. Electrochem. Soc.*, **154**, J314 (2007)
20) X. Zhu *et al.*, *J. Alloys Compd.*, **489**, 157 (2010)
21) G. Blasse *et al.*, *Inorg. Chim. Acta*, **189**, 77 (1991)
22) L. Liu *et al.*, *J. Am. Ceram. Soc.*, **92**, 2668 (2009)
23) K. Uheda *et al.*, *J. Electrochem. Soc.*, **9**, H22 (2006)
24) H. Watanabe *et al.*, *J. Electrochem. Soc.*, **155**, F31 (2008)
25) H. Watanabe *et al.*, *J. Solid State Chem.*, **181**, 1848 (2008)
26) M. Mikami *et al.*, 2nd International Symposium on SiAlONS and Non-oxides 2007 (published as M. Mikami *et al.*, *Key Eng. Mater.*, **403**, 11 (2009)) ; K. Uheda *et al.*, Proc. 14th International Display Workshops 899 (2007)
27) C. Braun *et al.*, *Chem. Eur. J.*, **16**, 9646 (2010)
28) M.Mikami *et al.*, IOP Conf. Series : *Mater. Sci. Eng.*, **1**, 012002 (2009)

第3章　ディスプレイ用蛍光体

1　液晶ディスプレイ用蛍光体

1.1　冷陰極管用蛍光体

五十嵐崇裕*

1.1.1　はじめに

ディスプレイ市場において，液晶ディスプレイの存在感は非常に大きい。ここまで液晶ディスプレイが普及した理由は，継続的な技術の進歩とそのスピードにある。大画面化に始まり，高精細化，高輝度化，コストダウン，近年に至っては3Dや4K2Kといった新しい技術も登場し，その進化は止まっていない。近年の技術に注目すれば，3D用に液晶パネルの新しい駆動方法が開発され，左右の眼に入る映像の質を高め，自然な立体視を実現している。3Dコンテンツも充実してきており，ディスプレイの新たな潮流になりつつある。また，高精細化の究極とも言える4K2Kでは，細部までも詳細な映像を提供するたけでなく，奥行き感のある映像を見ることができる。

バックライトも，液晶ディスプレイの進歩に大きく貢献している。その光源として使用されている冷陰極管CCFL（Cold Cathode Fluorescent Lamp）は，その歴史も古く成熟したデバイスである。成熟しているとはいえ，CCFLの進化は目を見張るものがある。CCFLの発光効率改善のために管径を細くし，明るい液晶ディスプレイを実現した。また，CCFLに塗布される蛍光体の組成を変えることにより色再現範囲を改善し，色彩鮮やかな映像を提供した。普及のために避けては通れないコストダウンについては，CCFL管径を太くし投入電力増大により発光量を増やし，バックライトで使用される光学シートの削減に貢献している。さらには，バックライトに使用するCCFLの本数を減らすために，長尺化し曲げかつ投入電流を増大させる。これらは，高い電極技術や蛍光体塗布技術が要求される。このようなCCFLの進化は，液晶ディスプレイの高画質化と低コスト化に大きく寄与し，液晶ディスプレイの普及の一助になっていることは紛れもない。

昨今，バックライト用光源としての冷陰極管CCFLは，白色LED（Light Emitting Diode）にその座を奪われつつあるが，本稿では，蛍光体による液晶テレビの画質改善とCCFL用蛍光体の特徴について解説する。

1.1.2　蛍光体による液晶ディスプレイの高画質化

CCFL用蛍光体には，封入されている水銀から発生する波長254 nmの紫外光による発光効率が高いことが求められる。その観点で，青色蛍光体$BaMgAl_{10}O_{17}:Eu^{2+}$（BAM:Eu），緑色蛍光

＊　Takahiro Igarashi　ソニー㈱　先端マテリアル研究所　統括課長

体 $LaPO_4:Ce^{3+},Tb^{3+}$（LAP），赤色蛍光体 $Y_2O_3:Eu^{3+}$（YOX）が選択されている。これらの蛍光体を使用した CCFL を通常 CCFL と呼ぶこととする。信頼性や発光効率が高く，ディスプレイ用蛍光体としては十分な特性を有していると言える。他にもランプ用蛍光体は数多くあるが，その諸特性等については他書に譲る[1]。ディスプレイ画質において，一般の人が見てすぐわかるのは，輝度，色再現，動画特性である。輝度については，上記蛍光体以上の発光効率を有する蛍光体は皆無といっても過言ではないため，蛍光体という観点ではその大幅な改善は困難である。そこで，画質改善として，色再現範囲と動画特性に目を向ける。

（1） 液晶テレビの色再現範囲の拡大手法

図 3 - 1 に，通常 CCFL 用蛍光体の発光スペクトルを示す。緑色と赤色の発光は，それぞれ Tb^{3+},Eu^{3+} の発光に特徴的な f-f 遷移による発光スペクトルである。緑色の蛍光体では波長 543 nm の発光だけではなく，486 nm，583 nm，620 nm にもスペクトルが存在する。このスペクトルが，緑色の色純度を低下させているだけではなく，図 3 - 2 に示すように赤色のカラーフィルター（RCF）の透過スペクトルに混入し，赤色の色純度を悪化させている。よって，緑色色再現範囲改善に求められる発光特性は，発光スペクトルにサブバンドがなく単一であることが望ましい。また，赤色蛍光体では，発光スペクトルを長波長側にシフトさせることが必要となる。

発光効率や信頼性から，上記条件に当てはまる蛍光体は，緑色 $BaMgAl_{10}O_{17}:Mn^{2+}$, Eu^{2+}（BAM:Mn），赤色 $YVO_4:Eu^{3+}$（YVO）が選択される。発光スペクトルを図 3 - 3 に示す。BAM:Mn は Eu^{2+} から Mn^{2+} へのエネルギー伝達により発光するため，450 nm 付近に Eu^{2+} の発光が残ってしまう。しかし，この発光は青色光としても使用することができるため，カラーフィルターを使う液晶ディスプレイでは色純度低下の原因とならない。BAM:Eu，BAM:Mn，YVO という組み合わせの CCFL を広色域 CCFL1 とする。液晶パネルを 2 種類（パネル 1，パネル 2）

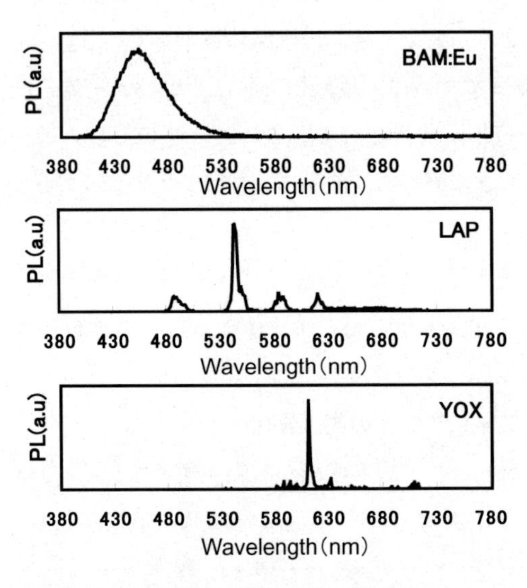

図 3 - 1 通常 CCFL 用蛍光体の発光スペクトル

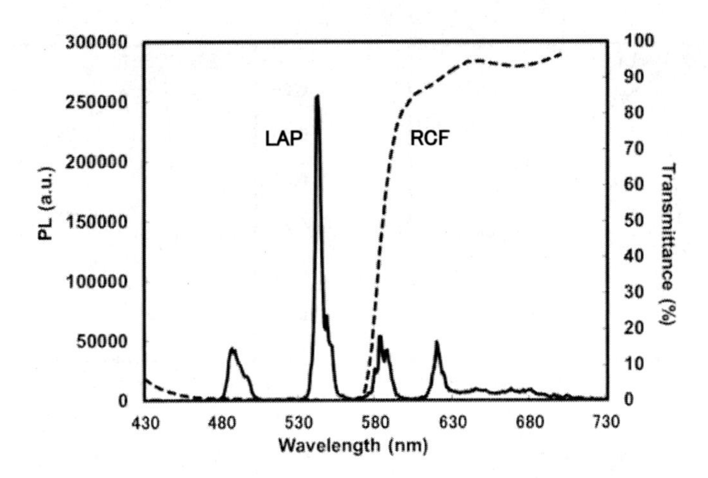

図3－2　LAPの発光スペクトルとRCFの透過スペクトル

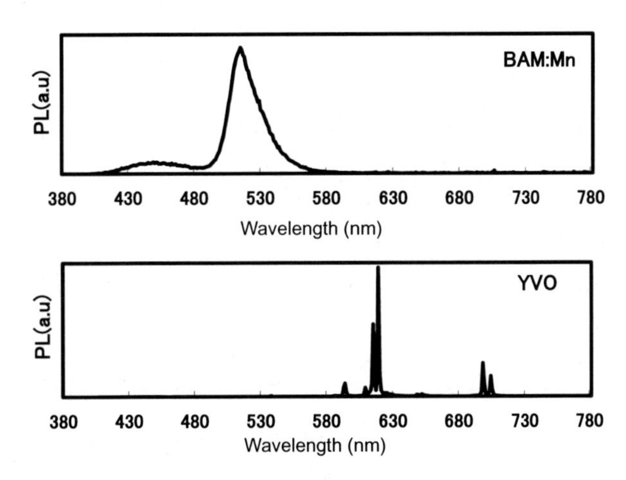

図3－3　広色域CCFL1用蛍光体の発光スペクトル

用意し，液晶ディスプレイでの色度点を測定した。色再現範囲は，NTSCで規格化された色度点の色再現範囲を100%とし面積比で表す[2)]。

図3－4に，パネル1に搭載した際の色度図を示す。通常CCFLを使うと色域は67%，広色域CCFL1では79%となり色再現範囲の拡大化が確認された。しかし，青色の色度点に注目すると広色域CCFL1では，y値が高く青色色度が大きく悪化していることがわかる。この青色色度では，商品にはなり得ない。図3－5にパネル2での色度図を示す。この場合，青色色度の悪化は微小で，色域92%を実現できた（通常CCFLでは72%）[3)]。

ここで，青色カラーフィルター（BCF）の透過スペクトルと広色域CCFL2の緑蛍光体BAM:Mnの発光スペクトルに着目する（図3－6）。同図からわかるようにパネル1の青色カラーフィルターの透過特性では，LAPと比較してBAM:Mnの発光スペクトルの混入が大きいことがわかる。パネル2の青色カラーフィルターの透過特性を調査すると，パネル1と比較し短波

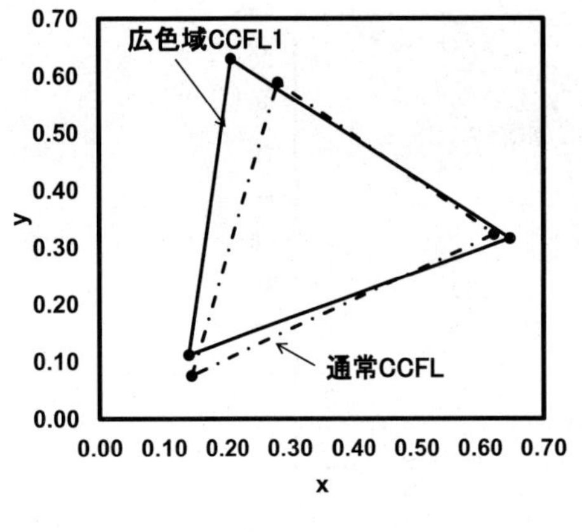

図3-4　色度図（パネル1）

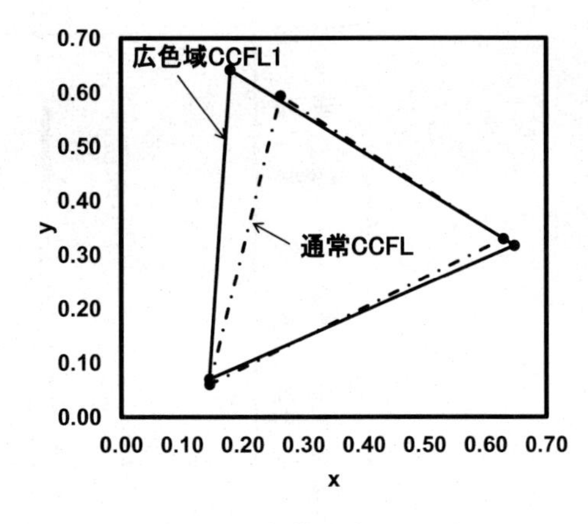

図3-5　色度図（パネル2）

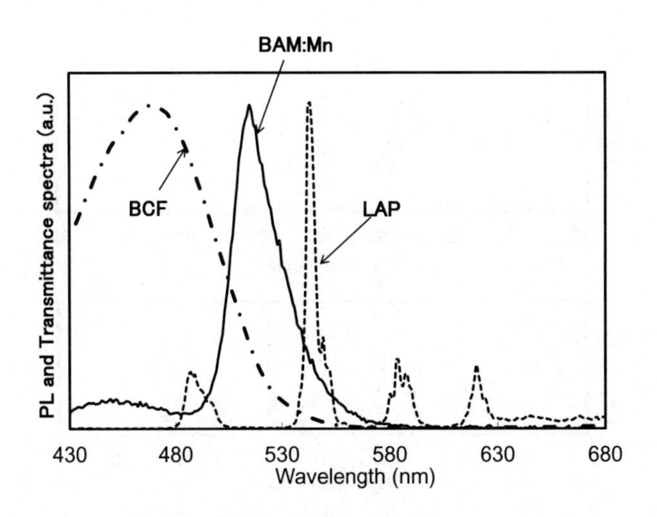

図3-6　緑色蛍光体とBCF透過スペクトルとの関係

長側にシフトしており，BAM:Mnによる青色色純度の低下は少ないことがわかった。このように，BAM:Mnを使用する広色域CCFL1では，青色カラーフィルターの透過特性に特に気を使わなければならないが，この点に留意すれば色再現範囲の広い液晶ディスプレイを実現できる。

（2）　色再現範囲の拡大と輝度の両立

広色域化には大きな問題がある。それは，色再現範囲を拡大させると輝度が大きく低下してしまうことである。液晶ディスプレイの輝度は通常CCFLを搭載したそれに比べ，広色域CCFL1では約25%輝度低下してしまう。この原因は，広色域CCFL1において，YVOの発光スペクトルが長波長側にシフトしており，視感度が低下したことにある。広色域蛍光体の従来蛍光体に対する輝度比を表3-1（BAM:Mnの輝度で規格化）に示す。CCFLの輝度低下は，赤色蛍光体の輝度が低いことが大きな要因であることがわかる。輝度の低下を最小限に抑えるためには，より高効率で色純度の高い赤色蛍光体に変更するしかないが，現実的にYVO以上の蛍光体が存在

表3-1　CCFL用蛍光体の相対輝度，色度

	BAM:Eu	SCA	BAM:Mn	LAP	YVO	YOX
x	0.15	0.15	0.14	0.36	0.66	0.64
y	0.06	0.03	0.55	0.57	0.33	0.35
Y	22%	13%	100%	108%	41%	67%

しない。輝度回復のためには赤色蛍光体をYOXに戻さなければならない。しかし，色域は低下してしまうので，色域の低下分を他色の色域拡大により補う必要がある。

そこで青色蛍光体$Sr_5(PO_4)_3Cl:Eu^{2+}$（SCA）の発光特性に着目する。発光スペクトルを図3-7に示す。BAM：Euと比較するとスペクトル線幅が狭く，表3-1からもわかるように青色の色純度も高い。つまり，SCAの発光スペクトルの緑色カラーフィルター（GCF）への混入割合が，BAM：Euと比較して小さい。このことから液晶ディスプレイとしての緑色色度の改善も見込まれる。SCA，BAM:Mn，YOXを組み合わせたCCFLを広色域CCFL2とする。図3-8に色域を示す。この図からもわかるように，広色域CCFL1と比較すると色域の形が変わるが色域自体は変化していない。

BAM:EuとSCAの発光特性を更に詳しく検証する。蛍光体の輝度を比較するとSCAは，BAM:Euの60％（表3-1）だが，広色域CCFL2を搭載した液晶ディスプレイは広色域CCFL1のそれと比較すると輝度は1.17倍であった。つまり，色域は保たれ輝度は増加した。SCAによる大幅な青色輝度の低下が，白色光としての輝度低下を招かないことについての考察を下記で述べる。

ここでは，所望の白色光を作る際の赤緑青の蛍光体の混合の比率を加法混色の理論を使って計算してみる。この理論によれば，赤緑青色蛍光体の三刺激値と白色の色度点の関係は式(1)のよう

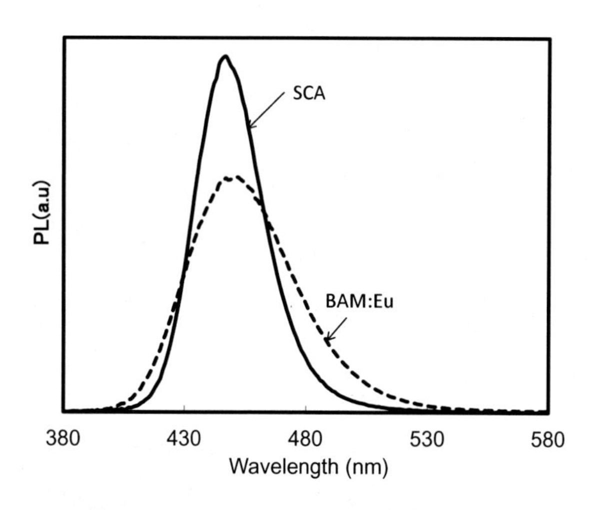

図3-7　SCAとBAM:Euの発光スペクトル

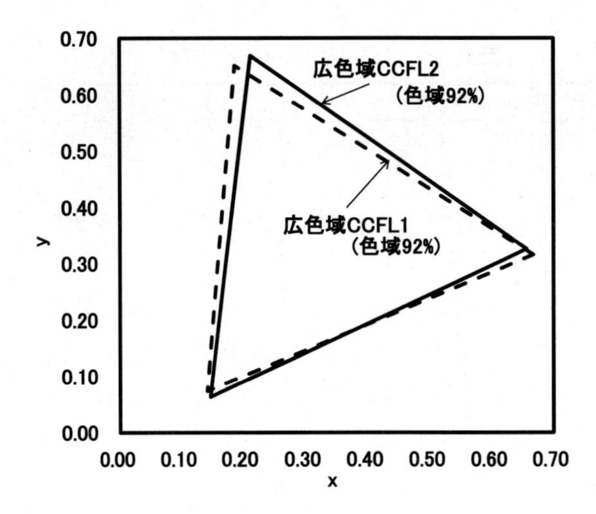

図 3 - 8　広色域 CCFL1 と広色域 CCFL2 搭載の液晶ディスプレイの色域

になる。

$$\begin{pmatrix} X_R & X_G & X_B \\ Y_R & Y_G & Y_B \\ Z_R & Z_G & Z_B \end{pmatrix} \begin{pmatrix} R \\ G \\ B \end{pmatrix} = \begin{pmatrix} X_W \\ Y_W \\ Z_W \end{pmatrix} \tag{1}$$

(X_R,Y_R,Z_R)，(X_G,Y_G,Z_G)，(X_B,Y_B,Z_B) は，赤緑青色蛍光体の三刺激値を表し，(X_W,Y_W,Z_W) は白色の三刺激値を表している。R，G，B の値は，赤緑青色蛍光体の混合比率を表しており，合計を 1 とする。式(1)から，赤緑青色蛍光体の混合比率は，式(2)になる。

$$\begin{pmatrix} R \\ G \\ B \end{pmatrix} = \begin{pmatrix} X_R & X_G & X_B \\ Y_R & Y_G & Y_B \\ Z_R & Z_G & Z_B \end{pmatrix}^{-1} \begin{pmatrix} X_W \\ Y_W \\ Z_W \end{pmatrix} \tag{2}$$

$$k = 1/(R+G+B)$$
$$R' = kR,\ G' = kG,\ B' = kB. \tag{3}$$

$$L_W = R'\cdot Y_R + G'\cdot Y_G + B'\cdot Y_B\cdot \tag{4}$$

白色輝度は式(4)で計算できる。

$$X = \frac{x}{y}Y,\ Z = \frac{z}{y}Y. \tag{5}$$

BAM:Mn の輝度を 100 とし，その輝度と色度から，3 刺激値は式(5)から得られる。BAM:Eu から SCA への変更による白色輝度の変化を調べるために，BAM:Eu + BAM:Mn + YOX の組み合わせと SCA + BAM:Mn + YOX の組み合わせについて，上記式を用いて計算した。白色色

表3-2　SCAとBAM:Euの比較

蛍光体	青	BAM:Eu	SCA
	緑	BAM:Mn	BAM:Mn
	赤	YOX	YOX
	B'	0.38	0.33
	G'	0.36	0.42
	R'	0.26	0.25
	Relative Lw	100%	100%

度は，(0.24,0.24) に設定した。結果を表3-2に示す。このように青単色の輝度低下は，白色輝度に影響していないことがわかる。この結果をもとに，広色域CCFL1と広色域CCFL2で上記計算を行った結果，広色域CCFL2/広色域CCFL1 = 1.12倍となった。実測の結果との多少の違いは，この計算には水銀の輝線の影響が考慮できていないことが考えられる。しかし，傾向については正しいと考えている[4]。このように青色蛍光体を使った色域拡大は，輝度低下が少ない。ここで，青色蛍光体の選択について考える。SCAでは，BAM:Euとピーク位置が近く線幅が狭いために，x値が同等かつy値が小さいという特長を持つ。よって，色度図のy値は下方に引っ張られ色域拡大が可能となる。波長がSCAより短波長の蛍光体の場合，y値は低下するがx値が増大する。青色色度点は，x，y色度座標において右下方向（マゼンダ方向）に動くため，結果として色域の増大効果が薄い。よって，青色蛍光体による色域拡大を目指す場合は，波長450 nmを中心とし，線幅が小さい蛍光体を探索する必要があると言える。

（3）　短残光化による動画特性の改善

液晶ディスプレイの動画特性の改善手法に，バックライトブリンキング技術がある。液晶のスイッチング特性は，昨今改善されてはいるが応答性は今なお改善の余地は残っている。そこで，信号と同期しながらバックライトをOn-Offさせることにより，動画特性を改善させる技術がバックライトブリンキング技術である。

しかし，CCFLでは，通常CCFLや広色域CCFL1,2ともに緑色の残光が問題となる。LAPやBAM:Mnの発光メカニズムは，Tb^{3+}のf-f遷移やMn^{2+}d-d遷移の禁制遷移のため，1/10残光時間は，msオーダーになってしまい，ブリンキングによる効果がほとんどない。許容遷移の発光では，残光時間はnsオーダーであり，ブリンキングには好適である。紫外線で励起可能な許容遷移の緑色蛍光体は数多くあるが，CCFLで使用された場合，発光効率の問題や水銀との相性が悪く，劣化の問題から液晶ディスプレイ用で実用化された例は少ない。

そこで，図3-9のような構成のバックライトを考案した[5]。CCFLには，青色（BAM:Eu），赤色（YOX）蛍光体を塗布し，緑色蛍光体はバックライトに使用される拡散板に練り込んでしまう。緑色蛍光体は，$(Sr,Ba)_2SiO_4$:Euを選択した。この蛍光体は，青色光で励起可能で，かつEu^{2+}の許容遷移を利用しているため残光が短い。CCFL外に設置するために水銀吸着による劣化等がない。BAM:Euの発光メカニズムは，許容遷移であり残光時間は短いが，YOXは，Eu^{3+}

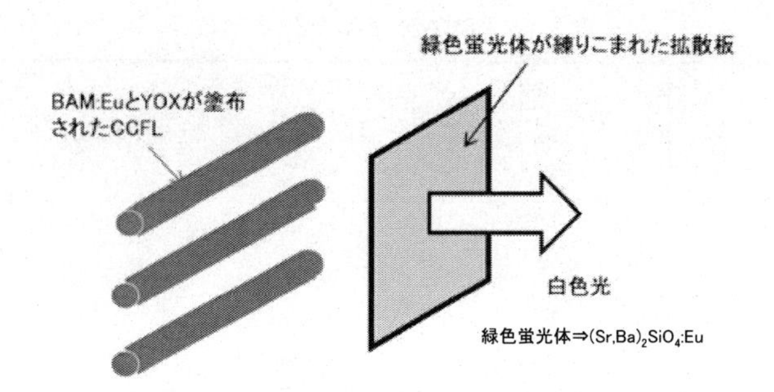

図 3 - 9　新バックライトシステムの構成図

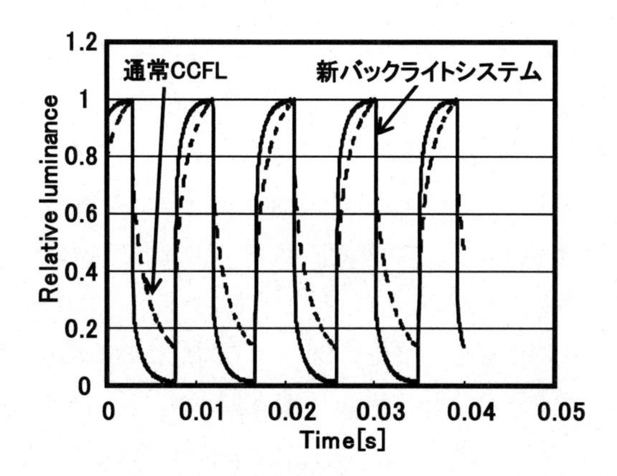

図 3 - 10　120Hz 駆動でのブリンキング

の f-f 遷移の発光であるため，残光時間が長い。しかし，赤色は視感度が低いために問題にならない。

このバックライトシステムを 120 Hz で駆動し応答速度を観測した（図 3 - 10）。通常 CCFL と比較すると，通常 CCFL の輝度は，120 Hz では下がり切らないが，新バックライトシステムではほぼ輝度が 0 になっている。つまり，ブリンキングの効果が発揮できる。新バックライトシステムを使用した液晶ディスプレイでは，動画特性が改善されていることが確認された。このように，CCFL を使用した新しいバックライトシステムを提案することによって，通常 CCFL では不可能であったことが実現できる。

1.1.3　CCFL 用蛍光体について（水銀の影響）

今までは，蛍光体を使用した液晶ディスプレイの画像改善について解説した。CCFL に使用される蛍光体は，CCFL 中に存在する水銀の影響を大きく受ける。CCFL 用蛍光体では，水銀輝線の波長 254 nm の紫外線で効率よく発光することは必要条件であるが，十分条件ではないことを認識しなければならない。CCFL に特有な現象を理解し，適切な使い方が必要となる。下記で，その点について述べる。

（1）　信頼性について

CCFLには，ガラス管の中に水銀が封入されている。蛍光体も水銀の影響を受けてしまう。CCFLにおける蛍光体自体の劣化（結晶構造の破壊，発光中心の変質）以外の要因は，水銀の吸着であり，HgOが吸着すると言われている。この吸着傾向は，蛍光体の母体の帯電特性が影響していると考えられている。図3-11に各種酸化物の帯電特性を示す。HgOと帯電特性が離れている酸化物はHgOと吸着しやすい傾向にある。例を挙げると，SiO_2やV_2O_5などが吸着しやすいので，シリケート系蛍光体やバナデート系蛍光体は劣化しやすい。このような蛍光体を使用する際には注意が必要である。

劣化抑制の手法としては，粒子表面にAl_2O_3やY_2O_3といったHgOと帯電特性が近いものをコーティングすることが考えられる。広色域CCFL1で使用したYVOはバナデート系蛍光体であり，そのまま使用すると劣化が大きい。よって，表面には，上記を考慮したコーティングが施されている。コーティング量によって，蛍光体単体の輝度低下や，塗布プロセスにも影響を及ぼすのでノウハウが必要である。液晶ディスプレイのCCFLでは，用途にもよるが数万時間の寿命（輝度半減）が要求されるので，蛍光体の選択とその保護手法は特に重要である。

（2）　水銀による紫外光について

CCFLにおいて蛍光体を励起する水銀輝線の主な波長は，254 nmである。CCFLで使用される蛍光体では，この紫外線で効率良く発光することが求められる。CCFLの管表面の温度は，電力投入後，室温から80℃にまで温度が変化する。温度上昇に伴いCCFL内の紫外線の発生量が増加し，蛍光体からの発光量も増加する。そのため，CCFLでは，輝度が最大値になるまで数十

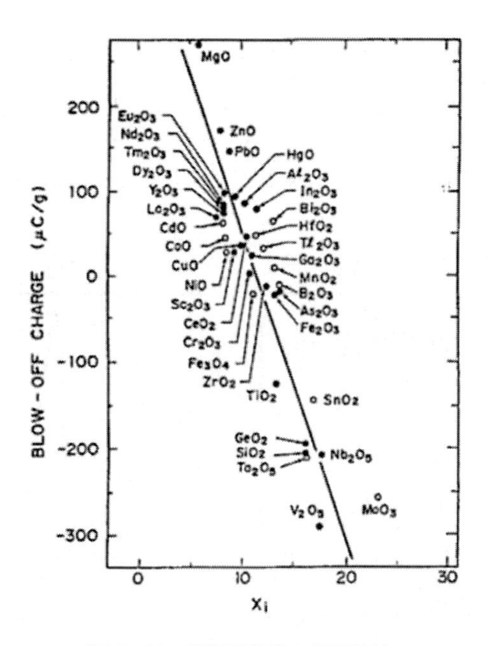

図3-11　各種酸化物の帯電特性

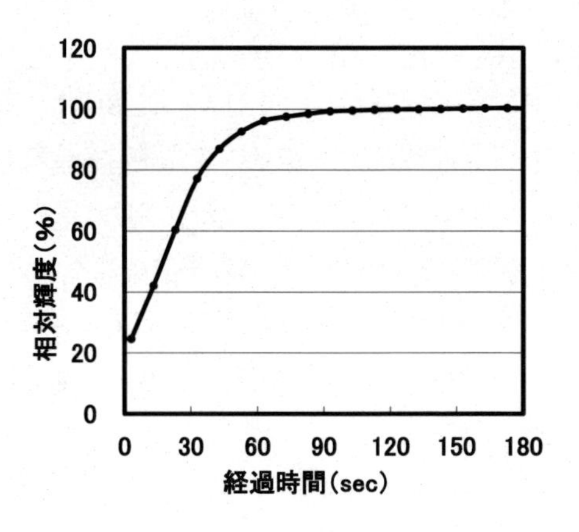

図 3-12　CCFL の輝度の立ち上がり特性

秒を要する（図 3-12)。

上記のような CCFL の輝度の立ち上がりの際，輝度増加だけではなく，色度が変化することもある。これは，水銀の輝線は 254 nm だけではなく，186 nm の輝線も蛍光体の発光に影響を与えているからである。この 254 nm と 186 nm の輝線の立ち上がりの経時的違いにより白色色度が変化することがある。CCFL に電力を投入すると管表面の温度が上昇することは既述した。管の表面温度の上昇による 186 nm の水銀輝線強度の増加の程度は，254 nm と比較すると低い。管表面温度 50℃における水銀輝線強度（186 nm)/水銀輝線強度（254 nm)＝約 60%であったものが，定常温度 70～80℃で約 30%にまで低下する。この影響について，例として，SCA と BAM:Mn を挙げて説明する。186 nm 励起の代わりに 172 nm で励起した SCA と BAM:Mn の発光スペクトルと 254 nm で励起した場合の発光スペクトルを図 3-13 に示す。同図からわかるように，172 nm 励起では，254 nm 励起に比べ SCA の発光量は小さい。すなわち，電力投入初期，CCFL 管表面の温度が低い時には，BAM:Mn の発光量が相対的に大きく緑がかった白色を呈す。時間と共に温度が上昇し 254 nm の紫外線が増加するにつれ SCA の発光量が増加するこ

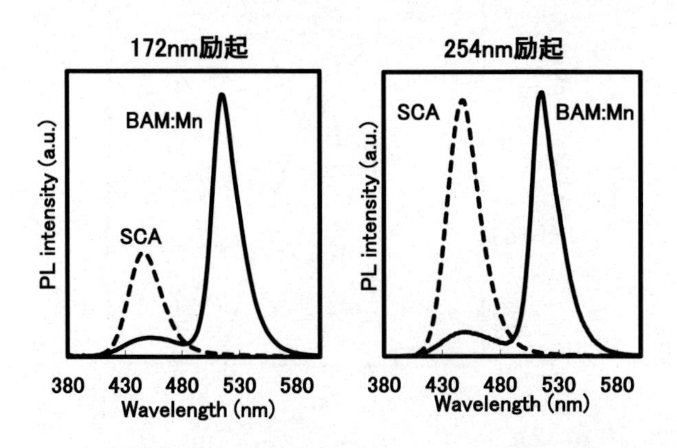

図 3-13　励起波長の違いによる発光スペクトル強度の変化

とによって所望の白色になる。輝度の変化より色合いの変化の方が，人に不快感を与えやすい。このような場合，CCFL管表面の温度変化を，封入するガス種やガス圧によってコントロールしなければならない。以上から，CCFLに使用される蛍光体は，水銀の発光特性にも影響されることがわかる。この点も留意し，蛍光体の選択・改善を行わなければならない。

1.1.4　おわりに

CCFLでは水銀を使用するため，水銀を意識した蛍光体設計が必要となる。ランプ用蛍光体という観点では，その種類は多いが，発光効率や色度等を考慮に入れると，液晶ディスプレイに使用できる蛍光体は一握りである。それらの蛍光体を駆使し，長い間液晶ディスプレイの進化に貢献してきた。使用するに際して，上述したような難しい点もあるが，そのコストパフォーマンスには目を見張るものがある。CCFLは，低コストで高画質化が可能な素晴らしいデバイスである。

文　　献

1）S. Shionoya, William M. Yen, Phosphor Handbook（1999）
2）R. Ohtsuka, "Phosphors with High Chromatic Purity for Cold Cathode Fluorescent Lamps Utilized for Wide-color-gamut Liquid Crystal Displays," IDW 2007 Proceedings, pp.377-380（2006）
3）T. Igarashi, T. Kusunoki and K. Ohno, "A new CCFL for wide-color-gamut LCD-TV," EuroDisplay2005 Proceedings, pp.233-235（2005）
4）T. Igarashi, T. Kusunok, "A High-luminous Cold Cathode Fluorescent Lamp for a Wide-color-gamut LCD", IDW 2007 Proceedings, pp.2075-2078（2007）
5）T. Igarashi, T. Kusunoki, "Development of Backlight System with Short Afterglow using Cold Cathode Fluorescent Lamps", IDW 2009 Proceedings, pp.1861-1863（2009）

1.2 発光型液晶ディスプレイ用蛍光体

大観光徳*

1.2.1 はじめに

液晶ディスプレイ（Liquid Crystal Display：LCD）は，一般家庭向けの大型テレビから携帯用途のスマートフォンに至るまで様々な用途として用いられている。また放送局や医療現場，製造現場，インターネットによる商品の取引などの業務用としても広く使用されており，元画像を忠実に再現し視野角依存性の少ない高画質パネルも求められている[1,2]。一方で電子ディスプレイは，一般家庭においてエアコン，冷蔵庫，照明機器に次いで電力消費量が多く，地球環境を守る上で効率の改善が強く求められている。

現在市販されているLCDパネルでは，バックライトユニットから発せられた白色光を液晶素子により光変調し，赤・緑・青（RGB）画素に対応したカラーフィルタを通すことによりカラー画像を得ている。カラーフィルタは目的色以外の光を吸収するため白色光のうち画像に利用される光の割合は低く，これがLCDパネル全体の発光効率を下げる一因となっている。また高画質化の一つとして色再現域の拡大が求められているが，色純度を上げるために濃いカラーフィルタを用いなければならず，結果的に暗い画像となってしまう。そのため従来型LCDでは，画面の輝度を確保しつつ広い色再現域を得るためには，バックライトの光出力を上げる必要があり，消費電力の増加は避けられない。

本節では，高い発光効率と高画質（広色再現域・広視野角特性）を実現できる液晶ディスプレイとして「発光型液晶ディスプレイ（emissive-LCD：e-LCD）」を紹介する。発光型液晶ディスプレイの基本的なアイデア，すなわち液晶パネルの前面に配列された蛍光体画素を紫外バックライト光により励起・発光させる仕組みは，1997年にケンブリッジ大学の研究グループから初めて報告された[3]。彼らは，水銀ランプ光源（波長365 nm）を用いたパネルにおいて視野角特性の大幅な改善に成功している。しかし液晶パネルの構成部材により紫外光が吸収されるためパネル全体の発光効率が低く，また上記部材の劣化によりパネルの短寿命化を招く。その解決方法が見出されなかったため，その後は殆ど研究・開発が行われなかった。最近，それらの問題を解決すべく新たなe-LCDパネルが提案され，再び注目されつつある[4,5]。以下にe-LCDパネルの基本構造や画像表示原理，蛍光体材料に求められる条件，ならびに光変換効率の実測値，等について説明する。

1.2.2 発光型液晶ディスプレイの基本構造と画像表示原理

図3-14に発光型液晶ディスプレイ（e-LCD）の基本構造を示す[4]。e-LCDは，バックライトユニット，液晶ユニット，PL（Photoluminescence）ユニットにより構成される。バックライトユニットから発せられた近紫外光は液晶ライトバルブユニットで光変調され，PLユニットで赤・緑・青色の可視光に変換される。従来のLCDと違い，カラーフィルタによる吸収がなく，バッ

---

* Koutoku Ohmi　鳥取大学　大学院工学研究科　情報エレクトロニクス専攻　教授

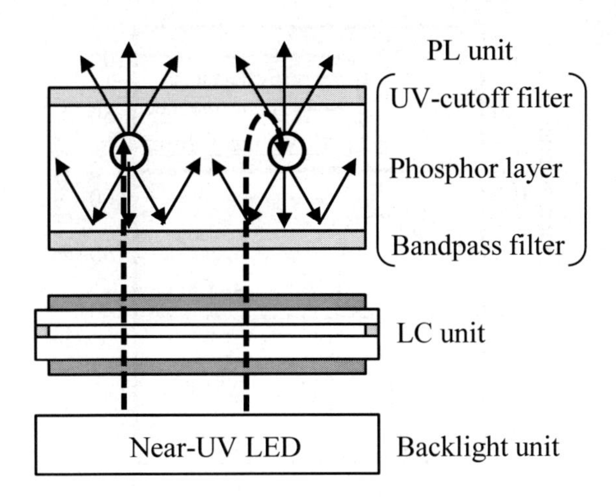

図3-14　発光型液晶ディスプレイの構造

クライト光を有効に蛍光体の励起に利用できるため，発光効率を向上できる。バックライトユニットには，ピーク波長400～410 nmの近紫外LEDが用いられている。400 nmよりも長波長の光であれば液晶ユニットの構成部材の高い透過率が確保され，また吸収がないので従来型LCDと同様に劣化も生じない。また後述するバンドパスフィルタの透過特性を考慮すると，LEDの発光帯域は420 nm以下に抑える必要があり，結果的にピーク波長は400～410 nmに限定される。さらに近紫外LEDの効率は近年の製造技術の進歩により著しく改善され，青色LEDと比べ遜色ないレベルにある。従って近紫外LEDの選択は，性能面でマイナス要因とならない。

PLユニットは，蛍光体層の両側をUVカットフィルタとバンドパスフィルタで挟んだ構造を持つ。両フィルタの吸収・透過スペクトルを図3-15に示す。同図中には，参考として励起光源である近紫外LED（ピーク波長405 nm）の発光スペクトルも示す。UVカットフィルタは，蛍光体層で吸収されずに表面に到達した近紫外光を蛍光体層側に反射する。反射された近紫外光は蛍光体層の励起に再利用される。また同フィルタは，近紫外光がパネルから漏れるのを防ぐので，観測者の目を守る役割も果たす。一方バンドパスフィルタは，蛍光体層から裏側（バックライト側）に発せられた光を表側（観測者側）に反射する。これら2つの光学フィルタを組み合わせることにより，PLユニットにおける近紫外光から可視光への光変換効率が著しく向上されることが期待される。

1.2.3　発光型液晶ディスプレイに適した蛍光体材料

e-LCD用蛍光体に求められる特性を以下に述べる。まず400～410 nmの近紫外光の励起に対し高い発光効率を有し，また広い色再現域を実現するためには発光帯域が狭く色純度に優れた赤・緑・青色発光を呈することが望まれる。これらは，励起光源が近紫外LEDであることを除けば，現在電子ディスプレイのバックライトとして使用されている白色LED用の蛍光体と共通する。しかし白色LEDのようにLEDチップの直上に蛍光体を塗布するのではなく距離を離し

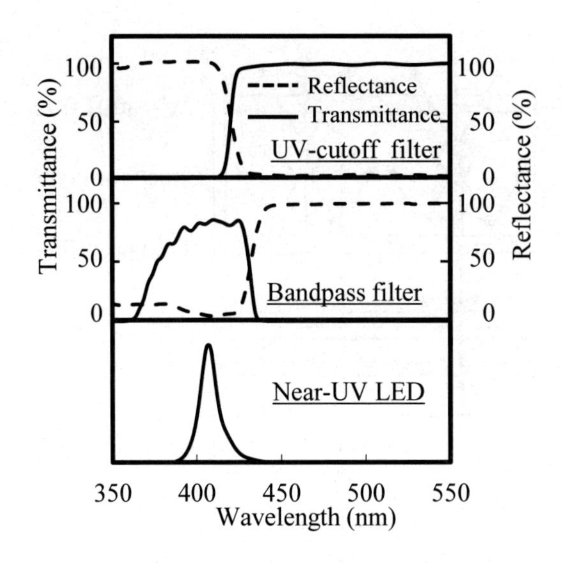

図 3 - 15　UV カットフィルタとバンドパスフィルタの吸収・透過スペクトル
参考として近紫外 LED の発光スペクトルも示す。

ているため，e-LCD 用蛍光体は LED チップの発熱の影響は受けにくい。従って温度消光[6]や熱劣化の問題は緩和され，より高効率が期待できるとともに，蛍光体材料の選択の幅も広がる。一方で，近紫外 LED の発光ピーク波長を厳密に揃えることはコスト的に難しく，ある程度のばらつきを許容する必要がある。また個々の LED も，光出力の増加とともに発光ピークが短波長側にシフトする。RGB 蛍光体の発光強度比が変わると，ディスプレイ画面のカラーバランスが崩れてしまう。従って各蛍光体の励起帯は，400 ～ 410 nm を含む紫外～近紫外波長域において十分に平坦であることが要求される。

これらの条件を満たす材料の候補として，近紫外域に強い励起帯を持ち，かつ発光帯域の狭い Eu^{2+} を発光中心とした蛍光体が第一に考えられる。一例として，$CaAlSiN_3$:Eu（赤）[7]，$SrGa_2S_4$:Eu（緑），$Sr_{10}(PO_4)_6Cl_2$:Eu（青）の PL, PL 励起スペクトルを図 3 - 16 に示す。発光ピークは 660，535，450 nm にあり，いずれも色純度のよい赤・緑・青色発光を示す。励起スペクトルも 400 ～ 410 nm においてほぼ平坦であり，上記の条件を満足している。これら蛍光体粉末試料の外部量子効率（励起波長 405 nm，室温）はいずれも 65 ～ 70%と高い。

1.2.4　PL ユニットの光変換効率

PL ユニットの光変換効率について以下に説明する[8]。ここでは前述の緑色蛍光体 $SrGa_2S_4$:Eu の実測例を示すが，赤・青色材料においても同様な結果が得られている。蛍光体層は，透明な熱硬化型樹脂に $SrGa_2S_4$:Eu 粉末を分散させ，それをスクリーン印刷機でガラス基板上に塗布することにより作製した。まず図 3 - 17 に，光学フィルタを用いずに蛍光体単層のみで評価した結果を示す。挿入図に示すように，蛍光体層の裏面から波長 405 nm の近紫外光を入射させ，表側（観測者側）へ輻射された緑色発光（P_A），裏側（光源入射側）への緑色発光（P_B），蛍光体膜を

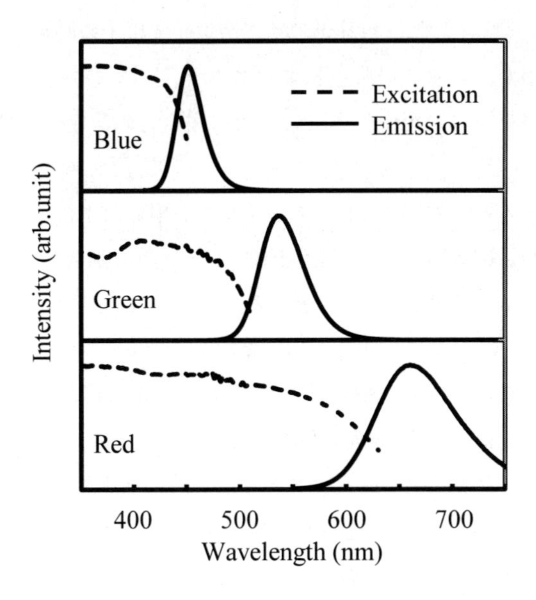

図3－16　$CaAlSiN_3$:Eu（赤），$SrGa_2S_4$:Eu（緑），$Sr_{10}(PO_4)_6Cl_2$:Eu（青）の PL，PL 励起スペクトル

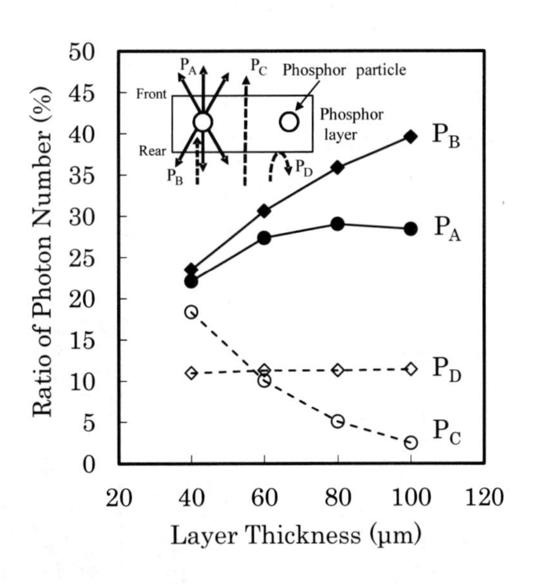

図3－17　$SrGa_2S_4$:Eu 蛍光体単層の発光特性

透過した近紫外光（P_C），裏面で反射された近紫外光（P_D）のフォトン数を測定した。図3－17の縦軸は，蛍光体層に入射した近紫外光のフォトン数を100とした場合の P_A ～ P_D の割合を示している。蛍光体層に取り込まれた近紫外光は，層内を進むうちに蛍光体粒子に吸収され励起に費やされる。実際，P_A，P_B は蛍光体膜厚を増加させると共に増加し，逆に P_C は減少している。蛍光体層の発光効率 η を $\eta = (P_A + P_B) / (100\text{-}P_C\text{-}P_D)$ と定義すると，η は約77%と見積られ，これは $SrGa_2S_4$:Eu 粉末の外部量子効率よりも高く，むしろ内部量子効率（約80%）に近い。こ

の結果は，蛍光体層内で吸収された近紫外光の殆どが蛍光体粒子の励起・発光に費やされていることを示している。しかし，いずれの膜厚においても $P_B > P_A$ であり，表側よりも裏側へ向かう発光が強い。つまり実質的な光変換効率（観測者に届く有効な発光）は，P_A の最大値である28%に過ぎない。

図3 - 18にUVカットフィルタとバンドパスフィルタを用いた場合の結果を示す。P_1 ～ P_4 は，いずれも表側（観測者側）に輻射された緑色発光フォトン数の割合を示しており，P_1 は蛍光体単層の場合，すなわち図3 - 17の P_A と同じである。また P_2 はUVカットフィルタのみ，P_3 はバンドパスフィルタのみ，P_4 は両フィルタを用いた場合である。図3 - 18の結果より，UVカットフィルタにより約1.3倍，またバンドパスフィルタにより約2倍，さらに両フィルタを用いることにより約2.2倍と，大幅に光変換効率が改善されていることが分かる。また P_4 の最大値65%が，現時点における光変換効率の最良値であり，これは従来型LCDのカラーフィルタで白色からRGB光に変換した場合（実測の透過率は約20%）に比べ3倍以上高い。

1.2.5 発光型液晶ディスプレイの表示特性

白黒表示用の小型液晶パネルを用いて作製したe-LCD試作パネルの表示特性について説明する。蛍光体層を形成するガラス基板には予め黒色樹脂で混色を防ぐための壁（ブラックストライプ）を形成し，ストライプ間にRGB蛍光体をスクリーンプリント法により塗り込んだ。蛍光体材料として，前述の $CaAlSiN_3$:Eu（赤），$SrGa_2S_4$:Eu（緑），$Sr_{10}(PO_4)_6Cl_2$:Eu（青）を用いた。図3 - 19に正面および仰角70°から撮影したe-LCDパネルの写真を示す。撮影条件は全て同じである。各画素の色や輝度の視野角変化は少ないことが分かる。図3 - 20にe-LCDパネルにおけるRGB各画素のCommission Internationale de l'Eclairage（CIE）色度座標値の視野角依存

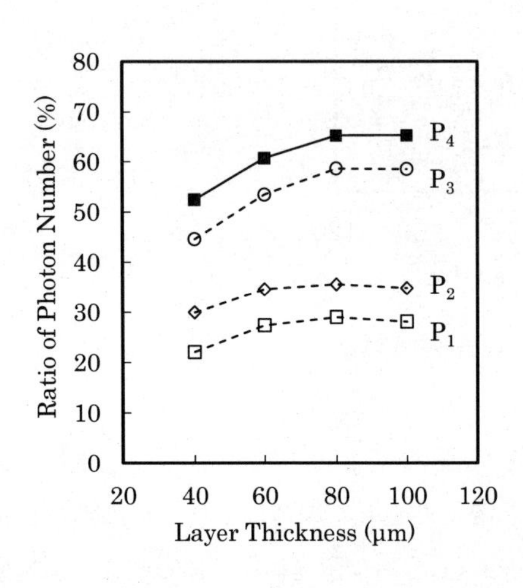

図3 - 18　$SrGa_2S_4$:Eu蛍光体層と光学フィルタを組み合わせた場合の発光特性

図3 - 19　発光型LCD試作パネルを正面および仰角70°から撮影した時の画像写真

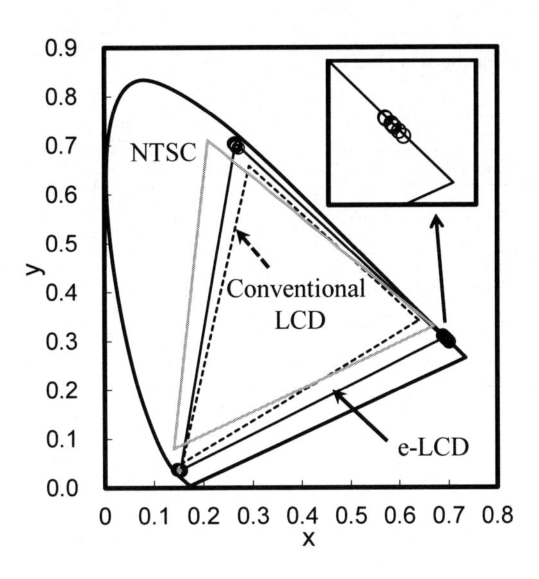

図3-20　発光型LCDと従来型LCDの色再現域

性を示す。パネル正面のCIE色度座標値（x，y）は，それぞれ赤（0.69，0.31），緑（0.27，0.68），青（0.15，0.04）となり，蛍光体粉体の測定値とほぼ同じである。図3-20中には参考としてNational Television System Committee（NTSC），ならびに従来型LCDの色再現域（NTSC比80%の標準的なテレビ用パネルで正面における値）も示す。e-LCDパネルの色再現域面積はNTSCに匹敵（NTSC比100%）しており，従来型LCDよりも広い。また視野角依存性として仰角を0～70°まで変化させた場合の測定点を白丸で図中にプロットしているが，緑色・青色画素の色度座標値は殆ど変化しない。赤色画素は，図3-20の挿入図に示すとおり，角度の増加とともに僅かに長波長側にシフトする。これは図3-16を見ると分かるように$CaAlSiN_3$:Euの励起スペクトルと発光スペクトルが重なり，そのため自己吸収が生じるためである。またいずれの蛍光体もEu^{2+}中心の$4f^6 5d$-$4f^7$準位間の電気双極子許容遷移による発光であり，発光減衰時定数はLCDの応答時間に比べて極めて速く，動画表示に悪影響を与えることはない。その他に，従来型LCDに見られる輝度階調変化時の色シフトも生じないことが確認されている。

図3-21は（a）従来型LCDと（b）e-LCDパネルの発光効率を比較している。従来型LCDでは，白色LEDバックライトの発光効率（＝光出力／入力電力）は20%であり，以下，液晶ユニット（白色光の透過率30%），カラーフィルタ（透過率20%）を通過するごとに光出力は矢印内の数値で示すように減少し，パネル全体の発光効率，すなわち入力電力に対するパネル前面から輻射される全光出力の比は1.2%（W/W）と見積もられる。一方e-LCDでは，近紫外LEDバックライトの発光効率とLCユニットの近紫外光に対する透過率が若干低いものの，前述のようにPLユニットにおける近紫外光からRGB可視光への光変換効率が65%と極めて高いので，パネル全体では2.8%（W/W）となる。以上のことから，e-LCDは，広い色再現域（NTSC比100%）と視野角依存性の少ない高画質を実現しつつ，従来型LCDに比べ発光効率を約2.3倍に

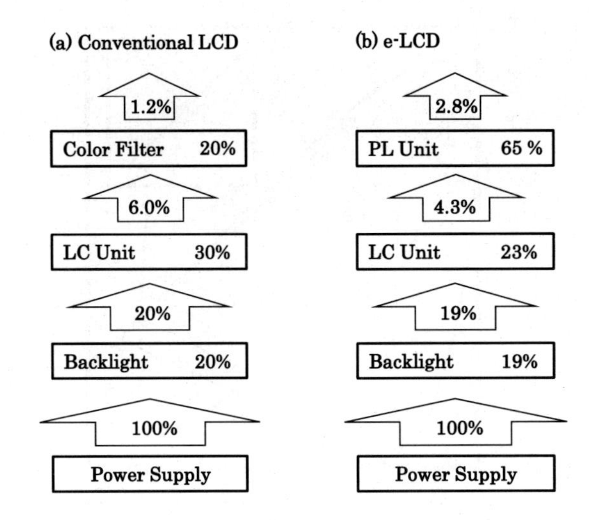

図 3 - 21　LCD パネル全体の発光効率＝光出力 / 入力電力（W/W）
(a) 従来型 LCD，(b) 発光型 LCD

向上させることのできる優れたディスプレイであると言える。

1.2.6　今後の課題と展望

今後の課題として，e-LCD を外光環境下で使用した場合のコントラスト低下がある。これは，e-LCD と同様にパネル前面に蛍光体を配置させたプラズマディスプレイやブラウン管でも生ずる現象であり，外光による蛍光体の発光が原因である。e-LCD の場合，UV カットフィルタにより紫外成分がカットされ，青色蛍光体は殆ど発光しない。しかし赤・緑色蛍光体は可視光域まで励起帯を持つので，侵入する外光で発光する。対策として赤・緑色画素上に外光をカットするための着色フィルタを設ける必要がある。着色フィルタによりパネルからの発光も減少するが，それは数%程度であり影響は少ない。それとは別に，暗所におけるコントラストも 100 程度であり，市販されている従来型 LCD に比べると 1 桁程度低い。これは偏光板の光学特性に起因するものであり，液晶ユニットに入射する近紫外光の指向性を高めることで改善され，現時点では 300 程度まで向上が見込める。

その他に蛍光体材料についての課題として，白色 LED 素子では LED チップ上にごく僅かな蛍光体を塗布すればよいが，e-LCD ではパネル全面に蛍光体を印刷する必要があり，蛍光体の使用量は桁違いに多い。従ってパネル価格の上昇は避けられず，一般用として e-LCD を広く普及させるためには，蛍光体の価格を下げる必要がある。前述のように白色 LED 用蛍光体に比べ温度消光の問題が少ないので材料選択の幅が広がり，さらに PL ユニットで UV カットフィルタと組み合わせることにより蛍光体の吸収率の不足がカバーされるので，このような観点から高効率かつ安価な e-LCD 用蛍光体が見出されることを期待したい。

文　　献

1） 重永明義, 映像情報メディア学会技術報告, **33**, p.17（2009）
2） 橋本憲幸, 映像情報 medical, **40**, p.788（2008）
3） W. A. Crossland, I. D. Springle and A.B. Davey：Dig. 1997 SID Int. Symp., Boston (Society for Information Display, Santa Ana, CA, 1997) p.837
4） T. Yata, Y. Miyamoto, K. Matsumoto, J. Nishiura, N. Koma and K. Ohmi: Proc. 16th Int. Display Workshops, Miyazaki, 2009 (Institute of Image Information and Television Engineers, Tokyo, and Society for Information Display, Japan Chapter, Tokyo, 2009) p.1009
5） T. Yata, Y. Miyamoto and K. Ohmi: Proc. 17th Int. Display Workshops, Fukuoka, 2010 (Institute of Image Information and Television Engineers, Tokyo, and Society for Information Display, Japan Chapter, Tokyo, 2010) p.981
6） V. Bachmann, C. Ronda and A. Meijerink, *Chem. Mater.*, **21**, p.2077（2009）
7） K. Ueda, N. Hirosaki, Y. Yamamoto, A. Naito, T. Nakajima and H. Yamamoto, *Electrochem. Solid-State Lett.*, **9**, H22（2006）
8） T. Yata, Y. Miyamoto and K. Ohmi, *Jpn. J. Appl. Phys.*, **51**（2012）022202

2　プラズマディスプレイ用真空紫外励起蛍光体

國本　崇*

2.1　はじめに

プラズマディスプレイ（PDP）用蛍光体は，それまでに開発されていたランプ用蛍光体をベースに，真空紫外光励起での発光強度のスクリーニングが行われ，Xe放電による光励起エネルギー（>7.2 eV，メインは8.4 eV）で可視光発光が得られるものが候補になり，その後改良が進められた結果，現在デバイスに実装されている蛍光体セットが得られている[1]。実用蛍光体は，安定性のため酸化物母体であり，バンドギャップは励起エネルギーよりも一般的に低いため母体が励起光を吸収する。これらの酸化物母体では固有発光はあったとしても紫外域までであり，可視発光を得るためには可視域の発光を示す発光中心が必要である。一方Xe放電の励起エネルギー以上のワイドギャップ材料（フッ化物）を用いることで，希土類の4f励起準位を用いた量子カッティングによる（多段もしくは多重）下方変換が可能であるが[2~7]，筆者が合成した範囲では，Xe放電に対して発光強度が実用蛍光体を大きく凌ぐほどではなく，また純粋なフッ化物母体はプラズマディスプレイ用途では脱バインダーやガラス封止のベーク処理に耐えないため，研究の域を出ていない。

真空紫外光を可視光発光（2-3 eV）に変換するため，5 eV以上のエネルギーのロスがある。これらは電子格子相互作用を介して発光中心周辺の格子振動により熱に変換されるため，強固な格子構造が必要である。

プラズマディスプレイ用蛍光体では，酸化物母体による励起光吸収の後，発光中心へとエネルギー伝達されて可視発光が得られるが，実用蛍光体ですら，その過程は明らかになっている訳ではない。一部のアルミン酸塩（BAM）やホウ酸塩（YAB）では，ホストの自己束縛励起子の発光が室温でも観測されており，そのスペクトルと発光中心の励起スペクトルが，紫外域で大きく重なっていることが示されており，双極子相互作用によるエネルギー伝達があると考えられている。これらは高い内部量子効率を支える元になっている。一方，多くの蛍光体では，結晶のクオリティの低さも相まって，実験そのものが行われていないケースが多いが，母体の励起子発光が観測された例はない。光吸収により作られた電子正孔ペアが解離した光キャリアが発光中心にトラップされた後，可視発光へと変換されていると考えられる。

実用蛍光体を中心に，発光特性，母体吸収とエネルギー伝達過程，輝度劣化と構造の関係について解説する。

2.2　実用PDP用蛍光体

母体は，ホウ酸塩，アルミン酸塩，ケイ酸塩，バナジン酸塩，リン酸塩などによる多元化合物が使われる。これは吸収中心となる母体の電子状態（バンド構造）を決めるのに加えて，他の蛍

---

*　Takashi Kunimoto　徳島文理大学　理工学部　准教授

光体と同様に，発光中心となるイオンの置換を行うサイトを用意し，局所場（結晶場による発光色の調整）とサイト間距離（濃度消光の低減）を制御するためである。発光中心は可視発光に限ると，実際に使われているのは，希土類では Eu^{3+}，Tb^{3+}，Eu^{2+}，鉄族では Mn^{2+} である。実用化されているデバイスはPDPだけであり，ディスプレイ用途という観点から，他のイオンは色純度に劣ることが多く検討例が少ない。PDP蛍光体は，高発光効率・適当な発光色・安定であるという実用蛍光体に要求される要件をある程度満たした好例である。図3-22および図3-23

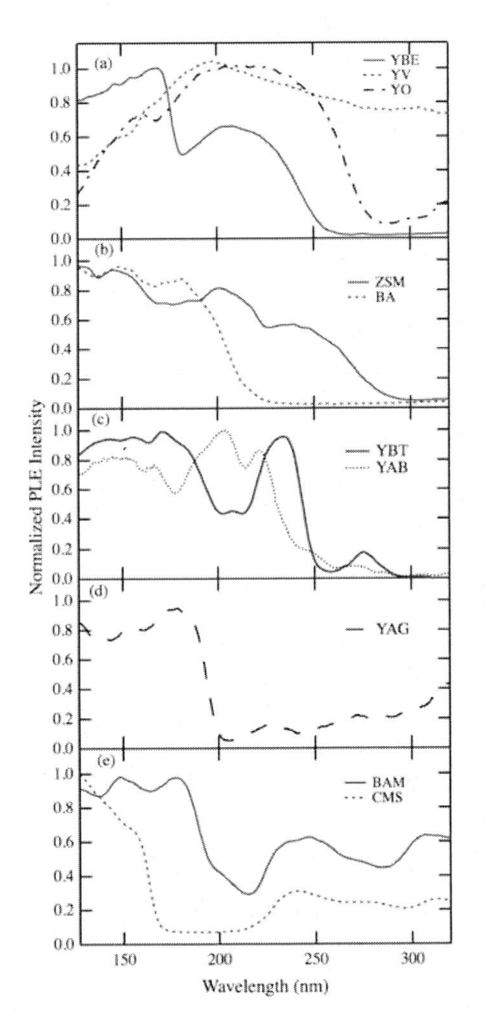

図3-22　PDP用蛍光体のPL励起スペクトル

モニタ波長は発光の主ピークで，励起強度は最大強度で規格化している。

(a) Eu^{3+}付活赤色蛍光体（YBE，YO，YV）
(b) Mn^{2+}付活緑色蛍光体（ZSM，BA）
(c) Tb^{3+}付活緑色蛍光体（YBT，YAB）
(d) Ce^{3+}付活緑色蛍光体（YAG）
(e) Eu^{2+}付活青色蛍光体（BAM，CMS）

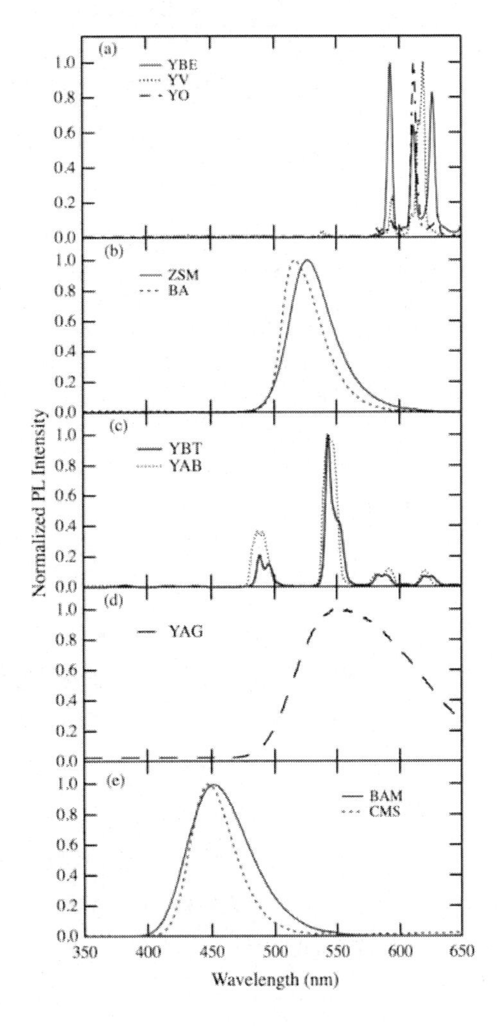

図3-23　PDP用蛍光体のPL発光スペクトル

励起波長は147 nmで発光強度は規格化している。

(a) Eu^{3+}付活赤色蛍光体（YBE，YO，YV）
(b) Mn^{2+}付活緑色蛍光体（ZSM，BA）
(c) Tb^{3+}付活緑色蛍光体（YBT，YAB）
(d) Ce^{3+}付活緑色蛍光体（YAG）
(e) Eu^{2+}付活青色蛍光体（BAM，CMS）

表 3 - 3　PDP 用蛍光体の発光色と発光減衰時間[8]

		Phosphor / Blend	CIEx	CIEy	Decay time (ms)
2D	Red	$(Y,Gd)BO_3:Eu^{3+}$	0.67	0.33	8.5 ± 0.5
	Green	$Zn_2SiO_4:Mn^{2+}$	0.24	0.72	8.0 ± 0.5
	Blue	$BaMgAl_{10}O_{17}:Eu^{2+}$	0.15	0.05	<1.0
2D new	Red	$(Y,Gd)BO_3:Eu^{3+}+Y(P,V)O_4:Eu^{3+}$	0.67	0.32	6.5 ± 0.5
	Green	$Zn_2SiO_4:Mn^{2+}+(Y,Gd)BO_3:Tb^{3+}$	0.28	0.65	9.0 ± 0.5
	Blue	$BaMgAl_{10}O_{17}:Eu^{2+}$	0.15	0.05	<1.0
3D	Red	$(Y,Gd)_2O_3:Eu^{3+}$	0.67	0.33	4.0 ± 0.5
	Green	$Zn_2SiO_4:Mn^{2+}+(Y,Gd)Al_3(BO_3)_4:Tb^{3+}+Y_3Al_5O_{12}:Ce^{3+}$	0.31	0.64	4.0 ± 0.5
	Blue	$BaMgAl_{10}O_{17}:Eu^{2+}$	0.15	0.05	<1.0

表 3 - 4　PDP 用蛍光体の量子効率[9]

	量子効率（147 nm）	量子効率（172 nm）	量子効率（254 nm）
BAM($BaMgAl_{10}O_{17}:Eu^{2+}$)	0.96	0.99	0.88
ZSM($Zn_2SiO_4:Mn^{2+}$)	0.77	0.82	0.80
YBE($(Y,Gd)BO_3:Eu^{3+}$)	0.84	0.82	0.77
YO($(Y,Gd)_2O_3:Eu^{3+}$)	0.56	0.65	0.85
YV($Y(V,P)O_4:Eu^{3+}$)	0.71	0.78	0.81
LAP($(La,Ce)PO_4:Tb^{3+}$)	0.71	0.92	0.87

LAP は PDP 蛍光体ではないが Tb 蛍光体として参考に挙げた

に PDP 蛍光体の励起スペクトルと発光スペクトルを，また表 3 - 3 および表 3 - 4 に発光減衰時間[8]と量子効率[9]をそれぞれ示す。以下各蛍光体の発光特性について概説する。

2.2.1　赤色蛍光体

Eu^{3+}を発光中心とした蛍光体が用いられている。母体結晶構造に依存して多重項間の選択則が変わり，輝線ごとの遷移確率が変化するため図 3 - 23 (a) のように発光色が変化する。発光強度とプラズマ下での安定性から（$(Y,Gd)BO_3$）を母体とする（$(Y,Gd)BO_3:Eu$(YBE)）蛍光体が主に用いられている。この蛍光体は 590 nm 付近の $^5D_0$ - $^7F_1$ 遷移（磁気双極子遷移）による橙色発光線が強く色純度が低いため，市販 PDP ではフィルターにより橙色光の一部をカットすることで色純度の向上を図っている。一方 610 ～ 630 nm 付近の $^5D_0$ - $^7F_2$, $^7F_3$ 遷移による赤色発光線が主ピークとなる $Y(V,P)O_4:Eu$(YV) は，色純度の向上のための付加蛍光体として用いられている。また，$(Y,Gd)BO_3:Eu$ の場合は磁気双極子遷移が支配的で蛍光寿命が 7 ms と長く，3D - PDP のような短残光を要求する製品には用いることができない。このため，電気双極子遷移が混ざった $^5D_0$ - $^7F_2$ 遷移が支配的で蛍光寿命が 4 ms 弱と短い（$(Y,Gd)_2O_3:Eu$(YO)）が 3D - PDP では用いられている[8]。

2.2.2　緑色蛍光体

高い色純度を得るため，Mn^{2+}を発光中心とする蛍光体が主に用いられるが，パリティ禁制の$3d^5$-$3d^5$内殻遷移による発光のため蛍光寿命（1/10残光）は10 ms以上と長く輝度飽和を起こしやすい。母体中に高濃度のMnを添加することでMn^{2+}-Mn^{2+}ペアセンターを形成させ，意図的に非輻射緩和を生じさせることで，輝度を犠牲にして短残光化が図られている。図3-23(b)に示すようにZn_2SiO_4:Mn^{2+}(ZSM）は525 nmにピークを持つ色純度の良い緑色発光を示す。この他にさらに緑の色純度が高いMn^{2+}付活Baヘキサアルミネート蛍光体（BA）も実用化されている。ZSMは赤・青色蛍光体に比べて表面に電荷を蓄積しにくいためアドレス電圧が高くなり，駆動電圧の上昇やメモリマージンの減少といった駆動上の困難が発生する。アドレス電圧を下げるために，赤色蛍光体のYBEと同じ母体を持つ（Y,Gd)BO_3:Tb^{3+}(YBT）が付加蛍光体として使用されている。発光中心がTb^{3+}であるため図3-23(c）の発光スペクトルに示すように色純度の観点から単独での使用は困難であるが，ZSMと混ぜることで色純度をある程度保ちつつ書き込み電圧を下げることに成功している。一方，3D-PDPでは，MnやTbを発光中心として持つ蛍光体は輝度を保った状態では蛍光寿命を数ms未満に抑えることができず，単独での使用はできない。このため短残光緑色PDP蛍光体として，ZSMに対し白色LED用黄色蛍光体として知られている$Y_3Al_5O_{12}$:Ce(YAG）と，真空紫外励起で非常に効率の高い（Y,Gd)$Al_3(BO_3)_4$:Tb（YAB）とを混合したものが開発されている。Ce^{3+}は4f-5d遷移によるパリティ許容の発光であり残光は十分に短い。しかしながらCe発光は図3-23(d）に示すようにスペクトル幅が広く，色純度を確保するためにフィルターを通すと多くがカットされ効率が低くなる。このためTb付活蛍光体の中でも6 msと比較的残光時間の短いYABと，さらに色純度と輝度を保つためにZSMを混ぜることで，全体として4msの残光を得ている[8)]。

2.2.3　青色蛍光体

色純度の観点からEu^{2+}を発光中心とする蛍光体が用いられている。$BaMgAl_{10}O_{17}$:Eu^{2+}(BAM)は，ピーク波長450 nmのEu^{2+}($4f^7$-$4f^65d$遷移）による青色発光を示す（図3-23(e))。蛍光寿命は1 μs程度と短く，高いサステイン周波数でも輝度飽和は起こさず，3D用途としても唯一要件を完全に満たした蛍光体である。BAMは後述の通りEuを置換するサイトが空隙を多く含む面内に存在する[10)]。この結晶構造に起因したバインダー焼成時の劣化，パネル駆動時のVUV照射による本質的な劣化が問題となっていた[11～16)]。現在では，製造プロセスの改善やBAM蛍光体の表面コーティング等により水の混入が抑えられ，輝度劣化は著しく改善されている。Jüstelらの論文によると，BAMの量子効率は非常に高く，ほぼ1に等しいという報告がなされている[9)]。

熱劣化を示さずプラズマ下でも極めて長寿命な青色PDP蛍光体として，我々が見いだした鉱物ジオプサイド：$CaMgSi_2O_6$を母体としEu^{2+}を付活した蛍光体（通称CMS）がある[17, 18)]。この結晶構造は一次元的であり[19)]，Euが置換するCaサイトが強固に守られている。後述するように，構造と励起効率・照射劣化には強い相関があり，近縁組成のケイ酸塩でも真空紫外励起での特性には大きな違いがある。CMSの発光は図3-23(e）に示すようにピーク波長が447 nmであり，BAMと比較するとやや深い青色である。この蛍光体は温度消光の問題が懸念されたが，Caの一部をSrに置き換えることでほぼ解決されている[20]。図3-22に示すように，BAMは母体吸収端が210 nm付近にあるのに対し，CMSでは165 nm付近と短波長側に寄っており，BAMに比べXe_2分子線の吸収が少なく輝度が不足しているため単独での使用は難しいが，パネル寿命を向上させるためBAMの付加蛍光体として市販されている。

2.3　母体吸収と結晶

PDP用蛍光体では，酸化物母体による真空紫外光の吸収が短波長→長波長への波長変換のもとになる。吸収を司る光学遷移は各母体の構成元素と結晶構造で異なるが，比較的低エネルギー域となる基礎吸収端付近は，伝導帯下端を主に担うアルカリ土類や希土類の3d,4d,5dバンドと価電子帯上端を担う酸素の2pバンド間での遷移で，より高エネルギー域ではSi，P，Al，Bなどの2s,2p,3s,3p,3dバンドと酸素の2pバンド間での遷移が，バンド計算などの結果から推測されている[21, 22]。なお，構成元素の組み合わせや，結晶構造に依存してバンド構造は異なるため，必ずしも上記のルールは成り立たない。個々の材料でバンド構造の確認が必要である。さらに蛍光体においては，置換による歪みが内在しており，純粋な母体材料と比べてバンド構造に変化が生じている可能性が大きい。したがって光吸収後のキャリア伝達過程を考える際には注意が必要である。

母体吸収のバリエーションと発光中心との関係は，例えば図3-22に示した実用蛍光体の励起スペクトルに現れている。ほぼ同じ元素の組み合わせでも，結晶構造の違いを反映し発光中心の励起状態（5dバンドや電荷移動状態）のエネルギーが異なるだけでなく，アルカリ土類や希土類のdバンドのシフトにより基礎吸収端のエネルギーの違いや，励起スペクトル形状（結合状態密度の形と量子効率の積）の違いが見られる。

2.3.1　ホウ酸塩（YBE，YBT，YAB）

YBEおよびYBTの母体YBO_3は六方晶ファーテライト構造を持つと言われていたが，室温では単斜晶擬ウォラストナイト構造を持つ[23]。ホウ酸の骨格としてBO_3三角ユニットを持たず，BO_4四面体ユニットで構成していることが特徴である。図3-22(a)および図3-22(c)に示すように，Eu付活で180 nm付近とTb付活で200 nm付近から，立ち上がりが観測される。基礎吸収は，価電子帯上端を構成するO2pから伝導帯下端を構成するY4dおよびGd5d軌道への遷移にあたると考えられる[24]。バンドギャップ内に観測されるCTSおよび4f-5d遷移のスペクトル構造の基礎吸収端への重なりには違いがあり，Tb^{3+}の$4f^7 5d$低スピン励起状態（^7D_J）への遷移が基礎吸収端直下にあり，これが図3-22の吸収の立ち上がりの違いの原因である。なお，高エネルギー側（短波長側）も連続してスペクトルは存在しており，O2p軌道からB2p軌道への遷移が含まれると考えられる。一方ハンタイト構造を持つYABについては，ホウ酸の骨格としてBO_3三角ユニットだけで構成されている。純粋なYABの母体は，価電子帯上端はO2p軌道で，伝導帯下端はほぼB2p軌道で構成されているが，GdやTbなどをドープした蛍光体では，歪みによる結合長の変化に伴い，伝導帯下端はY4dが混成したB2p軌道で構成されている[25]。図3-22(c) に示すように175 nm付近から，この遷移による基礎吸収の立ち上がりが観測され，その低エネルギー側にTbの4f-5d遷移が観測される。

2.3.2　アルミン酸塩（BAM，BA，YAG）

β-アルミナ構造を持つBAM，マグネトプランバイト構造を持つBAでは，構造の類縁性があり，共にBa5dが伝導帯下端を担っていると考えられるため[21]，図3-22(b) と図3-22(e) に示すように，ほぼ同じ位置（200 nm付近）からO2pからBa5dへの遷移によると考えられる基礎吸収が立ち上がっている。ガーネット構造のYAGは，Ce^{3+}の直接吸収から大きく離れた200 nmから立ち上がる基礎吸収が観測できる（図3-22(d))。これはO2pからY4dへの遷移と考えられる[26]。

2.3.3　ケイ酸塩（CMS，ZSM）

ジオプサイド構造のCMSは，図3-22(e) に示すようにバンドギャップが大きく，165 nmから価電子帯上端のO2p軌道から伝導帯下端のCa3d軌道への遷移[27]による基礎吸収が観測できる。一方ウィレマイト構造のZSMについては図3-22(b) に示すように270 nm付近から吸収が立ち上がり，その高エネルギー側は明瞭な構造を見いだすことが難しい。励起スペクトルの同定には定説がないが，吸収の立ち上がりは，Mn^{2+}の$3d^5 \rightarrow 3d^4 4s$電荷移動遷移もしくは，伝導帯への電子励起を伴うMn^{3+}へのイオン化と考えられている[28]。バンド計算の結果からは，価電子帯上端はO2pとZn3dとの混成軌道，伝導帯下端はZn4s軌道で構成されており[29]，225 nmで再度わずかに立ち上がった後は，これらの遷移により吸収が起こっているものと考えられる。

2.3.4　バナジン酸塩（YV）

ジルコン構造をもつYVでは，紫外域にバンドギャップがある。価電子帯上端はO2p軌道で，伝導帯下端は，V3dとO2pの混成軌道でできている[30]。VO_4^{3-}に局在しているためV-Oによる電荷移動遷移と見ることもできる。さらに高エネルギー側にY4dで構成されている伝導帯上部への遷移があると考えられ，励起スペクトルは，ほとんどフラットになっている（図3-22(a))。

2.4　励起エネルギーの伝達過程

2.4.1　励起子を介した発光中心へのエネルギー伝達（BAM，YAB）

母体励起である場合，吸収した光子のエネルギーが発光中心へ伝達される過程を調べる必要がある。多くの蛍光体母体は複酸化物であり，粉末でしか得られていない場合が殆どである。深紫外域では拡散反射スペクトルを得ることが極めて困難であり，単結晶が得られていないこれらの物質では透過／反射測定もできないため，正しい吸収スペクトルが得られない。発光中心をプローブとした励起スペクトルから間接的に情報を得るしかない。この実験上の制約から真空紫外励起蛍光体で母体から発光中心へのエネルギー伝達について詳細が明らかになった例はあまり多くないが，近年幾つかの蛍光体でエネルギー伝達過程が調べられた例があるのであげておく。一つは励起子による共鳴エネルギー伝達である。希土類などの発光中心イオンを添加していない，

$BaMgAl_{10}O_{17}$[31~33] や $YAl_3(BO_3)_4$[34] で，真空紫外線を照射すると，室温で紫外域に自己束縛励起子（または欠陥などによる束縛励起子）による発光と思われるブロードな発光が観測されている。BAM の場合は，励起子発光と Eu^{2+} の $4f^7$-$4f^65d$ 遷移による吸収スペクトルが重なっており[31]，また YAB においても，BO_3 ユニットに局在した励起子発光と希土類イオン（Gd^{3+}，Tb^{3+}，Eu^{3+}）の 4f 準位のエネルギーがよく一致する[34]。このスペクトルの重なりによる共鳴エネルギー伝達により，効率の良い母体から発光中心へのエネルギー伝達が起こっていると考えられている。

2.4.2 光キャリアの発光中心への捕獲

励起子を介した発光中心へのエネルギー伝達過程以外に，励起電子やホールが発光中心に直接トラップされて発光する過程，またそれらの光キャリアが何らかのトラップ準位に捕獲され，そこから再度母体のバンドへ熱励起されて発光中心に電子／ホールの移動が起こって発光する場合が考えられる。励起子発光が観測される BAM においても，熱ルミネッセンス測定の結果では，ギャップ内の深いトラップだけでなくバンド端の浅い欠陥が多く存在することも見いだされている[33]。したがって電子正孔対の捕獲による発光過程は，一般的に存在すると考えられる。このような過程は室温で励起子発光が観測されない母体を持つ蛍光体で起こっている。発光中心によるキャリア捕獲を仮定したモデルにより，たとえば YBO_3:Eu で量子効率の発光中心濃度依存性がよく説明できることが，Diaz らのグループによって示されている[35, 36]。

2.5 結晶構造と劣化の関係

PDP において輝度劣化を起こす要因は，①蛍光体層形成時のバインダーベーク処理，②駆動中のイオン衝撃，③真空紫外線照射（励起光）による劣化，である。①は青色蛍光体において見られるもので，主因は発光中心に Eu^{2+} を用いていることによるが，安定なサイトに置換できればプロセス温度で十分に耐えることが可能である。②は，ZSM や BAM において見られる。結晶構造がもとである。③は BAM において顕著であり，後述のアルカリ土類ケイ酸塩蛍光体でも見られる。これは結晶構造と Eu^{2+} 発光中心を用いていることに起因する。以下にその詳細を述べる。

2.5.1 BAM vs CMS

BAM はアルカリ土類サイトを含む面が空格子点を多数含むイオン伝導チャンネルになっている[11]。その結晶構造は図 3 - 24 に示すようにイオン伝導性をもつ β-アルミナ（$NaAl_{11}O_{17}$）の Na

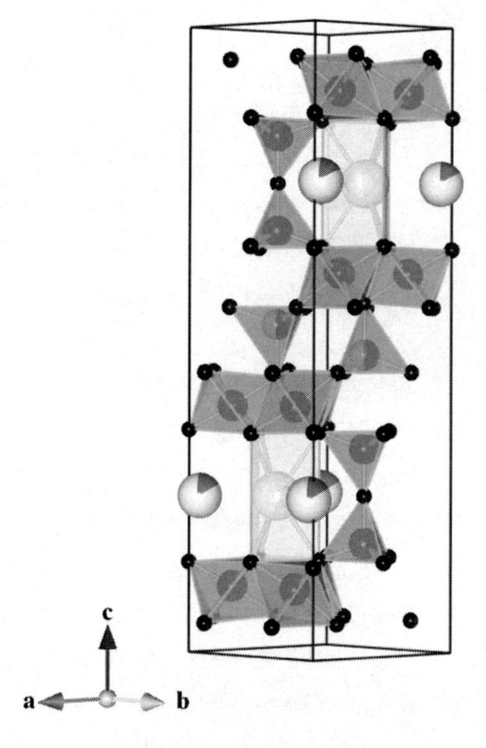

図 3 - 24　$BaMgAl_{10}O_{17}$ の結晶構造
描画には VESTA[37] を使用

とAlをBaとMgで置き換えたものであり，非常に強固なスピネル層の層間にBa-O面が存在する。このBa-O面は空間が広く，かつ酸素格子点の3/4が空格子点となっており，この面内でのイオンの移動が容易である[11)]。一方CMSは図3-25に示すように一次元構造を有しており，頂点共有したSiO_4鎖と稜線共有したMgO_6鎖およびCaO_6鎖が結びついた強固な結晶である。後述のケイ酸塩母体でも見られることであるが，Eu^{2+}を発光中心にもつ蛍光体は，Euの安定価数が3価であることを起因として，わずかな外因性の酸化により，結晶中に2価として取り込まれたイオンが，多くの場合3価に戻ってしまう。この原因は，結晶構造にあると考えられる。同じ青色蛍光体であるBAMとCMSでは構造の差が，Eu^{2+}の安定性に対し顕著に現れている。PDPでは，蛍光体ペーストを塗った後，有機バインダーを焼き飛ばすが，BAMは，500℃以上の温度でベーキングすると，輝度低下が現れてくる。一方CMSでは600℃を超える温度でベーキングしても発光特性の変化は現れず，CMS母体そのものが原料から合成し始める900℃になってようやく輝度低下が見られる。この特性は真空紫外線照射による劣化（余剰エネルギーの蓄積）でも同様の傾向である。

2.5.2　アルカリ土類ケイ酸塩（MO-MgO-SiO_2）

アルカリ土類シリケート系3元系化合物$M_{IIa}O$-MgO-SiO_2(M_{IIa}＝Ca，Sr，Ba）であるジオプサイド構造（$CaMgSi_2O_6$），オケルマナイト構造（$Sr_2MgSi_2O_7$），メルウィナイト構造（$Sr_3MgSi_2O_8$）についてEu^{2+}を付活した蛍光体の，結晶構造と励起・発光特性，劣化特性の関係を示す。まず各材料の結晶構造を見てみる。図3-25に示すように，ジオプサイド構造は一次元構造を有しており，頂点共有したSiO_4鎖が結晶中に広がっている。一方，オケルマナイト構造（図3-26）は，SiO_4鎖のネットワークがなく，Si_2O_7リボンとMgO_4四面体が頂点共有して層構造を形成し，その層間に挟まれるようにアルカリ土類イオンが配置されている。またメルウィナイト構造（図3-27）にもSiO_4鎖のネットワークがなく，Si_2O_7リボンとMgO_4四面体が頂点共有して大きな空間を作り，その中にアルカリ土類イオンが存在している。いずれもジオプサイド構造に比べ結合が弱く，Eu^{2+}とO^{2-}との結合が切れやすいと推測される。また体積弾性率の計算値は$CaMgSi_2O_6$:Eu＞

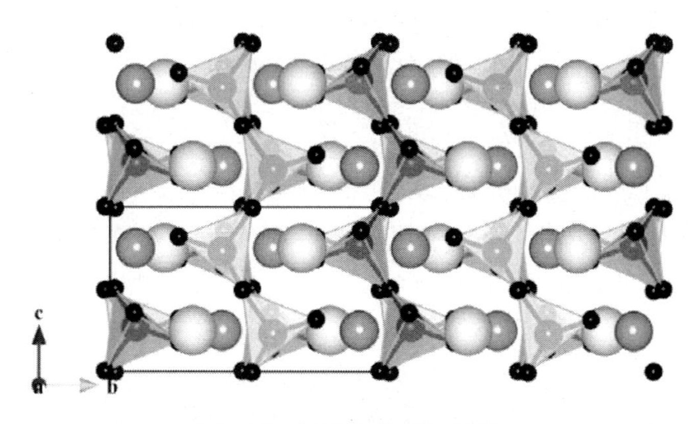

図3-25　$CaMgSi_2O_6$の結晶構造
描画にはVESTA[37)]を使用

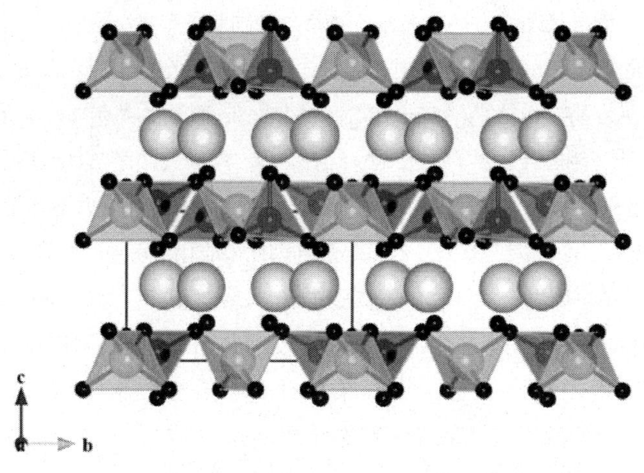

図 3 - 26　$Sr_2MgSi_2O_7$ の結晶構造
描画には VESTA[37] を使用

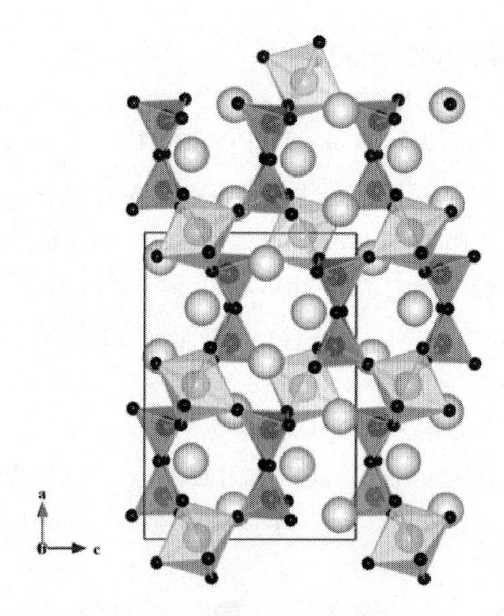

図 3 - 27　$Sr_3MgSi_2O_8$ の結晶構造
描画には VESTA[37] を使用

$Sr_2MgSi_2O_7$:Eu > $Sr_3MgSi_2O_8$:Eu の関係にあり[27]，これを結合の強さの指標として考えれば，上記の「固い結晶＝強い結合＝安定な Eu^{2+}」の関係がおおよそ成り立つものと思われる。

これらの母体結晶に Eu^{2+} を付活した蛍光体は，いずれも青色波長域に発光を示すが，VUV 励起で強い発光を示すのは $CaMgSi_2O_6$:Eu と $Sr_3MgSi_2O_8$:Eu である。また蛍光体膜形成のための脱バインダー焼成（500℃）により，$Sr_2MgSi_2O_7$:Eu は焼成前の 70%，$Sr_3MgSi_2O_8$:Eu は 80% まで発光強度が低下する。図 3 - 28 の励起スペクトルを見ると，$CaMgSi_2O_6$:Eu では焼成によりスペクトルが変化しないのに対し，$Sr_2MgSi_2O_7$:Eu は 180 nm 以下の母体吸収帯で，$Sr_3MgSi_2O_8$:Eu

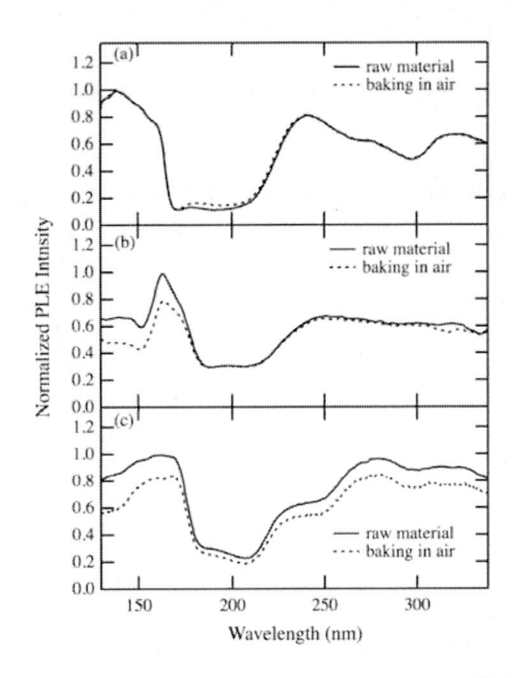

図3-28　(a) $CaMgSi_2O_6$:Eu，(b) $Sr_2MgSi_2O_7$:Eu，(c) $Sr_3MgSi_2O_8$:Eu 蛍光体の PL 励起スペクトル
実線はベーク処理前，点線はベーク処理後（モニター波長は発光スペクトルのピーク波長）

は母体吸収帯と Eu^{2+} の直接吸収帯（220 nm 以上）において低下が見られる。すなわち，オケルマナイトとメルウィナイトはいずれも予想どおり母体の劣化が生じていることが分かる。VUV 励起では，まず母体のバンド間遷移による光吸収が起こり，生成された光キャリア（や励起子）が Eu^{2+} までエネルギー伝達し，Eu^{2+} の励起を経て可視発光に至る。従って母体結晶の表面近傍で吸収したエネルギーをできる限り内部の発光中心へと運べるような結晶構造が，効率だけなく劣化の面からも有利である。このような観点から結晶構造を眺め直すと，一次元構造を持ちバンドギャップが大きな $CaMgSi_2O_6$:Eu は励起光（147 nm）の侵入長が長く，また光キャリアをより結晶内部へ伝えることができるため，VUV 照射による劣化が生じにくいと考えられる。一方，バンドギャップが小さな $Sr_2MgSi_2O_7$:Eu や $Sr_3MgSi_2O_8$:Eu では，励起光の侵入長が制限されることから表面近傍でのエネルギー蓄積が進み，照射劣化が生じやすいと考えられる。結晶構造的にも $Sr_2MgSi_2O_7$:Eu や $Sr_3MgSi_2O_8$:Eu は，前述のとおり Si-O 鎖のネットワークがなくエネルギー伝達しにくい。更に VUV 照射により Eu-O 結合の切断が生じ Eu^{2+} が Eu^{3+} へと酸化されると，Eu^{2+} による吸収や発光が減るだけではなく，電荷バランスの崩れによりエネルギートラップとしても振る舞い，エネルギー失活が促進される。このように非発光中心の生成と余剰エネルギーの蓄積が連鎖的に生じ，母体の劣化が進行するものと考えられる。

文　　献

1) T. Kojima and T. Hisamune, Phosphor Handbook 2nd ed. Ch. 10, Sec.1-4, p731, CRC Press (2007)
2) W. W. Piper, J. A. DeLuca and F. S. Ham, *J. Lumin.*, **8**, 344 (1974)
3) J. L. Sommerdijk, A. Bril and A.W. de Jager, *J. Lumin.*, **8**, 341 (1974)
4) R. T. Wegh, H. Donker, K. D. Oskam and A. Meijerink, *Science*, **283** 663 (1999)
5) R. T. Wegh, E. V. D. van Loef and A. Meijerlink, *J. Lumin.*, **90**, 111 (2000)
6) R. T. Wegh, A. Meijerink, R-J. Lamminmäki and J. Hölsa, *J. Lumin.*, **87-89**, 1002 (2000)
7) L. van Pieterson, M. F. Reid, R. T. Wegh and A. Meijerink, *J. Lumin.*, **94-95**, 79 (2001)
8) D. S. Zang, J. H. Song, D. H. Park, Y. C. Kim and D. H. Yoon, *J. Lumin.*, **129**, 1088 (2009)
9) T. Jüstel, J.-C. Krupa, D. U. Wiechert, *J. Lumin.*, **93**, 179 (2001)
10) A. L. N. Stevels and A. D. M. Schrama-de Pauw, *J. Electrochem. Soc.*, **123**, 691 (1976)
11) S. Oshio, T. Matsuoka, S. Tanaka and H. Kobayashi, *J. Electrochem. Soc.*, **145**, 3903 (1998)
12) M. Ishimoto, S. Fukuta, K. Betsui, N. Iwase and S. Tadaki, Ext. Abst. 5th Int. Conf. Display. Phosphor, 361 (1999)
13) S. Zhang, T. Kono, A. Ito, T. Yasaka and H. Uchiike, *J. Lumin.*, **106**, 39 (2004)
14) S. Fukuta, T. Onimaru, T. Misawa, K. Sakita, S. Kasahara and K. Betsui, Proc. IDW'04, 1077 (2004)
15) I. Hirosawa, T. Honma, K. Kato, N. Kijima and Y. Shimomura, *J. Soc. Inf. Disp.*, **12**, 269 (2004)
16) T. Honma, I. Hirosawa, N. Kijima, Y. Shimomura and H. Yamamoto, *J. Soc. Inf. Disp.*, **13**, 679 (2005)
17) T. Kunimoto, R. Yoshimatsu, K. Ohmi, S. Tanaka and H. Kobayashi, *IEICE Trans.*, **E85-C**, 1888 (2002)
18) T. Kunimoto, R. Yoshimatsu, S. Honda, E. Hata, S. Yamaguchi, K. Ohmi and H. Kobayashi, *J. Soc. Info. Display*, **13**, 929 (2005)
19) K. Ohmi and T. Kunimoto, *J. Ceramic Processing Research*, **12**, s66 (2011)
20) T. Kunimoto, K. Ohmi, H. Kobayashi, S. Kuze, T. Isobe and S. Miyazaki, Proc. IDW'06, 1229 (2006)
21) M. Stephan, PC Shimidt, KC Mishra, M. Raukas, A. Ellens and P. Boolchand, *Z. Phys. Chem.*, **215**, 1397 (2001)
22) H. Yoshida, Dr. Thesis, Kwansei Gakuin University (2008)
23) P. E. D. Morgan, P. J. Carroll and F. F. Lange, *Mater. Res. Bull.*, **12**, 251 (1977)
24) K. C. Mishra, B. G. Deboer, P. C. Schmidt, I. Osterloh, M. Stephan, V. Eyert, K. H. Johnson, Ber. der Bunsenges., *Phys. Chem.*, **102**, 1772 (1998)
25) H. Yoshida, R. Yoshimatsu, S. Watanabe and K. Ogasawara, *Jpn. J. Appl. Phys.*, **45**, 146 (2006)
26) H. Yoshida, Dr. Thesis, Kwansei Gakuin University, p.217 (2008)
27) M. Ishida, Y. Imanari, T. Isobe, S. Kuze, T. Ezuhara, T. Umeda, K. Ohno and S. Miyazaki, *J. Phys. Condens. Matter*, **22**, 384202 (2010)
28) M. Tamatani, Phosphor Handbook 2nd ed. Ch. 3, Sec.2, p.187, CRC Press (2007)
29) H. Yoshida, Dr. Thesis, Kwansei Gakuin University, p.205 (2008)

30) V. Panchal, D. Errandonea, A. Segura, P. Rodríguez-Hernandez, A. Muñoz, S. Lopez-Moreno and M. Bettinelli, *J. Appl. Phys.*, **110**, 043723 (2011)
31) B. Howe and A. L. Diaz, *J. Lumin.*, **109**, 51 (2004)
32) A. Lushchik, M. Kirm, A. Kotlov, P. Liblik, Ch. Lushchik, A. Maaroos, V. Nagirnyi, T. Savikhina and G. Zimmerer, *J. Lumin.*, **102-103**, 38 (2003)
33) T. Jüstel, H. Lade, W. Mayr, A. Meijerink and D. U. Wiechert, *J. Lumin.*, **101**, 195 (2003)
34) N. Yokosawa, K. Suzuki and E. Nakazawa, *Jpn. J. Appl. Phys.*, **42**, 5656 (2003)
35) T. Watrous-Kelley and A. L. Diaz, T. A. Dang, *Chem. Mater.*, **18**, 3130 (2006)
36) R. L. Rabinovitz, K. J. Johnston and A. L. Diaz, *J. Phys. Chem.*, **C114**, 13884 (2010)
37) K. Momma and F. Izumi, *J. Appl. Crystallogr.*, **41**, 653 (2008)

第4章　太陽電池の効率向上のための波長変換材料

1　太陽電池の種類と波長変換の意義

清水耕作*

1.1　はじめに

地球上に降りそそぐ太陽のエネルギーは，世界中で1年間に必要とするエネルギーをほんの1時間でまかないうるほど莫大である。つまり，風力，水力，地熱によるエネルギー[1]とは比較にならないほど大きい（表4-1）。この点で太陽エネルギーを人類が充分利用できるようにすることは意義があるし，このようなことが可能になれば地球温暖化やエネルギーに関する種々の問題はすべて解決できるはずである。現在あらゆる研究機関で開発・実用化が進んでいる太陽光発電技術は，期待の高いエネルギー利用技術である。現在の課題は変換効率が低いこと，電力コストが高いことであって，この方面に関する研究開発は各方面から精力的に進められている。例えば，変換効率の改善に向けては，現在単結晶シリコン太陽電池の変換効率は理論的な上限は約27%と試算されているのに対し，様々な対策を経て25%近くにまで達しており，既に限界に近づいている。さらに高い効率を持つ太陽電池を作製するためには広範かつ有効な光利用技術が求められている。

1.2では，現在実用化されている太陽電池から開発途上の太陽電池を含め太陽電池の現在について種類と特徴について概観し，波長変換膜を使うことで現在の太陽電池の変換効率を向上させる点について可能性を含めて検討したい。**1.3**では，波長変換膜を具備することによって太陽電池の効率を向上させる研究例とその課題を示したい。

表4-1　地表で受ける太陽輻射エネルギーと地球保有エネルギー[1]

地球表面に達する太陽光のエネルギー	1250000×10^8 kW
風，波，海水対流のエネルギー	3700×10^8 kW
地熱エネルギー	320×10^8 kW
潮汐エネルギー	30×10^8 kW
水のエネルギー	21×10^8 kW

* Kousaku Shimizu　日本大学　生産工学部　電気電子工学科　教授

1.2　太陽電池の種類

1.2.1　太陽電池の分類と特徴

図 4 - 1 に現在開発が進められている太陽電池を含めて太陽電池の分類および効率[2~4]，用途を示した。変換効率については，AM1.5，25℃での実験室レベル（セル効率，またはサブモジュール変換効率）の値であり，しかも集光していない時の値を示している。なお値はなるべく最新のものを用いるように注意をしたが，充分網羅しきれていない場合もある。それぞれの太陽電池は日々進歩・向上しているので 2011 年 12 月時点での値と考えていただきたい。

太陽電池の種類と特徴について簡単に説明する。しかしここでは，主として波長変換膜への導入と考えているので，詳細は成書[1,2,5,6]に譲ることとし，主としてシリコン材料に重点をおいて解説する。

（1）　シリコン系太陽電池

シリコン系太陽電池は，約 3%の化合物太陽電池（Ⅲ - Ⅴ，Ⅱ - Ⅵ族）を除いて 97%程度を占めている。またシリコン太陽電池のうち多結晶シリコンと単結晶シリコンはそれぞれ 63%，32%で全体の 95%を占めている。残り約 5%はアモルファスシリコン，微結晶シリコンであり薄膜系太陽電池としてその地位を確立している。単結晶・多結晶シリコン太陽電池はバルクシリコンと呼ばれる 125 ～ 200 μm 程度の厚さを持ったシリコン基板自体に太陽電池が形成されている。これに対してアモルファス・微結晶シリコンは，ガラス基板や有機フィルムまたは基板上に形成さ

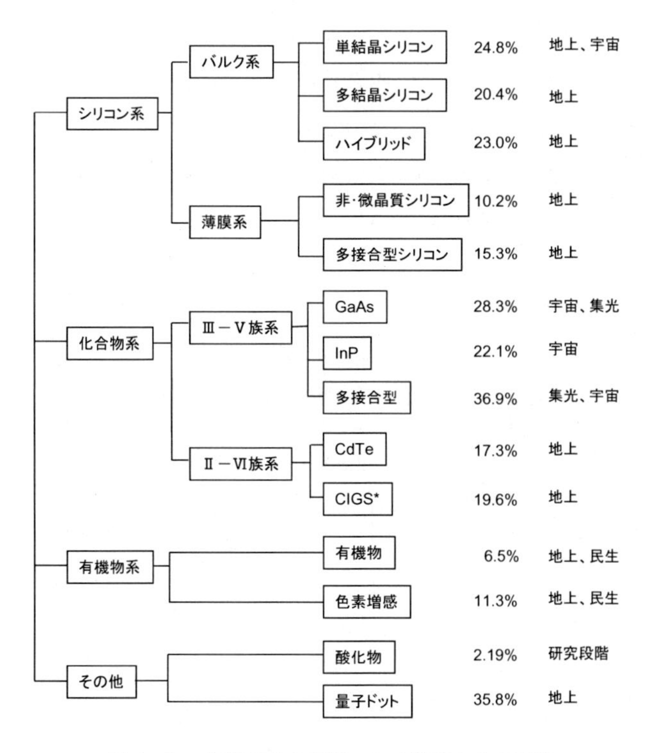

図 4 - 1　太陽電池の分類，セル効率と主な用途

れ，太陽電池自身は約 2 μm の厚さである。

バルク型太陽電池は，一般に実験室レベルで 20%以上を有しており，薄膜シリコン太陽電池（9 ～ 11%）に比べて高い変換効率である。しかし，シリコンを溶融する必要があること，7N（99.99999%）程度にまで純度を上げる必要があることでたいへん手間がかかること，また薄板に加工する際に 30%以上にものぼる切粉（切削屑）が発生することによりたいへん高価な材料にならざるを得ない。

材料利用効率の点では，現在主流の多結晶太陽電池は，キャスト法を用いているので，単結晶よりは経済性が向上しているが，リボン法（融液からシリコンシートを引き上げる方法）が実用化すればさらに材料利用効率も向上する。またさらに利用効率の高い方法としては，球状シリコン太陽電池[7)]が開発されている。そもそも最も利用効率が高いこととシリコンウエファに比べて 1/5 の程度の材料でほぼ同じ電力を得ることができるので期待が高い。ここでは詳細は割愛する。

シリコン単結晶太陽電池の理論効率は，計算方法，仮定の取り方によって偏りはあるが，いずれも 25 ～ 28%[8)] の範囲内である。実際は，結晶シリコンの最高効率は PERL（Passivated Emitter Rear-Locally diffused）型の素子で，24.7%[9)] が得られている。つまりシリコン太陽電池の効率は技術的には理論効率に近づきつつあるということである。その変換効率について結晶シリコン太陽電池におけるエネルギーの利用効率と損失の内訳を検討した例を示す（図 4 - 2）。文献 1）および実際の値を参照した結果から算出した。太陽光の入射を 100%とした場合，一部は反射し一部は透過するので，すべての光が発電に用いられるわけではない。また吸収された光もすべてが発電に寄与できるわけでもない。大きな損失は以下の通りである。

① 電極界面や空乏層以外のところで吸収された光は，電子正孔対が形成されてもすぐまた再結合し，消滅する。このほか，空乏層中であっても中に存在している欠陥や不純物に捕獲されて再結合し消滅する場合がある（表面再結合，バルク再結合）。

② 太陽光スペクトルには 1.12 eV 以上の光が含まれている。しかし 1.12 eV 以上の高いエネ

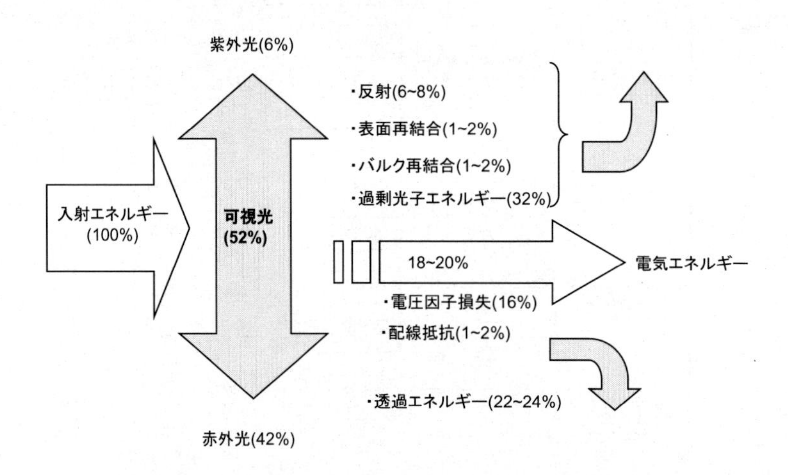

図 4 - 2　結晶シリコン太陽電池のエネルギー変換と損失内訳

ルギーを持った光もシリコンは吸収できるが，そのエネルギーを持ったキャリアは半導体中を移動する際に余剰エネルギーとして主に熱放出する。この熱へと変わったエネルギーは，電流としてなんらの寄与もないのみならず，太陽電池の温度を上昇させ変換効率を低下させる原因となる（過剰光子エネルギー）。

③ バンドギャップ程度のエネルギーも吸収はされるが，シリコンの場合単接合では，高々0.7Vの自己バイアス電圧しか発生することはできない。バルクではギャップ光を吸収しても余剰分は熱へと変換されることになる（電圧因子損失）。

④ モジュールの場合は，上記のほか配線抵抗，直列接続抵抗によってもが電圧が降下する。つまりエネルギーが消費される。

このような理由から高い効率を得るためには何らかの対策が必要であることがわかるが，単接合のセルを用いる場合，材料そのものに関わる部分もあり，対策が非常に困難なところもある。

薄膜系アモルファスシリコンは，単接合では光劣化前10%程度の効率をもつが，劣化後は9%台に下がる。結晶に比べると変換効率は低いが大面積に低温で形成できることから民生用として市場を確立している。しかし，現在は，微結晶シリコンやシリコンゲルマニウムとのハイブリッド型積層構造セル[10~12)]が開発されており劣化前特性で変換効率15.3%が得られている。光劣化については，発見以来既に30年以上を経ているが，水素の移動（またそれに伴うボンドスイッチング）や構造の変化が伴っている[13)]ところまではわかっているが，どうすれば光劣化を防ぐことができるかについては依然未解決である。

図4-3は，太陽光スペクトルと結晶シリコンの分光感度特性を示している。また図中には様々な太陽電池材料のバンドギャップも示している。比較のためシリコン以外のものもあるが，特にCdTeやCIGSは，バンドギャップを変調することができるので代表的なものを示している。

さて，太陽電池はバンドギャップ以上の光を吸収し，電子正孔対（または励起子）を形成する。この電子正孔対が解離し，外部電極から負荷へと流れることで電力が消費される。分光感度特性は，入射光に対して収集される光電流の量を示している。結晶シリコンの場合1000 nmの付近で短波長側には緩やかな減少，長波長側に対しては急峻な減少が見られ，1.12 eV（約1100 nm）で光電流は発生しなくなる。つまり光は透過することを意味している。

太陽光スペクトルは約550 nm付近で最も強くなるが，このときシリコンの分光感度はピーク時の約50%程度にまで減少している。このようなミスマッチングは他の材料を用いてもだいたい同じことであって単接合の太陽電池では全スペクトルをカバーすることはできない。現在は，なるべくこのスペクトルを無駄なく電力変換できるように2接合型，3接合型，また化合物半導体においては，5接合型の太陽電池が開発されている。これによって変換効率は飛躍的に向上している。

シリコン系太陽電池でも，a-Si/a-SiGe/a-SiGe，a-Si/μc-Si/μc-SiGe，a-Si/a-SiGe/μc-Siのような組み合わせのセルが検討されるなど，効率40%をめざして研究が進められている。

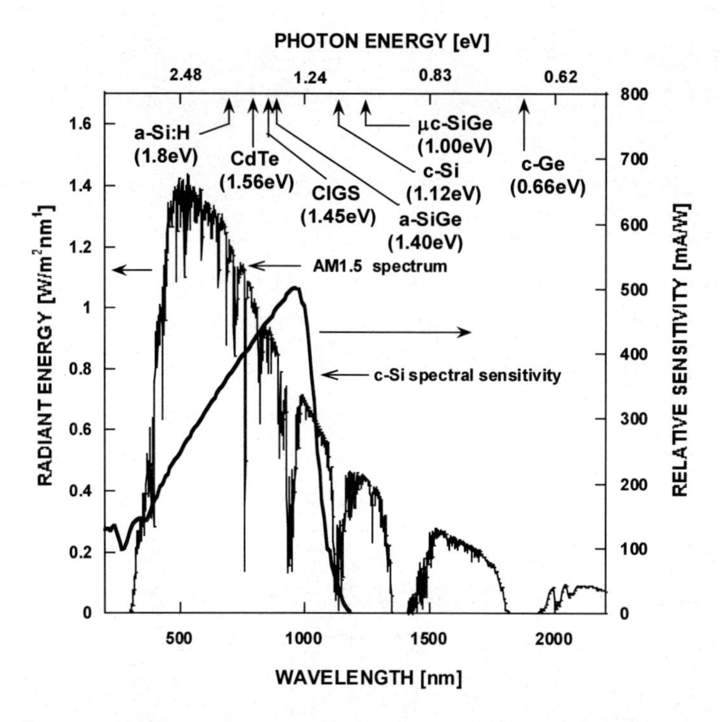

図4-3　太陽光スペクトル（AM1.5）とシリコン単結晶の分光感度特性

（2） 化合物系太陽電池

Ⅲ-Ⅴ族太陽電池は，ガリウム砒素（GaAs），インジウム燐（InP）など既に宇宙用太陽電池として実用化されている。宇宙線・放射線耐性が高いので，また単接合セルでもシリコンとは異なり直接遷移型であることもあって，28％台と高い変換効率を持っているので容易に保守や取替えのできない宇宙用としては高価なデバイスではあるが適材適所といえる。

このほかⅢ-Ⅴ族太陽電池には，上記2元系の他，AlGaAs，InGaP，AlGaInP，InGaAsPなどの3元，4元系のものがある。現在は，これらを多接合にして更なる効率向上へと検討が進められている。図4-4に示すようにそれぞれのバンドギャップの異なる3種類の太陽電池を積層し（例えばInGaP/GaAs/Ge），高い効率で光を吸収するように設計する。また，ここで用いられる太陽電池それぞれは，互いに格子不整合が大きくならないような材料を組み合わせ，またはバッファ層を適切に選択し，セ

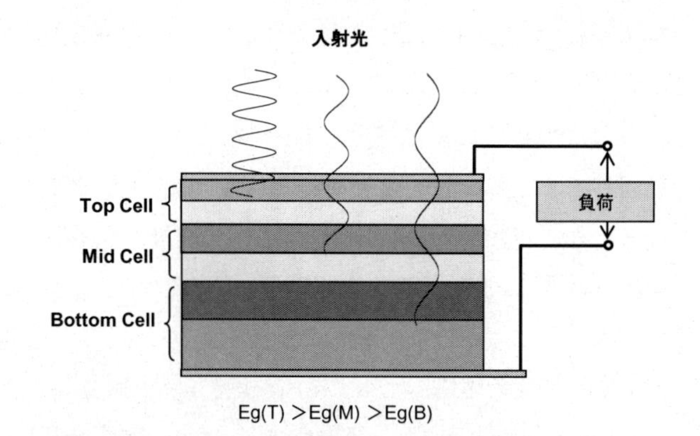

図4-4　多接合太陽電池の断面図

ルの間に挟みこむことにより半導体層のみならず界面にも欠陥を充分に低減できるように工夫がなされている。このとき積層されたそれぞれの太陽電池は，例えば図4-5に示す波長域の光を各セルが吸収し発電する。地上電力用では，集光型太陽電池としても実用化が進められている。フレネルレンズを用いて太陽光を200から550倍程度にまで集光し，約1cm角の太陽電池セル上に太陽光を集め，効率を向上している。このデバイスは太陽光を集光することから，精巧な太陽光追尾装置を伴う必要があるが，それをもってしても変換効率が50%超の素子を用いることでシリコンに負けないランニングコストを目指している。Ⅲ-Ⅴ族化合物薄膜太陽電池は，結晶を作製する必要があることから，薄膜を堆積する際は，気相・液相エピタキシー技術を用いるのが常套となっており，製造設備や廃ガスの除害設備など固定費が高いことがコスト高の原因の一つとなっている。

Ⅱ-Ⅵ族では，カドミウムテルル（CdTe）太陽電池が，17%台と高い変換効率を達成しており，しかも製造設備に大掛かりな装置を必要としないことからコストパフォーマンスが良いので，アメリカ，韓国など海外ではたいへん注目を集めている。日本ではかつて材料の毒性，環境破壊，輸出については安全基準の問題により実用化には至らなかった経緯がある。しかし近年，カドミウムテルルという化合物は化学的に安定であることからその安全性が見直されつつある。特にアメリカでは材料ライフサイクルのリサイクルを保障することで市場が急速に拡大している。

またCu-In-Se（CIS）およびCu-In-Ga-Se（CIGS）は，本来Ⅱ-Ⅵ族ではないが，Ⅱ族からⅠ，Ⅲ族へと派生（Ⅰ-Ⅲ-VI_2）した材料という観点でこの分類に入れた。いずれもこの材料は，その組み合わせの豊富さからバンドギャップを幅広く変調できる。つまり単接合の太陽電池でも材料の選び方で高い効率を持った太陽電池を作製できる。また作製方法もシリコン系の薄膜作製技術とは大きく異なり，金属箔やポリイミド箔上にロール・トゥ・ロールで厚膜を作製できること

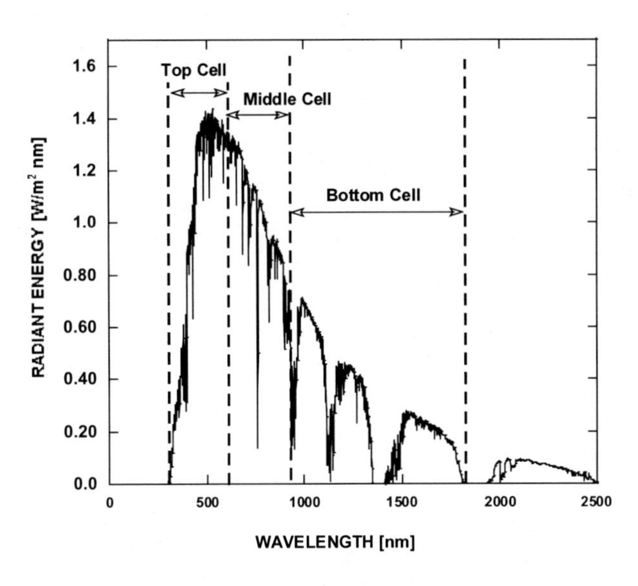

図4-5　多接合セルにおける各セルの波長吸収範囲

から生産性がとても良い。たいへん期待の大きい太陽電池である。詳細は文献2），14）および15）を参照されたい。

以降第3世代の太陽電池として期待の高い太陽電池について簡単に紹介する。

（3） 量子ドット太陽電池

現在，次代太陽電池として世界中多くの研究機関で研究が進められているたいへん期待の高い技術である。理論計算では，変換効率75%[16]を達成できるとされている。

簡単にその原理を説明する。電子は，ド・ブロイ波長の程度にまで閉じ込められた環境（箱）では，波の性質が顕著になる。1次元量子井戸を考えて，電子の波動関数を，

$$\phi_n(x) = \sqrt{2/L}\,\sin(n\pi/L\cdot x),\ \mathrm{n} = 1,\ 2,\ 3\ \cdots$$

としてシュレディンガーの方程式を解くと，

$$E_n = \frac{\hbar^2}{2m^*}\left(\frac{n\pi}{L}\right)^2 \tag{1}$$

という形の解が得られる。つまり量子ドット中では，電子は離散的エネルギー状態で存在する。ここで，m^*：電子の有効質量，L：閉じ込められる幅（井戸層の厚さ），$\hbar$：プランク定数である。この考えは3次元に拡張することができ，量子ドットがそれである。因みに2次元は量子細線である。

式(1)において，サイズ（L）を小さくすればするほど，エネルギー（E_n）は大きくなるほうへシフトする。ここでは，このサイズはドットの直径のことであり，例えばシリコンでは，約6nmを境にバンドギャップが顕著に広がる。10^3～10^5個程度（または電子のドブロイ波長程度）の粒子が起こすこのような現象を量子サイズ効果と呼んでいる。またこのようなドット内部では離散的なエネルギースペクトルが形成され，エネルギー緩和が制限されることからエネルギー線幅が狭くなる。個々の狭い線幅のために電子・正孔対や励起子のエネルギー緩和がバルクに比べて長時間かかる。この現象はたいへん有用であって，既に半導体レーザや量子コンピュータなどへの応用が精力的に進められている。

さて，これらを太陽電池として用いる研究も活発に行われている。大きく分けて以下のような分類がある[17]。いずれの技術も量子準位やそれに伴う現象が無限に高い障壁によって囲まれた中で起こる現象であるということと，そこから効率よくキャリアや励起子を効率よく取り出すことが矛盾なく高効率で行われなければならないところが技術の鍵である。

ドットタンデム，ドット超格子型

サイズを自由に制御することで，太陽光スペクトルの広い領域に対応した粒子を積層することで高い効率が得られるというのがこの技術の魅力である[18]。シリコン，ガリウム砒素形材料で研究が進めていられている。シリコンを用いる場合，Si と SiO_X を交互に積層し，1000℃程度で加熱することで SiO_X 側の層でシリコン量子ドットが形成される。膜厚を制御することで量子サイ

ズを制御できる点が優れており，現在までに直径2～6nmのサイズは制御可能となっている。

実用上は，ばらつきを10%以下にまで均一化したナノドットの作製，およびナノドットの中に閉じ込められた電子および正孔を効率よく電流として取り出す低障壁化や極薄化が検討されている。

マルチバンド型

p型層とn型層の間に量子ドットを層状に幾重にも重ねる。これは井戸層と障壁層が周期的に形成された超格子構造を形成することに等しい。その障壁層が薄く，井戸に閉じ込められた粒子の波動関数が障壁から染み出し，重なり合うようになれば，キャリアは互いに障壁層をトンネルできるようになり新たなミニバンドを形成する。このように新たなバンドが形成されると電子・正孔対が価電子帯／伝導帯間の吸収のほか価電子帯／ミニバンドおよびミニバンド／伝導帯でも多重励起吸収が可能となるために太陽光スペクトルを広範に吸収できる。ミニバンドを通ってそれぞれキャリアがp層およびn層へと拡散すれば効率の改善がされるものと期待できる。一方，ミニバンドが再結合中心にならないようにするためにはキャリアの再結合速度に勝るスピードでキャリアを電極側に収集することが必要であり，井戸幅（ドットサイズ）のばらつきを抑えること，バリア層の障壁を低くすることや薄くすることで効率よくキャリアを電極に取り出す方法が検討されている。

ホットエレクトロン，マルチエキシトン型

量子ドット中では量子閉じ込め効果によりフォノンの散乱が抑制される。このためキャリアの寿命が極端に長くなる。バンドギャップよりも大きなエネルギーを吸収した電子は，低エネルギー状態までに緩和する時に別の電子を励起する（オージェ過程）。結果として励起子が2個生成されることになる（多重励起子生成[19]）。再結合する前にキャリアをドットの外へ運び出すことができれば利用できていなかった光が利用できるようになることを意味し，効率は向上することになる。

（4）　有機太陽電池

色素増感太陽電池

色素増感型太陽電池は，第3世代の太陽電池ではなく，最も安価で軽量な太陽電池として一部実用化にまで至っている。低い材料コストの安さが他を圧倒しており，実用化すれば7円/kWh以下に最も近い技術とも言われている。また無機太陽電池とは異なり室内など弱い光環境のもとでも発電が可能なので，インテリアとしての価値を持ちながら発電ができる点は今後の利用分野としても興味がもたれる。変換効率の向上と長期信頼性（紫外線による光劣化と80℃以上の高温による性能の低下）が課題である。

一般に有機太陽電池は，誘電率がこれまでに述べてきたような無機材料と比較して非常に小さい（$\varepsilon_r = 2 \sim 4$）。つまり電子と正孔間の引力がたいへん強いことを意味している。このため光吸収によって励起子が発生しても，励起子軌道半径は高々1nm程度である。この程度の距離しか離れることができないということは分子の中から殆ど励起子は外に出られないということに等しい。このような励起子のことをフレンケル型の励起子と呼んでいる。励起子を解離させてキャリアとして取り出すには，再結合する前に強引に電子正孔対を引き離す必要がある。この点に対する対策が効率向上につながっていくものと考えられる。

さて色素増感太陽電池は，アナターゼ型チタン酸化物（TiO_2）とルテニウム錯体を用いた太陽電池[20]である。ローザンヌ大学のGrätzel教授らのグループによって開発された（図4－6）。ナノポーラスTiO_2と通称N3と呼ばれるルテニウム錯体を色素増感剤として用いている。現在まで上記のTiO_2とルテニウム錯体の組み合わせが最も効率が高い。アナターゼ型TiO_2やルテニウム錯体に代わる材料も検討されているが，そもそもアナターゼ型TiO_2が，なぜ高い効率になるかということ自体もまだ完全には解明されていない部分もあり，本田・藤島効果[21]や錯体とTiO_2の結合などとの関連性が多方面から検討されている。

錯体側で光吸収の結果発生した光励起電子は短寿命であり，だいたいフェムト秒程度でTiO_2にキャリアを渡している計算になる。もう少し長寿命化を図ることができればさらに効率は向上する。また対向電極側では，

$$I_3^- + 2e^- \rightarrow 3I$$

の反応が起きている。電解質は高い電子移動度を持つ溶液であるのでTiO_2によく浸透し，電荷の受け渡しを効率的に行うことができる。しかし電解質が液体であるのでパネル端面から染み出すことによる電解質濃度の変化や電極間の距離の変化，電解質中のヨウ素が重合するのを抑制する必要がある。現在電解液をゲル化したり，固体化する方法も検討されている。また増感色素も広く太陽光スペクトルを吸収できるように新たな材料が合成されているが，ここでは割愛する。

また国内では，蓄電池つき太陽電池[22, 23]として実用化が進められている（図4－7）。

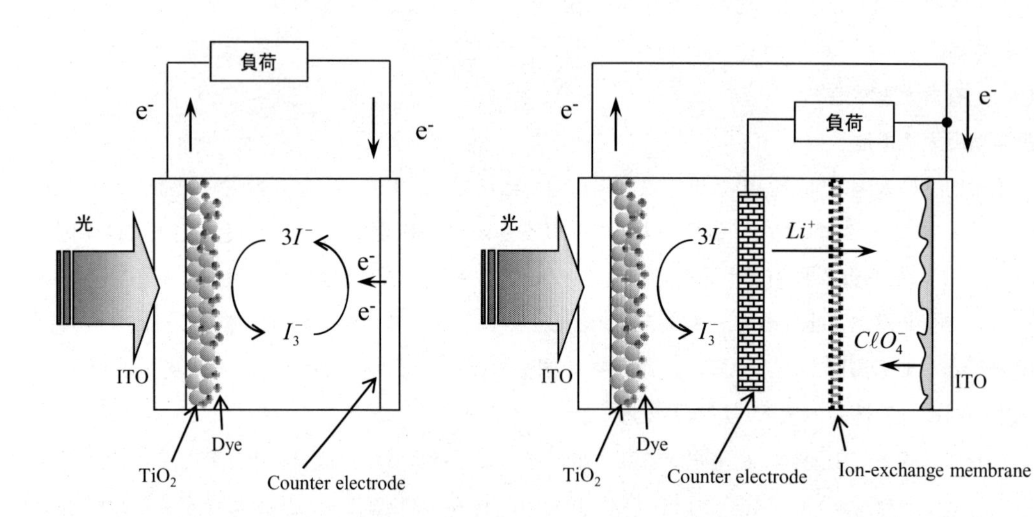

図4－6　色素増感太陽電池概念図

図4－7　蓄電型色素増感太陽電池概念図

このほかの有機系太陽電池

有機太陽電池には，おおよそ以下のようなものがある。

①ショットキ型：

異種の金属で半導体層を挟む形式のものである。構造はきわめて簡単であるが，実際には変換効率が低い。

② pin 型：

最初は pn 構造であったが共蒸着法を用いて p と n を混合させた i 層を形成する[24]ことで飛躍的に変換効率を上昇させている。現在 p 層，n 層にそれぞれ PbPc，C_{60} を用いた場合の変換効率が 2.3%となっている[25]。

③直立超格子型：

pin 構造を理想化すると，超格子構造になる。pin 構造を光入射側に対して直立させるような構造となる。このような構造が再現性良く大面積に亘って形成できるような技術ができれば実用化に近づくと考えられる。

詳細は，文献2）および5）を参照されたい。

1.3　波長変換の意義

ガソリンエンジン，ディーゼルエンジンの熱効率は，32%および46%前後である。また発電所の熱効率は LNG で50%，石油火力発電が42%，原子力が35%程度と計算されている。シングルセル結晶シリコン太陽電池は，最大でも約30%といわれているが，現状24.7%が最大である。数字をそのまま比較することには意味がないが，与えられたエネルギーをどの程度使っているかをイメージするには充分であると考えている。単結晶シリコン太陽電池の場合，単純に考えると供給されたエネルギーの約75%を捨てていることになる。一般に太陽電池は，単接合セルの場合，太陽光の全スペクトルを余すことなく吸収できないので，一定のエネルギー範囲の光のみが発電に使われている。このような現状を考えると太陽光を有効に使うことこそが太陽電池の損失を減らす方法であるという考えがある。

単結晶シリコンの例（図4－3）では，950 nm 付近の波長に対して感度は最大となる。紫外光に向かっては，シリコン自身の吸光係数が大きくなること，また反射率も大きくなることからほぼ直線的に減少する。ところが太陽光のスペクトルは，むしろ550 nm 付近で最も強くなる。すなわちシリコン太陽電池は太陽光を高効率で利用するという点からすればあまりいい材料ではないかもしれない。そこで，我々は，図4－8のような

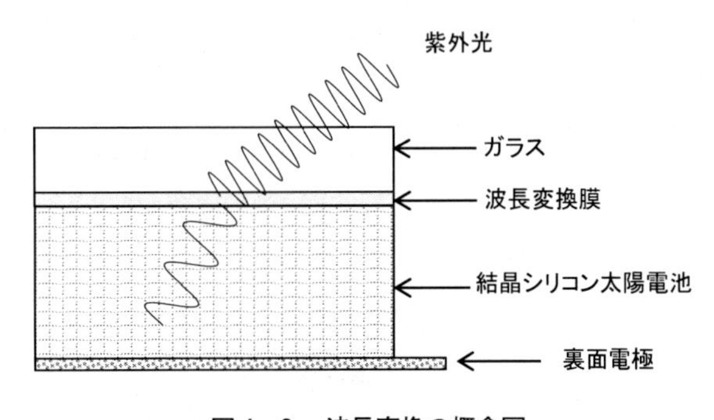

図4－8　波長変換の概念図

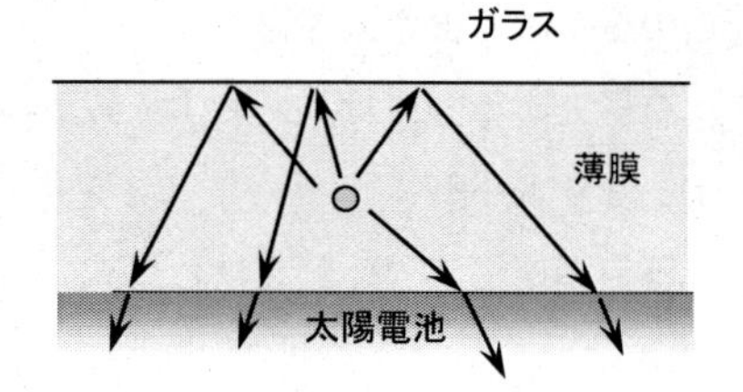

図4-9　理想的な光の取り込み

波長変換膜を提案している。といってもこれ自身は既に30年以上も前から提案されているし，日本では約25年も前に特許が申請されている。以来100件以上の特許が申請されるに至っている。

この項では，波長変換によってどの程度太陽光を効率的に利用できるかを検討したい。しかし，材料組成，サイズを変調することで光吸収領域を変えられるⅢ-Ⅴ族やⅡ-Ⅵ族系，量子ドット，および色素を変化させられる色素増感太陽電池はこの際除外する。

まず波長変換膜に要求される性能について考えておきたい。

① そもそも太陽電池が高い効率で光電変換できる波長域は“透明”であること

② 紫外光に対しては高い吸収効率をもつこと

③ 変換層で吸収した光を量子効率の高い波長に変換すること

④ 変換した光を有効に太陽電池側に集めること（図4-9）

1.3.1　波長変換膜の作製

上記の要求性能を持った波長変換膜を用いてシリコン太陽電池の効率向上を検討した結果を報告したい。本研究では，光電変換効率の低下する350～500nmの領域にかけての光を600～1000nmの光に変換してシリコン太陽電池に吸収させることを試みた。

材料は0.2 mol％プラセオジム添加ストロンチウムチタン酸化物（$SrTiO_3$;Pr,Al，以降STOPA）を用いた。結晶体ではFED（Field Emission Display）や蛍光表示管といった，電子線励起による，赤色蛍光体として用いられている[26～29]。今回この材料を薄膜化して，波長変換膜に用いる検討を行った例を紹介する。

まず結晶粉体をそのまま用いると結晶面による反射が大きく光量の損失が大きいので薄膜とし，生産性を考慮に入れて非晶質薄膜をなるべく簡便なスパッタ法で作製した。そして，高い波長変換膜を作製するための要件が何であるかを結晶性や発光中心濃度，膜の構造から検討した。

（1）　アニール温度依存性

ターゲットは，617 nmを中心に570～650 nmでの鋭い発光ピークが観測される。このとき，STOPAは，300～380 nmの間の光を吸収していることを確認した。また，X線回折スペクトルより粉体は結晶体でありペロブスカイト構造を有している。このターゲットを用いて製膜を行った。

図4-10，4-11は，室温で形成したSTOPA膜のアニール温度に対する紫外光の吸収と発光のスペクトルを示している。500nmの膜厚でも紫外光をあてると赤色に発光することが肉眼でも観測できる（図4-12)。蛍光強度をスペクトルアナライザで評価した結果，結晶体のサンプルに比較して，40％程度の蛍光が出ていることがわかった。結晶体のSTOPAでは約350 nmを中心に300～380 nmの範囲の光を吸収して，617 nmの蛍光を発している。一方非晶質薄膜のSTOPA（以降a-STOPA）では320～375 nmの範囲を吸収しており吸収波長範囲が狭くなっている。

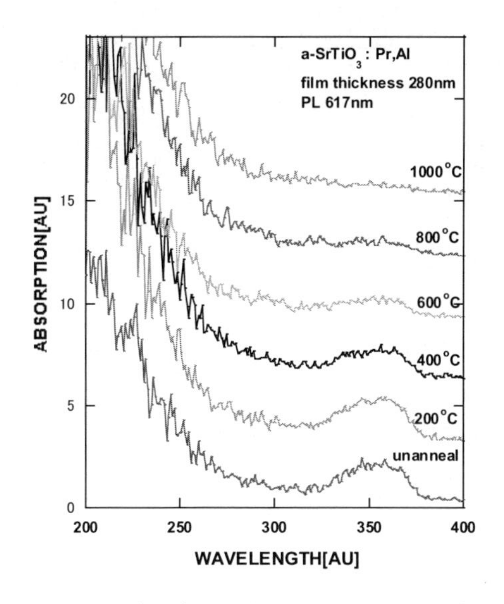

図4-10　光吸収スペクトルのアニール温度依存性

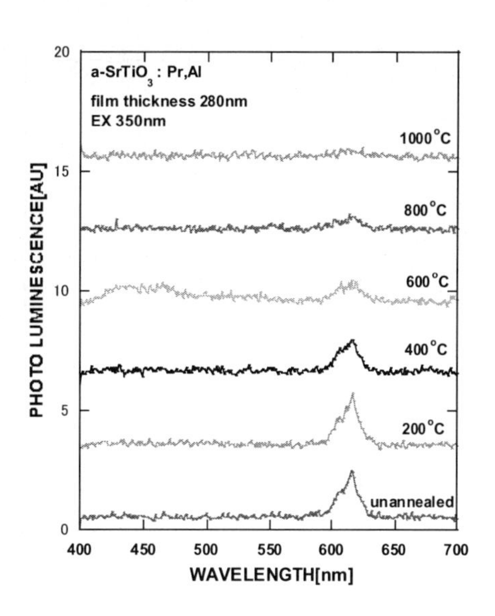

図4-11　蛍光強度のアニール温度依存性

図4-12　紫外光を可視光に変換

アニールを行った場合，400℃までのアニールに対しては，大きな変化はないものの吸収強度は減少する傾向にあり，さらに高温の800℃以上では発光しない。800℃以上のアニールでは，サンプル表面に乱反射が確認され，結晶が析出している様子がXRDからも観測された。つまり薄膜化したa-STOPAはアニールで結晶化しても蛍光は改善できないことがわかった。

次に蛍光と母材のSTOとの関係を検討するために光吸収特性を検討した。図4-13および図4-14は，アニールを行ったときの光学バンドギャップとQuality Factor Bの変化を示している。非晶質材料では一般にTaucプロット[30]により光学ギャップとQuality Factor Bが決定される。通常B値は，大きければ大きいほどその薄膜のバンド吸収端は急峻であり結合長，結合角にひずみが小さいことが知られている。

$$\alpha h\nu = B(E - Eg)^2$$

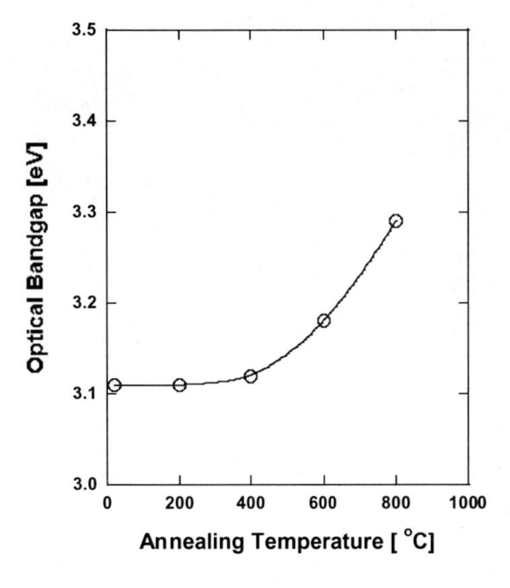

図 4-13 光学ギャップのアニール温度依存性

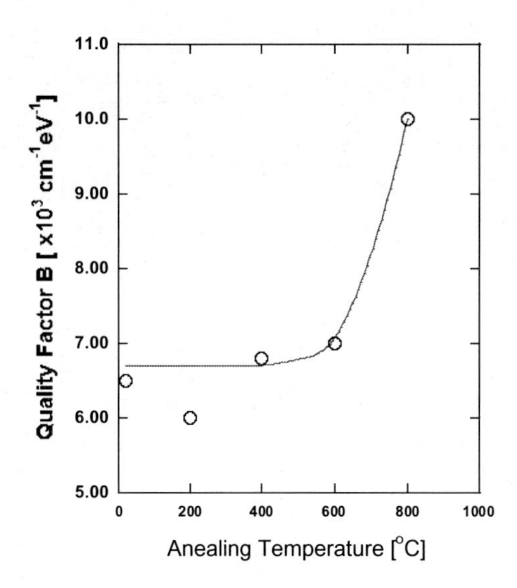

図 4-14 Q 値のアニール温度依存性

ここに α：光吸収係数［1/cm］，h：プランク定数（4.136×10^{-15} eVs），B：比例定数（Quality Factor）［$cm^{-1}eV^{-1}$］，E：入射光のエネルギー［eV］，Eg：バンドギャップ［eV］である。

400℃までのアニールでは，薄膜に殆ど影響を与えていないことがわかる。しかし，高温になるにつれて，光学ギャップは大きくなり，800℃の処理では 3.29 eV 程度にまで大きくなる。通常 STO 結晶膜は，3.2 ～ 3.3 eV 程度と報告[31]されており，結晶の値に近づいているものと考えている。同時に Q 値も大きくなる。1000℃では，バンドギャップ，Q 値ともに乱反射により透過光が得られなかったので評価できなかった。また非晶質薄膜として乱れた状態がアニールによって緩和され，より結晶に近づいているにも拘らず蛍光が観測されなくなる。しかしプラセオジムの薄膜中の濃度については，アニール前後で変化のないことは EPMA 分析より確認されている。

（2） プラセオジム濃度依存性

結晶 STOPA ではプラセオジム濃度が 0.2mol%で最も蛍光強度が高い。アニールなしの状態ではばらつきはあるものの蛍光は確認できた。中でもターゲットの Pr 濃度 0.4 mol%で作製した薄膜試料は蛍光強度が最も高い。アニール後も Pr 濃度 0.4 mol%で作製した試料は蛍光強度が最も高い（図 4-15）。

作製した試料の膜厚は約 320 nm，バンドギャップは約 3.27 ± 0.03 eV であった。アニールを施す前は非晶質状態であり，600℃以上のアニールに対して $SrTiO_3$ の回折ピークが出現した。光の吸収は非晶質状態で約 350 nm を中心に ± 30 nm をもって起こっており，アニールおよび結晶性の有無に伴う大きな変化はない。このとき，非晶質状態，アニールおよび結晶性の有無に関係なく結晶体と同様 617 nm で赤色発光が観測された。

EPMA で面分析を行った結果，プラセオジム濃度は，添加量が 0.4 mol%までの場合，面内ほぼ均一に分布していることがわかった。またプラセオジム濃度を上昇させると，薄膜面内の位置による蛍光強度にムラが顕著に現れるようになる。堆積されたa-STOPA薄膜の組成比自体も保たれていない部分があると考えられる。

以上の検討より薄膜中のすべてのプラセオジムは均一に構造内に入っていないことが推定される。主としてスパッタリング断面積や元素ごとの蒸気圧の違いが薄膜になったときの組成比のずれをひきおこしていると考えられる。

（3）　アルミニウム濃度依存性

ここでは，プラセオジムの置換によるチャージバランスと構造の緩和に対する効果を検討するためにアルミニウム濃度依存性を検討した。ターゲットのアルミニウム濃度を変化させた。

結晶体のSTOPAはアルミニウム濃度を増加させると吸収強度および発光強度が増加し，濃度が20 mol%のとき最大強度を示し，しかも吸収強度・発光強度は飽和する。また，アルミニウム濃度が0 mol%のときは，僅かに発光するが非常に弱い。この傾向はアニールをしても変わらない（図4-16）。またその蛍光強度は20 mol% 濃度に比べて約1/1000以下である。作製した試料の膜厚は約440 nm，バンドギャップは3.23 ± 0.03 eVであった。作製段階では回折ピークは確認されず，非晶質状態であった。しかし400℃のアニール後から回折線がみられ結晶化した。アルミニウムが含まれる状態でのアニールでは600℃以上で結晶化が確認されていたが，アルミニウムが存在しない状況では400℃付近で結晶化が始まることがわかった。つまり，アルミニウムの存在が結晶化に対して障害になっていることが理解される。またアルミニウムを含まない非晶質状態では発光は確認されなかった。400℃のアニール後に約350 nmを中心に幅を持って吸収が起き，このとき617 nmでの赤色の蛍光を確認した。600～800℃のアニール後も発光

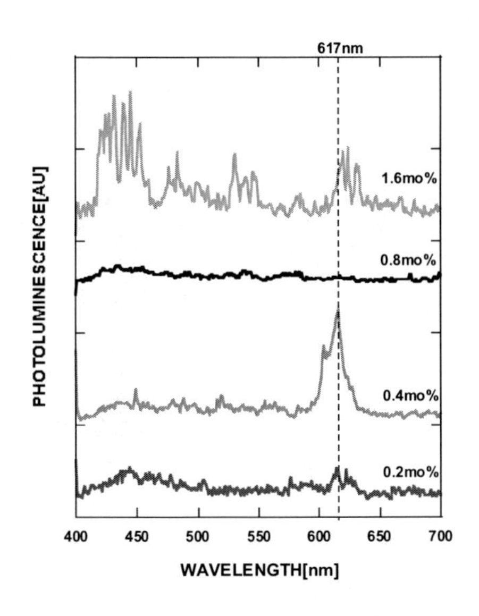

図4-15　蛍光のPr濃度依存性特性
（熱処理なし）

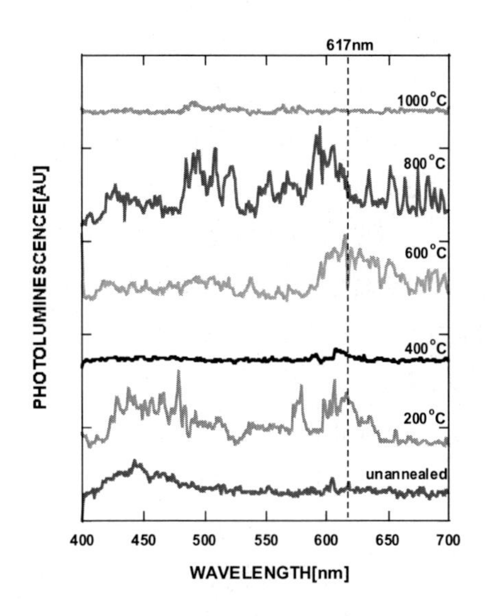

図4-16　$SrTiO_3$:Pr,Al薄膜の蛍光についてのAl濃度10%のアニール温度依存性

を確認したが，1000℃のアニール後には発光しなくなった。アルミニウムイオン Al^{3+} は，Ti^{4+}，または Sr^{2+} に対する Pr^{3+} の添加に対するチャージバランスのみならず，構造化にきわめて重要な働きをしていることがわかる。

（4） $CaTiO_3$:Pr の蛍光特性

ペロブスカイト系の蛍光体としてストロンチウムをカルシウムで置きかえた $CaTiO_3$:Pr（以降 CTOP）のターゲットにおいて Pr 濃度を変化させ a-CTOP 蛍光薄膜の作製を試みた。カルシウムとストロンチウムではイオン半径が異なる。特にプラセオジムとのイオン半径との関係を検討するために CTOP の非晶質薄膜を作製し，比較した。

結晶体の CTOP はプラセオジム濃度 0.25 mol%のとき，最大蛍光強度を示しプラセオジム濃度の増加に伴い減少する。ターゲットのプラセオジム濃度を 0.25 ～ 2.0 mol%まで変化させた 4 種類のターゲットを用いて試料を作製した。作製条件は製膜ガス圧 6P，投入電力 200 W，膜時間 30 分とした。約 500 nm の膜が形成される。

室温で蛍光が確認されたプラセオジム濃度 1.0 mol%で作製した薄膜とアニール（1000℃）後に蛍光が確認されたプラセオジム濃度 0.5 mol%で作製した薄膜と，STOPA 蛍光薄膜との比較を行う。最初に室温で発光したターゲットのプラセオジム濃度 1.0 mol%で作製した薄膜のアニール温度依存性の結果を示す（図 4 - 17）。作製した試料の膜厚は約 300 nm，バンドギャップは約 3.40 ± 0.03 eV である。アニール前の段階で回折ピークは確認されず非晶質であった。アニール温度の上昇に伴い 600℃から回折ピークが得られ結晶化した。一方蛍光特性では，非晶質の状態で 333 nm を中心に 300 ～ 370 nm の幅を持って吸収が観測され，612 nm で発光が観測された。アニール温度を上昇させると 200 ～ 600℃では蛍光は観測されなくなった。さらに 800℃以上のアニールで 612 nm の赤色蛍光を確認した。このとき 324 nm に吸収ピークがシフトした。

以上の結果より，a-CTOP は，a-STOPA とは，アニールに対する構造の変化や蛍光に大きな差があることがわかってきた。特に CTOP では結晶化すると蛍光強度が増すことから，非晶質から結晶への構造変化に伴いプラセオジムとカルシウムの置換が起きていることが理解される。

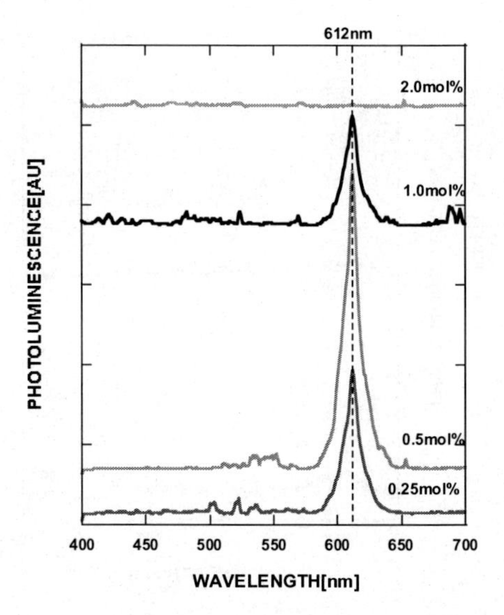

図 4 - 17　$CaTiO_3$:Pr のプラセオジム濃度依存性（1000℃熱処理後）

1.3.2 考察

（1） 高効率化について

a-STOPA は非晶質の状態でも発光することがわかった。薄膜の発光強度は結晶体に比べ 40%にまで弱くなり，励起光吸収波長域も狭くなる[32～35]。

非晶質蛍光薄膜の作製が可能なことから，結晶構造が乱れていてもストロンチウム，チタンと酸素が構成する短距離秩序を持ったペロブスカイト構造（格子）内に発光中心プラセオジムが存在し，しかもエネルギー伝達ができれば発光現象は観測される。しかし，結晶の時よりも発光強度が低下するのは，吸収したエネルギーが有効に発光中心に伝達できていないことが原因と考えられる。すなわち薄膜中にプラセオジムが存在しても格子の周りに欠陥や準位が形成されていれば，エネルギー輸送の過程で熱に変わったり非発光中心と再結合することで，発光は得られない。これが，非晶質薄膜の時に結晶体よりも僅かに濃度を高めた場合に蛍光強度がピークを持つことの原因と考えている（図 4 - 18）。

a-STOPA 薄膜と a-CTOP 薄膜の比較によってストロンチウムとカルシウムの違いが結晶構造の形成のしやすさに影響を与えている可能性が示唆された。

a-STOPA 薄膜の場合では作製段階でほぼ発光条件が決定している傾向が強い。つまり堆積直後に発光しないサンプルは，アニールしても発光することは殆どない。しかし，堆積直後から発光しているサンプルはアニールするとさらに蛍光が強くなる場合がある。しかし，800℃以上では逆に低下する。すなわち長距離のひずみはあるとしても短距離の結晶格子が形成され，プラセオジムにエネルギーが供給されるような環境が形成されている場合は，発光する。しかし，製膜時点で結晶の外にはじき出されたプラセオジムは，アニール処理を行っても決して構造の中に入ることはなく吐き出されたままの状態が維持されていると考えられる。これは Pr^{3+} のイオン半径が 0.100 nm であるのに対して Sr^{2+} は 0.113 nm であることが一つの原因であるようにも考えられる（図 4 - 19）。ところが，CTOP の場合は，Ca^{2+} は，0.100 nm であり，Pr^{3+} とほぼ等しい（図 4 - 20）。このようなことから比較的容易に結晶化するときは置換が起こるものと考えられる。このような理由から a-CTOPA 薄膜は，製膜直後は発光しなくても，600℃以上のアニールによって蛍光を発するようになる。この現象は結晶化に伴った現象としても観測されている。つま

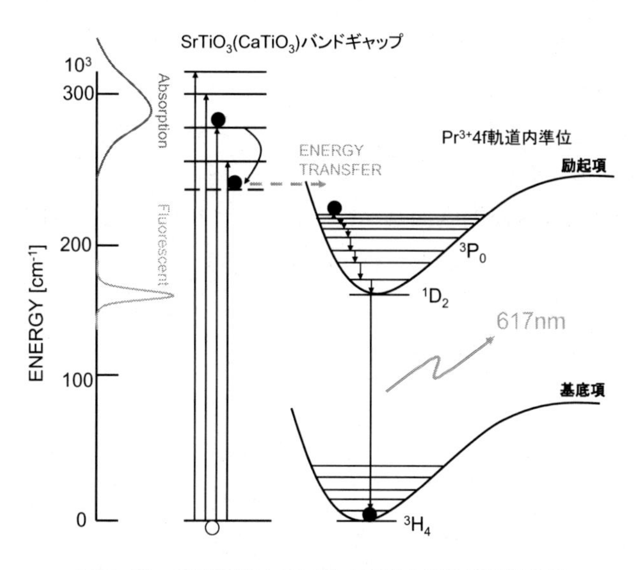

図 4 - 18　蛍光薄膜中の電荷の移動と発光過程概念図

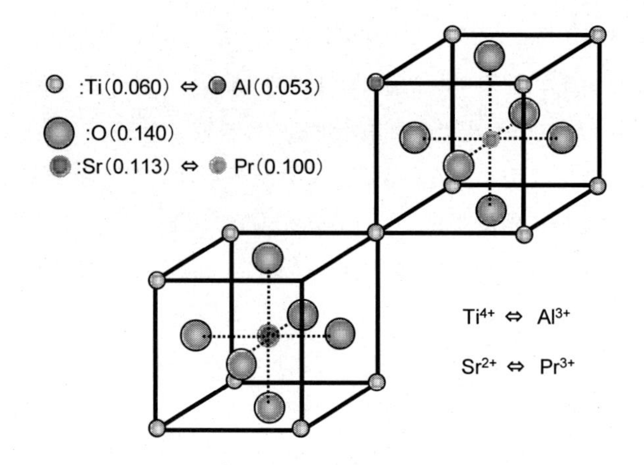

図 4 - 19　$SrTiO_3$ の結晶構造における Ti/Al, Sr/Pr の置換（単位：nm）

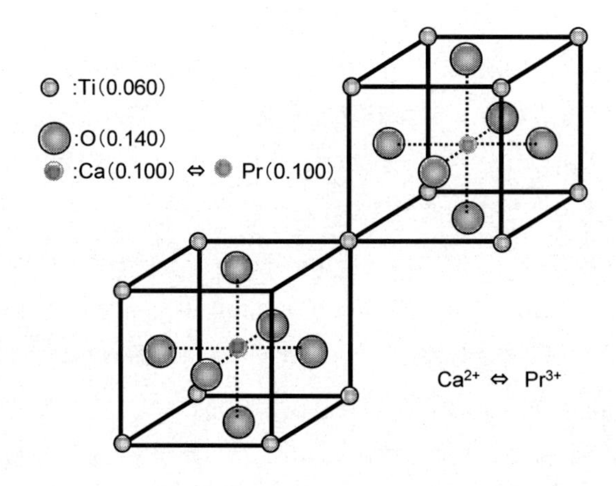

図 4 - 20　$SrTiO_3$ の結晶構造における Ca/Pr の置換（単位：nm）

り結晶化が進むにつれて，カルシウムとプラセオジムは置換が行われている。チャージバランスや周囲の構造を考えるとすべてそのような簡単な描像ではないと想像するが，イオン半径は大きなパラメータであると考えることができる。

また STOPA の母材となる $SrTiO_3$ の結晶構造に注目すると，$SrTiO_3$ はペロブスカイト構造の中でも Ruddlesden-Popper 型構造[36]という構造で，ペロブスカイト層の $SrTiO_3$ と岩塩型層の SrO が交互に重なった層状構造をしている。このペロブスカイト層 $SrTiO_3$ の格子間距離は約 0.4 nm で，岩塩型層 SrO の格子間距離は 0.26 nm である。このため，2 つの層は格子間距離の違いから結晶成長が妨害され欠陥が生じる。$SrTiO_3$ に Pr を添加した $SrTiO_3$:Pr は SrO 層欠陥が存在すると発光しない。$SrTiO_3$:Pr,Al は Al によって SrO と反応して $SrAl_2O_4$ と $SrAl_{12}O_{19}$ に変え欠陥を低減する。これによって $SrTiO_3$:Pr,Al は発光している。薄膜が堆積するとき，ターゲットの組成や構造が崩れアルミニウムが抜ける，または Al_2O_3 など他の結合状態になり SrO 欠陥層が形成されることになるために発光する環境が整備できない可能性も考えられる[37, 38]。

以上の考察より，発光効率の高い薄膜を作製するには，3.3 ± 0.1eV 程度のバンドギャップを持つ母材を選択し，発光中心に近いイオンの半径および価数を持った金属イオンを選択することが重要であると考えられる。

（２）　波長変換膜の効果

図４-21のような評価方法で，形成した薄膜を標準太陽電池に重ねて擬似太陽光および可視－赤外カットフィルタを通してUVのみを照射した場合について評価を行った。ただし，波長変換膜をつけないもの，波長変換膜を500 nm 石英基板上に堆積させたもの，および比較用としてSTOのみを石英基板上に500 nm 堆積させたものを作製した。太陽光に近いフルスペクトルを照射した場合（図４-22），UV光のみを照射した場合（図４-23）も光強度と光電流はほぼ比例するが，薄膜を置かない場合に比べて光電流が増大することはなかった。この原因は，作製した薄膜が可視光域に吸収を持つこと，および光学設計が十分でなかったことが原因である。

（３）　光学設計

シリコンの屈折率と消光係数は図４-24に示す。特に紫外領域は変化が大きくなるのでこれを反映した設計をする必要がある。また紫外光についてはSTOPA層に入射した際には吸収が起き，可視光を発光するというプロセスを計算に入れる。多重反射を含めておおよその近似（図４-25）を行うと４～5%の変換効率の向上が見込めることがわかった。充分に光学データ

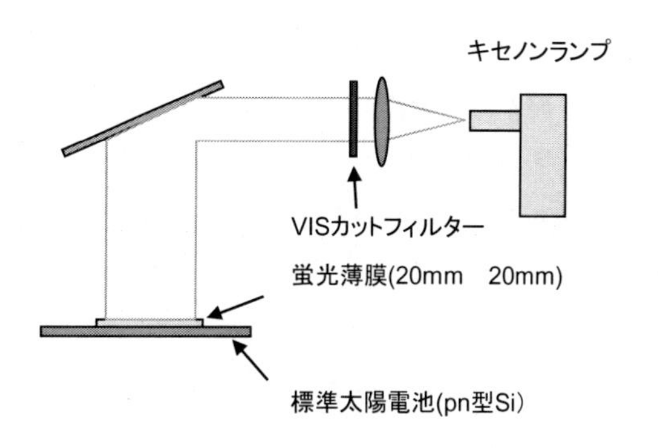

図４-21　評価光学系

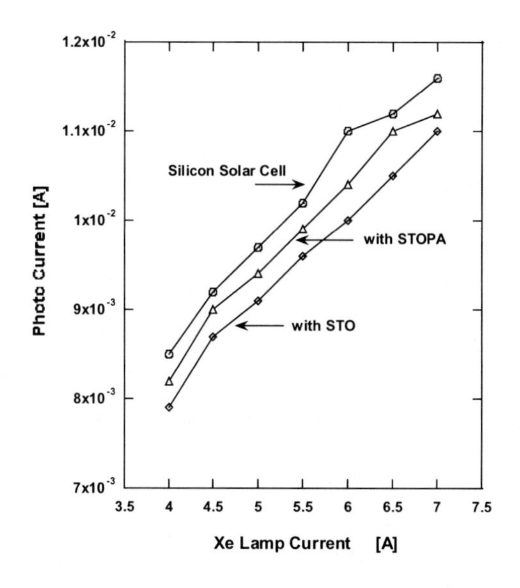

図４-22　光電流のキセノンランプ光強度依存性

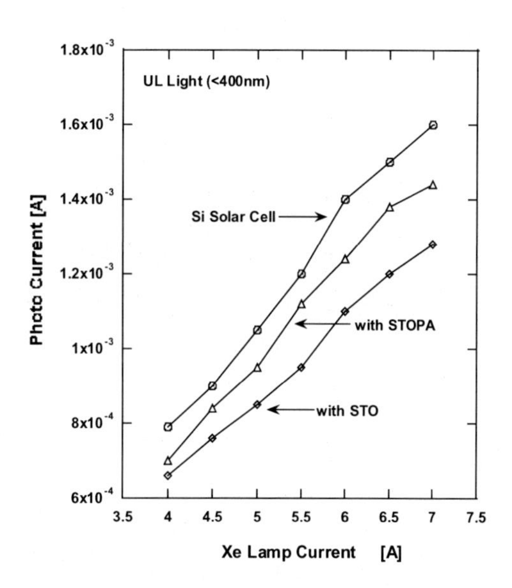

図４-23　太陽電池の光電流のUV光強度依存性

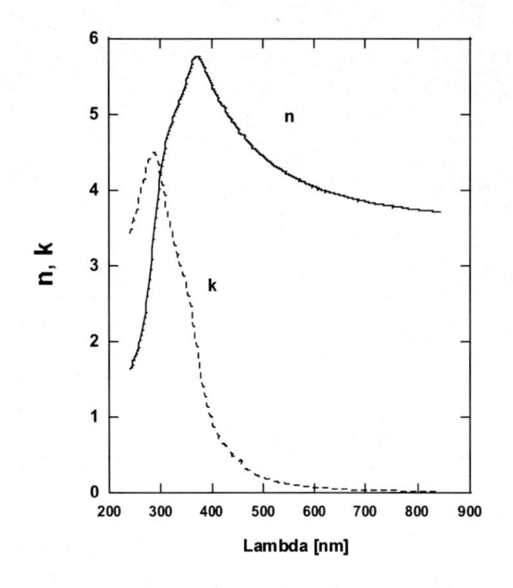

図 4-24　結晶シリコンの屈折率と消光係数

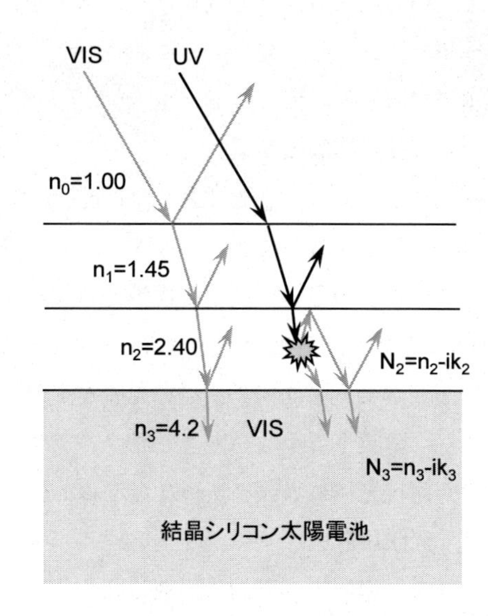

図 4-25　光学的な最適化設計

を収集することができなかったためにあまりに粗い計算になってしまった。ここではその根拠，詳細を割愛する。しかし反射防止膜や表面テクスチャを考慮に入れればさらに向上は見込めると考えている。

1.3.3　他の波長変換膜について

これまでの波長変換技術を大別すると，以下のような方法が各研究機関，大学で検討されている。

①　樹脂または透明絶縁体の中に希土類イオンを分散[39)]

②　樹脂の中に有機色素を分散[40)]

③　透明結晶化ガラス，透光性セラミックガラスに希土類イオンを添加[41)]

④　ナノ蛍光体ペースト[42)]

いずれもまだ実用化には至っていないが，河野氏（電通大）は，シリコン系太陽電池上で用いる変換膜として，母材に $KMgF_3$，PMMA，PVD を選択し，希土類イオンを分散させた薄膜で最大 22.8%の効率向上が見込めるとの試算を行っている。

この他光を量子的に切断したり結合させる[43)]ことで（アップコンバージョン[44)]，ダウンコンバージョン[45)]）波長変換を行うという技術も既に研究が進んでいる。詳細は，文献を参照いただきたい。

希土類元素は有機色素に比べて安定性の観点からは実用に近いという意見もあるが，埋蔵量がそもそも多くないということと近年の価格高騰が懸念される。我々は，希土類を少ない量で高い効率で使うことを目標としている。波長変換効率のほか，太陽光スペクトルのうち可視光に対する透過性，反射の低減（屈折率の整合化）をあわせてさらなる向上を図りたいと考えている。

1.4 まとめ

現状の結晶シリコン太陽電池や今後大きく成長するであろう薄膜シリコン太陽電池に対して，変換効率をさらに 5%向上させることには大きく意義がある。特に現在熱源となって太陽電池の効率を下げている短波長側の光を可視光に変換し，さらに発電に寄与できるということは第 4 世代太陽電池と呼ばれる前に実用化できるよう努力したい。また，今後非常に安価で高い信頼性を持った方法を検討する必要がある。

謝辞

本研究の一部は，財団法人双葉電子記念財団より支援を得て行われたものである。ここに深く感謝申し上げる。

文　　献

1） 濱川圭弘編，太陽光発電 最新の技術とシステム，p.7，シーエムシー出版（2000）
2） 小長井誠，山口真史，近藤道夫編，太陽電池の基礎と応用，p.9，培風館（2010）
3） M. A. Green, K. Emery, Y. Hishikawa and E. D. Dunlop, *Prog. Photovolt: Res. Appl.*, **20**, 12（2012）
4） Y. Nishi, T. Miyata, J. Nomoto and T. Minami, *Thin Solid Films*, in press
5） 桑野幸徳，近藤道夫，最新太陽光発電のすべて，工業調査会（2010）
6） 山田興一，小宮山宏，「太陽光発電工学」，日経 BP 社（2008）
7） J. D. Levine, G. B. Hotchikiss, M. D. Hammerbacher, Proc. 22nd IEEE Photovolt. Spec. Conf., 1045（Las Vegas 1991）
8） T. Tiedje, E. Yabloovitch, G. Cody and B. Brooks, IEEE Trans. on. Electron Devices, ED-31, 711（1984）
9） J. Zhao, A. Wang and M. A. Green, *Prog. Photovolt: Res. Appl.*, **7**, 471（1999）
10） J. Yang, A. Banerjee and S. Guha, *Appl. Phys. Lett.*, **70**, 2975（1997）
11） T. Matsui, C. Chang, T. Takeda, M. Isomura, H. Fujiwara, M. Kondo, *Appl. Phys. Express*, **1**, 031501（2008）
12） B.Yan, *Mat. Res. Soc. Symp. Proc.*, **1066**, 61（2008）
13） K. Shimizu, T. Shiba, T. Tabuchi and H, Okamoto, *Jpn. J. Appl. Phys.*, **36**, 29（1997）
14） 根上卓之，和田隆博編，化合物太陽電池の最新技術，シーエムシー出版（2007）
15） 中田時雄編，CIGS 薄膜太陽電池の最新技術，シーエムシー出版（2010）
16） 2011 年 4 月 25 日，日刊工業新聞
17） 岡田至崇，日本結晶学会誌，**33**，89（2006）
18） K. W. J. Bahnham, G. Duggan, *J. Appl. Phys.*, **67**, 3490（1990）
19） A. J. Nozik, *Chem. Phys. Lett.*, **457**, 3（2008）
20） B. O'Regan and M. Gratzel, *Nature*, **353**, 737（1991）；A. Kay, M. Gratzel, *J. Phys. Chem.*, **97**, 6272（1993）；M. K. Nazeeruddin, A. Kay, I. Rodicio, R. Humphry-Baker, E. Mueller, V. P. Liska and M. Grätzel *J. Am. Chem. Soc.*, **115**, 6382（1993）

21） A. Fujishima, K. Honda, *Nature*, **238**, 37（1972）
22） 瀬川浩司，*O plus E*，**33**，721（2011）
23） 2011 年 8 月 18 日　日経エレクトロニクス「東大などが太陽電池で充電する LED ライトを開発，被災地に配布」（http://techon.nikkeibp.co.jp/article/NEWS/20110805/194716/）
24） M. Hiramoto, H. Fujiwara and M. Yokoyama, *Appl. Phys. Lett.*, **58**, 1062（1991）
25） M. Hiramoto, K. Kitada, K. Iketaki and T. Kaji, *Appl. Phys. Lett.*, **98**, 023302（2011）
26） H. Toki, Y. Sato, K. Tamura, F. Kataoka, S. Itoh, Proc. *Third Int. Display Workshops*, **2**, 919（1996）
27） S. Itoh, H, Toki, K. Tamura, F. Kataoka, *Japan J. Appl. Phys.*, **38**, 6387（1999）
28） S. Okamoto, S. Tanaka, H. Yamamoto, *J. of Luminescence*, **87-89**, 577（2000）
29） H. Yamamoto, S. Okamoto and H. Kobayashi, *J. of Luminescence*, **100**, 325（2002）
30） J. Tauc, “Optical Properties of Solids”, ed. by F. Abeles, p.279（North Holland 1972）
31） F. P. Koffyberg, K. Dwight and A. Wold, *Sol. Stat. Commun.*, **30**, 433（1979）
32） 大橋拓也，清水耕作，第 57 回応用物理学関係連合講演会，18a-TN-6（2010）
33） 大橋拓也，清水耕作，第 71 回応用物理学会学術講演会，16p-ZB-10（2010）
34） 大橋拓也，清水耕作，第 7 回研究集会 in 奈良「薄膜デバイスの理解と解析」（薄膜材料デバイス研究会），アブストラクト集，pp.158-160（6P24）（2010）
35） 清水耕作，第 8 回研究集会 in 京都「新しいデバイス材料」（薄膜材料デバイス研究会），アブストラクト集，p.71（2011）
36） O. M. Marchoylo, L. V. Zavjalova, Y. Nakanishi, H. Kominami, K. Hara, A. E. Belyaev, G. S. Svechnikov, L. I. *Fenenko, V. I. Poludin, Semiconductor Physics, Quantum Electronics & Optoelectronics*, **12**, 321（2009）
37） T. R. N. Kutty and Abanti Nag, *J. Mat. Chem.*, **13**, 2271（2003）
38） M. Deguchi, N. Nakajima, K. Kawakami, N. Ishimatsu, H. Maruyama and Y. Kuroiwa, *Phys. Rev. B*, **78**, 73130-1-4（2008）
39） 河野勝泰，“波長変換太陽電池の開発”，情報機構（2010）または“太陽電池　波長変換材料における効率向上および劣化対策”情報技術協会セミナーテキスト（2009）
40） 温井秀樹，木下暢，太陽電池用光波長変換材の開発，Technical Report 2002，住友大阪セメント（www.socnb.com/report/ptech/2002p31.pdf）
41） S. Tanabe, H. Hayashi, T. Hanada and N. Onodera, *Opt. Mat.*, **19**, 343-349（2002）
42） 磯部徹彦，磯由樹，竹下覚，第 339 回蛍光体同学会講演予稿集，100（2011）
43） R. T. Wegh, H. Donker, K. D. Oskam and A. Meijerink, *Science*, **283**, 663（1999）
44） T. Trupke, M. A. Green and Wuefel, *J. Appl. Phys.*, **92**, 1668（2002）
45） T. Trupke, M. A. Green and Wuefel, *J. Appl. Phys.*, **92**, 4117（2002）

2　蛍光体に求められる性質

竹下　覚[*1]，磯部徹彦[*2]

2.1　はじめに

単接合型の太陽電池の分光感度は，材料のバンドギャップ（E_g）近傍の波長をもつ光に対して最も高くなる。一方，E_gよりも小さなエネルギーをもつ長波長の光は吸収されずに透過し，E_gよりも大きなエネルギーをもつ短波長の光は熱的な緩和や再結合のため変換効率が低下する。地表に到達する太陽光は波長約300～2500 nmに幅広いスペクトルを有するが，既存の太陽電池はE_g近傍以外の紫外光や赤外光を効率よく電気に変えることができない。このような太陽光スペクトルとE_gとのミスマッチにより単接合型太陽電池のエネルギー変換効率には限界があり，その理論限界（Shockley-Queisserの効率限界）はE_g = 1.12 eVの結晶Si系太陽電池で約30%，最大でもE_g = 1.35 eVで約31%にとどまる[1,2]。加えて，とくに短波長側の紫外光は，太陽電池モジュールを構成する部材の吸収・反射損失によって有効に利用されず，実際の変換効率はさらに低下する[3]。もし，このような紫外光や，E_gよりも小さなエネルギーをもつ赤外光を有効に活用できれば，理論効率限界を超えて太陽電池の変換効率を向上させることができる。この方策の一つとして，蛍光体を利用し，紫外光や赤外光を分光感度の高い光へ波長変換する方法が検討されている。

図4-26に示すように，波長変換は，（a）エネルギーの大きい1光子をエネルギーの小さい1光子へ変換するダウンシフト，（b）エネルギーの大きい1光子をエネルギーの小さい2光子へ変換するダウンコンバージョン（量子カッティング），（c）エネルギーの小さい2光子を吸収してエネルギーの大きい1光子へ変換するアップコンバージョン，に分類される。本節では，これら3種の波長変換方式のうち，ダウンシフトおよびダウンコンバージョンに焦点を当て，波長変換層の概要と，波長変換機能を担う蛍光体に求められる特性について解説する。

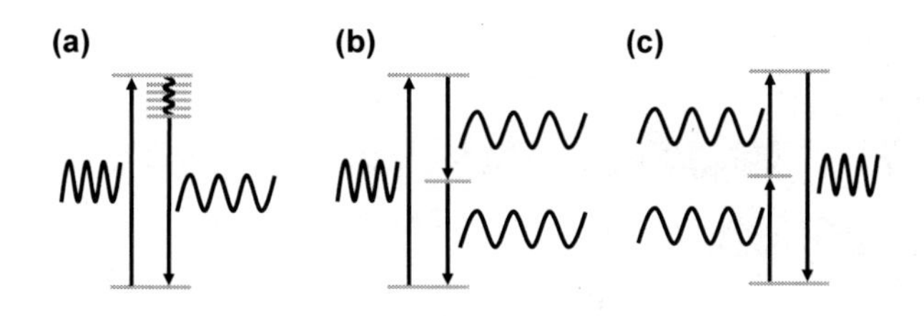

図4-26　波長変換の概念図
（a）ダウンシフト　（b）ダウンコンバージョン　（c）アップコンバージョン

＊1　Satoru Takeshita　慶應義塾大学　理工学部　応用化学科　助教（有期）
＊2　Tetsuhiko Isobe　慶應義塾大学　理工学部　応用化学科　教授

2.2　波長変換層の導入方法

ダウンシフトおよびダウンコンバージョンでは，太陽電池セルの前面に波長変換層を導入し，太陽電池の分光感度の高い長波長光（可視光～近赤外光）をそのまま透過させつつ，分光感度の低い短波長光（紫外光～青色光）を長波長側に波長変換して太陽電池に入射させる。波長変換層は通常，透明なホスト材料に波長変換機能を担う蛍光体を分散させて作製する。波長変換層の導入位置にはいくつかの方式が提案されている。広く流通している結晶Si系太陽電池モジュールを例にとると，図4-27に示すように，個々の太陽電池セルは高エネルギーの紫外線による劣化を抑えるために紫外線吸収剤を含む樹脂により封止されており，その前面にさらに保護カバーガラスや反射防止層が設けられている。最も簡単な波長変換層の導入位置は，カバーガラスの前面に搭載する方式（図4-27(a)）である。この場合，既存の太陽電池モジュールの構成を全く変えずに導入することができる。波長変換層の屈折率が小さい場合は，波長変換層が反射防止の機能も併せ持つので，正味の波長変換による寄与の評価には注意を要する。この他にも，カバーガラスと封止剤の間に挿入する方式（図4-27(b)）が提案されている。一方，カバーガラスや封止樹脂をホスト材料として用い，ここに蛍光体を分散させて波長変換機能を付加させる方式（図4-27(c)，(d)）も検討されている。この場合，モジュール中に新たな界面の導入がないので，後述する反射損失を低減できる。いずれの場合でも，蛍光体が紫外線吸収剤の役割も兼ねるため，紫外線吸収剤の量を減らすことができるという利点がある。

2.3　波長変換層の光路と光損失

波長変換層を太陽電池セルの上に直接搭載した場合を想定し，波長変換層中を通過する光路の模式図を図4-28に示す[3]。太陽光の成分のうち，短波長の紫外光は波長変換層中に分散した蛍光体に吸収され（①），蛍光として蛍光体から等方的に輻射される。輻射された蛍光の大部分は

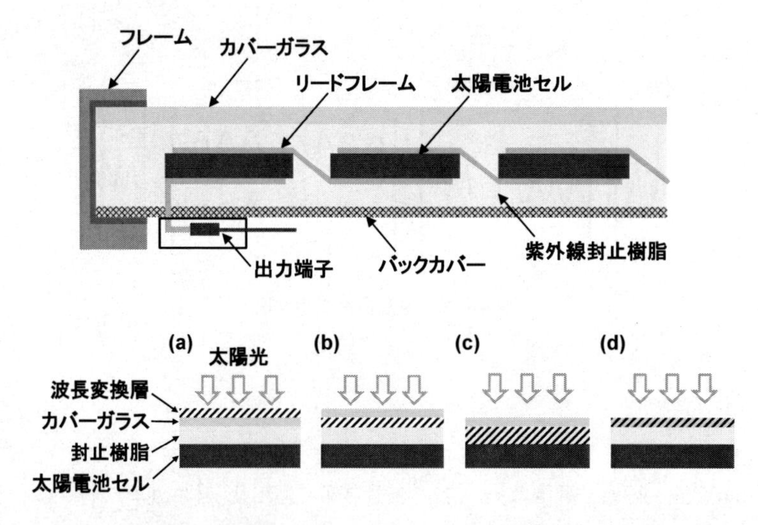

図4-27　結晶系Si太陽電池モジュールの断面構造と波長変換層の導入方式

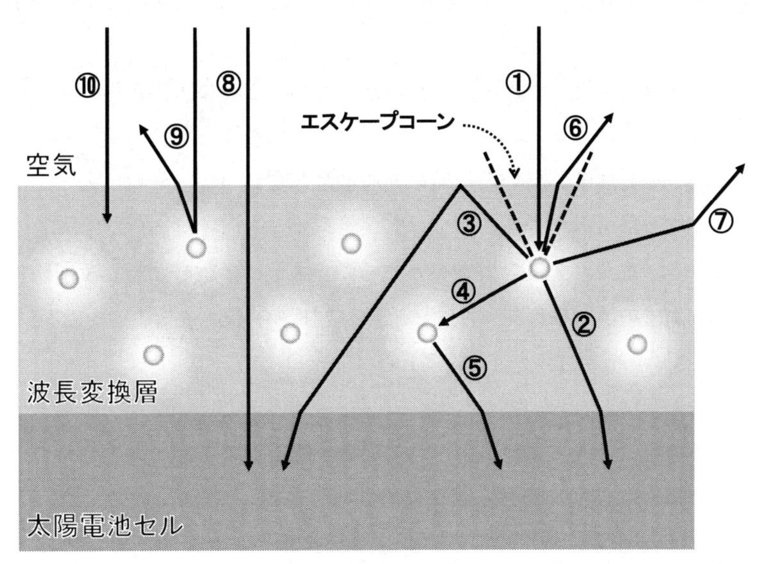

Reproduced with permission from ref. 3. Copyright 2009, Elsevier B.V.

図 4 - 28　太陽電池セルの上に波長変換層を搭載したモジュールの光路図

太陽電池セルに直接入射し（②），一部は波長変換層／空気界面での反射を介して（③），または別の蛍光体による再吸収（④）・再輻射（⑤）を介して入射する。エスケープコーン（全反射の臨界角を頂角とする円錐）内の角度で波長変換層前面（⑥）や側面（⑦）に達した蛍光の一部はそのまま外部へ輻射され，発電に寄与しない。吸収されなかった紫外光や，長波長の可視光〜赤外光はそのまま太陽電池セルに入射するが（⑧），蛍光体の大きさによっては散乱されて太陽電池セルまで届かない光も発生する（⑨）。これらに加え，ホスト材料が光学的に透明でない場合には，ホストによる光吸収が生じる（⑩）。

以上のような波長変換層の構造上，次のような光損失が避けられない。

（1）　蛍光体の量子収率が 100%よりも低いことによる損失
（2）　蛍光体の再吸収損失
（3）　蛍光体による光散乱損失
（4）　前面や側面から蛍光が失われることによる損失
（5）　界面が増えたことによる反射損失
（6）　ホストによる吸収損失

波長変換による利得はこれらの損失を上回らなければならない。

2.4　ホスト材料に求められる特性

ダウンシフトやダウンコンバージョン波長変換に関するこれまでの取り組みから，波長変換層を構成するホスト材料や蛍光体に求められる特性について，いくつかの要点が明らかになってい

る[3~7]。ホスト材料に求められる特性としては，まず上記の光損失ができる限り小さいことが望ましい。したがって，

（1） 紫外光～赤外光領域にわたって光吸収が小さい，とくに太陽電池の分光感度が高い波長域の光を吸収しない

（2） 太陽電池の分光感度が高い波長域の光を散乱しない

（3） 蛍光体が均一に分散する

の3点が求められる。また，波長変換層をカバーガラス上に搭載したり，反射防止層として兼用させる場合は，界面での反射損失を低減するため，屈折率に関して，

（4） 屈折率が低い（n = 1.4 ～ 1.5 程度）

（5） 複屈折をもたない

という特性が求められる。さらに，汎用されている太陽電池のデバイス寿命は 20 ～ 25 年程度とされており，このような長期にわたる耐久性も要求される。太陽電池表面は太陽光を直に受け，気象条件によっては表面温度が約 80℃に達することが知られている。このため，

（6） 20 ～ 25 年程度の長期耐光性を有する

（7） 約 80℃までの耐熱性を有する

の2点が求められる。

以上のような条件から，ホスト材料の候補として，ポリメタクリル酸メチルやポリビニルブチラールなどの耐久性に優れた高分子樹脂，CaF_2 や $KMgF_3$ などの無機単結晶，フッ化物ガラスやホウ酸塩ガラスなどのガラス材料が選択されている。

2.5 蛍光体に求められる特性

ダウンシフトやダウンコンバージョンに用いられる蛍光体は，波長変換による利得をできる限り大きくするため，太陽電池の分光感度の低い波長の光を高効率で吸収し，分光感度の高い波長の光に高効率で変換する必要がある。したがって，

（1） 紫外光領域に幅広い光吸収を有する

（2） 紫外光領域の吸収係数が大きい

（3） 蛍光の量子収率（内部量子効率）が高い

（4） 太陽電池の分光感度が高い波長に蛍光ピークを有する

の4点が求められる。

また，波長変換層を導入した際の光損失ができる限り小さいことが望ましいことから，

（5） ストークスシフトが大きく，吸収と蛍光のスペクトルが重ならない（再吸収が小さい）

（6） 可視光～近赤外光を吸収しない

（7） ホスト材料中に透明に分散でき，可視光～近赤外光を散乱しない

の3点が求められる。（7）に関して，とくに粒子状の蛍光体を用いる場合は，屈折率が同一のホスト材料と蛍光体を選択すること，または蛍光体を微粒子化することが必要となる。前者は材

料の選択の幅が制約されるので非常に困難であるが，後者は次のように考えられる。光の波長よりも小さい微粒子による散乱はRayleigh散乱によって記述され，その散乱強度を示す係数 I_s は次式で表される[8]。

$$I_s = \frac{8\pi^4 N_m a^6}{\lambda^4 r^2} \left| \frac{m^2-1}{m^2+2} \right|^2 (1+\cos^2\theta) I_i$$

ここで，I_i は入射光強度，a は粒子直径，m は N_p/N_m（N_p，N_m はそれぞれ粒子およびホスト材料の屈折率），λ は入射光の波長，r は観測点と粒子の間の距離，θ は散乱角を表す。Rayleigh散乱光強度 I_s は粒子径の6乗に比例し，波長の4乗に反比例する。経験的には，粒子径が入射光の波長の1/10程度まで小さくなると，光散乱は無視できるほど低減するとされている[9]。すなわち可視光の場合，平均粒子径約50 nm以下の微粒子を凝集することなくホスト材料中に分散させる必要がある。

長期耐久性に関して，ホスト材料と同様，

（8）　20～25年程度の長期耐光性を有する

（9）　約80℃までの耐熱性を有する

の2点が求められる。

以上の特性に加え，最終的に市販の太陽電池に波長変換層が導入されるかどうかは，波長変換による利得とコストとの兼ね合いで決まる。そこで，ホスト材料と蛍光体を併せた

（10）　材料・製造コストが低い

ことが求められる。例えばKlampaftisらは，多結晶Si太陽電池に有機色素を用いたダウンシフト波長変換層を導入した際のコストについて試算を行っており，太陽電池の変換効率を相対的に数%向上できる波長変換層であるならば採算が取れると指摘している[3, 10]。

実際のダウンシフト用の蛍光体としては，有機色素，希土類錯体，発光イオンをドープした無機結晶やガラス，無機蛍光体ナノ粒子など多様な材料が検討されている。ダウンコンバージョン用の蛍光体としては，発光イオンをドープした無機結晶・ガラスや，結晶化ガラスなどが主に提案されている。次節以降で詳説するように，それぞれ材料には長所と短所があり，上記の蛍光体に求められる特性すべてを満足する理想的な材料は報告されていない。したがって，波長変換に用いる蛍光体の選択に際し，損失を補って余りある利得が波長変換によって得られるかどうかを知る必要がある。このため，波長変換層の設計にはシミュレーションと実験の双方からのアプローチが有効である。

文　　献

1） W. Shockley, H. J. Queisser, *J. Appl. Phys.*, **32** (3), 510-519 (1961)
2） C. H. Henry, *J. Appl. Phys.*, **51** (8), 4494-4500 (1980)
3） E. Klampaftis, D. Ross, K. R. McIntosh, B. S. Richards, *Sol. Energy Mater. Sol. Cells*, **93** (8), 1182-1194 (2009)
4） C. Strümpel, M. McCann, G. Beaucarne, V. Arkhipov, A. Slaoui, V. Švrček, C. del Cañizo, I. Tobias, *Sol. Energy Mater. Sol. Cells*, **91** (4), 238-249 (2007)
5） 股木宏至，機能材料，**31** (3)，36-42 (2011)
6） 二階堂雅之，月刊 Material Stage，**11** (4)，43-48 (2011)
7） 河野勝泰，光アライアンス，**22** (6)，5-10 (2011)
8） C. F. Bohren, D. R. Huffman, Absorption and Scattering of Light by Small Particles, Wiley Interscience, New York, p.132 (1983)
9） 斉藤光正，日本印刷学会誌，**36** (1)，50-55 (1999)
10） E. Klampaftis, B. S. Richards, *Prog. Photovolt.: Res. Appl.*, **19** (3), 345-351 (2011)

3　紫外光から可視光・近赤外光への変換

竹下　覚[*1]，磯部徹彦[*2]

3.1　はじめに

結晶Si系太陽電池は1.12 eVのバンドギャップを有し，AM1.5Gの太陽光に対する理論効率限界は30%前後とされている[1)]。一方，既存の単結晶Si太陽電池の変換効率は，2011年現在，実験室レベルのセル効率で25%，市販されているモジュールの効率では10～20%程度にとどまる[2,3)]。太陽電池の変換効率を低下させている要因の一つに，短波長側の光の利用効率が低い点が挙げられる。単結晶Si太陽電池を例にとると，図4-29に示すように波長約400～1100 nmにのみ分光感度（外部量子効率）を有し，波長400 nm以下の紫外光に対する分光感度は，

（1）　太陽電池モジュール表面のカバーガラスによる反射・吸収

（2）　紫外線封止剤による吸収

（3）　太陽電池セル表面の反射防止層（SiN）による反射・吸収

（4）　太陽電池セル表面近傍での電子-正孔の再結合

の4つの損失によってほとんど失われ，発電に寄与しない[4,5)]。そこで，このような紫外光を長波長側に波長変換するダウンシフト・ダウンコンバージョン蛍光体を太陽電池と組み合わせることで，変換効率を向上させようという試みが検討されている。

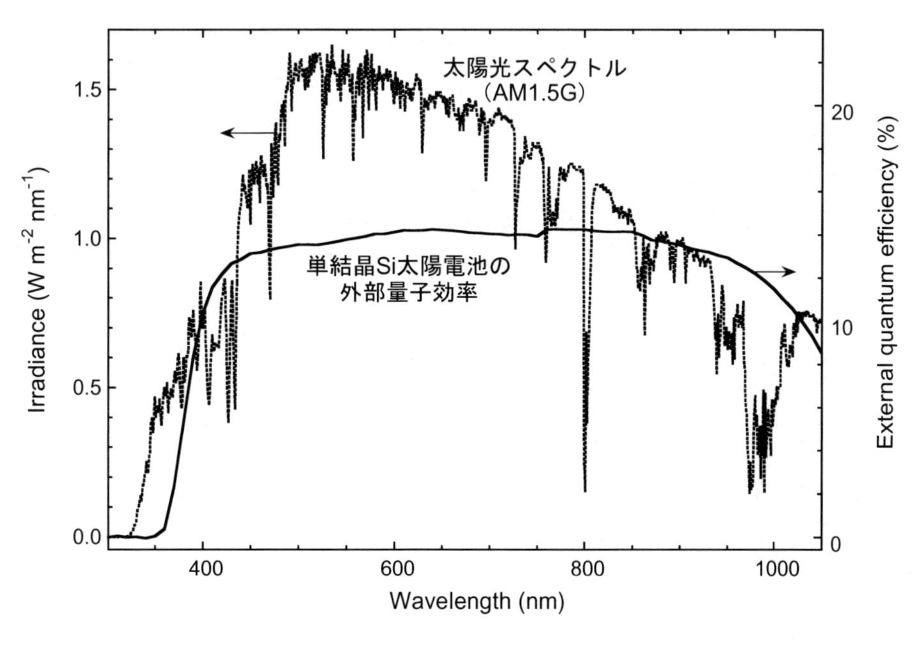

図4-29　太陽光スペクトルと単結晶Si太陽電池の分光感度（外部量子効率）

＊1　Satoru Takeshita　慶應義塾大学　理工学部　応用化学科　助教（有期）

＊2　Tetsuhiko Isobe　慶應義塾大学　理工学部　応用化学科　教授

3.2 ダウンシフト蛍光体による紫外光から可視光への変換

ダウンシフト波長変換の概念は，luminescent solar concentrator と呼ばれる蛍光体ドープ型太陽電池用集光装置の研究の中で，1970年代に見いだされた[6]。1979年にIBMのHovelらは，集光型ではない太陽電池に平板状のダウンシフト波長変換層を初めて導入し，その有効性を示した[7]。それ以来，ダウンシフト波長変換は国内外の多くの研究者によって研究されているが，実用に適した蛍光体材料が現在まで見いだされておらず，市販の太陽電池に導入されるまでには至っていない。太陽電池セルの前面にダウンシフト波長変換層を導入すると，波長400 nm以下の紫外光が可視光に波長変換されて入射され，上記の4つの損失が低減し，入射光束あたりの電子-正孔対の数が増加する。その結果，短絡電流が増大し，太陽電池の変換効率が向上する。開放電圧やフィルファクターなど，半導体の特性やデバイスの抵抗に依存するパラメータは大きく変化しない。ダウンシフト波長変換は結晶Si系太陽電池を筆頭に，太陽電池の種類を問わず適用できる。

紫外光から可視光への波長変換機能を担うダウンシフト蛍光体としては，有機色素，希土類錯体，発光イオンをドープした単結晶・ガラス蛍光体などが提案されている。近年では，II-VI族量子ドット，Si量子ドット，酸化物蛍光体ナノ粒子などのナノサイズの無機蛍光体や，薄膜蛍光体なども着目されている。波長変換層の構成や蛍光体に求められる特性については，前節を参照されたい。前節で紹介した蛍光体に求められる10項目について，主な蛍光体材料との関係を表4-2にまとめる。以下では，実際に太陽電池に実装して評価した報告例を中心に，これまで報告されてきたダウンシフト材料をとりまとめ，波長変換機能を担う蛍光体の種類ごとにそれぞれの材料の特徴と課題を解説する。

3.2.1 有機色素を用いた波長変換

有機色素は大きな光吸収係数および高い蛍光量子収率を有し，ポリマー中に透明に分散させる

表4-2　蛍光体に求められる特性と，主な蛍光体材料との関係

求められる性質	有機色素	希土類錯体	単結晶，ガラス	量子ドット	無機ナノ蛍光体
紫外光領域に幅広い吸収	×	○	×	○	△
光吸収係数が大きい	○	○	△	○	△
蛍光量子収率が高い	○	○	△	△	×
分光感度が高い波長での蛍光	△	△	△	△	△
蛍光と吸収が重ならない	×	○	△	×	△
可視光を吸収しない	×	○	○	×	○
可視光を散乱しない	○	○	○	○	△
20～25年の耐光性	×	×	○	△	○
80℃程度の耐熱性	×	×	○	△	○
低コスト	△	×	△	×	△

○＝概ね良好，△＝材料による，×＝不適

ことができる。太陽電池用波長変換に適した有機色素として，Rhodamine 系，Coumarine 系，Lumogen®-F などが用いられ，これらの色素を均一に分散させる観点から，ポリメタクリル酸メチル（PMMA）やポリビニルブチラール（PVB）などのポリマーがホスト材料として用いられる。例として，ダウンシフト波長変換層によく用いられる Lumogen-F シリーズの励起・蛍光スペクトルを図 4 - 30 に示す。

表 4 - 3 に示すように，有機色素を用いたダウンシフト材料に関する研究が多くのグループによって報告されている。なお，以後の表 4 - 3 ～ 4 - 6 で示す効率利得とは，何も搭載していない太陽電池の変換効率を基準にし，波長変換層搭載後の変換効率の相対増加率を意味する。蛍光体をドープしていないホスト材料のみを搭載した太陽電池を基準にした場合には，数値の右肩に＊を付記した。また，表中の I_{sc} は短絡電流，P_{max} は最大出力，P_{gen} は発電量，*IQE* は太陽電池の内部量子効率，c-Si は単結晶 Si，mc-Si は多結晶 Si，μc-Si は微結晶 Si，a-Si はアモルファス Si をそれぞれ意味する。

Maruyama らは，種々の色素を含む PMMA プレートを多結晶 Si 太陽電池上に搭載して発電特性に与える影響を評価したところ，とくに緑色色素をドープしたプレートでダウンシフトの効果が最も大きく，疑似太陽光（AM1.5G）照射下の変換効率が 2.7%増加したと報告している [15]。また，Lumogen-F 083（蛍光量子収率 91%）を含む PMMA プレートを CdS/CdTe 太陽電池に搭載することで，太陽光（AM1.5D）照射下の最大出力が 33%増加できることを実験データに基づいたシミュレーションによって示した [25]。さらに，色素が吸収したすべての光を量子収率 100%で波長変換し，変換後の光に対する太陽電池の外部量子効率が 100%であると仮定すると，

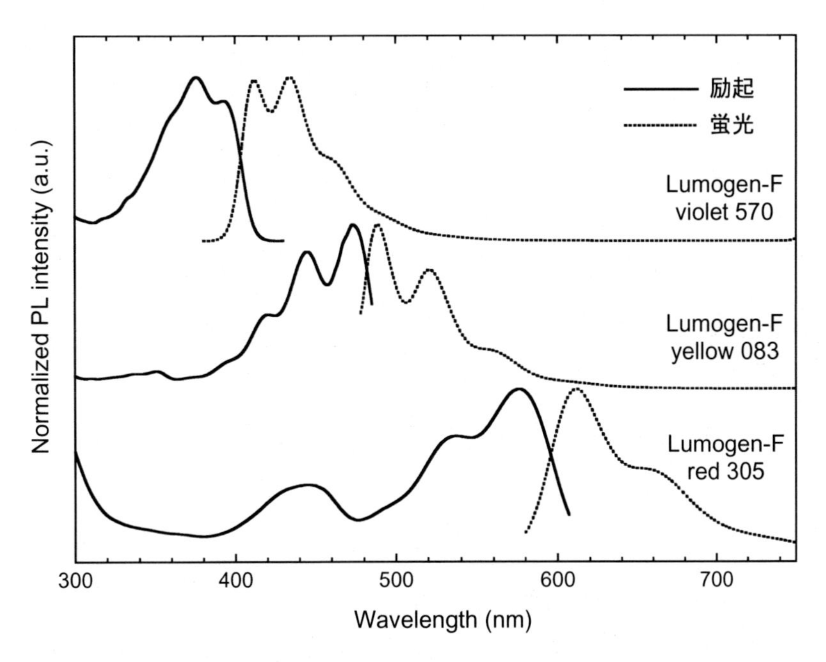

図 4 - 30　CH_2Cl_2 溶液中の Lumogen-F の励起・吸収スペクトル

表4-3　有機色素を用いた波長変換

蛍光体	ホスト	蛍光量子収率	効率利得	太陽電池	光源	発表年	文献
Uvitex OB, Hostasol 8G	PMMA	undefined	+ 22 ~ 27%[*] + 35%[*]	c-Si	AM1D AM1d	1981	8)
ideal fluorescent dye	–	< 75%[a]	< 1 mA cm^{-2}[s]	c-Si	undefined	1984	9)
Rhodamine 6G, Lumogen-F 241, 339	PMMA	undefined	+ 48%[b] in I_{sc}	c-Si[†]	sunlight	2003	10)
blue-, green-emitting dyes	undefined	undefined	+ 2%[b]	c-Si	undefined	2011	11)
MPI-505C, 503C	paint thinner	~ 60%	+ 29%[b]	mc-Si[†]	Xe lamp	1998	12,13)
MPI-505C, 507C	paint thinner	undefined	+ 6%[b]	mc-Si	Xe lamp	1999	14)
Acrylite SG715, S996, S995, S994, Sumipex 652, 352, 451, 452	PMMA	91 ~ 100%	+ 2.7%[b]	mc-Si[†]	AM1.5G	2000	15)
Lumogen-F 570+083+240+300	PMMA	undefined	+ 2%[*,s,b]	mc-Si	AM1.5G	2006	16)
Bis-MSB, Stilben 189, Uvitex OB, Lumogen-F 570, 650, 083, 170, 300, Coumarin 307, CRS 040	PMMA	undefined	+ 1.8%[b] in I_{sc}	mc-Si	AM1.5G	2007	17)
Lumogen-F 570, 083, 240, 300	PMMA	undefined	+ 1.2%[*,b] in I_{sc}	mc-Si	AM1.5G	2008	18)
Lumogen-F 570, 083, 300	PMMA	undefined	+ 1.1%[*,b] in I_{sc} + 1.7%[*,b] in I_{sc} + 0.8%[*,b] in I_{sc}	mc-Si	AM1.5G AM0 AM1.5D	2009	19)
Coumarin 153	PVB	undefined	+ 5.6%[*]	mc-Si	AM1.5	2009	20)
Lumogen-F 305	acryl resin	undefined	+ 0.8%[s] in P_{max}	mc-Si	undefined	2010	21)
Lumogen-F 570	EVA	undefined	+ 1.2%[*]	mc-Si	AM1.5G	2011	5)
Roehm-Hass 2154	PMMA	70 ~ 90%	± 0%	a-Si	AM0	1979	7)
various organic dyes	PVB	undefined	+ 7%[b,d]	a-Si	AM1.5	2002	22)
Lumogen-F 570	acryl resin	undefined	+ 1.5%[s] in P_{max}	a-Si	undefined	2010	21)
pyrene-functionalized L-glutamide	polystyrene	undefined	+ 5.4%	a-Si	AM1.5G	2011	23)
MPI-505M	paint thinner	86%	+ 11%[e] in P_{max}	CdTe	AM1.5	2001	24)
Lumogen-F 083	PMMA	91%	+ 33%[e] in P_{max}	CdTe	AM1.5D	2001	25)
Rhodamine 6G	PMMA PVB	40 ± 10% 90 ± 5%	negative + 11%	CdTe	AM1.5	2004	26)
Lumogen-F 570+083+240	PMMA	~ 100%	+ 17%[s]	CdTe	AM1.5G	2007	27)
Lumogen-F 570, 083	PMMA varnish	undefined	+ 2.3%[*,b] in I_{sc} + 5.7%[b] in I_{sc}	CIS	undefined	2007	28)
Roehm-Hass 2154, Coumarin 540, Rhodamine 6G	PMMA	70 ~ 90%	+ 17%[b]	GaAs	AM0	1979	7)
Bis-MSB, Stilben 189, Uvitex OB, Lumogen-F 570, 650, 083, 170, 300, Coumarin 307, CRS 040	PMMA	undefined	no benefit	DSSC[†]	AM1.5G	2007	17)
Bis-MSB, Stilben 189, Uvitex OB, Lumogen-F 570, 650, 083, 170, 300, Coumarin 307, CRS 040	PMMA	undefined	+ 0.9%[b] in I_{sc}	organic	AM1.5G	2007	17)
N,N'-bis(3-methylphenyl)-N,N'-bis(phenyl)-benzidine	–	undefined	+ 7.2%	organic	AM1.5G	2011	29)

*ホスト材料のみに対する相対値，a 再吸収を含めた見かけの量子収率，s シミュレーション，b ベストデータ，d 光拡散層あり，e 実験結果に基づく計算，†反射防止層なし

最大出力は40%増加できると試算している。

Klampaftisらは，多結晶Si太陽電池の紫外線封止剤として用いられているエチレン・ビニル酢酸共重合（EVA）樹脂に有機色素をドープし，波長変換機能を付加する試みを報告している[5)]。この方法では，従来の太陽電池の製造工程を大きく変えることなく導入できるほか，新たな界面が増えないので反射による光損失も低減できる。彼らは，疑似太陽光（AM1.5G）照射下の変換効率15.07%の太陽電池セルをLumogen-F 570をドープしたEVA樹脂で封止したところ，変換効率が15.35%まで増加したと報告している。ここからノンドープのEVA樹脂で封止した場合の効率増加量を差し引くことで見積もられる波長変換による正味の効率増加量は，絶対値で0.18%，封止前の太陽電池セルからの相対値で約1.2%に相当する。

一方，図4-30の励起・蛍光スペクトルからもわかるように，有機色素の蛍光はストークスシフトが小さいため，①吸収と蛍光のスペクトルの重なりが大きく，蛍光を再吸収する，②単一の色素のみで紫外光→緑～赤色光の変換ができない，③紫外光領域の吸収スペクトルの幅が狭いなどの問題点を抱えている。この解決策として，いくつかの有機色素を組み合わせてストークスシフトを広げることが検討されている[27)]。しかし，実用的な面では長期にわたる耐光性・耐熱性が欠如している点が問題である。耐光性を向上させるため，紫外線吸収剤の添加や，光化学反応により生じたラジカルを補足する光安定剤などの添加が検討されている[11)]。

3.2.2　希土類錯体を用いた波長変換

希土類錯体は大きな光吸収係数および高い蛍光量子収率を有し，ポリマー中に透明に分散させることができる。また，多くの希土類錯体は，電荷移動遷移による吸収や，有機配位子から希土類イオンへのエネルギー伝達を利用して発光する。このため，配位子と希土類イオンの組み合わせによって，紫外光領域に幅広い吸収を有し，かつ，吸収と蛍光のスペクトルが重ならない錯体を設計することができる。錯体としてはEu^{3+}錯体やTb^{3+}錯体が用いられ，ホスト材料としてはPMMA，ポリビニルアルコール（PVA）などのポリマーやシリカガラスが用いられる。希土類錯体を用いたダウンシフト材料に関するこれまでの報告例を表4-4に示す。

Jinらは，単結晶Si太陽電池セルをEu^{3+}フェナントロリン錯体［$Eu(phen)_2]Cl_3$を含むORMOSIL（有機基修飾ケイ酸塩）でコートすると，変換効率が18%増加し，またアモルファスSi太陽電池セルをTb^{3+}ビピリジン錯体［$Tb(bpy)_2]Cl_3$を含むORMOSILでコートすると，変換効率が8%増加することを報告している[30)]。図4-31にこれらの錯体の励起・蛍光スペクトルと，太陽電池の分光感度，および太陽光スペクトルを示す。Eu^{3+}錯体は赤色波長域にシャープな発光ピークを，Tb^{3+}錯体は緑色波長域にシャープな発光ピークを有するため，前者は単結晶Si太陽電池に，後者はアモルファスSi太陽電池に適している。

サンビック㈱と産業技術総合研究所のグループは，Eu^{3+}錯体をEVA樹脂に練り込んだ紫外光から赤色光への波長変換シートを作製し，これを封止材として用いた太陽電池パネルの屋外発電試験を実施したところ，発電量が約1%増加したと報告している[38)]。また，改良を加えて発光強度を5倍程度まで増大させた錯体を用いた場合，発電量が約4.5%増加したと報告している[39)]。

表 4－4　希土類錯体を用いた波長変換

蛍光体	ホスト	蛍光量子収率	効率利得	太陽電池	光源	発表年	文献
$[Eu(phen)_2]Cl_3$	ORMOSIL	40～50%	＋18%[b]	c-Si[†]	AM1.5	1997	30,31)
$[Eu(phen)_2](NO_3)_3$	PVA	undefined	＋0.8～1%[*] in P_{max}	c-Si	AM0	2006	32)
$[Eu(dbm)_3phen]$	PVA	undefined	＋0.5%[*] in P_{max}	c-Si	AM1.5G	2008	33)
$[Eu(tta)_3phen]/SiO_2$ shell	acryl resin	20～64%	＋1.03 mA cm^{-2}[*,b] in I_{sc}	c-Si	AM1.5G	2009	34)
[Eu-Al nanocluster]-MK	PMMA	undefined	＋9.9%	c-Si	AM1.0	2009	35)
$[Eu(dbm)_3phen]$, $[Eu(tfc)_3]$	PVA	undefined	＋2.8±0.1%[*b] in P_{max}	c-Si	AM1.5G	2009	36)
$[Eu(tfc)_3]$-EABP	EVA	undefined	＋2.9%[*] in P_{max}	c-Si	AM1.5	2011	37)
Eu^{3+} complex	EVA	undefined	＋4.5%[*] in P_{gen}	c-Si	sunlight	2011	38,39)
$[Tb(bpy)_2]Cl_3$	ORMOSIL	40～50%	＋8%[b]	a-Si	AM1.5	1997	30)
$[Eu(phen)_2]Cl_3$	PVB	undefined	＋4.3%[d] in I_{sc}	a-Si	AM1.5	2002	22)
Eu^{2+}, Tb^{3+}, Dy^{3+} complexes	EVA	undefined	＋1.7%[*,b]	CdTe	AM1.5	2009	20)

＊ホスト材料のみに対する相対値，b ベストデータ，d 光拡散層あり，† 反射防止層なし
phen: 1,10-phenanthroline; dbm: dibenzoylmethane; tta: thenoyltrifluoronacetone;
MK: 4,4’-bis(dimethylamino)benzophenone; tfc: 3-(trifluoromethylhydroxymethilene)-d-camphorate;
EABP: 4,4’-bis(diethylamino)benzophenone; bpy: 2,2’-bipyridine

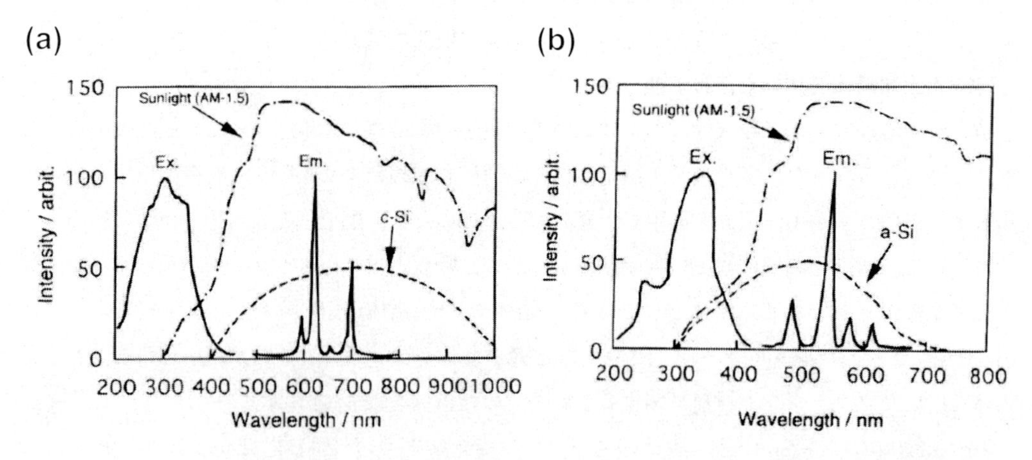

図 4－31　ORMOSIL 中に分散した希土類錯体の励起・蛍光スペクトルと太陽電池の分光感度，および太陽光スペクトル

(a) $[Eu(phen)_2]Cl_3$ と単結晶 Si 太陽電池
(b) $[Tb(bpy)_2]Cl_3$ とアモルファス Si 太陽電池

希土類錯体の蛍光量子収率を低下させる要因として，有機配位子による多フォノン緩和と，希土類錯体間の濃度消光が挙げられる[40]。この 2 点を抑制するために，Mataki らは 1 つの中心希土類イオン，3 つの金属イオン（Al など），およびアルコキシド配位子からなるナノクラスターを提案している[35]。このナノクラスターでは，配位子中に重い金属イオンがあるため分子振動エネルギーが小さくなり，多フォノン緩和を抑制できる。また，金属イオンとアルコキシドの立体

障害により希土類イオンどうしの近接を防ぐことで濃度消光を抑制している。Matakiらは上記のナノクラスターに増感剤としてミヒラーズケトン（4,4'-bis(dimethylamino)benzophenone）を添加したものをPMMAに分散させ，単結晶Si太陽電池上にコートしたところ，無コート太陽電池と比べて変換効率が9.9%上昇したと報告している。

しかし，希土類錯体も一般に耐久性に乏しく，加熱，水分，太陽光照射などにより容易に劣化する。この問題を解決するために，ゾル-ゲル法によってEu^{3+}錯体をシリカガラス中に封入し，耐久性を向上させることが検討されている[41, 42]。

3.2.3　単結晶・ガラス蛍光体を用いた波長変換

発光イオンをドープした透明な単結晶やガラス蛍光体を用いたダウンシフト材料が作製されている。これらのダウンシフト材料は可視光領域に高い透明性を有し，耐光性・耐熱性に優れている。発光イオンとしては主に希土類イオンが用いられる。Eu^{3+}やTb^{3+}のようにパリティ禁制な4f-4f遷移は紫外光に対する吸収係数が著しく小さい。このため，Eu^{2+}やCe^{3+}のようにパリティ許容な4f-5d遷移が適している。ガラス・単結晶蛍光体を用いたダウンシフト材料に関する報告例を表4-5に示す。

Kawanoらは反射防止層として用いられているガラスや無機結晶に希土類イオンをドープし，ダウンシフト機能を付加させる研究を行っている。彼らは，Sm^{2+}・Sm^{3+}をドープした$KMgF_3$単結晶をアモルファスSi太陽電池に搭載させることで，ノンドープ$KMgF_3$単結晶の場合と比較して変換効率が3%増加し，またCdS/CdTe太陽電池に搭載させることで，同様に変換効率

表4-5　発光イオンをドープした単結晶・ガラス蛍光体を用いた波長変換

発光中心	母体	蛍光量子収率	効率利得	太陽電池	光源	発表年	文献
Cr^{3+}	Al_2O_3	～100%	＋1～2%^{e}	c-Si	AM0	1979	7)
Ag	phosphate glass	20～30%	＋1.6%^{*,b}	c-Si	AM0	1994	43)
Eu^{3+}, Tb^{3+}	silicate glass	undefined	＋0.3%^{b}	mc-Si	1-5 suns	2000	44)
Tb^{3+}	fluoride glass	100%	＋2.3%^{*,s,b}	μc-Si	AM1.5	2011	45)
		67.2%	＋0.5%^{*,s,b}				
Eu^{2+}	CaF_2	undefined	＋50%*	a-Si	AM1.5 (10^4 lx)	1996	46,47)
Eu^{3+}	silica glass antireflection layer	undefined	＋58%*	a-Si	AM1.5G (240 lx)	1998	48)
Eu^{3+}, Tb^{3+}	silicate glass	undefined	＋0.2%^{b}	a-Si	1-5 suns	2000	44)
Eu^{2+}, Tb^{3+}	commercial glass	undefined	＋8%^{b,d}	a-Si	AM1.5	2002	22)
Eu^{2+}	CaF_2	undefined	＋8～45%^{*,c}	a-Si, mc-Si	AM1.5	2009	20)
$Sm^{2+/3+}$	$KMgF_3$	undefined	＋3%*	a-Si	AM1.5	2009	20)
Tb^{3+}	fluoride glass	100%	＋1.1%^{*,s,b}	a-Si	AM1.5	2011	45)
$Sm^{2+/3+}$	$KMgF_3$	undefined	＋5.2%*	CdTe	AM1.5	2003	20,49)
Tb^{3+}	BaF_2	undefined	＋1%*	CdTe	AM1.5	2009	20)
Cr^{3+}	Al_2O_3	～100%	＋9%	GaAs	AM0	1979	7)

＊ホスト材料のみに対する相対値，e 概算値，b ベストデータ，s シミュレーション，d 光拡散層あり，c 集光下

が5%増加することを報告している[20]。さらに実験データに基づくシミュレーションを行い，蛍光体の量子収率が100%などの理想的な仮定のもとで，太陽光（AM1.5）照射下のCdS/CdTe太陽電池の変換効率が最大22.8%向上しうることを示している[49]。

単結晶・ガラス蛍光体の問題点としては，発光イオンの光吸収係数が小さく多量のドープが必要となるため，コストが高く，波長変換層の膜厚が大きくなる点が挙げられる。さらにホスト材料の問題点として，単結晶の作製には時間とエネルギーが多くかかるほか，薄く広く作製できないため実用的ではない。ガラスは作りやすく延性に富むが，ドープされた発光イオンの発光強度が小さくなりやすい。

3.2.4 量子ドットを用いた波長変換

無機蛍光体は耐久性に優れているが，その多くはミクロンサイズの粉体として市販されており，可視光に対して不透明であることから，そのままでは波長変換材料として用いることができない。例えばChungらは，紫外光を吸収して赤色光を発する$Y_2O_3:Eu^{3+}$や$Y_2O_2S:Eu^{3+}$ミクロン粒子をPVAに分散させ，多結晶Si太陽電池セル上にスピンコートにより成膜したところ，波長300～400 nmのブロードな紫外光照射下での発電効率が最大14倍まで増大したと報告している[50]。しかし，ここで作製された膜は見た目に不透明であり，可視光をほとんど透過しないため，波長変換層として使用することはできない。

前節で示したように，可視光を散乱しないためには，約50 nm以下のナノ粒子をホスト中に均一に分散させる必要がある。一般に蛍光体粒子をナノオーダーまで小さくしていくと，比表面積が急激に増大し，表面欠陥を介した非輻射緩和確率が増大するため，蛍光量子収率が低下する。量子収率の低下を防ぐためには，ナノ粒子表面を適切なキャッピング剤で被覆し，表面欠陥をパッシベートする必要がある。このようなナノサイズの無機蛍光体としては，II-VI族半導体量子ドットがよく知られている[51]。量子ドットは有機色素や希土類錯体よりも優れた光安定性を示し，表面欠陥が有機配位子や無機シェル材料で被覆されているため高い蛍光量子収率を有する。また，図4-32に示すように，発光波長と吸収端波長は粒子サイズを調整することで制御でき，光吸収係数は短波長側ほど増大する。表4-6に示すように，量子ドットを用いたダウンシフト材料に関する研究が実験とシミュレーションの双方から報告されている。

van Sarkらは波長603 nmに発光を示すCdSe量子ドットを多結晶Si太陽電池セル上に導入すると，疑似太陽光（AM1.5G）照射下の短絡電流が最大約10%上昇するというシミュレーションを報告している[57]。さらに，同様のシミュレーションにより太陽光スペクトルの影響が調査され，AM1.5G，AM1.5D，AM1.5dでの太陽光照射下の短絡電流上昇率は，それぞれ最大約9.6%，6.3%，28.6%と算出されている[58]。ここで，AM1.5D（Direct）はエアマス1.5での直射日光の成分，AM1.5d（diffuse）は同様に拡散光の成分，AM1.5G（Global）はAM1.5DとAM1.5dを82：18の寄与で足し合わせたものである。この結果は，短波長な光の割合が多い拡散光で，量子ドットの波長変換効果が強く表れることを示している。また，同様のシミュレーションで季節や天候の影響が調べられ，長波長側の光が遮断されやすく，光子の平均エネルギー

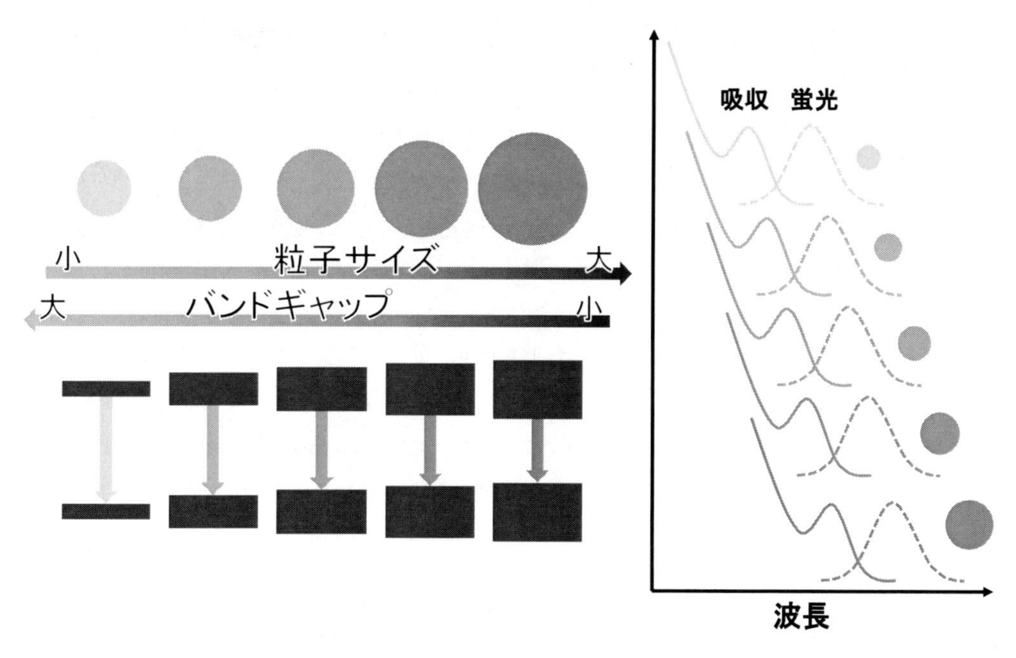

図4-32　量子ドットの粒子サイズ・バンドギャップ・吸収スペクトル・蛍光スペクトルの関係

表4-6　量子ドットを用いた波長変換

蛍光体	ホスト	蛍光量子収率	効率利得	太陽電池	光源	発表年	文献
Si	spin-on glass	undefined	＋ 2.5 mA cm^{-2} *,b in I_{sc}	c-Si†	undefined	2004	52)
CdS	SiO_2	undefined	＋ 4.0%*,b in I_{sc}	c-Si†	AM1.5G	2010	53)
ZnS	−	undefined	＋ 9.6%	c-Si†	AM1.5G	2010	54)
Si	SiO_x antireflection layer	undefined	＋ 14%*,e in *IQE*	c-Si	AM1.5G	2011	55)
Si	−	＜～20%	no benefit[e]	c-Si	undefined	2011	56)
CdSe	ideal plastic	80%	＋ 10%[s]	mc-Si	AM1.5G	2004	57)
CdSe	ideal plastic	80%	＋ 28.6%[s] ＋ 6.3%[s] ＋ 9.6%[s]	mc-Si	AM1.5d AM1.5D AM1.5G	2005	58)
CdSe	ideal plastic	80%	no benefit[s]	a-Si	AM1.5G	2004	57)
CdS	ZrO_2	undefined	＋ 3%	CIS†	AM1.5	2006	59)

*ホスト材料のみに対する相対値，b ベストデータ，e 反射損失を差し引いた実効値，s シミュレーション，†反射防止層なし

が大きい冬の曇天時に短絡電流の上昇率が最も大きく22.9%となると報告されている[60]。

Chengらは，粒子径3～5 nmのCdS量子ドットが分散したシリカガラスをゾル-ゲル法によって作製し，これを結晶Si太陽電池セルの前面にコーティングして発電特性に与える影響を調査している[53]。その結果，疑似太陽光（AM1.5G）照射下において，量子ドットを含まないシリカガラスと比較して，短絡電流が最大約4%増大することが実験的に確かめられている。

一方で，これらのII-VI族半導体量子ドットは，構成元素の毒性[51]，高い製造コスト[61]，粒子サイズ・粒度分布に非常に敏感な発光波長・発光バンド幅などの問題点が実用化への障壁となっている。また，可視光に吸収をもつ，吸収と蛍光のスペクトルの重なりがあり蛍光の一部が再吸収されるなどの問題も指摘されている[4)]。

II-VI 族半導体に代わり，低毒性な Si 量子ドットが着目されている。例えば，Švrček らは，単結晶 Si 太陽電池の上に，粒子径 4 ～ 10 nm の Si 量子ドットが分散した SiO_2 反射防止膜をコートしたところ，量子ドットを含まない膜と比較して短絡電流値が 2.5 mA cm^{-2} 増加したと報告している[52)]。

3.2.5 無機ナノ蛍光体・薄膜蛍光体を用いた波長変換

量子ドット以外の無機ナノ蛍光体もダウンシフト材料として着目されている。とくにドープ型無機ナノ蛍光体は母体と付活剤の組み合わせによって，波長 400 nm 以下の紫外光領域に幅広い吸収を有し，可視光を吸収せず，蛍光量子収率の高い系を設計することができる。ただし，ナノサイズ化による蛍光量子収率の低下を抑制しつつ，かつ約 50 nm 以下のナノ粒子をホスト材料に均一に分散させる必要があり，このような無機ナノ蛍光体の合成報告例は限られている。

筆者らは $YVO_4:Bi^{3+},Eu^{3+}$ ナノ蛍光体を用いたダウンシフト材料の作製に取り組んでいる[62)]。図 4-33 に示すように，$YVO_4:Bi^{3+},Eu^{3+}$ は波長約 400 nm 以下の紫外光を吸収し，619 nm の赤色光で発光する蛍光体であり，水溶液中の低温プロセスで粒子径約 30 nm 程度に分散したナノ粒子を得ることができる[63)]。このナノ粒子は，フェードメーターによる加速試験の結果，屋外約 30 年相当の長期耐光性を有することが確認されている[64)]。また，可視光に対して高い透明性をもつ膜の作製が可能である[65)]。図 4-34 に示すように，$YVO_4:Bi^{3+},Eu^{3+}$ ナノ蛍光体を水性ウレタン樹脂に分散させた波長変換膜をガラス基板上に成膜し，単結晶 Si 太陽電池に搭載して紫外光照射下の電流-電圧（I-V）カーブを測定した。その結果，発光イオンをドープしていない

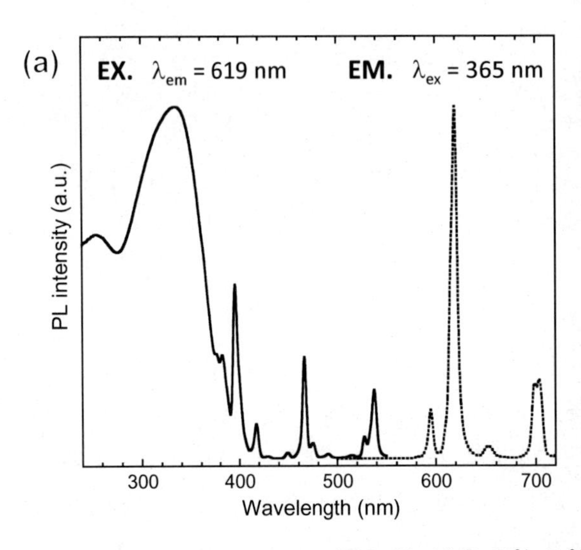

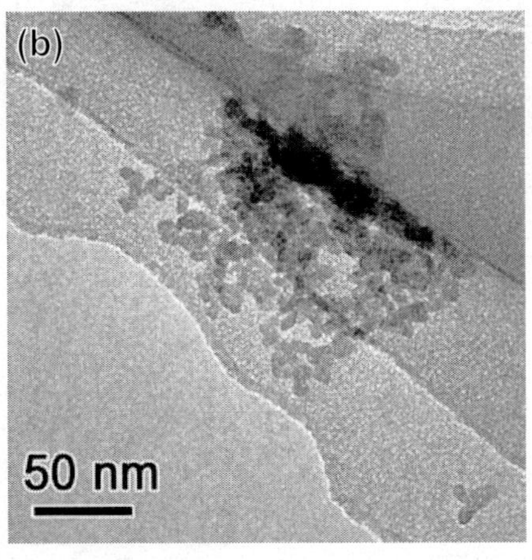

図 4-33　$YVO_4:Bi^{3+}, Eu^{3+}$ ナノ蛍光体

(a) 励起・蛍光スペクトル　(b) TEM 像

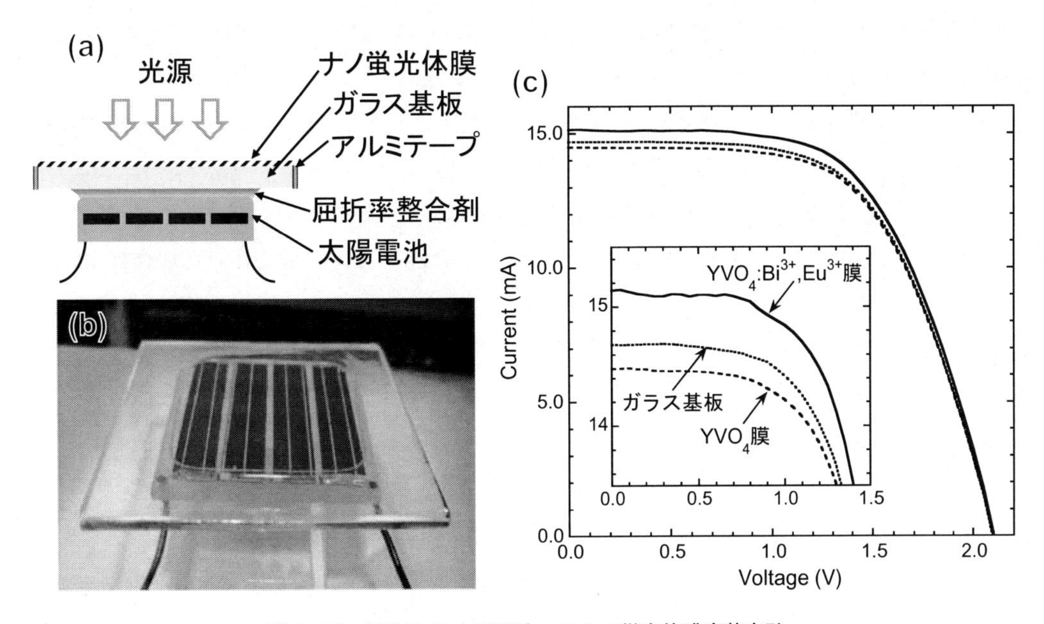

図4-34　単結晶Si太陽電池へのナノ蛍光体膜実装実験
(a) セットアップ　(b) 実際の写真　(c) 紫外光照射下におけるI-Vカーブ

YVO_4ナノ粒子膜と比較して変換効率が約5%，ガラスのみを搭載したブランク試料と比較して約3%上昇した[66, 67]。一方，同様の試料は疑似太陽光（AM1.5G）照射下では，ブランク試料と比較して変換効率が低下した。これらの結果は，YVO_4:Bi^{3+},Eu^{3+}ナノ蛍光体による波長変換の効果は実証されたものの，波長変換層を導入したことによる利得が損失を上回れず，そのままではダウンシフト材料として使用することができないことを示している。問題点としては，①蛍光量子収率（約20%）が有機色素や希土類錯体と比較して低いこと，②光吸収係数が小さく，十分な膜厚またはナノ粒子濃度がないため紫外光をすべて吸収しきれていないこと，③ナノ粒子による光散乱または屈折率の増加に起因する透過率の低下が可視光領域において4%程度みられることの3点が挙げられ，これらの問題を解決することで，ダウンシフト材料としての実用化が期待できる。

一方，微粒子による光散乱を積極的に利用しようという試みもなされている。Kawanoらは，宇宙用太陽電池に実装できる波長変換材料として，ゾル-ゲル法により作製した微粒子膜に着目している[68]。宇宙空間（AM 0）では太陽光を遮断する大気がないため，とくに波長200～400 nm程度の短波長の成分が増大する。彼らは，ナノ粒子による光散乱を利用することで，この波長域の光を効率よく利用できると指摘している。近紫外光照射下で青色に発光するCaF_2:Eu^{2+}やSrF_2:Eu^{2+}が蛍光体として選択され，粒子径20～200 nm程度のナノ粒子からなる薄膜が宇宙用太陽電池に適したダウンシフト材料として提案されている[69, 70]。

このほかにも，ナノ構造を有する無機蛍光体薄膜を波長変換材料として利用する試みが報告されている。Liuらは，$LaVO_4$:Dy^{3+}ナノ蛍光体を用いた波長変換膜を作製し，色素増感太陽電池への実装効果を調べている[71]。彼らは，一辺約30 nmの$LaVO_4:Dy^{3+}$ナノプレートからなる薄膜を色素増感太陽電池前面のカバーガラス上にコートし，Xeランプ照射下における発電特性を測定したところ，薄膜を設けない場合と比較して発電効率は低下したが，Dy^{3+}をドープしていない$LaVO_4$薄膜と比較した場合は，発電効率が約23%向上したと報告している。また，ここで作製した$LaVO_4:Dy^{3+}$膜は紫外線封止剤としても機能しており，薄膜を設けない場合は紫外線による色素の劣化によって数時間で発電効率が激減するが，$LaVO_4:Dy^{3+}$膜を設けた場合は12時間の光照射後も初期発電効率の9割程度の効率を維持している。このほかにも，波長変換機能を有する紫外線保護膜や反射防止膜として，$YVO_4:Bi^{3+},Eu^{3+}$薄膜を利用する提案や[72, 73]，色素増感太陽電池の多孔質TiO_2層にEu^{3+}など発光イオンをドープし，波長変換機能を付加させる方法が提案されている[74, 75]。

3.3 ダウンコンバージョン蛍光体による紫外光から近赤外光への変換

波長400 nm以下の紫外光は，800 nm以上の近赤外光の2倍以上のエネルギーを有する。このため，紫外光から近赤外光への波長変換では，ダウンシフトのみでなく，1光子を2光子に変換するダウンコンバージョンの可能性がある。2000年代中頃から，太陽電池に適したダウンコンバージョン蛍光体の探索が行われており，発光イオンをドープした無機蛍光体を中心に，いくつかの有望な材料が提案されている。

3価の希土類イオンとそれらのペアはダウンコンバージョン蛍光を示すことが古くから知られており，Pr^{3+}，Nd^{3+}，Er^{3+}，Ho^{3+}，Tb^{3+}などの増感剤イオンと近赤外発光を示すYb^{3+}イオンを組み合わせた系が太陽電池用ダウンコンバーターとして提案されている。詳しくは本書の1章3および4章4や総説を参照されたい[76, 77]。一方で，これらのダウンコンバージョン蛍光体は，希土類の4f-4f遷移がパリティ禁制遷移であるため光吸収係数が小さく，さらに吸収スペクトルがシャープであるという問題を抱えている。そこで近年では，光吸収係数の大きい許容遷移で，かつ紫外光領域にブロードな吸収スペクトルを有するダウンコンバージョン蛍光体の探索が行われている。

酸化物や複合酸化物結晶にドープされたBi^{3+}は，パリティ許容な$6s^2$-6s6p（$^1S_0$-$^3P_1$）遷移や電荷移動遷移によるブロードな吸収を紫外光領域に有し，Yb^{3+}やNd^{3+}などの近赤外発光を示す希土類イオンに対して増感剤として働くことが知られている。Bi^{3+}とYb^{3+}を共ドープしたGd_2O_3[78, 79]，Y_2O_3[80]などの酸化物やYVO_4[81～83]などバナジン酸化物は，波長300～400 nm付近にBi^{3+}の吸収を有し，$Bi^{3+}\rightarrow Yb^{3+}$エネルギー伝達を経て，$Yb^{3+}$の4f-4f遷移（$^7F_{5/2}$-$^7F_{7/2}$）による近赤外発光を波長約980 nmに示す。これらの蛍光体の発光機構として，1つのBi^{3+}から2つのYb^{3+}へのcooperative downconversion（ダウンコンバージョン機構については本書の1章3および4章4を参照）の可能性があると指摘されている。たとえば$Gd_2O_3:Bi^{3+}$（1%），Yb^{3+}（15%）において，$Bi^{3+}\rightarrow Yb^{3+}$エネルギー伝達効率は約74%と算出されており，フォノンによる非輻射緩和が生じないと仮定すると，最大約174%の蛍光量子収率を示す可能性がある[78]。ただし，実際に1光子を2光子以上に変換するダウンコンバージョン蛍光を示したという実験的証拠は得られていない。一方，Bi^{3+}とNd^{3+}を共ドープしたGd_2O_3は，波長300～400 nm付近のBi^{3+}の吸収から，Bi^{3+}→Nd^{3+}エネルギー伝達を経て，Nd^{3+}の4f-4f遷移（$^4F_{3/2}$-$^4I_{9/2}$）による近赤外発光を波長875～950 nm付近に示す[84]。

Ce^{3+}，Eu^{2+}，およびYb^{2+}はパリティ許容な4f-5d遷移によるブロードな吸収を有し，Yb^{3+}やEr^{3+}などの近赤外発光イオンに対して増感剤として働くことが知られている。Ce^{3+}とYb^{3+}を共ドープした$GdBO_3$[85, 86]，YBO_3[87]，$LuBO_3$[88]，Ca_2BO_3Cl[89]などのホウ酸化合物，Y_2SiO_5[90]などのケイ酸化物，およびホウ酸塩ガラス[91, 92]は，波長300～400 nm付近にCe^{3+}の吸収を有し，Ce^{3+}→Yb^{3+}エネルギー伝達を経て，波長約980 nmにYb^{3+}の発光を示す。Eu^{2+}とYb^{3+}を共ドープした$CaAl_2O_4$[93]，CaF_2[94]，ホウ酸塩ガラス[79, 95]，アルミノケイ酸ガラス[96]，およびソーダライムガラス[97]は波長250～400 nm付近にEu^{2+}の吸収を有し，Eu^{2+}→Yb^{3+}エネルギー伝達を経て，波長約980 nmにYb^{3+}の発光を示す。Eu^{2+}とEr^{3+}を共ドープした$Ca_8Mg(SiO_4)_4Cl_2$は波長300～480 nm付近にEu^{2+}の吸収を有し，Eu^{2+}→Er^{3+}エネルギー伝達を経て，波長約1540 nmにEr^{3+}の発光を示す[98]。Yb^{2+}とYb^{3+}を共ドープした$CaAl_2O_4$は波長250～350 nm付近にYb^{2+}の吸収を有し，Yb^{2+}→Yb^{3+}エネルギー伝達を経て，波長約980 nmにYb^{3+}の発光を示す[79, 99]。これらの材料系もBi^{3+}-Yb^{3+}系と同様，cooperative downconversionの可能性がある蛍光体として提案されているが，その実験的証拠は得られていない。

このほかにも，母体結晶の吸収から発光イオンへのエネルギー伝達を利用した紫外光から近赤外光への波長変換材料として，YVO_4:Yb^{3+}[100, 101]，$GdVO_4$:Dy^{3+}[102]，ZnO:Li^+,Yb^{3+}[103, 104]，CeO_2:Yb^{3+}[105]，Si量子ドットとEr^{3+}の組み合わせ[106]などが報告されており，いずれもダウンコンバージョンの可能性がある蛍光体として提案されている。

3.4　まとめと展望

ダウンシフトはエネルギーの大きい1光子をエネルギーの小さい1光子へ変換するものであり，太陽電池に入射する光子数が増えるわけではないので，Shockley-Queisserの効率限界を超えて変換効率を向上させることはできない。この点では，1光子を2光子に分割するダウンコンバージョンや，本来使われていなかった赤外光を利用するアップコンバージョンと比較し，変換効率向上に寄与する原理的なポテンシャルは低い。一方で，ダウンシフト波長変換では安価で量子収率の高い汎用蛍光体を利用でき，また太陽電池自身には大きな変更なく導入することができる。このため，3種類の波長変換機構のうち，太陽電池に実装して実際に波長変換の効果を検証した報告例はダウンシフトが最も多く，最も実用に近いと考えられる。

紫外光を可視光に変換するダウンシフト波長変換の実用化に向けて，これまで報告されてきたダウンシフト用蛍光体材料は大きく二つのグループに分けることができる。一つは，有機色素や希土類錯体のように，十分な波長変換効果が実証されているが，実用のための耐久性が不足しているグループである。有機色素は色素とホスト材料の多様な組み合わせが報告されており，様々な種類の太陽電池に適用でき，それらの変換効率を最大で30%程度向上できる。希土類錯体も同様に，多結晶Si太陽電池の変換効率を数～10%程度向上できる。今後は，波長変換層の透明性等を損なうことなく，20～25年程度の長期耐久性をもたせることが実用化への課題となると考えられる。もう一つは，実用に十分な耐久性を有していながら，蛍光体の特性が不十分なグループである。発光イオンをドープした単結晶やガラスは紫外光に対する吸収係数が小さいため，多量のイオンが必要となり実用的ではない。無機ナノ蛍光体は蛍光量子収率が低いため，波長変換層を導入したことによる利得が損失を上回れない。量子ドットは比較的良好な量子収率を有するが，価格や毒性に難点があり，研究の多くはシミュレーション段階にとどまり，実際に太陽電池に実装した例は限られている。したがって，それぞれの蛍光体の問題点が解決されることで，近い将来における実用化が期待できる。

一方，1光子の紫外光を2光子の近赤外光に変換するダウンコンバージョンは，Shockley-Queisserの効率限界を超えて変換効率を向上させることができる。太陽電池に適したダウンコンバージョンの可能性がある蛍光体として，Bi^{3+}，Ce^{3+}，Eu^{2+}，Yb^{2+}などの紫外光領域にブロードな吸収を有する増感剤イオンを，Yb^{3+}などの近赤外発光イオンと組み合わせた系が提案されている。これらの蛍光体が100%以上の蛍光量子収率を示すことが実証されれば，さらに太陽電池用波長変換への応用が活発化するものと予想される。

文　献

1） C. H. Henry, *J. Appl. Phys.*, **51**(8), 4494-4500 (1980)
2） M. A. Green, K. Emery, Y. Hishikawa, W. Warta, E. D. Dunlop, *Prog. Photovolt.: Res. Appl.*, **19**(5), 565-572 (2011)
3） P. K. Nayak, J. Bisquert, D. Cahen, *Adv. Mater.*, **23**(25), 2870-2876 (2011)
4） E. Klampaftis, D. Ross, K. R. McIntosh, B. S. Richards, *Sol. Energy Mater. Sol. Cells*, **93**(8), 1182-1194 (2009)
5） E. Klampaftis, B. S. Richards, *Prog. Photovolt.: Res. Appl.*, **19**(3), 345-351 (2011)
6） A. Goetzberger, W. Greubel, *Appl. Phys. A*, **14**(2), 123-129 (1977)
7） H. J. Hovel, R. T. Hodgson, J. M. Woodall, *Sol. Energy Mater.*, **2**(1), 19-29 (1979)
8） D. Sarti, F. Le Poull, Ph. Gravisse, *Sol. Cells*, **4**(1), 25-35 (1981)
9） F. Galluzzi, E. Scafé, *Sol. Energy*, **33**(6), 501-507 (1984)
10） A. F. Mansour, *Polym. Test.*, **22**(5), 491-495 (2003)
11） 二階堂雅之，月刊Material Stage，**11**(4)，43-48 (2011)
12） T. Maruyama, Y. Shinyashiki, S. Osako, *Sol. Energy Mater. Sol. Cells*, **56**(1), 1-6 (1998)
13） T. Maruyama, Y. Shinyashiki, *J. Electrochem. Soc.*, **145**(8), 2955-2957 (1998)
14） T. Maruyama, J. Bandai, *J. Electrochem. Soc.*, **146**(12), 4406-4409 (1999)
15） T. Maruyama, A. Enomoto, K. Shirasawa, *Sol. Energy Mater. Sol. Cells*, **64**(3), 269-278 (2000)

16） K. R. McIntosh, B. S. Richards, Conf. Rec. 4th IEEE WCPEC, **2**, 2108-2111（2006）
17） L. H. Slooff, R. Kinderman, A. R. Burgers, N. J. Bakker, J. A. M. van Roosmalen, A. Büchtemann, R. Danz, M. Schleusener, *J. Sol. Energy Eng.*, **129**(3), 272-276（2007）
18） E. Klampaftis, B. S. Richards, L. R. Wilson, K. R. McIntosh, A. Cole, K. Heasman, 4th PVSAT Conf.（2008）
19） K. R. McIntosh, G. Lau, J. N. Cotsell, K. Hanton, D. L. Bätzner, F. Bettiol, B. S. Richards, *Prog. Photovolt.: Res. Appl.*, **17**(3), 191-197（2009）
20） K. Kawano, B. C. Hong, K. Sakamoto, T. Tsuboi, H. J. Seo, *Opt. Mater.*, **31**(9), 1353-1356（2009）
21） 青木俊哲，千葉大輔，野呂将太，中島真吾，平田陽一，安藤靜敏，谷辰夫，太陽エネルギー，**36**(5)，45-54（2010）
22） 温井秀樹，木下暢，住友大阪セメントテクニカルレポート，**2002**，31-35（2002）
23） H. Jintoku, H. Ihara, *Chem. Commun.*, **48**(8), 1144-1146（2012）
24） T. Maruyama, R. Kitamura, *Sol. Energy Mater. Sol. Cells*, **69**(1), 61-68（2001）
25） T. Maruyama, R. Kitamura, *Sol. Energy Mater. Sol. Cells*, **69**(3), 207-216（2001）
26） B.-C. Hong, K. Kawano, *Jpn. J. Appl. Phys.*, **43**(4A), 1421-1426（2004）
27） B. S. Richards, K. R. McIntosh, *Prog. Photovolt.: Res. Appl.*, **15**(1), 27-34（2007）
28） G. C. Glaeser, U. Rau, *Thin Solid Films*, **515**(15), 5964-5967（2007）
29） F. Wang, Z. Chen, L. Xiao, B. Qu, Q. Gong, *Opt. Express*, **19**(S3), A361-A368（2011）
30） T. Jin, S. Inoue, K. Machida, G. Adachi, *J. Electrochem. Soc.*, **144**(11), 4054-4058（1997）
31） T. Jin, S. Inoue, S. Tsutsumi, K. Machida, G. Adachi, *Chem. Lett.*, **26**(2), 171-172（1997）
32） S. Marchionna, F. Meinardi, M. Acciarri, S. Binetti, A. Papagni, S. Pizzini, V. Malatesta, R. Tubino, *J. Lumin.*, **118**(2), 325-329（2006）
33） A. Le Donne, M. Acciarri, S. Binetti, S. Marchionna, D. Narducci, D. Rotta, 23th EU PVSEC Proc., 269-271（2008）
34） T. Fukuda, S. Kato, E. Kin, K. Okaniwa, H. Morikawa, Z. Honda, N. Kamata, *Opt. Mater.*, **32**(1), 22-25（2009）
35） H. Mataki, A. B. Padmaperuma, S. N. Kundu, J. S. Swensen, V. D. McGinnis, S. M. Risser, D. W. Nippa, P. E. Burrows, 34th IEEE PVSC, 600-604（2009）
36） A. Le Donne, M. Acciarri, D. Narducci, S. Marchionna, S. Binetti, *Prog. Photovolt.: Res. Appl.*, **17**(8), 519-525（2009）
37） A. Le Donne, M. Dilda, M. Crippa, M. Acciarri, S. Binetti, *Opt. Mater.*, **33**(7), 1012-1014（2011）
38） 瀬川正志，月刊 Material Stage，**8**(3)，81-83（2008）
39） 瀬川正志，月刊ディスプレイ，**17**(3)，30-34（2011）
40） 長谷川靖哉，中川哲也，化学工業，**60**(8)，590-595（2009）
41） 福田武司，加藤さやか，金永模，岡庭香，森川浩昭，本多善太郎，鎌田憲彦，蛍光体同学会講演予稿集，**328**，1-6（2009）
42） 福田武司，月刊ディスプレイ，**17**(3)，13-18（2011）
43） R. A. Zakhidov, A. I. Koifman, *Appl. Sol. Energy*, **30**(4), 22-25（1994）
44） 山田克己，和田靖，河野勝泰，希土類，**36**，252-253（2000）
45） M. Sendova-Vassileva, *J. Mater. Sci.*, **46**(22), 7184-7190（2011）
46） R. Nakata, N. Hashimoto, K. Kawano, *Jpn. J. Appl. Phys., Part2*, **35**(1B), L90-L93（1996）
47） K. Kawano, K. Arai, H. Yamada, N. Hashimoto, R. Nakata, *Sol. Energy Mater. Sol. Cells*, **48**(1-4), 35-41（1997）

48) D. Diaw, *Sol. Energy Mater. Sol. Cells*, **53**(3-4), 379-383 (1998)
49) B.-C. Hong, K. Kawano, *Sol. Energy Mater. Sol. Cells*, **80**(4), 417-432 (2003)
50) P. Chung, H. Chung, P. H. Holloway, *J. Vac. Sci. Technol. A*, **25**(1), 61-66 (2007)
51) D. Bera, L. Qian, T.-K. Tseng, P. H. Holloway, *Materials*, **3**(4), 2260-2345 (2010)
52) V. Švrček, A. Slaoui, J.-C. Muller, *Thin Solid Films*, **451-452**, 384-388 (2004)
53) Z. Cheng, F. Su, L. Pan, M. Cao, Z. Sun, *J. Alloys Compd.*, **494**(1-2), L7-L10 (2010)
54) C.-Y. Huang, D.-Y. Wang, C.-H. Wang, Y.-T. Chen, Y.-T. Wang, Y.-T. Jiang, Y.-J. Yang, C.-C. Chen, Y.-F. Chen, *ACS Nano*, **4**(10), 5849-5854 (2010)
55) Z. Yuan, G. Pucker, A. Marconi, F. Sgrignuoli, A. Anopchenko, Y. Jestin, L. Ferrario, P. Bellutti, L. Pavesi, *Sol. Energy Mater. Sol. Cells*, **95**(4), 1224-1227 (2011)
56) X. Pi, Q. Li, D. Li, D. Yang, *Sol. Energy Mater. Sol. Cells*, **95**(10), 2941-2945 (2011)
57) W. G. J. H. M. van Sark, A. Meijerink, R. E. I. Schropp, J. A. M. van Roosmalen, E. H. Lysen, *Sol. Energy Mater. Sol. Cells*, **87**(1-4), 395-409 (2005)
58) W. G. J. H. M. van Sark, *Appl. Phys. Lett.*, **87**(15), 151117 (2005)
59) H.-J. Muffler, M. Bär, I. Lauermann, K. Rahne, M. Schröder, M. C. Lux-Steiner, C.-H. Fischer, T. P. Niesen, F. Karg, *Sol. Energy Mater. Sol. Cells*, **90**(18-19), 3143-3150 (2006)
60) W. G. J. H. M. van Sark, *Thin Solid Films*, **516**(20), 6808-6812 (2008)
61) S. Asokan, K. M. Krueger, A. Alkhawaldeh, A. R. Carreon, Z. Mu, V. L. Colvin, N. V. Mantzaris, M. S. Wong, *Nanotechnol.*, **16**(10), 2000-2011 (2005)
62) 磯部徹彦，月刊 Material Stage，**10**(3)，79-82 (2010)
63) S. Takeshita, T. Isobe, T. Sawayama, S. Niikura, *J. Lumin.*, **129**(9), 1067-1072 (2009)
64) H. Ogata, T. Watanabe, S. Takeshita, T. Isobe, T. Sawayama, S. Niikura, *IOP Conf. Ser.: Mater. Sci. Eng.*, **18**(7), 102021 (2011)
65) S. Takeshita, K. Nakayama, T. Isobe, T. Sawayama, S. Niikura, *J. Electrochem. Soc.*, **156**(9), J273-J277 (2009)
66) 磯部徹彦，磯由樹，竹下覚，蛍光体同学会講演予稿集，**339**，9-17 (2011)
67) Y. Iso, S. Takeshita, T. Isobe, *J. Electrochem. Soc.*, **159**(3), J72-J76 (2012)
68) 河野勝泰，波長変換太陽電池の開発，情報機構，pp.83-87 (2010)
69) B.-C. Hong, K. Kawano, *J. Alloys Compd.*, **408-412**, 838-841 (2006)
70) B.-C. Hong, K. Kawano, *Jpn. J. Appl. Phys.*, **46**(9B), 6319-6323 (2007)
71) J. Liu, Q. Yao, Y. Li, *Appl. Phys. Lett.*, **88**(17), 173119 (2006)
72) W. Xu, H. Song, D. Yan, H. Zhu, Y. Wang, S. Xu, X. Bai, B. Dong, Y. Liu, *J. Mater. Chem.*, **21**(33), 12331-12336 (2011)
73) S. Tanaka, S. Fujihara, *Langmuir*, **27**(6), 2929-2935 (2011)
74) H. Hafez, J. Wu, Z. Lan, Q. Li, G. Xie, J. Lin, M. Huang, Y. Huang, M. S. Abdel-Mottaleb, *Nanotechnol.*, **21**(41), 415201 (2010)
75) H. Hafez, M. Saif, M. S. A. Abdel-Mottaleb, *J. Power Sources*, **196**(13), 5792-5796 (2011)
76) B. M. van der Ende, L. Aarts, A. Meijerink, *Phys. Chem. Chem. Phys.*, **11**(47), 11081-11095 (2009)
77) C. Strümpel, M. McCann, G. Beaucarne, V. Arkhipov, A. Slaoui, V. Švrček, C. del Cañizo, I. Tobias, *Sol. Energy Mater. Sol. Cells*, **91**(4), 238-249 (2007)
78) X. Y. Huang, Q. Y. Zhang, *J. Appl. Phys.*, **107**(6), 063505 (2010)
79) J. Zhou, Y. Teng, S. Ye, X. Liu, J. Qiu, *Opt. Mater.*, **33**(2), 153-158 (2010)
80) X. Y. Huang, X. H. Ji, Q. Y. Zhang, *J. Am. Ceram. Soc.*, **94**(3), 833-837 (2011)
81) X. Y. Huang, J. X. Wang, D. C. Yu, S. Ye, Q. Y. Zhang, X. W. Sun, *J. Appl. Phys.*, **109**(11),

113526 (2011)
82) 磯由樹，磯部徹彦，応用物理学会学術講演会講演予稿集，**72**，31P-P6-14 (2011)
83) Q.-L. Xiao, J.-X. Meng, L.-J. Xie, R. Zhang, *Acta Phys.-Chim. Sin.*, **27**(10), 2427-2431 (2011)
84) G.-X. Liu, R. Zhang, Q.-L. Xiao, S.-Y. Zou, W.-F. Peng, L.-W. Cao, J.-X. Meng, *Opt. Mater.*, **34**(1), 313-316 (2011)
85) H. Zhang, J. Chen, J. Guo, *J. Rare Earth*, **29**(9), 822-825 (2011)
86) X. Y. Huang, D. C. Yu, Q. Y. Zhang, *J. Appl. Phys.*, **106**(11), 113521 (2009)
87) J. Chen, H. Guo, Z. Li, H. Zhang, Y. Zhuang, *Opt. Mater.*, **32**(9), 998-1001 (2010)
88) J. Chen, H. Zhang, F. Li, H. Guo, *Mater. Chem. Phys.*, **128**(1-2), 191-194 (2011)
89) Q. Zhang, J. Wang, G. Zhang, Q. Su, *J. Mater. Chem.*, **19**(38), 7088-7092 (2009)
90) N. Rakov, G. S. Maciel, *J. Appl. Phys.*, **110**(8), 083519 (2011)
91) D. Chen, Y. Wang, Y. Yu, P. Huang, F. Weng, *J. Appl. Phys.*, **104**(11), 116105 (2008)
92) 田部勢津久，上田純平，片山裕美子，希土類，**56**, 80-81 (2010)
93) Y. Teng, J. Zhou, S. Ye, J. Qiu, *J. Electrochem. Soc.*, **157**(10), A1073-A1075 (2010)
94) H. Lin, D. Chen, Y. Yu, Z. Shan, P. Huang, A. Yang, Y. Wang, *J. Alloys Compd.*, **509**(7), 3363-3366 (2011)
95) J. Zhou, Y. Zhuang, S. Ye, Y. Teng, G. Lin, B. Zhu, J. Xie, J. Qiu, *Appl. Phys. Lett.*, **95**(14), 141101 (2009)
96) J. Zhou, Y. Teng, G. Lin, X. Xu, Z. Ma, J. Qiu, *J. Electrochem. Soc.*, **157**(8), B1146-B1148 (2010)
97) M. M. Smedskjaer, J. Qiu, J. Wang, Y. Yue, *Appl. Phys. Lett.*, **98**(7), 071911 (2011)
98) J. Zhou, Y. Teng, X. Liu, S. Ye, X. Xu, Z. Ma, J. Qiu, *Opt. Express*, **18**(21), 21663-21668 (2010)
99) Y. Teng, J. Zhou, X. Liu, S. Ye, J. Qiu, *Opt. Express*, **18**(9), 9671-9676 (2010)
100) X. Wei, S. Huang, Y. Chen, C. Guo, M. Yin, W. Xu, *J. Appl. Phys.*, **107**(10), 103107 (2010)
101) Y. Peng, J. Liu, K. Zhang, H. Luo, J. Li, B. Xu, L. Han, X. Li, X Yu, *Appl. Phys. Lett.*, **99**(12), 121110 (2011)
102) D. C. Yu, S. Ye, M. Y. Peng, Q. Y. Zhang, J. R. Qiu, J. Wang, L. Wondraczek, *Sol. Energy Mater. Sol. Cells*, **95**(7), 1590-1593 (2011)
103) S. Ye, N. Jiang, F. He, X. Liu, B. Zhu, Y. Teng, J. R. Qiu, *Opt. Express*, **18**(2), 639-644 (2010)
104) M. V. Shestakov, V. K. Tikhomirov, D. Kirilenko, A. S. Kuznetsov, L. F. Chibotaru, A. N. Baranov, G. Van Tendeloo, V. V. Moshchalkov, *Opt. Express*, **19**(17), 15955-15964 (2011)
105) J. Ueda, S. Tanabe, *J. Appl. Phys.*, **110**(7), 073104 (2011)
106) D. Timmerman, I. Izeddin, P. Stallinga, I. N. Yassievich, T. Gregorkiewicz, *Nat. Photonics*, **2**(2), 105-109 (2008)

4　青色光から近赤外光への変換

上田純平[*1]，田部勢津久[*2]

4.1　はじめに

太陽光発電は，エネルギー源が半永久的に使用でき，さらに発電時にCO_2などの温室効果ガスやその他有害物質を出さない。よって，将来のエネルギー問題やそれに付随した環境問題を解決するために非常に有効なデバイスである。現在，太陽電池の中でも，単・多結晶Si(c-Si) 太陽電池は，エネルギー変換効率が高く，コストと信頼性の点でも有利であることから，90%以上のシェアを占め，確固たる地位を築いている。

そのc-Si太陽電池は，基本的に半導体の*pn*接合部に，バンドギャップ（Eg＝1.1 eV）以上のエネルギーを持った光を照射することにより生成する電子・正孔対によって発電し，Eg付近で最も発電効率が良い（図4-35)。すなわち，c-Si太陽電池に，Egよりも遥かに大きいエネルギーを持つ1つの光子を与えた場合でも，Egのエネルギーに対応した1つの電子・正孔対のみ生成し，余剰分は熱として失われる。太陽光スペクトルは約2.4 eVにピークを持ち，それより高エネルギーの紫外・青色成分はその高い光子エネルギーにもかかわらず発電効率が低く，c-Si太陽電池とは，スペクトルの不一致による損失が大きい（図4-35 熱損失)。太陽光のその幅広いスペクトルの太陽光を利用する限り，c-Si太陽電池の光電気変換効率は，Shockleyと

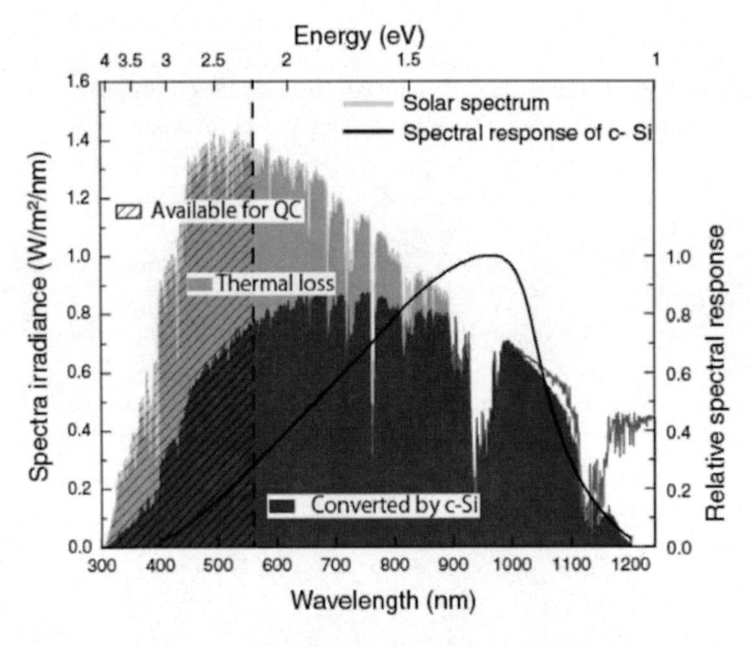

図4-35　太陽光スペクトルと結晶シリコン（c-Si）太陽電池分光感度曲線

＊1　Jumpei Ueda　京都大学　大学院人間・環境学研究科　相関環境学専攻　助教
＊2　Setsuhisa Tanabe　京都大学　大学院人間・環境学研究科　相関環境学専攻　教授

Queisserにより理論的に28%，よりバンドギャップが広い単接合太陽電池においても最大で29%が限界と算出されている[1]。

しかし，この見積りは，1光子から1電子・正孔対への変換を前提としている。もし，1つの青色高エネルギー光子（>2 Eg）を2つの近赤外低エネルギー光子（Eg）に変換する量子切断という現象を利用した波長変換材料を使用し，太陽光の大部分を占める2 Eg以上（図4-35斜線部分）のスペクトル領域を，Si太陽電池の変換効率のよいEg付近の波長に200%の量子効率で変換することができれば，c-Si太陽電池の変換効率は劇的に向上すると考えられている。本稿では，希土類イオンの量子切断現象を用いた青色光から近赤外光への波長変換について記述する[2]。

4.2　量子切断現象の歴史

量子切断とは，希土類イオンの4fエネルギー準位を巧みに利用し，1つの高エネルギー光子を低エネルギー光子2つに変換する現象である。この現象は，1957年に，“Possibility of Luminescent Quantum Yield Greater than Unity”という論文でDexterによって予言され，希土類イオンの発光量子収率（発光フォトン数／吸収フォトン数）が100%を超える可能性が示された[3]。そして実際に，1974年に独立した二つの研究グループによって，Pr^{3+}を添加したYF_3結晶で，深紫外光光子から2つの可視光光子への変換に成功し，量子切断が初めて実証された[4,5]。具体的には，Pr^{3+}イオンが4f基底準位（$^3H_4$）から5d励起準位への遷移に基づき波長210 nm紫外光を吸収し，$^1S_0$準位まで緩和した後，$^1S_0$準位から中間準位である$^1I_6$準位へ1段階目の400 nm発光を示し，さらに中間準位である^3P_J準位から$^3H_4$基底準位への490 nm発光や$^1D_2$への非輻射緩和後の$^1D_2$準位から$^3H_4$基底準位への610 nm発光などの2段階目の発光を示す（図4-36）。

以後，Meijerinkらの研究グループによって，深紫外光光子を可視光光子に変換する量子切断がGd^{3+}[6]単独添加試料や2種類以上の希土類イオン間のエネルギー伝達を利用したGd^{3+}-Eu^{3+}[7]，Er^{3+}-Gd^{3+}-Tb^{3+}[8]共添加試料で実現された。これらの量子切断は，紫外単色光源に対しては，相応の変換効率を示し，紫外励起蛍光体として非常に有用であるが，結晶Si太陽電池用の波長変換材料としては，吸収波長範囲は狭く，吸収波長域も短波長であり，発光波長も結晶Si太陽電池の感度曲線に適したものではなかった。

しかしながら，2005年にVergeerとMeijerinkらによって，$Yb_xY_{1-x}PO_4$:Tb^{3+}において，初めて青色領域の一つの光子から近赤外の二つの光子に変換する量子切断が報告された[9]。以後，c-Si太陽電池用の波長変換材料の実現に向け，Tb^{3+}-Yb^{3+}，Pr^{3+}-Yb^{3+}[10,11]，Er^{3+}-Yb^{3+}[12]等を共添加した酸

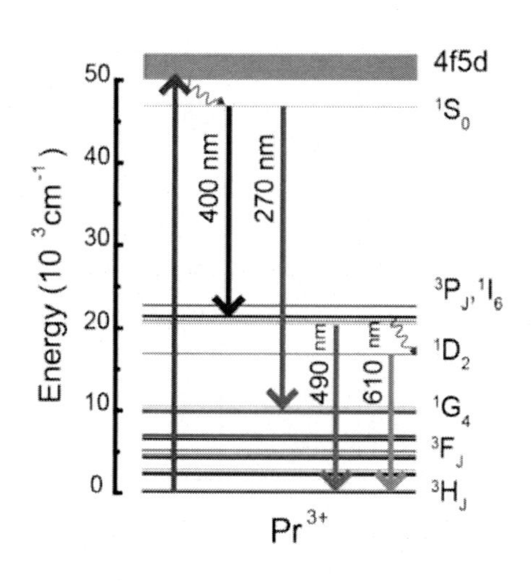

図4-36　Pr^{3+}:YF_3中の紫外-可視量子切断現象

化物，フッ化物結晶またはガラスなどで多くの青色-近赤外の量子切断現象が報告され，研究が活発になっている。

4.3　量子切断の原理

ここで，量子切断の種類と原理について説明する。量子切断現象は，主に，ドナーの中間準位の有無で分類することができる。図 4 - 37 に中間準位を有する場合の量子切断機構のモデル図を示す[13]。図 4 - 37(a) は，1 種類の希土類イオンが持つ 4f 準位間の輻射的な 2 段階遷移であり，Pr^{3+}:YF_3 の紫外光から可視光への量子切断はこのモデルに当てはまる。図 4 - 37(b)-(d) は，ドナーとアクセプターの 2 種類の希土類イオン間のエネルギー伝達を用いた量子切断モデルである。図 4 - 37(b) は，ドナーイオン（I）の励起準位から中間準位の間とアクセプターイオン（II）の基底準位から励起準位の間で，電気双極子間相互作用などの共鳴的なエネルギー伝達により第一段階のエネルギー伝達（①）が生じ，ドナーイオン（I）の中間準位から基底準位までとアクセプターイオン（II）の基底準位から励起準位までの間で，第二段階のエネルギー伝達（②）が生じる。結果として，励起光子 1 光子に対し，アクセプターが 2 光子分の発光を示す。図 4 - 37(c)(d) は，先程述べた 2 段階のエネルギー伝達の内どちらかだけが起こる際の量子切断モデルであり，発光は，ドナーイオンから 1 光子，アクセプターイオンから 1 光子となる。なお，ドナーの 4f 準位間とアクセプターの 4f エネルギー準位間でエネルギー差が存在しても，フォノンの吸収・放出によってエネルギー伝達は可能である（フォノンアシスティッドエネルギー伝達）。

図 4 - 38 に，ドナーイオンが中間準位を持たない場合の量子切断機構を示す。例えドナーに適当な中間準位が存在していなくても，ドナーイオン（I）の励起準位がアクセプターイオン（II）の励起準位エネルギーの 2 倍程度のエネルギー位置に存在しているのであれば，cooperative down-conversion（図 4 - 38(a)）または accretive down-conversion（図 4 - 38(b)）のプロセス

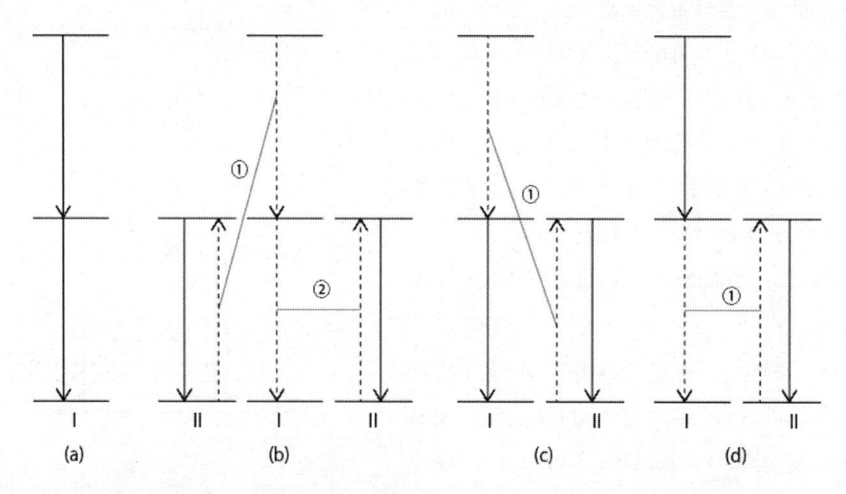

図 4 - 37　中間準位を有する希土類イオンを用いた量子切断モデル

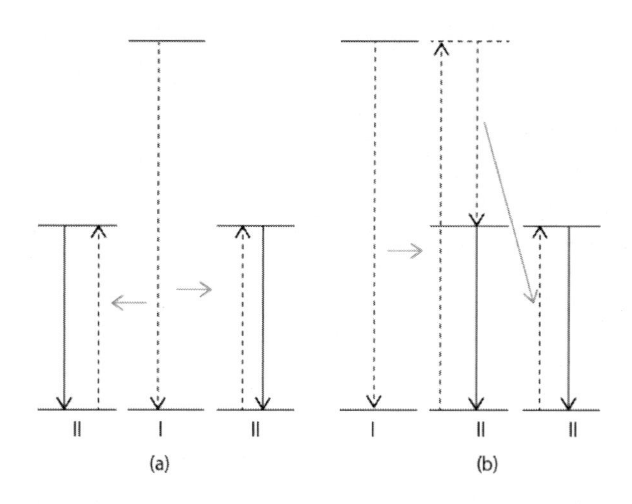

図4-38　中間準位を有しない希土類イオンを用いた量子切断

によりエネルギー伝達が生じる[9, 14]。前者は，ドナーの励起準位から，ドナー近くの二つのアクセプターに共同的に生じるエネルギー伝達である。後者は，アクセプター（II）の仮想的な準位を介したエネルギー伝達である。

4.4　青色から近赤外の量子切断現象

報告されている Pr^{3+}-Yb^{3+}，Er^{3+}-Yb^{3+}，Tb^{3+}-Yb^{3+} の組合せにおいて，Pr^{3+}，Er^{3+}，Tb^{3+} は，太陽光（＞2 Eg）の吸収中心のドナーとして，Yb^{3+} は Eg 付近の発光中心のアクセプターとしての役割を担っている。アクセプターである Yb^{3+} の 4f エネルギー準位は，基底準位と 1 μm 付近の唯一の励起準位で形成され，その励起準位からの発光波長は c-Si の Eg に一致し，発光量子効率は100%に近く，c-Si 用の波長変換材料の発光中心として理想的である。ドナーである Pr^{3+}，Tb^{3+}，Er^{3+} イオンは，ちょうど Yb^{3+} の唯一の励起準位の 2 倍のエネルギー位置に適当な準位を持っているため，量子切断によるエネルギー伝達が生じる。

4.4.1　Pr^{3+}-Yb^{3+}

Pr^{3+}-Yb^{3+} 系の量子切断過程を示したエネルギー準位図を図4-39に示す。本研究グループは，世界で初めてガラス中での Pr^{3+}-Yb^{3+} の量子切断を観測し，量子切断を裏付けるデータを発表している[11, 15]。その，Pr^{3+}-Yb^{3+} 共添加オキシフロライドガラスの発光スペクトルを図4-40に示す。440 nm の Pr^{3+}:^3P_J 準位の励起において，Pr^{3+} の $^3P_0$ と $^1D_2$ 準位からの可視発光に加えて 1020 nm 付近に Yb^{3+} イオンからの発光（以後 1 μm 発光）が観測され，(Pr^{3+}:$^3P_0 \rightarrow {}^1G_4$) → ($Yb^{3+}$:$^2F_{5/2} \leftarrow {}^2F_{7/2}$) のエネルギー伝達が示唆された。また，590 nm の Pr^{3+}:$^1D_2$ 準位励起において，Pr^{3+}:$^1D_2$ 準位からの発光が消失し，Yb^{3+} の 1 μm 発光だけが観測されたことから，(Pr^{3+}:$^1D_2 \rightarrow {}^3F_{3,4}$) → ($Yb^{3+}$:$^2F_{5/2} \leftarrow {}^2F_{7/2}$) のエネルギー伝達が示唆され，このエネルギー伝達効率は100%近いと考えられる。なお，^3P_J 励起では，$^3P_0$ 発光が観測されたことから，エネルギー伝達効率は100%より小さい値である。

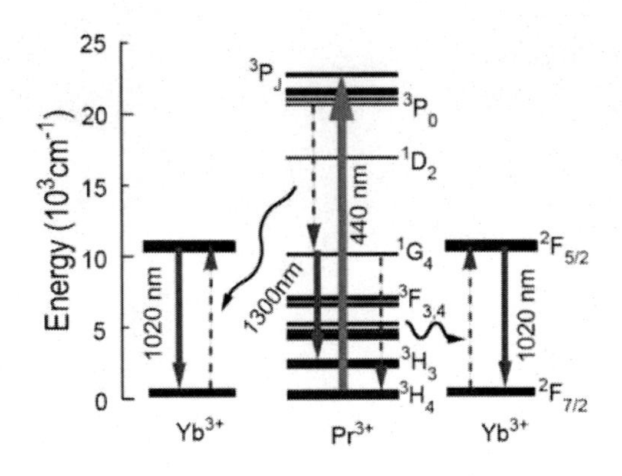

図 4 - 39　Pr^{3+} - Yb^{3+} 間の量子切断機構

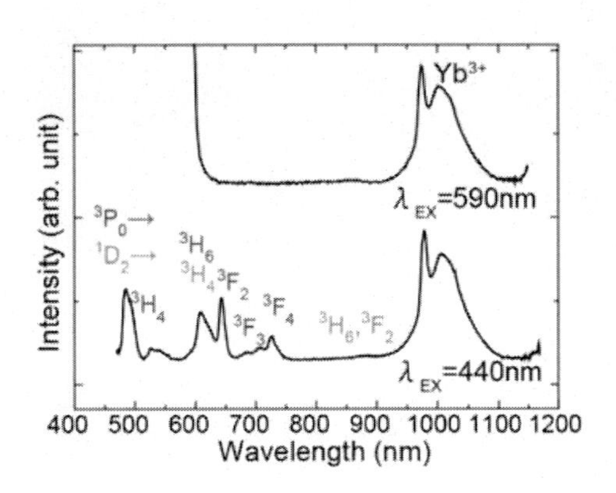

図 4 - 40　Pr^{3+} - Yb^{3+} 共添加オキシフロライドガラス中の ^3P_J 励起（λ_{ex}＝440 nm）と $^1D_2$ 励起（λ_{ex}＝590 nm）の発光スペクトル

一方，量子切断を示唆するデータとして，吸収スペクトルと Yb^{3+} 発光をモニターした励起スペクトルの比較を図 4 - 41 に示す。もし，$^1D_2$，^3P_J 励起の Yb^{3+} へエネルギー伝達が 1 光子 - 1 光子の変換で，エネルギー伝達効率が同じであれば，Yb^{3+} 発光モニターの励起スペクトルは，吸収スペクトルと一致するはずである。なお，それぞれの励起準位からのエネルギー伝達効率は，発光スペクトル測定により，$^1D_2$ 励起の 100％近いエネルギー伝達効率に対し，^3P_J 励起ではエネルギー伝達効率は $^1D_2$ 励起時と比べ低いことが示された。よって，励起スペクトルの ^3P_J バンドは，吸収スペクトルのそれより小さくなると予測できるが，むしろ強くなった。この結果は，2 段階目の（Pr^{3+}:$^1G_4$ → $^3H_4$）→（Yb^{3+}:$^2F_{5/2}$ ← $^2F_{7/2}$）のエネルギー伝達が生じていることを強く示唆している。しかしながら，Yb^{3+} を共添加すると Pr^{3+} 単独添加試料にはなかった $^1G_4$ → $^3H_5$ 遷移

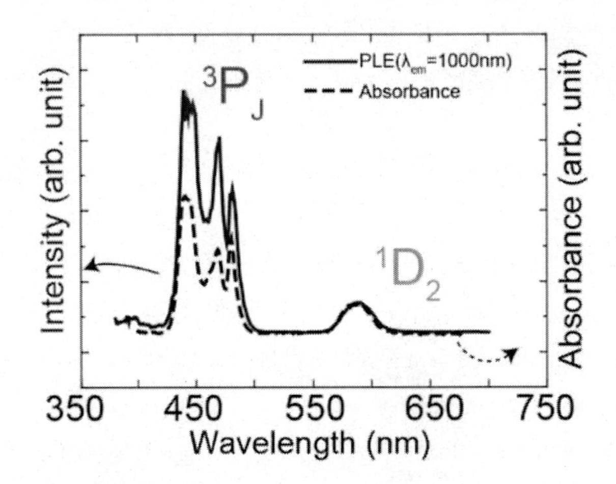

図 4 - 41　Pr^{3+} - Yb^{3+} 共添加オキシフロライドガラス中の吸収スペクトル（点線）と Yb^{3+} 発光モニター（λ_{em}＝1000 nm）励起スペクトル（実線）の比較

に帰属できる1.3 μm 発光も強くなるため，図4－37(c) のような量子切断機構も存在する。

4.4.2　Er^{3+}－Yb^{3+}

Er^{3+}－Yb^{3+}系の量子切断過程を示したエネルギー準位図を図4－42に示す。この量子切断現象は，Eilers と Meijerink らによって，Er^{3+}－Yb^{3+}を共添加した $Cs_3Y_2Br_9$ 単結晶で報告された。490 nm の Er^{3+}:$^4F_{7/2}$ 準位励起により，

$$(Er^{3+}{:}^4F_{7/2} \rightarrow {}^4I_{11/2}) \rightarrow (Yb^{3+}{:}^2F_{5/2} \leftarrow {}^2F_{7/2}) \text{ と } (Er^{3+}{:}^4I_{11/2} \rightarrow {}^4I_{15/2}) \rightarrow (Yb^{3+}{:}^2F_{5/2} \leftarrow {}^2F_{7/2})$$

の2段階のエネルギー伝達が生じ，強い Yb^{3+} 発光を示す。しかしながら，Er^{3+} は，$^4F_{7/2}$ 準位のすぐ下に，$^2H_{11/2}$ や $^4S_{3/2}$ などの4f エネルギー準位を有し，そのエネルギー差も小さいため，フォノンエネルギーの大きい母体結晶中では，マルチフォノン緩和確率が大きくなり，量子切断現象が生じなくなる。よって，フォノンエネルギーの小さい結晶中でしか実現できず，材料の制約が大きい。

4.4.3　Tb^{3+}－Yb^{3+}

Tb^{3+}－Yb^{3+}系の量子切断過程を示したエネルギー準位図を図4－43に示す。Tb^{3+}－Yb^{3+}の組み合わせは，ドナーである Tb^{3+} が中間準位を持たず，Tb^{3+} の $^5D_4$ 準位から Yb^{3+} の $^2F_{5/2}$ 準位への cooperative down-conversion によるエネルギー伝達が生じる。ドナーである Tb^{3+} の利点としては，可視域に $^5D_4$ 以外の4f エネルギー準位を持たないために，マルチフォノン緩和が小さく，Er^{3+} のような低フォノン材料の制約を受けない。また，中間準位がないため，アクセプターの Yb^{3+} にエネルギー伝達した後，ドナーの中間準位にエネルギーが戻るバックエネルギー伝達がない。

当研究グループで作製した Tb^{3+} 単独添加と Tb^{3+}－Yb^{3+} を共添加したボレートガラスの発光スペクトル（λ_{ex}＝378 nm）と共添加試料の励起スペクトル（λ_{ex}＝1000 nm）を図4－44に示す[16)]。

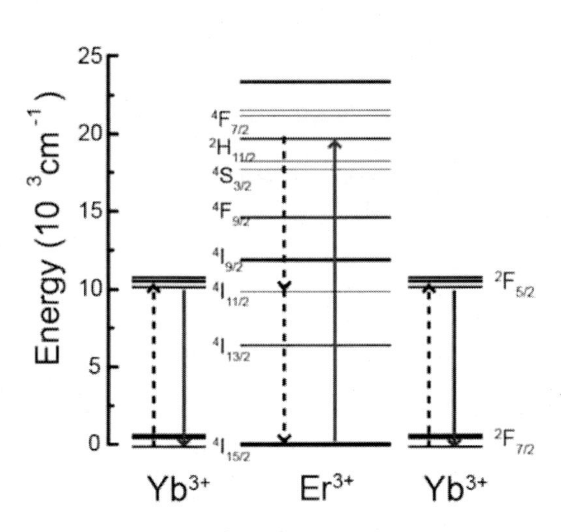

図4－42　Er^{3+}－Yb^{3+}間の量子切断機構

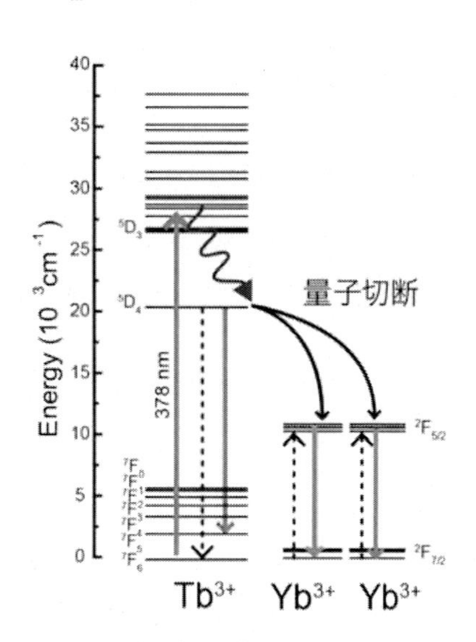

図4－43　Tb^{3+}－Yb^{3+}間の量子切断機構

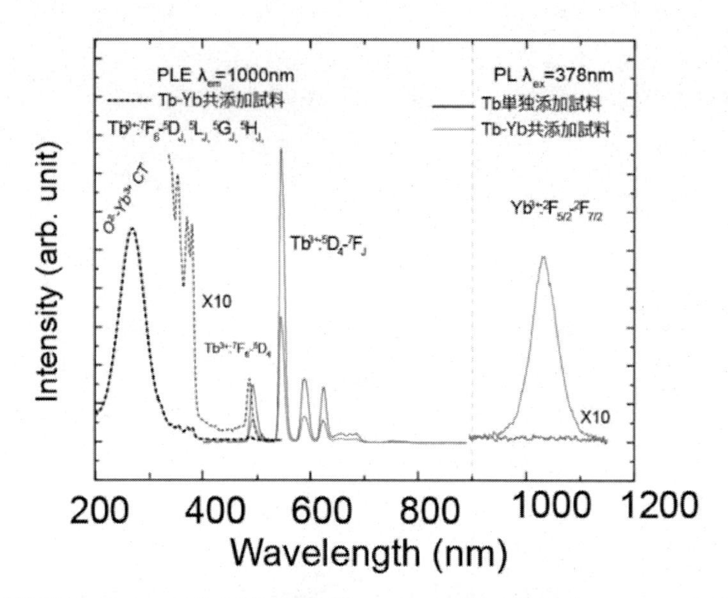

図 4 - 44　Tb^{3+} 単独添加ガラス，Tb^{3+} - Yb^{3+} 共添加ガラス中の Tb^{3+}:$^5D_3$ 励起（λ_{ex}＝378 nm）発光スペクトルと共添加試料の Yb^{3+} 発光モニター励起スペクトル（λ_{ex}＝1000 nm）

Tb^{3+} 単独添加試料では，Tb^{3+} の 540 nm をピークに持つ可視域の発光しか観測されなかったが，Yb^{3+} を共添加することで可視発光以外に Yb^{3+} の 1 μm 付近の発光が観測された。また，Yb 発光をモニターした励起スペクトルにおいて，Tb^{3+} の 4f 準位（$^5D_4$，$^5D_3$）が観測され，Tb^{3+} から Yb^{3+} へのエネルギー伝達が示された。エネルギー伝達効率は，ドナーの励起準位である Tb^{3+}:$^5D_4$ 蛍光寿命の Yb 濃度依存性から以下のように算出できる。

Tb^{3+} 単独添加試料のトータル緩和確率（W_{tot}）は，非輻射緩和過程が主にマルチフォノン緩和のみであると仮定すると，輻射緩和確率（A）とマルチフォノン緩和確率（W_{MP}）の和で示され，それは蛍光寿命（τ_{Tb}）の逆数と等しい。

$$W_{tot} = A + W_{MP} = \tau_{Tb}^{-1}$$

また，Tb^{3+} - Yb^{3+} 共添加試料の W_{tot} は，エネルギー伝達確率（W_{ET}）の新たな項が足された式で記述でき，共添加試料の蛍光寿命（$\tau_{Tb,\ Yb}$）の逆数と等しい。

$$W_{tot} = A + W_{MP} + W_{ET} = \tau_{Tb,Yb}^{-1}$$

よって，単独添加試料と共添加試料の蛍光寿命の差をとることで，W_{ET} が算出できる。また，エネルギー伝達効率（η_{ET}）は，次式で与えられ，式変形により蛍光寿命の式で算出できる。

$$\eta_{ET} = \frac{W_{ET}}{A + W_{MP} + W_{ET}} = 1 - \frac{\tau_{Tb,Yb}}{\tau_{Tb}}$$

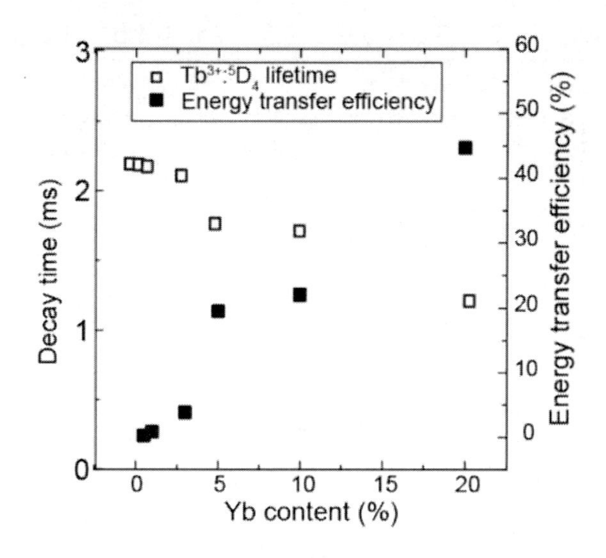

図 4 - 45　ガラス中の Tb^{3+}:$^5D_4$ 準位の蛍光寿命とエネルギー伝達効率の Yb 濃度依存性

算出したエネルギー伝達効率と蛍光寿命の Yb^{3+} 濃度依存性を図 4 - 45 に示す。Yb^{3+} 濃度が 20%近くなると，エネルギー伝達効率が 50%近い値を示し，理想的な量子切断下においては，$\eta_{QE} = 2\eta_{ET}\eta_{Yb}$（$\eta_{Yb}$ は Yb^{3+} の発光量子効率であり，1 と仮定）より量子収率が 100%近くなる。

4.5　広帯域吸収ドナーの材料選択

上記の量子切断の組合せにおいて，アクセプター（Yb^{3+}）については申し分ないが，ドナー（Pr^{3+}，Tb^{3+}，Tm^{3+}）については，吸収遷移に，本来，禁制遷移である f - f 遷移を利用しており，吸収断面積は小さく，吸収線幅も狭いため，太陽光を効率的に吸収できないという問題点が依然として挙げられる。よって，我々は太陽光を効率的に吸収できるように，ドナーに希土類イオンの 4f - 5d 許容吸収遷移を利用する組合せを提案している[17]。

4.5.1　Ce^{3+} - Yb^{3+}

Ce^{3+} は，4f の外殻軌道である 5d 軌道のエネルギー準位が，他希土類イオンに比べ低く，自由イオンの状態においても 200 nm 付近に 4f - 5d 遷移による吸収が存在する。さらに，5d 軌道は配位子場の影響を受けるため，$Y_3Al_5O_{12}$(YAG) 結晶のような強配位子場においては，4f - 5d 間の遷移波長が太陽光のピーク波長である 450 nm 付近に位置する。また，この遷移は，許容遷移であるため，吸収断面積は f - f 遷移の 1000 倍程度大きく，吸収線幅は非常に幅広く，効率的に太陽光を吸収できる。加えて，Ce^{3+} の 4f エネルギー準位も 2 準位で構成され，その 4f - 4f 間の遷移は，赤外域に存在するため，可視域で太陽光の余分な吸収はなく，Ce^{3+}，Yb^{3+} 共添加 YAG 結晶は，c - Si 太陽電池用の波長変換材料に最適であると考えられる。

Ce^{3+} - Yb^{3+} 共添加 YAG 結晶の発光スペクトル（λ_{ex} = 450 nm）と励起スペクトル（λ_{em} = 550 nm, 1000 nm）を太陽光スペクトルと c - Si 太陽電池の分光感度曲線とともに図 4 - 46 に示す。

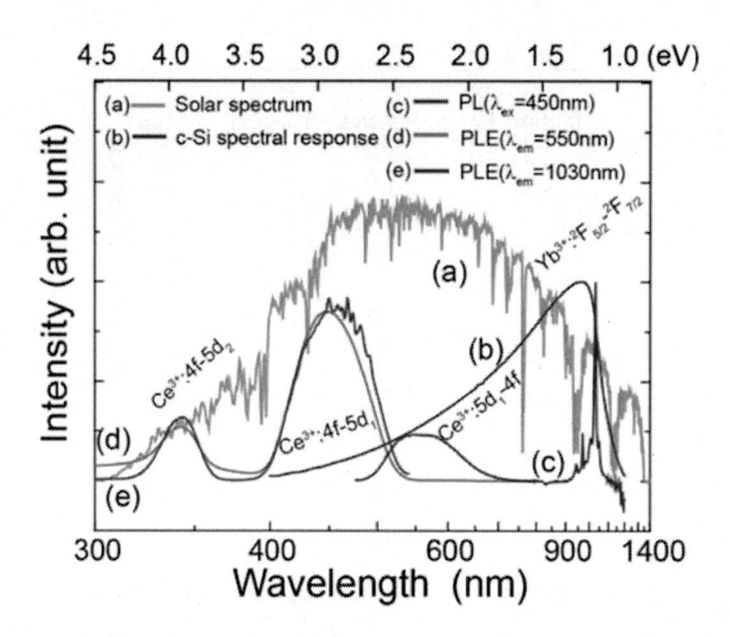

図 4 - 46　Ce^{3+}-Yb^{3+}共添加 YAG の発光・励起スペクトル，太陽光スペクトルと結晶 Si 太陽電池の分光感度曲線の関係

Ce^{3+}の 5d 準位の励起で，Yb^{3+}の $^2F_{5/2}$-$^2F_{7/2}$ 遷移に基づく 1 μm の発光を示した。また，Yb^{3+}発光の励起スペクトルがCe^{3+}発光のそれと一致した。以上より，Ce^{3+}からYb^{3+}へのエネルギー伝達を確認した。また，Ce^{3+}-Yb^{3+}:YAG 結晶は，c-Si 太陽電池の感度が低く，かつ太陽スペクトルのピーク付近の光を幅広く吸収して，c-Si 太陽電池の感度が最も高い 1 μm 付近で発光しているのが分かる。図 4 - 47 に蛍光寿命と計算によって見積もられたエネルギー伝達効率のYb^{3+}濃度依存性を示す。蛍光寿命は，Yb^{3+}濃度が増加するにつれて減少した。これは，Yb^{3+}をドープすることにより，Ce^{3+}からYb^{3+}のエネルギー伝達が生じたためである。蛍光寿命から見積もられた

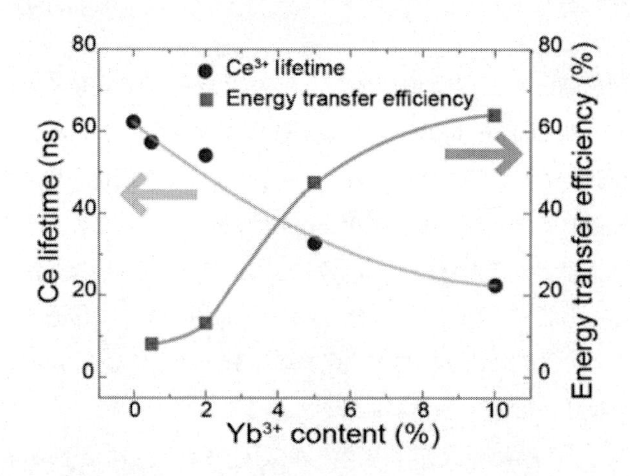

図 4 - 47　YAG 結晶中のCe^{3+}:5d 準位の蛍光寿命とエネルギー伝達効率の Yb 濃度依存性

エネルギー伝達効率は，Yb^{3+}濃度が5%以上で50%を超えたため，理想的な量子切断下では，量子収率が100%に達する。しかしながら，エネルギー伝達機構については，量子切断か1光子-1光子のエネルギー伝達か議論が分かれており，今後の更なる研究が必要である。

4.6　おわりに

本稿では，希土類イオンの量子切断と波長変換材料利用による高効率発電の可能性について紹介してきた。これまでの太陽電池開発研究は，電池材料側のバンド構造や半導体の組合せを変えることで発電効率を高めることに主眼が置かれてきた。本研究の波長変換材料は，利用する光スペクトル自体を変えることにより，結晶シリコンの発電効率に最適なスペクトルを実現する点がユニークといえる。現在カバーガラスには鉄不純物濃度が低い透明ガラス（パッシブ）が用いられているが，この波長変換ガラスは，アクティブな機能を有したものといえる。太陽光の短波長エネルギー資源の有効利用が可能となり，資源的に最も地球にやさしいSi材料の更なる高効率化と安定した普及存続にも役立ち，とりわけCdTe系，GaAs系，CuInGaSe系などの有害・稀少金属を利用した競合材料の普及を抑制できると考えている。近い将来，この希土類イオンの量子切断を利用した波長変換材料が世界中のシリコン太陽電池のカバー材として用いられることを期待している。

文　　献

1）W. Shockley *et al.*, *J. Appl. Phys.*, **32**, 510（1961）
2）田部勢津久ほか，マテリアルインテグレーション，**23**, 34（2010）
3）D. L. Dexter, *Phys. Rev.*, **108**, 630（1957）
4）J. L. Sommerdijk *et al.*, *J. Lumin.*, **8**, 341（1974）
5）W. W. Piper *et al.*, *J. Lumin.*, **8**, 344（1974）
6）R. T. Wegh *et al.*, *Phys. Rev. B: Condens. Matter*, **56**, 13841（1997）
7）R. T. Wegh *et al.*, *Science*, **283**, 663（1999）
8）R. T. Wegh *et al.*, *J. Lumin.*, **90**, 111（2000）
9）P. Vergeer *et al.*, *Phys. Rev. B: Condens. Matter*, **71**, 014119（2005）
10）B. M. van der Ende *et al.*, *Adv. Mater.*, **21**, 3073（2009）
11）Y. Katayama *et al.*, *Materials*, **3**, 2405（2010）
12）J. J. Eilers *et al.*, *Appl. Phys. Lett.*, **96**, 151106（2010）
13）B. M. Van Der Ende *et al.*, *PCCP*, **11**, 11081（2009）
14）D. L. Andrews *et al.*, *The Journal of Chemical Physics*, **114**, 1089（2001）
15）Y. Katayama *et al.*, *Opt. Mater.*, **33**, 176（2010）
16）J. Ueda *et al.*, *Phys. Status Solidi A*, **208**, 1827（2011）
17）J. Ueda *et al.*, *J. Appl. Phys.*, **106**, 043101（2009）

5　長波赤外光の短波長化

竹下　覚[*1]，磯部徹彦[*2]

5.1　はじめに

地表に到達する太陽光は紫外光から赤外光まで幅広いスペクトルをもつが，太陽電池のバンドギャップ（E_g）よりも小さなエネルギーをもつ光は太陽電池に吸収されず，電気に変えられることなく透過する。広く普及している結晶Si太陽電池（$E_g = 1.1$ eV）では，このような赤外光が太陽光（AM1.5G）の全エネルギーのうち約35%にのぼり，太陽電池の理論限界効率が大きく制限されている[1]。このような赤外光を利用する方法として，よりE_gの小さな太陽電池をE_gの大きな順に積層し，短波長から長波長までの光を順次効率よく吸収して電気に変える多接合型太陽電池や，赤外光を吸収する中間準位を導入する中間バンド型量子ドット太陽電池などが検討されている。一方，既存の単接合型太陽電池の構成を大きく変えずに赤外光を利用する方法として，2光子以上の赤外光をより短波長な1光子に変換するアップコンバージョン蛍光体と組み合わせる方法が提案されている。

本節では，アップコンバージョン波長変換の基礎と，これまで提案されているアップコンバーターについて，その特徴と問題点を解説する。

5.2　アップコンバージョン機構

2光子を1光子に変換するアップコンバージョン過程の主な機構と，おおよその効率を図4-48に示す[2]。アップコンバージョンは非線形光学現象であるため，遷移確率は励起光強度に依存し，一般にn光子励起プロセスの発光強度は励起光パワーのn乗に比例する。したがって図4-48で示す効率ηとは，励起光の光束を1 Wcm^{-2}に規格化した際の効率であることに注意されたい。

最も効率の高いアップコンバージョン機構はAPTE（addition de photon par transfers d'energie）またはETU（energy transfer upconversion）と呼ばれ，増感剤の吸収から発光中心に相次いでエネルギー伝達することで起こる。次いで効率の高い機構は2-step absorptionと呼ばれ，発光中心の基底準位から中間励起準位への吸収（ground state absorption：GSA）に続いて，中間励起準位からさらに上の励起準位への吸収（excited state absorption：ESA）が生じることで起こる。これらに類似した機構として，基底準位から中間励起準位への吸収（GSA）に続いて増感剤からのエネルギー伝達（ETU）を受けて起こる機構があり，この場合，GSA/ETUと呼ばれる。その次に効率の高い機構はcooperative sensitizationと呼ばれ，2つの増感剤の吸収が1つの発光中心にエネルギー伝達して起こる。以上の機構はすべて実在するエネルギー準位を介した機構であり，遷移確率が高い。一方，仮想的なエネルギー準位を介して起こるアップコンバージョン機構として，cooperative luminescence，SHG（second harmonic generation），

＊1　Satoru Takeshita　慶應義塾大学　理工学部　応用化学科　助教（有期）
＊2　Tetsuhiko Isobe　慶應義塾大学　理工学部　応用化学科　教授

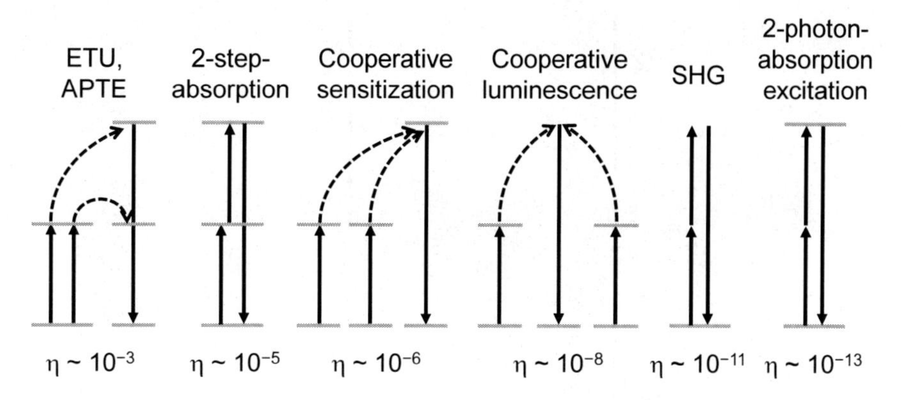

図4-48　主なアップコンバージョン機構とその効率 η

2-photon-absorption excitation が挙げられる。これらは遷移確率が低く，入射光の強度が十分に高くないと生じない。たとえば，SHG は励起光強度が 10^{13} Wm^{-2} 程度で起こるが，これは地上の太陽光強度の約 10^{10} 倍に相当する。実際のアップコンバージョン蛍光体の内部では，図4-48に示す種々の機構が同時に生じていると考えられる。また，どの機構でも高効率のアップコンバージョン発光には高い励起光強度が求められることから，アップコンバージョン波長変換は集光型太陽電池に適している。

5.3　アップコンバーターの構成

アップコンバージョンによる波長変換では，太陽電池セルの背面に波長変換層（アップコンバーター）を導入し，太陽電池に吸収されずに透過する赤外光を短波長側の可視光〜近赤外光に波長変換して太陽電池に再入射させる[3)]。アップコンバーターは通常，アップコンバージョン発光を示す蛍光体をホスト材料中に分散させて作製する。アップコンバーター背面にはリフレクターが取り付けられ，背面から蛍光が逃げ出すことを防止する。

アップコンバーターを導入した太陽電池の模式図の例を図4-49に示す。太陽光のうち，太陽電池の E_g よりも高エネルギーの光は，太陽電池セルにそのまま吸収される（①）。一方，E_g よりも低エネルギーの赤外光は，太陽電池セルに吸収されずに波長変換層まで到達する（②）。到達した赤外光は蛍光体に吸収され，可視光〜近赤外光に波長変換されたのち蛍光体から等方的に輻射される。輻射された蛍光の一部は直接（③），一部は背面リフレクターに反射されて（④）太陽電池セルに吸収される。アップコンバージョンではダウンシフトおよびダウンコンバージョンと異なり，波長変換層が太陽電池の背面に導入されるため，この導入による光損失は無視できる。ただし，太陽電池セルとアップコンバーターの界面における反射損失が，アップコンバージョン後の光の利用効率を低下させる要因となる。これを防ぐため，両面に反射防止層を有するタイプの太陽電池セルが使用される。

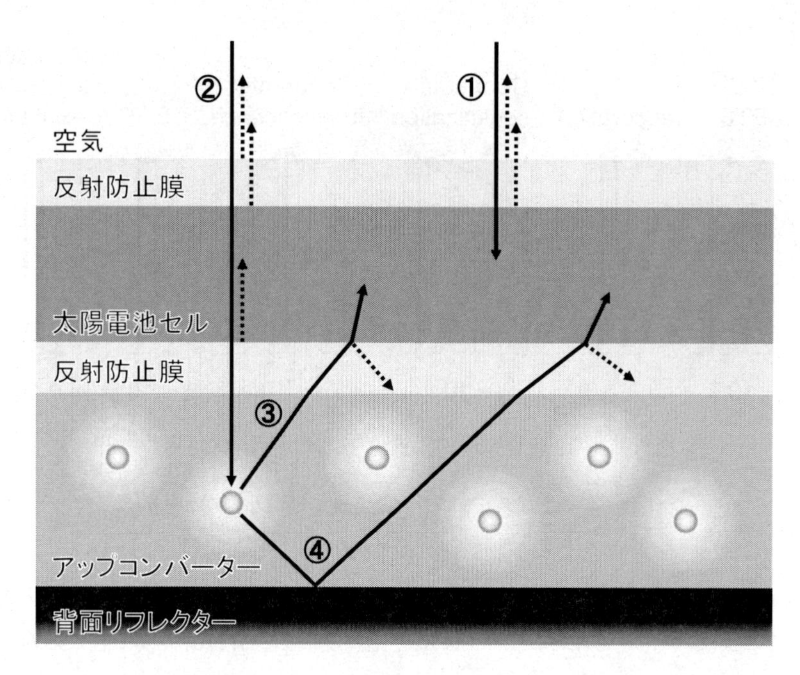

図4-49　アップコンバーターの模式図と光路

5.4　アップコンバージョン波長変換の効率限界

アップコンバージョン蛍光体を太陽電池用波長変換材料として利用しようという試みは，2002年のTrupkeらのモデル研究によってその有効性が広く認知された[4)]。理想的なアップコンバーターを導入した太陽電池は，図4-50に示すように，太陽電池本来のE_gの中間に中間バンドを導入したバンド構造に模することができる。中間バンドはアップコンバージョン蛍光体の中間励起準位に相当し，価電子帯から中間バンド，中間バンドから伝導帯への2光子吸収を経て，本来のE_gに相当する1光子の吸収に相当する。Trupkeらはこのモデルに基づいたシミュレーションを行い，アップコンバーターを導入した太陽電池の効率限界を算出している[5)]。その結果，集光していない太陽光（AM1.5）のもと，$E_g = 2.0$ eV，$E_i = 0.94$ eV，$E_{therm} = 0.34$ eVのとき最大50.7%の変換効率が得られることが示された。一方，広く流通している結晶SiのE_g = 1.1 eVでは，最大40.2%の変換効率が得られると報告している。E_g = 1.1 eVの太陽電池のShockley-Queisser効率限界は30%前後であることから，アップコンバーターが太陽光の利用効率を飛躍的に向上させる手段として十分なポテンシャルを有することがわかる。

5.5　波長変換機能を担う蛍光体

5.5.1　蛍光体に求められる特性

アップコンバーターに用いられる蛍光体に必要な特性は，主として以下の6項目にまとめられる[6,7)]。

（1）　太陽電池のE_g以下の赤外光を幅広く吸収する

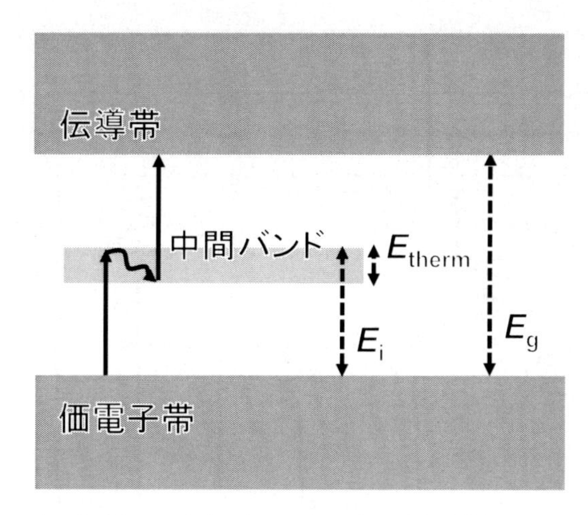

Reproduced with permission from ref. 5. Copyright 2006, Elsevier B.V.

図4 - 50　アップコンバージョン波長変換のバンドモデル図

（2）　光吸収係数が大きい

（3）　太陽電池の E_g 以上の波長で発光する

（4）　励起に必要な光強度が低い（Wcm^{-2} 程度）

（5）　蛍光量子効率が高い

（6）　アップコンバージョン後の光に対し高い透明性を有する

実際の蛍光体としては，ガラスや無機結晶中にドープされた希土類イオンが主に用いられてきた。近年では，遷移金属イオンや有機色素の中にも太陽電池に適したアップコンバージョン発光を示す系が知られている。以下では，アップコンバーターに実際に用いられているアップコンバージョン蛍光体と，可能性のあるいくつかの蛍光体について，その特徴と問題点を解説する。

5.5.2　希土類イオンによるアップコンバージョン

3価の希土類イオンがアップコンバージョン特性を示すことは1960年代から知られており，レーザーや光増幅器などに用いられてきた。希土類イオンの4f電子は外殻の5s，5p電子によって遮蔽されており，結晶場の影響をほとんど受けない。このため，4f - 4f遷移の吸収・発光波長の重心位置は母体によってほとんど変化しない。一方，各遷移のStark分裂は母体によって異なり，吸収・発光スペクトルの幅を変化させる。また，アップコンバージョン過程は格子振動の影響を強く受け，母体の格子振動エネルギーの大きさによって支配的なアップコンバージョン機構やその確率が異なることが知られている。

図4 - 51に Er^{3+} イオンの4f軌道のエネルギー準位と，アップコンバージョン発光の典型例を示す。Er^{3+} イオンは波長約1500 nmの励起光照射下において，いくつかのアップコンバージョン発光を示すことが知られており，それぞれ波長980 nm（$^4I_{11/2} \rightarrow {}^4I_{15/2}$），810 nm（$^4I_{9/2} \rightarrow {}^4I_{15/2}$），660 nm（$^4F_{9/2} \rightarrow {}^4I_{15/2}$），550 nm（$^4S_{3/2} \rightarrow {}^4I_{15/2}$），410 nm（$^2H_{9/2} \rightarrow {}^4I_{15/2}$）に発光ピークをもつ。これ

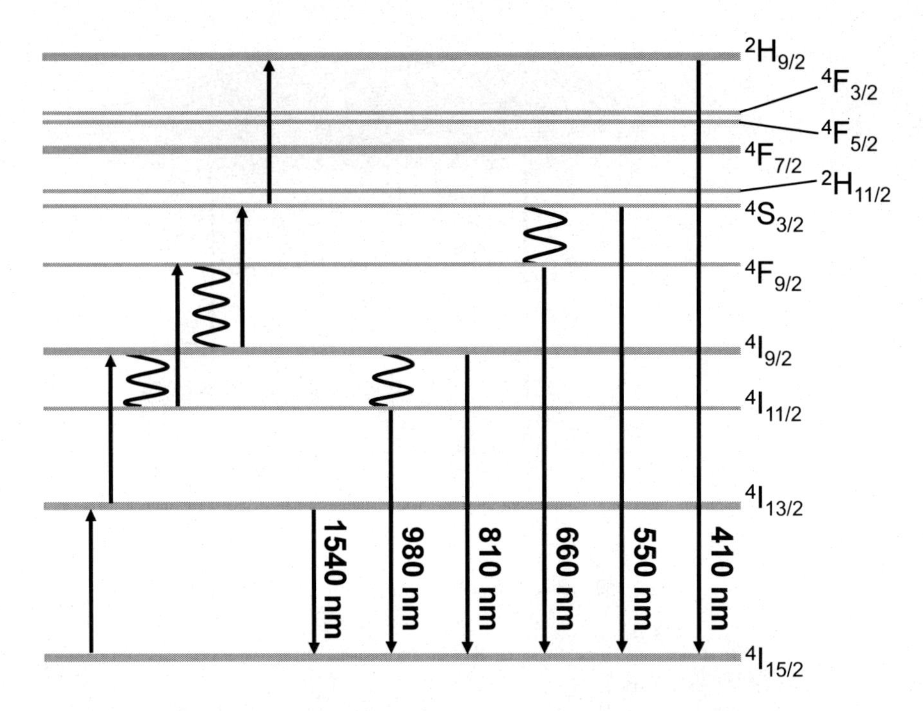

図 4 - 51　Er^{3+}のエネルギー準位と典型的なアップコンバージョン過程

らの遷移のうち，とくに波長 980 nm の $^4I_{11/2} \rightarrow {}^4I_{15/2}$ 遷移は結晶 Si 太陽電池の分光感度のピークに近いことから，Er^{3+} は太陽電池用アップコンバージョン蛍光体として注目されている。Er^{3+} をドープするホスト材料としては，フッ化物や酸化物など様々な無機結晶やガラスが検討されており，その詳細は Strümpel らの総説にまとめられている[7]。

β - $NaYF_4$ は格子振動エネルギーが小さく（～ 400 cm^{-1}），Er^{3+} のアップコンバージョン効率が最も高いホスト材料の一つとして知られている。また，β - $NaYF_4$ にドープされた Er^{3+} は波長 1480 ～ 1580 nm にいくつかのシャープな吸収ピークが重なり，結果としてブロードな吸収バンドを有するため，太陽光の赤外光成分を幅広く吸収することができる。β - $NaYF_4$:Er^{3+} に波長約 1500 nm の励起光を照射すると，主に近接する 2 つの Er^{3+} 間の ETU 機構を介してアップコンバージョン発光を示す。Shalav らは実際にアップコンバージョン蛍光体 β - $NaYF_4$:Er^{3+} を結晶 Si 太陽電池に実装し，発電特性の評価を行っている[8,9]。この研究では，両面に反射防止層を有する結晶 Si 太陽電池の背面に，アクリル樹脂に分散させた β - $NaYF_4$:Er^{3+}（20%）蛍光体からなるアップコンバーターを設置し，さらにその背面に白色塗料のリフレクターを塗布して用いている。波長 1523 nm のレーザー光（5 mW）をこのデバイスに照射したところ，外部量子効率 2.5%の光電変換を示したことが報告されている。結晶 Si 太陽電池自体はこの波長に吸収をもたないため，この結果はアップコンバージョン波長変換の効果を実証するものである。一方，同様のデバイスにタングステン－ハロゲンランプを照射したところ，赤外光領域での外部量子効率は～ 10^{-3}%程度にとどまり，アップコンバージョンによる波長変換には強い励起光源が必要なことがわかる。

Fischerらは，アップコンバージョン量子効率5.1%（波長1523 nm，出力1880 Wm^{-2}の励起光照射下）のβ-$NaYF_4:Er^{3+}$（20%）層を結晶Si太陽電池の背面に導入し，アップコンバージョン波長変換の効果を検証している[10]。その結果，波長1522 nm，出力1090 Wm^{-2}の光照射下で外部量子効率0.35%の出力が得られている。さらに同グループは同様のデバイスを用いて，より太陽光に近いブロードなスペクトルをもつ光照射下でのアップコンバージョン波長変換の効果を調べている[11]。その際，Xeランプの光をレンズにより集光し，一旦Siウェハーを透過させて結晶SiのE_g以上の光を遮断したものを光源として用いている。その結果，Er^{3+}の吸収波長域1460～1600 nmにおける光束が732 ± 17 sunに相当するまで集光した光源を照射したとき，アップコンバーターを用いない場合に対して，デバイスの外部量子効率が絶対値で1.07 ± 0.13%増加したと報告している。これは同じ光束の単色光（波長1523 nm）を用いた場合の外部量子効率増加量（外挿計算による予測値）0.71 ± 0.02%よりも高いことから，β-$NaYF_4:Er^{3+}$をアップコンバーターとして用いる場合，単色光よりもブロードな光のほうが適していることがわかる。彼らはこの理由について，単色光では一種類の準位間の共鳴吸収しか生じないのに対し，ブロードな光では複数種類の共鳴吸収が生じるため，アップコンバージョン過程が起こりやすくなるのではないかと指摘している。

Ho^{3+}は波長1170 nm付近に幅広い（～50 nm）吸収をもち，波長910 nm（$^5I_5 \rightarrow {}^5I_8$）や650 nm（$^5F_5 \rightarrow {}^5I_8$）にアップコンバージョン発光を示すことから，結晶Si系太陽電池に適したアップコンバーターとして注目されている。Lahozはオキシフッ化物結晶化ガラス中にドープされたHo^{3+}のアップコンバージョン発光について報告している[12]。アップコンバージョンは主に近接するHo^{3+}イオン間のETU機構により生じると考えられており，2光子の吸収で$^5I_5$準位から波長910 nmの発光が，3光子の吸収で$^5F_5$準位から波長650 nmの発光が生じる。ガラス中のHo^{3+}イオンは，熱処理の過程で生成するフッ化物ナノ結晶に濃縮されており，格子振動エネルギーの小さいフッ化物母体の影響で非輻射緩和が抑制され，また，Ho^{3+}イオン間の距離が縮まることでETU過程が高速化するため，熱処理前の前駆体ガラスと比べてアップコンバージョン効率が2桁高い。オキシフッ化物ガラスは波長1540 nm付近でも高い透明性を有するため，さらにEr^{3+}イオンを組み合わせることで，結晶Si太陽電池に適した高効率なアップコンバーターを作製できると指摘している。

5.5.3　希土類イオンペアによるアップコンバージョン

Yb^{3+}イオンを増感剤として利用し，これに他の希土類イオンを組み合わせたアップコンバージョン蛍光体が報告されている。Yb^{3+}は$^2F_{7/2} \rightarrow {}^2F_{5/2}$遷移によって波長980 nm付近の光を吸収し，他の希土類イオンに相次いでエネルギー伝達することでETU機構によるアップコンバージョン発光を示す。Yb^{3+}とEr^{3+}を組み合わせた系では，図4-52に示すようにYb^{3+}からEr^{3+}へのエネルギー伝達が生じ，波長660 nm（$^4F_{9/2} \rightarrow {}^4I_{15/2}$），550 nm（$^4S_{3/2} \rightarrow {}^4I_{15/2}$）などにアップコンバージョン発光を示す。この場合，Yb^{3+}の吸収波長が980 nmであるため，1100 nm程度まで分光感度を有する結晶Si系太陽電池には適さず，980 nm以上に分光感度をもたないGaAs太陽電池や，アモルファスSi太陽電池などに適している。

Yb^{3+}-Er^{3+}のペアによるアップコンバージョン蛍光体を，実際の太陽電池に組み合わせた検証実験が行われている[13~18]。Gibartらは，Yb^{3+}およびEr^{3+}イオンをドープしたガラスセラミックスをGaAs太陽電池の背面に設置し，さらにその背面にリフレクターとして金をコートした太陽電池の赤外光応答性を評価している[13]。その結果，1.39 eV（= 892 nm）の光照射下において，照射光強度の増加とともに太陽電池の出力が増大し，1 Wの光照射では2.5%の発電効率が得られている。de Wildらは，β-$NaYF_4$:Yb^{3+}(18%)，Er^{3+}(2%）蛍光体をポリメタクリル酸メチルに分散させてアップコンバーターを作製し，白色塗料で背面リフレクターを塗布したのち，アモルファスSi太陽電池と組み合わせて発電特性の評価を行っている[15, 16]。その結果，波長980 nmのレーザー光（28 mW）照射下において，アップコンバーターのない太陽電池の外部量子効率が0.01%であったのに対し，アップコンバーターを導入することで外部量子効率が0.03%まで増大しており，アップコンバージョンの効果が実証されている。Shanらは色素増感太陽電池に用いられるTiO_2ナノ粒子層の一部にLaF_3:Yb^{3+},Er^{3+}ナノ粒子を複合化させ，色素増感太陽電池におけるアップコンバージョン波長変換の効果について検証している[17]。この研究では，波長980 nmのレーザー光（2.5 W）照射下においてI-Vカーブを測定したところ，アップコンバーターを設けなかった太陽電池は応答を示さなかったが，アップコンバーターを設けた太陽電池は解放電圧4.0 V，短絡電流0.019 mAの応答を示した。ただし，同じデバイスを疑似太陽光（AM1.0G）照射下で評価したところ，アップコンバーターを設けない場合よりも変換効率が低

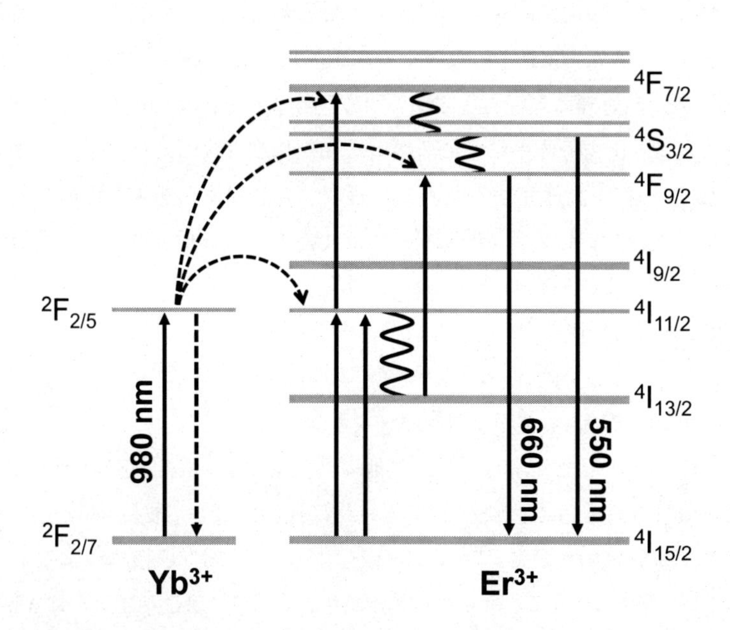

図4-52　Yb^{3+}-Er^{3+}ペアによる典型的なアップコンバージョン過程

下したことから，アップコンバージョン波長変換による利得は強い赤外光照射下でのみ得られることがわかる。

一方，Yb^{3+}の吸収である波長980 nmの近赤外光は，生体組織をよく透過することが知られている。これを利用し，生体内で駆動する光電池が提案されている。Chenらは$NaYF_4$:Yb^{3+},Er^{3+}ナノ膜を色素増感太陽電池に複合化したデバイスを作製し，波長980 nmのレーザー光（1 W）照射下で0.47 mWの出力が得られることを示した[19]。さらに，厚さ約1～6 mmの豚の腸膜で覆った上からレーザー光を照射した場合でも，生体内デバイスの駆動に十分な0.02～0.28 mWの出力が得られると報告している。

Er^{3+}以外にも，Yb^{3+}-Ho^{3+} [20]，Yb^{3+}-Tm^{3+} [21]，Yb^{3+}-Pr^{3+} [22]，Yb^{3+}-Tb^{3+}やYb^{3+}-Eu^{3+} [23]など組み合わせにおいて，Yb^{3+}の増感作用によるアップコンバージョン発光が確認され，太陽電池用アップコンバーターとして提案されている。このほかにも，Er^{3+}とTm^{3+}を組み合わせることで，波長974 nmの励起によって波長520 nm（Er^{3+}：${}^2H_{11/2} \rightarrow {}^4I_{15/2}$），550 nm（$Er^{3+}$：${}^4S_{3/2} \rightarrow {}^4I_{15/2}$），および800 nm（$Tm^{3+}$：${}^3H_4 \rightarrow {}^3H_6$，$Er^{3+}$：${}^4I_{9/2} \rightarrow {}^4I_{15/2}$）にアップコンバージョン発光を示す系などが報告されている[24]。

5.5.4　遷移金属イオンによるアップコンバージョン

希土類イオンと異なり，遷移金属イオンのd軌道は結晶場の影響を強く受けるため，母体によって吸収・発光波長が大きく変化する。これを利用し，太陽電池の分光感度に適した波長に吸収・発光を有するアップコンバージョン蛍光体の設計が可能である。Re^{4+}，Os^{4+}，Ti^{2+}，Mo^{3+}などの遷移金属イオンにおいて，太陽電池に適したアップコンバージョン発光を示す例が見つかっている。例えば，Re^{4+}イオンをドープしたCs_2ZrCl_6:Re^{4+}は波長1020～1100 nmおよび1280 nm付近で励起され，720～740 nm付近に発光を示す[25]。Os^{4+}イオンをドープしたCs_2ZrBr_6:Os^{4+}は波長745 nmおよび875 nm付近で励起され，630 nm付近に発光を示す[26]。Ti^{2+}イオンをドープした$MgCl_2$:Ti^{2+}は波長1070 nmと940 nm付近の2光子で励起され，750 nm付近に発光を示す[27]。

遷移金属イオンと希土類イオンを組み合わせたアップコンバージョン蛍光体が報告されている。Yb^{3+}イオンはNi^{2+} [28]，Mn^{2+} [29]，Cr^{3+}やRe^{4+} [30]などの遷移金属イオンに対して増感剤として働き，アップコンバージョン発光を示す。また，V^{3+}やCr^{5+}は，Re^{4+}やMo^{3+}などの遷移金属イオン，またはPr^{3+}やEr^{3+}などの希土類イオンに対して増感剤として働くことが知られている[30]。このほかにもRb_2MnCl_4:Ni^{2+}において，Ni^{2+}-Mn^{2+}イオンペアのアップコンバージョン発光が報告されている[31]。これらの組み合わせは赤外光領域に比較的ブロードな吸収をもつため，太陽電池用アップコンバーターに適している。

5.5.5　色素によるアップコンバージョン

いくつかの有機色素は，太陽電池に適した波長域でアップコンバージョン発光を示すことが知られている。PYC（1,3,1',3'-tetramethyl-2,2'-dioxopyrimido-6,6'-carbocyanine hydrogen sulfate），Rhodamine B，Rhodamine 6Gなどの色素は，波長1054 nmで励起すると，565～630 nm付

近にアップコンバージョン発光を示す[32]。また，ジメチルスルホキシドに溶解したAPPS(4-[N-(2-hydroxyethyl)-N-(methyl)amino phenyl]-40-(6-hydroxy hexyl sulphonyl) stilbene）は，波長1300 nmの励起光を照射すると，550 nm付近に3光子励起による発光を示す[33]。ただし，これら有機色素によるアップコンバージョンの励起には非常に強い光（～50 GWcm^{-2}程度）が必要である点が問題である。

5.5.6　複合材料による取り組み

Er^{3+}やYb^{3+}-Er^{3+}ペアを用いたアップコンバージョン波長変換の問題点のひとつに，赤外光領域の吸収スペクトルがシャープであり，利用できる赤外光の幅が限られている点が挙げられる。この問題を解決するため，アップコンバージョン蛍光体を近赤外発光蛍光体と組み合わせた取り組みが行われている。PbS量子ドットは，紫外光から約1500 nmまでの波長域にブロードな吸収を有し，波長1520 nm付近にピークをもつ発光を示す。Panらは結晶Si太陽電池に吸収されない赤外光のうち，波長1488～1564 nmの光をアップコンバーターに直接吸収させ，それよりも短波長な1100～1500 nmの光はPbS量子ドットにより1520 nmに波長変換してアップコンバーターに吸収させる方式のデバイスを作製した[34]。このデバイスに波長1450 nmのLED光を照射したところ，アップコンバーターのみの場合に対し，PbS量子ドットとアップコンバーターを組み合わせた場合では電流増幅量が約60%増加し，複合材料による効果が実証されている。

5.6　まとめと展望

アップコンバージョン波長変換によって，既存の太陽電池が活用できない赤外光が利用可能となり，太陽電池の種類を問わずその変換効率を向上させることができる。結晶Si系太陽電池を例にとると，理想的なアップコンバーターと組み合わせることで，Shockley-Queisserの効率限界を超え，変換効率を最大40%程度まで向上できることが理論的に裏付けられている。また，実際にEr^{3+}を利用したアップコンバーターは結晶Si系太陽電池に，Yb^{3+}-Er^{3+}ペアを利用したアップコンバーターはGaAsなど化合物半導体太陽電池に実装され，その有効性が証明されている。

一方で，実用化に向けて主に以下の2点の問題点を解決しなければならない。

（1）　吸収スペクトルの幅が狭く，光吸収係数が小さい

（2）　アップコンバージョン発光効率が低く，非常に強い励起光が必要とされる

これらの問題点を解決するためには，既存のアップコンバージョン蛍光体の最適化のみでは不十分であり，新しいコンセプトに基づいた大幅な効率向上や，新規なアップコンバージョン系の発見が求められると考えられる。例えばvan der Endeらは，近赤外発光を示す希土類イオンに対して，ブロードな許容遷移による赤外光吸収を有する3d金属・4d金属イオンを増感剤として組み合わせる方法が有望であると指摘している[6]。これらの問題を解決することで，集光型太陽電池用途を中心としたアップコンバージョン波長変換の実用化が期待できる。

一方で，汎用太陽電池以外の光電池についても，アップコンバージョン蛍光体と組み合わせる

ことで，生体内で駆動する光電池などが提案されている。このように，赤外光で応答する利点を活かしたアップコンバージョン波長変換の応用が様々な分野で期待される。

文　　献

1) B. S. Richards, *Sol. Energy Mater. Sol. Cells*, **90** (15), 2329-2337 (2006)
2) F. Auzel, *Chem. Rev.*, **104** (1), 139-173 (2004)
3) B. S. Richards, A. Shalav, *IEEE Trans. Electron Devices*, **54** (10), 2679-2684 (2007)
4) T. Trupke, M. A. Green, P. Würfel, *J. Appl. Phys.*, **92** (7), 4117-4122 (2002)
5) T. Trupke, A. Shalav, B. S. Richards, P. Würfel, M. A. Green, *Sol. Energy Mater. Sol. Cells*, **90** (18-19), 3327-3338 (2006)
6) B. M. van der Ende, L. Aarts, A. Meijerink, *Phys. Chem. Chem. Phys.*, **11** (47), 11081-11095 (2009)
7) C. Strümpel, M. McCann, G. Beaucarne, V. Arkhipov, A. Slaoui, V. Švrček, C. del Cañizo, I. Tobias, *Sol. Energy Mater. Sol. Cells*, **91** (4), 238-249 (2007)
8) A. Shalav, B. S. Richards, T. Trupke, K. W. Krämer, H. U. Güdel, *Appl. Phys. Lett.*, **86** (1), 013505 (2005)
9) A. Shalav, B. S. Richards, M. A. Green, *Sol. Energy Mater. Sol. Cells*, **91** (9), 829-842 (2007)
10) S. Fischer, J. C. Goldschmidt, P. Löper, G. H. Bauer, R. Brüggemann, K. Krämer, D. Biner, M. Hermle, S. W. Glunz, *J. Appl. Phys.*, **108** (4), 044912 (2010)
11) J. C. Goldschmidt, S. Fischer, P. Löper, K. W. Krämer, D. Biner, M. Hermle, S. W. Glunz, *Sol. Energy Mater. Sol. Cells*, **95** (7), 1960-1963 (2011)
12) F. Lahoz, *Opt. Lett.*, **33** (24), 2982-2984 (2008)
13) P. Gibart, F. Auzel, J.-C. Guillaume, K. Zahraman, *Jpn. J. Appl. Phys., Part1*, **35** (8), 4401-4402 (1996)
14) A. C. Pan, C. del Cañizo, A. Luque, *Mater. Sci. Eng. B*, **159-160**, 212-215 (2009)
15) J. de Wild, A. Meijerink, J. K. Rath, W. G. J. H. M. van Sark, R. E. I. Schropp, *Sol. Energy Mater. Sol. Cells*, **94** (11), 1919-1922 (2010)
16) J. de Wild, J. K. Rath, A. Meijerink, W. G. J. H. M. van Sark, R. E. I. Schropp, *Sol. Energy Mater. Sol. Cells*, **94** (12), 2395-2398 (2010)
17) G.-B. Shan, G. P. Demopoulos, *Adv. Mater.*, **22** (39), 4373-4377 (2010)
18) M. Liu, Y. Lu, Z. B. Xie, G. M. Chow, *Sol. Energy Mater. Sol. Cells*, **95** (2), 800-803 (2011)
19) Z. Chen, L. Zhang, Y. Sun, J. Hu, D. Wang, *Adv. Func. Mater.*, **19** (23), 3815-3820 (2009)
20) F. Lahoz, C. Pérez-Rodríguez, S. E. Hernández, I. R. Martín, V. Lavín, U. R. Rodríguez-Mendoza, *Sol. Energy Mater. Sol. Cells*, **95** (7), 1671-1677 (2011)
21) V. D. Rodríguez, J. Méndez-Ramos, V. K. Tikhomirov, J. del-Castillo, A. C. Yanes, V. V. Moshchalkov, *Opt. Mater.*, **34** (1), 179-182 (2011)
22) Q. J. Chen, W. J. Zhang, X. Y. Huang, G. P. Dong, M. Y. Peng, Q. Y. Zhan, *J. Alloys Compd.*, **513**, 139-144 (2012)

23) R. Martín-Rodríguez, R. Valiente, S. Polizzi, M. Bettinelli, A. Speghini, F. Piccinelli, *J. Phys. Chem. C*, **113** (28), 12195-12200 (2009)
24) F. Song, K. Zhang, J. Su, L. Han, J. Liang, X. Zhang, L. Yan, J. Tian, J. Xu, *Opt. Express*, **14** (26), 12584-12589 (2006)
25) D. R. Gamelin, H. U. Güdel, *J. Am. Chem. Soc.*, **120** (46), 12143-12144 (1998)
26) M. Wermuth, H. U. Güdel, *J. Am. Chem. Soc.*, **121** (43), 10102-10111 (1999)
27) O. S. Wenger, H. U. Güdel, *Inorg. Chem.*, **40** (23), 5747-5753 (2001)
28) S. García-Revilla, P. Gerner, H. U. Güdel, R. Valiente, *Phys. Rev. B*, **72** (12), 125111 (2005)
29) C. Reinhard, P. Gerner, F. Rodríguez, S. García-Revilla, R. Valiente, H. U. Güdel, *Chem. Phys. Lett.*, **386** (1-3), 132-136 (2004)
30) J. F. Suyver, A. Aebischer, D. Biner, P. Gerner, J. Grimm, S. Heer, K. W. Krämer, C. Reinhard, H. U. Güdel, *Opt. Mater.*, **27** (6), 1111-1130 (2005)
31) O. S. Wenger, R. Valiente, H. U. Güdel, *Phys. Rev. B*, **64** (23), 235116 (2001)
32) P. Qiu, A. Penzkofer, *Appl. Phys. B*, **48** (2), 115-124 (1989)
33) G. S. He, P. P. Markowicz, T.-C. Lin, P. N. Prasad, *Nature*, **415** (6873), 767-770 (2002)
34) A. C. Pan, C. del Cañizo, E. Cánovas, N. M. Santos, J. P. Leitão, A. Luque, *Sol. Energy Mater. Sol. Cells*, **94** (11), 1923-1926 (2010)

6　素子化と野外実験の実際

瀬川正志*

6.1　太陽電池モジュールの構造

結晶シリコン系太陽電池モジュールの構造を図 4 - 53 に示す。図 4 - 53 の通り結晶系シリコンセルを 2 枚の EVA 封止材で挟み，その上下にガラスもしくは耐侯性に富むバックシートで挟み，それを真空加熱圧着する事で一体化している。

アモルファスシリコン系太陽電池モジュールの構造を図 4 - 54 に示す。基板ガラスに蒸着した薄膜層とバックシートを一体化するためにシート状の EVA 封止材を用いて真空加熱圧着を行っている。結晶シリコン系，アモルファスシリコン系を問わず，EVA 封止材とほぼ同等の性能を持つものであり，通常ロールもしくは断裁し枚様で供給されている。

以下，本稿では，**6.2　EVA 樹脂に関して**，**6.3　結晶系シリコンセルの封止向け EVA 封止材について**，**6.4　EVA 封止材の評価方法**，**6.5　EVA 封止材の開発動向**の順に解説する。

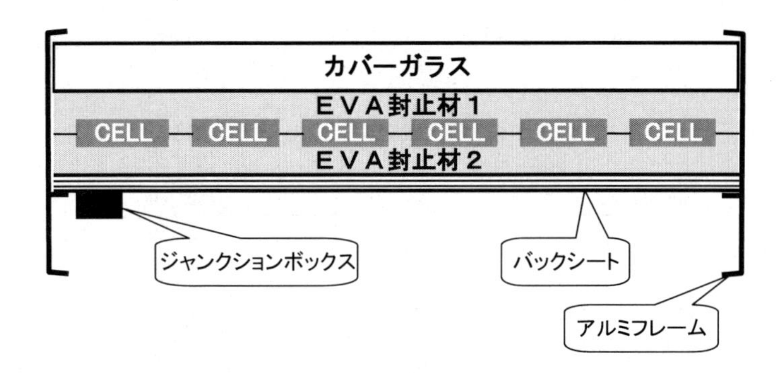

図 4 - 53　結晶シリコン系太陽電池モジュールの構造

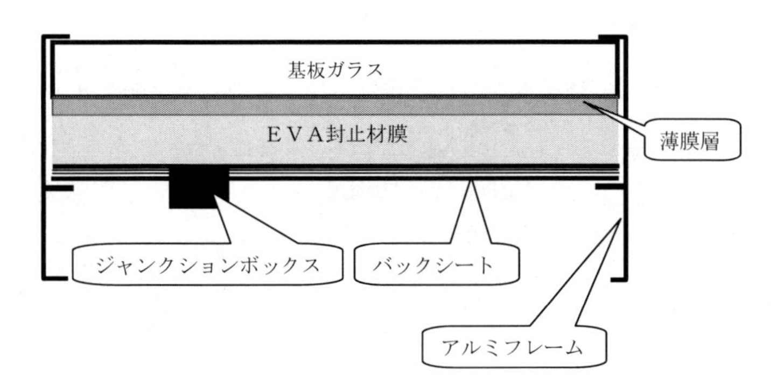

図 4 - 54　アモルファス系太陽電池モジュールの構造

＊　Masashi Segawa　サンビック㈱　常務取締役

6.2 EVA 樹脂に関して

6.2.1 EVA 樹脂の生産量

EVA とはエチレン・酢酸ビニル共重合体の略であり，エチレンと酢酸ビニルのモノマーをランダム共重合した樹脂であり，一般にはポリエチレンの一種として扱われている。2010 年度の樹脂の生産量は表 4 - 7 の通りである。EVA の日本での生産量は，最近 10 年間でほぼ横ばいであり，ナイロンの生産量とほぼ同等である。これは EVA が非常に汎用性の高い樹脂であることを示唆している。

6.2.2 EVA 樹脂の分類

EVA 樹脂は一般に EVA 内に含まれている酢酸ビニルの含有量とその分子量で分類される。EVA 内の酢酸ビニル含有量（重量%）は，一般に「VA」で表記し，分子量に関してはその粘度と相関があることが知られており，通常 MI（メルトインデックス）で表記される。

なお，MI と EVA 樹脂の平均分子量は図 4 - 55 の通りである。

EVA 樹脂の MI に関しての詳細は JIS K-7210 を参照頂きたい。

EVA の樹脂の VA を横軸，MI を縦軸とした場合それぞれをプロットすると，成型方法ごとに図 4 - 56 の通りになる。次に EVA 樹脂の酢酸ビニル含有率と各物性の関係を表 4 - 8 に示す。

表 4 - 7　各樹脂の生産量（2010 年　日本）

（単位：万トン）

樹脂名	生産量
ポリエチレン	296.3
ポリプロピレン	270.9
塩化ビニル樹脂	174.9
ポリカーボネート	36.9
EVA（エチレン・酢酸ビニル共重合体）	24.4

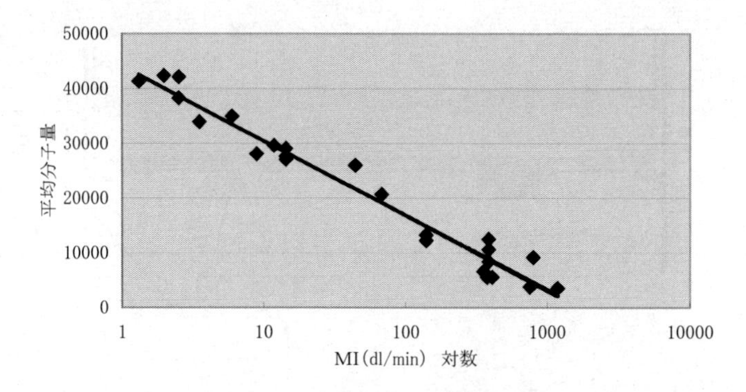

図 4 - 55　平均分子量と MI の関係

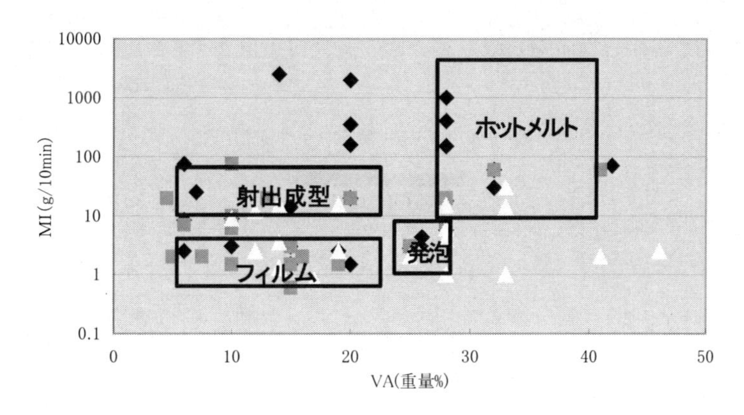

図4-56　ＥＶＡ樹脂の分類

表4-8　酢酸ビニル含有率と物性

酢酸ビニル含有率が	増加すると	減少すると
密度	大	小
水蒸気透過率	大	小
融点	高	低
硬さ	硬	軟
密度	高	低
価格	高	低

6.3　結晶系シリコンセルの封止向けEVA封止材について

6.3.1　EVA封止材の組成と架橋・接着の原理

図4-53に結晶シリコン系太陽電池モジュールの構造を示した。ここで用いられるEVA封止材は，VAが25～35%のEVAに有機過酸化物，シランカップリング剤等を添加したシート状の物である。このEVA封止材は加熱すると一度溶け，更に加熱を継続すると添加した有機過酸化物が分解し，図4-57に示す通りEVA中に架橋構造を持たせる事ができる。

EVAが架橋構造を持つことで，EVAの耐熱性が向上する。また，EVA内に有機過酸化物とシランカップリング剤が同時に添加されているとガラス等の無機物と良好に接着する。その接着機構をガラスを例にして図4-58に示す。上記通りの接着機構であるために，EVA内にシランカップリング剤が添加されていない，もしくはシランカップリング剤が失活している時には接着に問題を生じる。

6.3.2　結晶系シリコン太陽電池モジュールの製造方法

結晶シリコン系太陽電池モジュールの製造方法は図4-59の通りに各部材を積層する。積層した後に，図4-60に示す太陽電池用ラミネーターにガラスを下側にして入れて全体を一体化する。

通常のラミネーターは，蓋の部分のゴムで上室と下室が分けられており，上室と下室が独立に真空状態にできる。その動作原理を図4-61に示す。

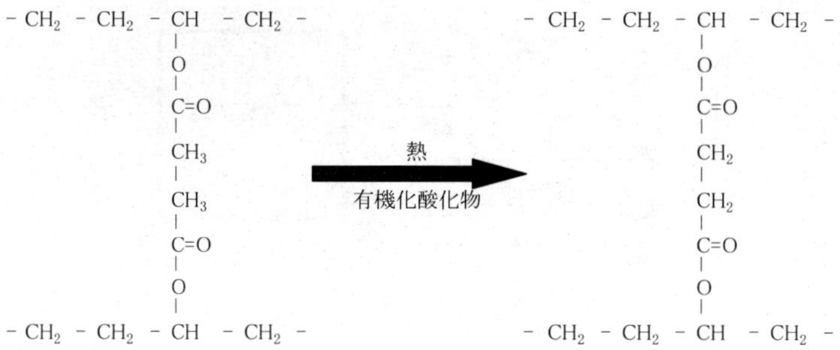

$$
\begin{array}{ccc}
-CH_2-CH_2-\underset{|}{CH}-CH_2- & & -CH_2-CH_2-\underset{|}{CH}-CH_2- \\
O & & O \\
C=O & & C=O \\
CH_3 & \xrightarrow[\text{有機化酸化物}]{\text{熱}} & CH_2 \\
CH_3 & & CH_2 \\
C=O & & C=O \\
O & & O \\
-CH_2-CH_2-\overset{|}{CH}-CH_2- & & -CH_2-CH_2-\overset{|}{CH}-CH_2-
\end{array}
$$

図4-57　EVAの架橋反応

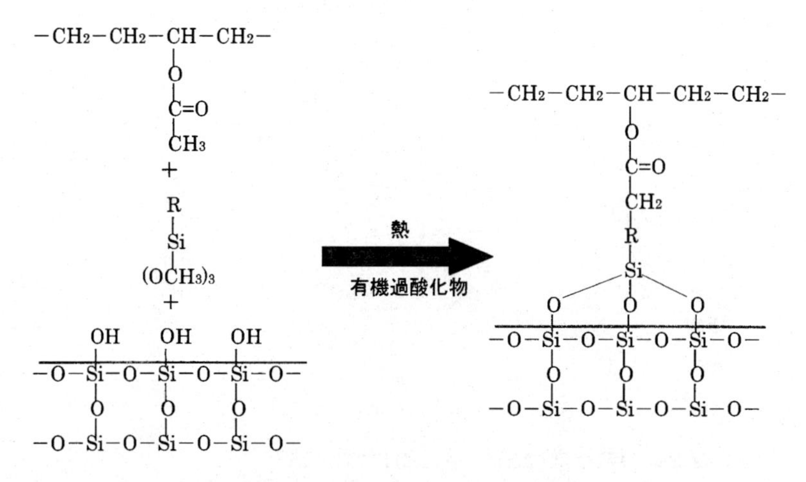

図4-58　EVAとガラスの接着原理

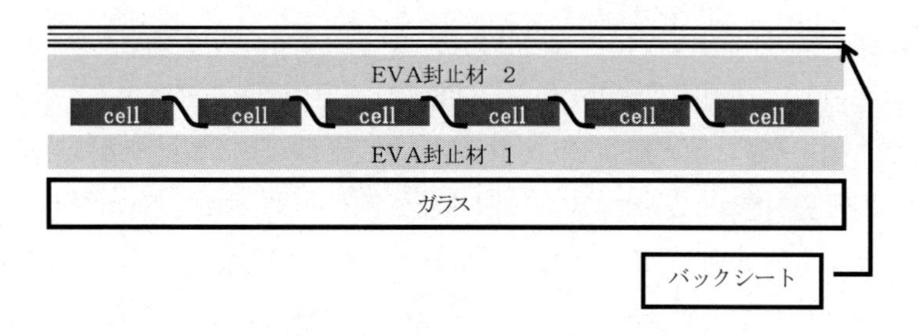

図4-59　結晶シリコン系太陽電池モジュールの各部材の積層構成

現在，当社ではEVAの架橋条件の異なる2種類の組成の封止材膜を販売している(Standard Cure品，Fast Cure品)。一般にStandard Cure品はEVAの架橋工程をラミネーター内で連続で行わず，ラミネーターから取り出しオーブンもしくは加熱炉で行われる。これに対してFast Cure品は一般にEVAの架橋工程をラミネーター内で行う。

図4-60　太陽電池用ラミネーター

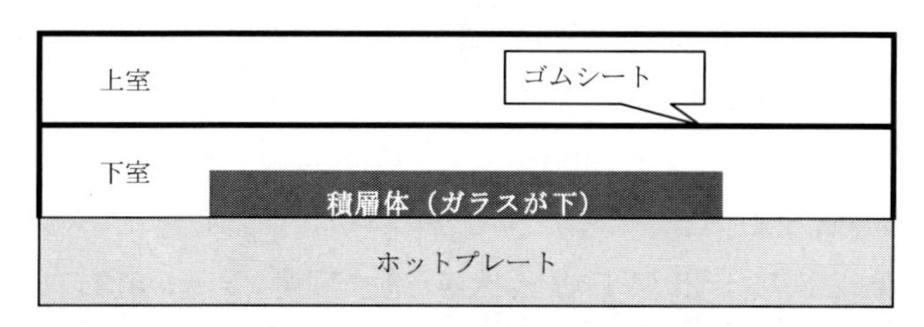

	上室	下室	ゴム	
1^{ST}STEP	真空	大気圧	上室側	積層体をラミネーターに入れる。
2^{nd}STEP	真空	真空	上室側	積層体内の空気を除き，EVAを溶かす。
3^{rd}STEP	大気圧	真空	下室側	積層体を一体化する。
4^{th}STEP	大気圧	大気圧	中立	蓋を開ける。

図4-61　ラミネーターの動作原理

6.3.3　太陽電池ラミネーターの条件設定に関して

通常サンビックのFastCureを用いた場合の太陽電池用ラミネーターの設定推奨条件は下表の通りである。

ホットプレート温度	135℃
2^{nd}STEP時間	5分
3^{rd}STEP時間	15分

太陽電池ラミネーターの設定条件を考える際に特に考慮すべき点は以下の通りである。

① 2^{nd}STEP時間

・時間が短すぎる場合，エアー残り，セル割れが不具合として発生する。

・時間が長すぎる場合，加圧前にEVAの架橋が開始し，接着不良の原因となる。

② 3rdSTEP 時間

・時間が短すぎる場合，EVA の架橋が不十分となる。

以上から，「2ndSTEP で EVA を架橋させてはいけない」「3rdSTEP で EVA を早く架橋させたい」と架橋条件に関して，相反する要求を太陽電池 EVA は求められる。このため，ラミネーター内で架橋まで終了する 3rdSTEP 時間は，EVA を架橋させてはいけない 2ndSTEP の時間に拘束されてしまう。

以上に基づき，太陽電池ラミネーター内で架橋まで終了する場合，その総時間架橋剤として用いる有機過酸化物の種類を変えても一定以上短くする事はできなと考えられる。

更には有機過酸化物を低温分解型のものにし，太陽電池ラミネーターの設定温度を下げる検討は,「2ndSTEP に EVA を熱で溶かして軟らかくし, 3rdSTEP でプレスをした時にセル割れを防ぐ」の要求のため，設定温度をある程度以下にはできない。このため低温分解型の有機過酸化物の使用も限界がある。

6.4 EVA 封止材の評価方法

JIS 規格では，JIS C-8911 ～ 21 が「結晶系太陽電池」関連であり，JIS C-8931 ～ 8940 が「アモルファス太陽電池」関連である。この中で，EVA 封止材に関係が深いものは，

・JIS C 8917:1998 結晶系太陽電池モジュールの環境試験方法及び耐久性試験方法

・JIS C 8938:1995 アモルファス太陽電池モジュールの環境試験方法及び耐久性試験方法

が挙げられる。

両者の規格はほぼ耐久性試験については共通化が図られている。「JIS C-8917:1998」中で規定されている耐久性試験は 11 項目であり，EVA に関連の深いものは以下の 5 項目である（詳細は JIS C-8917:1998 を参照されたし）。

・温度サイクル試験

・温湿度サイクル試験

・光照射試験

・耐熱性試験

・耐湿熱性試験

通常は，小型結晶系モジュールを作製し，これらの耐久性試験の前後で

・モジュールの外観のチェック。特に EVA の変色に関して

・EVA とセル，ガラス等との接着性に関して

を実施し，EVA の耐久性評価を実施する。

なお，上記試験項目の耐久性は，EVA 封止材のみで決まるわけではなく，使用する「バックシート」，アルミフレームへの太陽電池モジュールの固定の方法にも大きく依存し，各部材との組み合わせを総合的に考える必要がある。

6.5　EVA封止材の開発動向

EVA封止材の動向としては，

①　高耐久性を求めるEVA

②　架橋時間の最適化

③　発電効率を改善するEVA

等が考えられている。

今回，産業技術総合研究所と当社で共同研究を実施している「発電効率を改善するEVA」について紹介する。

6.5.1　原理

現在，PVパネルの発電効率に積極的に関与していない現行のEVA封止材に，波長変換機能を付与する事によりPVパネルの発電効率を向上できると考えた。

具体的には，図4-62の通り，典型的なPVセルは$\lambda = 713$ nmを中心とする主に赤い光でのみ効率よく発電でき，太陽光線に30%含まれる500 nm以下の高エネルギーの紫外線および紫・青色光では殆ど発電できない。

筆者らは太陽光線に含まれている紫外線を，図4-62に示す「EVA封止材1」で赤色光に変換し，PVパネルの発電効率を向上することを目標とした。

6.5.2　詳細

筆者らは，独立行政法人産業技術総合研究所と共同開発した波長変換技術を用いたPVパネルを試作し（図4-63），小型PVパネルの発電効率および$\lambda = 365$ nmの紫外線を照射し蛍光の有無を測定した。

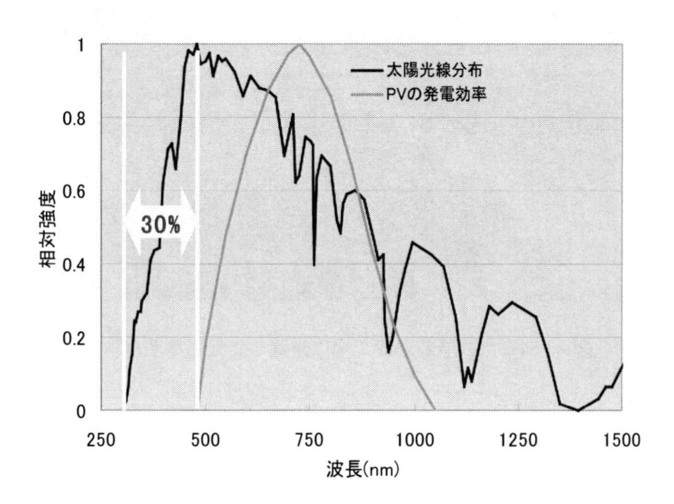

図4-62　太陽光線および結晶系シリコンセルの相対感度

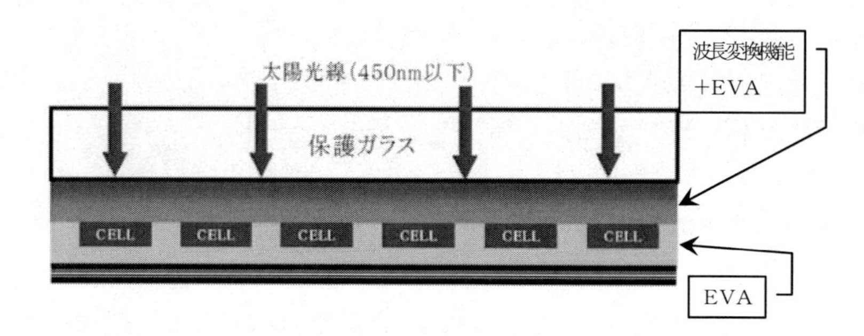

図 4 - 63　波長変換機能を持つ太陽電池モジュール

EVA を波長変換機能を持った物と持たない物で比較をすると，発電効率の向上が確認でき，また 365 nm の紫外線を照射すると PV セルが十分使用できる 615 nm 付近に蛍光が観察できた。図 4 - 62 に示す通り，615 nm は，PV セルが効率よく発電できる波長である。

6.5.3　発電量向上に関する実証試験

以上の結果に基づき，筆者らは PV セルの特性を揃えた上で波長変換機能の有無で各 3 KW 相当の PV パネルを試作し，図 4 - 64 の通り当社静岡細江工場の屋根上に設置し，それぞれの発電量を計測した。設置後 4 ヶ月の結果は下表の通りである（表 4 - 9）。

表の通り，フィールドテストにおいて SEREC 添加で発電量・発電効率の向上が確認でき現在も継続中である（SEREC は，当社で使用している物質。紫外線を照射すると赤い蛍光を発する)。

図 4 - 64　当社静岡細江工場に設置した太陽電池パネル

表 4 - 9　EVA 封止材への SEREC 添加 EVA の有無での発電量の差

		4 月	5 月	6 月	7 月
波長変換機能	有	257.2 kWh	302.0 kWh	349.9 kWh	234.8 kWh
	無	254.3 kWh	299.3 kWh	347.3 kWh	233.2 kWh
発電量向上率（%）		1.2	1.0	0.7	1.0

6.5.4 太陽電池市場の変化の中での発電効率向上への取り組み

2011 年太陽電池市場は激変し，ヨーロッパでの太陽電池の価格は下落の一途である。これに対して紫外線を吸収し，赤い蛍光を発する物質の核となるユーロピウム元素は，レアアースであることも伴い，価格上昇一途である。当然本件ではユーロピウム元素を用いた化合物を EVA に添加しており，太陽電池パネルの発電効率向上分とユーロピウム化合物添加のコスト調整も新たな課題となっている。

第5章　生体分子イメージング・センシング用蛍光体

1　下方変換を利用したバイオ用可視・近赤外蛍光体

1.1　コロイダル量子ドット

前之園信也*

1.1.1　はじめに

コロイダル量子ドット（CQDs）とは，化学的に合成されたナノサイズの半導体超微粒子であり，その光学特性が粒径に依存するという特徴的な性質を有している。サイズ依存光学特性という特異な機能のために，特にバイオ分野では，バイオラベリング，細胞イメージング，医療診断，バイオセンサー，標的治療など種々の応用が提案されている[1~23]。代表的なCQDsとしてはII-VI族化合物半導体であるセレン化カドミウム（CdSe）が挙げられる。CdSeはバルク結晶のバンドギャップエネルギー（E_g）が1.74 eVであり，CQDsの粒径を調節することによって450-700 nmの波長領域（可視光領域）で蛍光波長を制御することができる（図5-1）。バイオ応用の際に重要となる近赤外波長が必要な場合には，III-V族化合物半導体である砒化インジウ

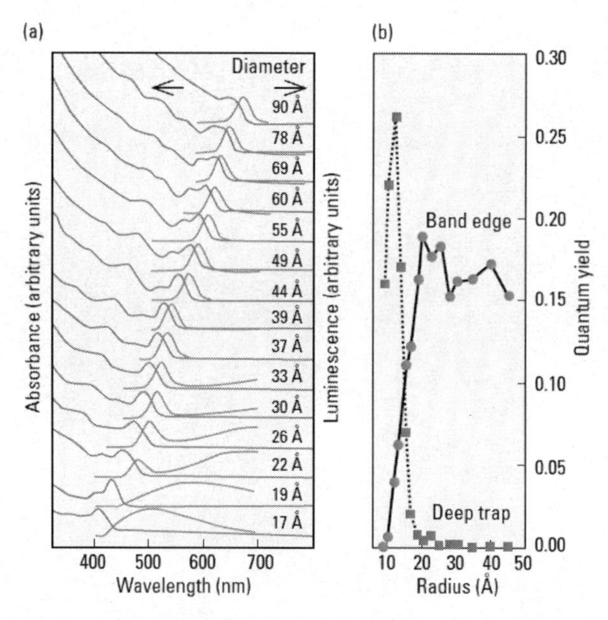

Reprinted with permission from Murphy, C. J., Optical sensing with quantum dots, *Anal. Chem.*, **74**, 520A-526A, 2002. Copyright 2002 American Chemical Society

図5-1　CdSe CQDsの室温での吸収および蛍光スペクトル

＊　Shinya Maenosono　北陸先端科学技術大学院大学　マテリアルサイエンス研究科　准教授

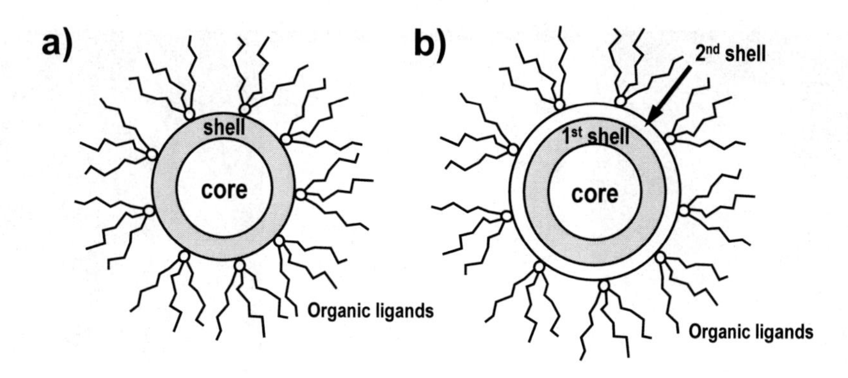

図5-2　(a) コア/シェル CQD (b) コア/シェル/シェル CQD

ム（InAs）等の狭バンドギャップ CQDs や[24～30]，TYPE-II ヘテロ接合型 CQDs[19, 31, 32] などを用いることができる。蛍光波長が紫外領域にある CdS，ZnS，ZnSe，ZnO 等の広バンドギャップ CQDs は，バイオイメージングやバイオセンシング分野において現状では特に用途がないため，本項では可視光から長波長側に蛍光ピークを持つ CQDs とそのバイオイメージングおよびバイオセンシング分野での応用について述べる。

バイオ応用における CQDs の主たる長所は，広い吸収スペクトル，狭い蛍光スペクトル，高輝度，長蛍光寿命，高耐光性，表面機能化の自由度の高さ等である。典型的に用いられる CQDs は，CdSe CQDs の表面を数原子層の硫化亜鉛（ZnS）で被覆した CdSe/ZnS コア/シェル型 CQDs である（図5-2(a)）[33]。ZnS でシェル化することで表面準位は減少し，電子および正孔ともコアに閉じ込める TYPE-I 型ヘテロ接合となるため，高い蛍光量子収率を持つ。最近では，電子もしくは正孔のどちらか一方をコアに閉じ込める TYPE-II 型ヘテロ接合のコア/シェル型 CQDs[31] や，第二シェルを導入したコア/シェル/シェル型 CQDs（図5-2(b)）[34, 35] なども開発されている。

適切な表面処理を行っていない CQDs は生体毒性を示す。例えば，細胞に取り込まれた CdSe CQDs に紫外線を長時間照射すると，Cd イオンが放出され極めて高い毒性を示すことが報告されている[36]。しかし，CdSe CQDs を ZnS でシェル化することによって Cd イオンの放出が低減されることがわかっている[36]。また，高分子でくるまれた CdSe/ZnS CQDs は紫外線非照射時には無毒であることが *in vivo* 実験で判明している[37]。同様に，ブロックコポリマーのミセルでカプセル化された CdSe/ZnS CQDs をカエルの胚に注入しても，発生に影響はないこともわかっている[9]。以上のような理由から，*in vivo* 応用の際には，両親媒性ポリマーなどの生体親和性の高い有機物質で表面を覆ったコア/シェル型 CQDs が使用される[38, 39]。

1.1.2　CQD バイオイメージング

CdSe/ZnS CQDs のバイオイメージング分野への応用としては，細胞やタンパク等を CQDs で標識して長時間観察を可能にするといった利用例が一般的である[1, 7, 9, 12, 13, 17, 18]。その他，脊髄ニューロン表面のグリシン受容体を CQDs で標識して追跡する[15]，抗体とポリエチレングリ

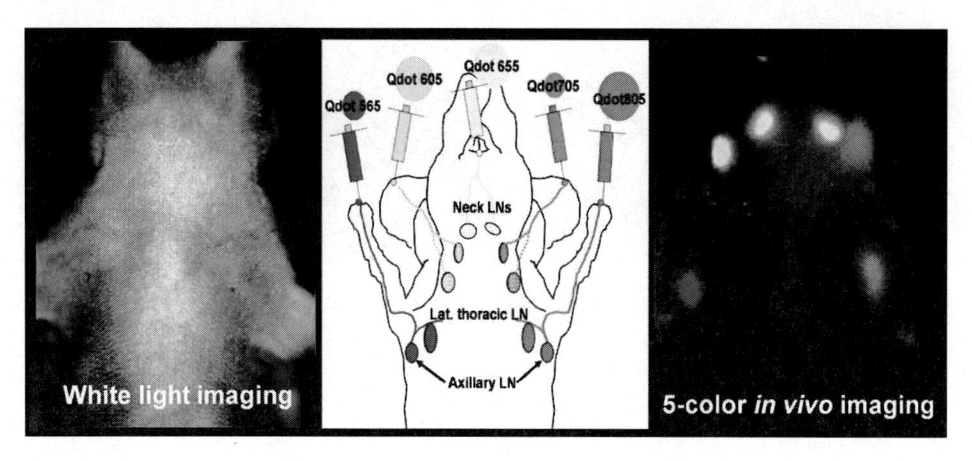

Reprinted with permission from Kobayashi, H., Hama, Y., Koyama, Y., Barrett, T., Regino, C. A. S., Urano, Y. and Choyke, P. L., Simultaneous multicolor imaging of five different lymphatic basins using quantum dots, *Nano Lett.*, **7**, 1711-1716, 2007. Copyright 2007 American Chemical Society

図5-3　異なる粒径（蛍光波長）を持つ5種類のCQDsを用いたリンパ管造影

コールで修飾した多機能CQDsを用いて*in vivo*で癌の標識とイメージングを行うなど[20]，様々な展開が報告されている。異なる粒径を持つ5種類のCQDsを用いてリンパ管造影を行い，異なるリンパ液の流れを可視化した例も報告されている（図5-3）[40]。

*in vivo*蛍光イメージングを行う場合，生体透過性の高い近赤外蛍光を有するCQDsが有利である。近赤外発光するCQDsとして，II-VI族化合物半導体を用いたTYPE-II型ヘテロ接合による近赤外発光コア/シェル型CQDs[19, 31, 32]が挙げられる。これらのTYPE-IIコア/シェルCQDsは，電子あるいは正孔のどちらか一方をコアに閉じ込めることができ，コアに閉じ込められたキャリアとシェルに局在化したキャリアの再結合によって近赤外発光を実現している。TYPE-IIコア/シェルCQDsを用いて，センチネルリンパ節のイメージングが可能であることが示されている[19, 32]。しかしながら，TYPE-IIコア/シェルCQDsでは非発光再結合が支配的であり，輝度が不十分であった。そこでBawendiらは，InAsとInPとを組み合わせた三元化合物半導体である$InAs_xP_{1-x}$ CQDsを合成し，バンドギャップチューニングの自由度を向上させた[28]。この三元系$InAs_{0.82}P_{0.18}$ CQDsに，中間シェルとしてInP，第二シェルとしてZnSeを積層させた$InAs_{0.82}P_{0.18}$/InP/ZnSeコア/シェル/シェル型CQDsは815 nmに蛍光ピークを持ち，それを用いてセンチネルリンパ節の同定を行ったところ（図5-4），TYPE-II CdTe/CdSe CQDsを用いた場合に比べて性能が向上することが確認された[28]。

1.1.3　CQDバイオセンサー

Mattoussiらは，CdSe/ZnS CQDsにマルトース結合タンパク質（MBP）を結合させたCQD-MBP複合体を作製した（図5-5）。このMBPにシアニン色素（Cy3）を標識しておくと，CQDとCy3の間でフェルスター型エネルギー伝達（FRET）が起こる[14, 41]。FRET効率はドナーとアクセプターの距離に極めて敏感であるため，CQD（ドナー）-Cy3（アクセプター）間距離

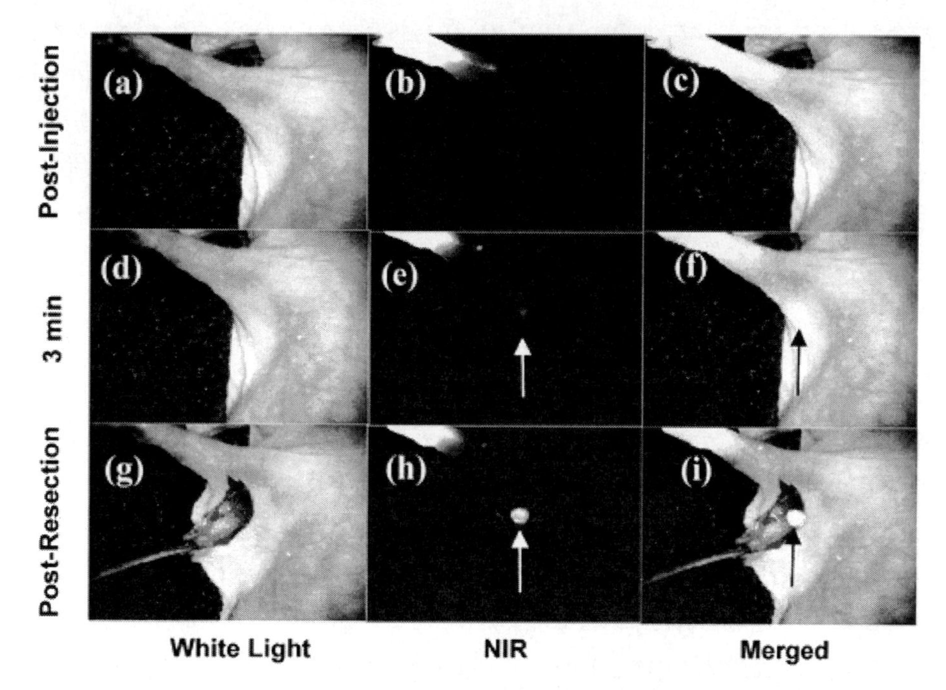

Reprinted with permission from Kim, S. W., Zimmer, J. P., Ohnishi, S., Tracy, J. B., Frangioni, J. V. and Bawendi, M. G., Engineering $InAs_xP_{1-x}$/InP/ZnSe III-V alloyed core/shell quantum dots for the near-infrared, *J. Am. Chem. Soc.*, **127**, 10526-10532, 2005. Copyright 2005 American Chemical Society

図5-4　(a-c) $InAs_{0.82}P_{0.18}$/InP/ZnSe CQDs 注射後，(d-f) CQDs 注射3分後，(g-i) 切開後の写真（左：白色光下，中：近赤外画像，右：重ね合わせ像）

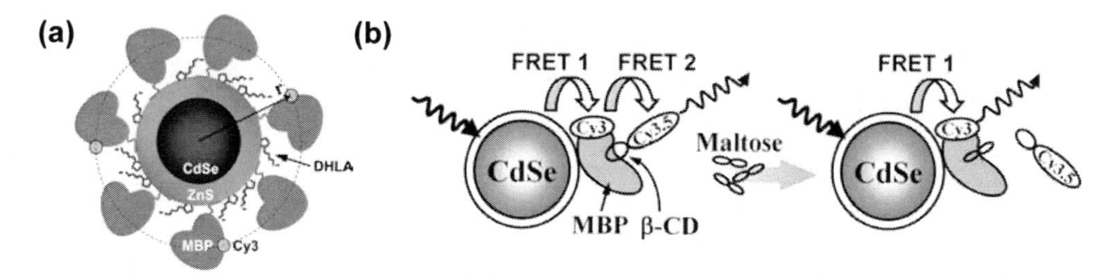

(a) Reprinted with permission from Clapp, A. R., Medintz, I. L., Mauro, J. M., Fisher, B. R., Bawendi, M. G. and Mattoussi, H., Fluorescence resonance energy transfer between quantum dot donors and dye-labeled protein acceptors, *J. Am. Chem. Soc.*, **126**, 301-310, 2004. Copyright 2004 American Chemical Society

図5-5　(a) CQD-MBP (Cy3) ナノ複合体 FRET プローブ
(b) CQD-MBP (Cy3) -β-CD (Cy3.5) 複合体 FRET バイオセンサー

を精密に制御する必要があるが，CQD-MBP システムの場合には，その距離を 10 nm 以下の範囲で極めて正確に調整することができる。また，一つの CQD に約 10 個の MBP が結合されるため，一つのドナーに対して複数のアクセプターが同時に存在するというユニークなセンサーとなる。この CQD-MBP (Cy3) に，Cy3.5 で標識した β-シクロデキストリン (β-CD) を特異的に結合させることによって，CQD-MBP（Cy3）-β-CD（Cy3.5）複合体を作製することができる。マルトースの非存在下では，CQD から Cy3.5 へ，Cy3 を仲介した 2 段階の FRET が起こる。CQD から Cy3.5 への直接的な FRET はほとんど起こらない。このバイオセンサーに対してマルトースを添加すると，β-CD（Cy3.5）がマルトースと置換されることによって，Cy3.5 の発光は消滅し Cy3 の発光が増幅されるため，その強度比からマルトースを定量検出することができる[14]。このような FRET を利用した QD-タンパク複合体バイオセンサーは，そのユニークな構造に由来する多機能性と感度の高さから，今後更に幅広い展開が期待される。

モレキュラービーコン[42〜44]や TaqMan プローブ[45, 46]などに用いられているプローブには本質的にバックグラウンドの蛍光が存在し，そのため 1 分子検出などの超高感度化が困難になっている。Zhang らは，バックグラウンドを極めて低く抑えることができる FRET 型 CQD DNA センサーを開発した[47]。この DNA センサーは，二つのターゲット特異的オリゴヌクレオチドと一つの CdSe/ZnS CQD からなる（図 5 - 6 ）。二つのターゲット特異的オリゴヌクレオチドは，それぞれ有機蛍光色素とビオチンで標識されており，有機蛍光色素で標識されたものはレポータープローブ，ビオチンで標識されたものはキャプチャープローブと呼ばれる。CQD の表面にはストレプトアビジンが結合されており，FRET ドナーおよびターゲット集積器としての役割を果たしている。溶液中に二種類のプローブとターゲット DNA を共存させると，ターゲット DNA はレポーターおよびキャプチャープローブによってサンドイッチされる。その後ストレプトアビジンでキャッピングされた CQD を系に加えると，ビオチン－ストレプトアビジン結合によって，一つの CQD にプローブとハイブリッド形成した複数のターゲット DNA が結合する。複数のレ

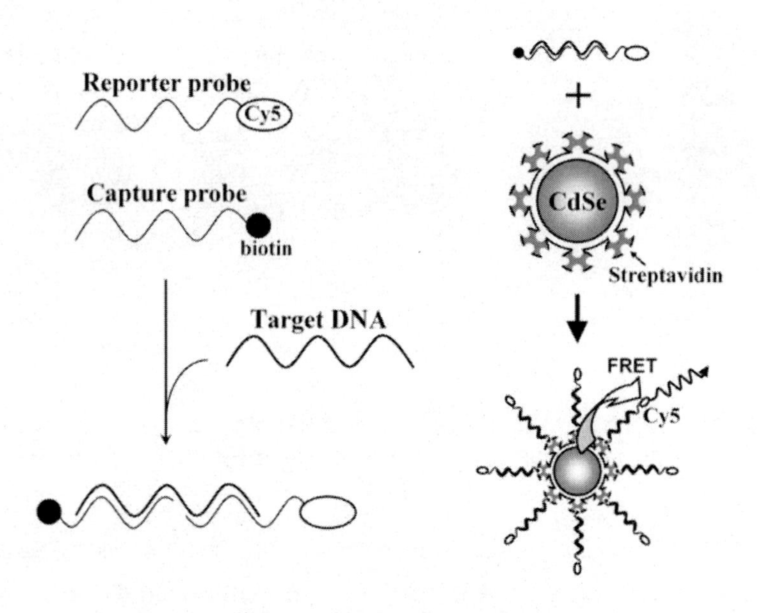

図 5 - 6　単一 CQD 高感度 FRET 型 DNA センサー

ポータープローブがCQDの周囲に濃縮されるため，FRETによるアクセプター色素からの強い蛍光が観測される。ハイブリッド形成していないプローブは発光に寄与しないために除去の必要がない。この方法によって，バックグラウンドの極めて少ない超高感度検出が可能となる。

1.1.4　おわりに

コロイダル量子ドット（CQDs）は，サイズや形状を制御することによって物理化学的特性をチューニングできることから，発光素子や太陽電池など様々な分野での応用が期待されているナノ材料の一つである。本項では，下方変換を利用したバイオ用可視・近赤外蛍光体としてのCQDsと，そのバイオイメージングおよびバイオセンシング分野での応用例について概説した。ここで紹介したCQDsに限らず，他の超微粒子（金属ナノ粒子や磁性体ナノ粒子など）を用いた新しいバイオイメージング／センシング技術が近年驚くべき勢いで次々と提案・実践されており，個別化医療に向けた次世代の診断あるいは治療技術にとって，ナノ粒子を利用したイメージングやセンシングは不可欠なものとなってくると期待している。

文　献

1） M. Bruchez *et al.*, *Science*, **281**, 2013（1998）
2） R. Mahtab *et al.*, *J. Am. Chem. Soc.*, **122**, 14（2000）
3） H. Mattoussi *et al.*, *J. Am. Chem. Soc.*, **122**, 12142（2000）
4） B. Sun *et al.*, *J. Immunol. Methods*, **249**, 85（2001）
5） S. Pathak *et al.*, *J. Am. Chem. Soc.*, **123**, 4103（2001）
6） E. Klarreich, *Nature*, **413**, 450（2001）
7） X. Michalet *et al.*, *Single Mol.*, **2**, 261（2001）
8） P. Mitchell, *Nat. Biotechnol.*, **19**, 1013（2001）
9） B. Dubertret *et al.*, *Science*, **298**, 1759（2002）
10） S. J. Rosenthal *et al.*, *J. Am. Chem. Soc.*, **124**, 4586（2002）
11） C. Zandonella1, *Nature*, **423**, 10（2003）
12） J. K. Jaiswal *et al.*, *Nat. Biotechnol.*, **21**, 47（2003）
13） D. R. Larson *et al.*, *Science*, **300**, 1434（2003）
14） I. L. Medintz *et al.*, *Nat. Mater.*, **2**, 630（2003）
15） M. Dahan *et al.*, *Science*, **302**, 442（2003）
16） A. J. Sutherland, *Curr. Opin. Solid State Mater. Sci.*, **6**, 365（2002）
17） W. J. Parak *et al.*, *Nanotechnology*, **14**, R15（2003）
18） A. P. Alivisatos, *Nat. Biotechnol.*, **22**, 47（2004）
19） S. Kim *et al.*, *Nat. Biotechnol.*, **22**, 93（2004）
20） X. Gao *et al.*, *Nat. Biotechnol.*, **22**, 969（2004）
21） T. Pellegrino *et al.*, *Small*, **1**, 48（2005）
22） X. Michalet *et al.*, *Science*, **307**, 538（2005）
23） I. L. Medintz *et al.*, *Nat. Mater.*, **4**, 435（2005）

24) Y. W. Cao and U. Banin, *Angew. Chem. Int. Ed.*, **38**, 3692 (1999)
25) Y. W. Cao and U. Banin, *J. Am. Chem. Soc.*, **122**, 9692 (2000)
26) N. Tessler *et al.*, *Science*, **295**, 1506 (2002)
27) A. Aharoni *et al.*, *J. Am. Chem. Soc.*, **128**, 257 (2006)
28) S. W. Kim *et al.*, *J. Am. Chem. Soc.*, **127**, 10526 (2005)
29) A. Joshi *et al.*, *Appl. Phys. Lett.*, **89**, 111907 (2006)
30) http://www.evidenttech.com/
31) S. Kim *et al.*, *J. Am. Chem. Soc.*, **125**, 11466 (2003)
32) C. P. Parungo *et al.*, *Chest*, **127**, 1799 (2005)
33) M. A. Hines and P. Guyot-Sionnest, *J. Phys. Chem.*, **100**, 468 (1996)
34) D. V. Talapin *et al.*, *J. Phys. Chem. B*, **108**, 18826 (2004)
35) D. Gerion *et al.*, *J. Phys. Chem. B*, **105**, 8861 (2001)
36) A. M. Derfus *et al.*, *Nano Lett.*, **4**, 11 (2004)
37) B. Ballou *et al.*, *Bioconjug. Chem.*, **15**, 79 (2004)
38) M. E. Akerman *et al.*, *Proc. Nat. Acad. Sci.*, **99**, 12617 (2002)
39) J. M. Ness *et al.*, *J. Histochem. Cytochem.*, **51**, 981 (2003)
40) H. Kobayashi *et al.*, *Nano Lett.*, **7**, 1711 (2007)
41) A. R. Clapp *et al.*, *J. Am. Chem. Soc.*, **126**, 301 (2004)
42) S. Tyagi and F. R. Kramer, *Nat. Biotechnol.*, **14**, 303 (1996)
43) S. Tyagi *et al.*, *Nat. Biotechnol.*, **16**, 49 (1998)
44) L. G. Kostrikis *et al.*, *Science*, **279**, 1228 (1998)
45) P. M. Holland *et al.*, *Proc. Nat. Acad. Sci.*, **88**, 7276 (1991)
46) T. H. S. Woo *et al.*, *Anal. Biochem.*, **256**, 132 (1998)
47) C. Y. Zhang *et al.*, *Nat. Mater.*, **4**, 826 (2005)

1.2　希土類ドープナノ粒子

曽我公平*

1.2.1　はじめに

希土類ドープナノ粒子の生体分子イメージング・センシングへの応用は，1990年代後半にもともと次節で解説する上方変換蛍光の応用を狙いとしてその研究が行われ始めた[1,2]。その主な目的は量子エネルギーの大きい，強い紫外線や短波長可視光を励起光として被写体に照射することによる蛍光体そのものへの光ダメージによる退色や細胞，組織へのダメージ，バックグラウンド蛍光となる自家蛍光を防ぐことであった。実際これらの問題は量子エネルギーの小さい近赤外励起光を用いることにより回避され，またイメージングシステム中で最も高価な部品である撮像カメラについて可視光撮像用のカメラをそのまま使えることが，上方変換蛍光を用いた生体分子イメージング・センシングにおける大きなメリットとなることが実証された。

一方，希土類ドープセラミックスはもともと近赤外励起による近赤外発光を効率良く示す材料として実用に供されてきた。高出力固体レーザーの代名詞となりつつあるNd:YAGレーザーにはNd^{3+}をドープしたイットリウムアルミニウムガーネット（Yttrium Aluminum Garnet:$Y_3Al_5O_{12}$）が用いられており，800 nm付近の近赤外光を励起光として1064 nmで効率の良い近赤外発光を示す[3]。Er^{3+}をドープした石英系ファイバーは長距離光通信における信号増幅に用いられており，980 nm付近の近赤外光を励起光として光通信波長である1550 nmで効率の良い発光を示す[4]。これらはいずれも下方変換蛍光，すなわち「普通の蛍光」である。そもそも上方変換蛍光は量子エネルギーの小さい近赤外光から量子エネルギーの大きい可視光や紫外光が得られる画期的な発光である一方，多段階の励起過程を要するため，励起プロセスの増加に伴うロスを生じ，「普通の蛍光」よりも一般には発光収率が低下してしまう。この意味で，下方変換蛍光である「普通の蛍光」は上方変換蛍光よりも発光収率において優位に立つ。また，上方変換蛍光を用いたイメージングでは，近赤外光を用いるメリットは励起光のみに反映されるが，下方変換蛍光では蛍光も近赤外光であるため，励起と蛍光の双方において近赤外光を用いるメリットを生かすことができる。これらのことに注目して2005年ごろを起点として筆者らは希土類ドープナノ粒子の下方変換蛍光の生体分子イメージング・センシングへの応用に独自に取り組み始めた[5]。

1.2.2　「生体の窓」とOTN近赤外蛍光バイオイメージング

図5-7に示したのは1980年代に報告された人間の皮膚の光損失スペクトルである[6]。物質における光損失は主に光散乱と光吸収の二つの原因によって起こると考えられる。図5-7のスペクトルも短波長ほど強い光散乱と，長波長で立ち上がる赤外吸収の裾により形成されている。ちょうどこれらのスペクトルの谷間になる低損失の波長域は以前から「生体の窓」として知られている[7]。生体物質は構成組織の相違による光散乱や，含水量の相違による水の赤外吸収の裾の寄与が様々に異なることから，その損失スペクトルも多様であるが，図5-7のスペクトルは概

---

*　Kohei Soga　東京理科大学　基礎工学部　教授

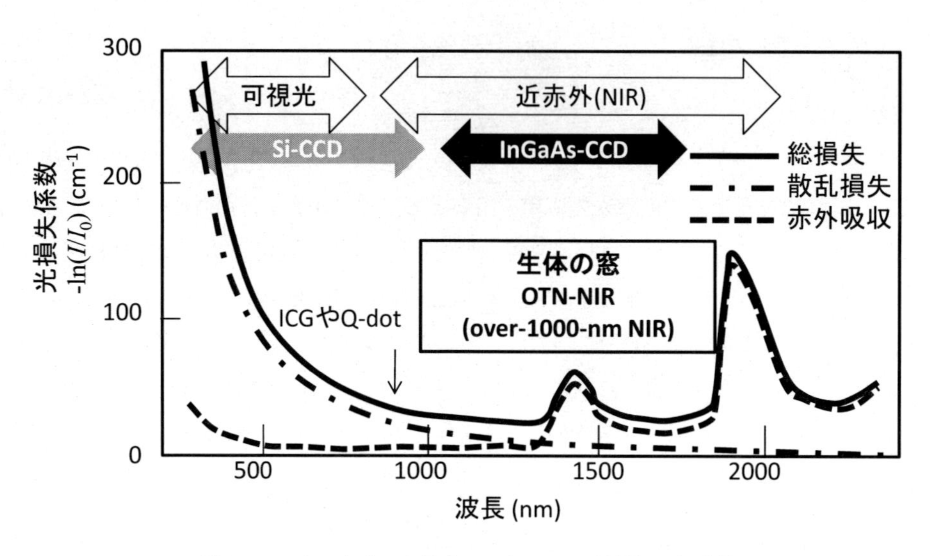

図5-7　人の皮膚の光損失スペクトルと「生体の窓」[5,6]

ね代表的な生体組織の光損失を表していると考えてよい。散乱と吸収のバランスが様々であるため，頻繁にこれらを別々のスペクトルとして両者を合成した損失スペクトルが既に多く報告されているが，このバランスを変化させることにより最低損失の波長を変えることは自由自在であり，1000 nm 以下の波長を最低損失波長としている報告例も多くみられる。しかし，筆者らが実際に豚の筋組織のスペクトルなどを調査した結果では，図5-7と同様，あるいは含水率が低い場合はさらに長波長にスペクトルの底が現れる場合が多く，概ね図5-7を参照してイメージングの波長設計を行うのが妥当であると考えられる。また，光散乱と光吸収は得られる蛍光画像に及ぼす影響が異なり，光散乱は損失をもたらすだけでなくランダムな方向に光を散乱するために蛍光像に画像のボケをもたらすが，光吸収は単に強度を弱めるだけで画像の質の低下をもたらすことはない。

これらの事実を受け，近年の生体分子イメージング・センシングのトレンドは励起光，蛍光ともに長波長化の一途をたどっている。たとえば 900 nm 付近に蛍光を示すインドシアニングリーン（ICG）[8]は現在の *in vivo* イメージングの花形であり，900 nm 付近に蛍光を示す量子ドット[9]も頻繁に用いられるようになってきた。しかし本来は光損失の意味でも光散乱の低減の意味でもさらに長波長においてイメージングを行った方が有利である。ところが，現在用いられているカメラはほとんど半導体シリコンを用いたカメラであり，シリコンのバンドギャップが 1100 nm 程度に相当する 1.1 eV であることから 1000 nm を超える波長の蛍光を用いた生体分子イメージング・センシングは困難であると考えられてきた。一方，2005 年頃から 800 ～ 1700 nm の波長域でイメージングが可能な InGaAs-CCD を用いたカメラが市販されるようになり，2012 年現在 InGaAs-CCD の感度，解像度，低価格性は日進月歩である。そこで筆者らは 1000 nm を超える波長域での蛍光バイオイメージングを over-1000-nm（OTN）蛍光バイオイメージング（FBI）

と名付け，上記の近赤外励起により良好な近赤外光を示す希土類ドープセラミックスナノ粒子（rare-earth doped ceramics nanophosphpor：RED-CNP）を蛍光体としたプローブとイメージングシステムの開発に取り組んできた[5)]。

1.2.3　OTN-NIR-FBI のための蛍光プローブ設計

蛍光体の設計においてまず考えるべき課題は，励起光によって投入したエネルギーを如何に熱に変えずに蛍光として取り出すかということである。セラミックス中での希土類イオンの熱放出の原因が多フォノン緩和であり，多フォノン緩和はフォノンエネルギーが大きいほど起こりやすいという事実に鑑み，ホストであるセラミックスのフォノンエネルギーに基づいたホスト選定を行うことが設計の第一歩となる[10)]。上方変換蛍光においては多段階励起における中間準位における失活を抑制する意味で一般にフォノンエネルギーが小さいほど良いと考えられている。この意味で上方変換蛍光に用いられる低フォノン材料はまずは近赤外発光材料としても合格ということになるが，実は近赤外発光では上方変換蛍光よりも低フォノンエネルギーの縛りは緩く，さらに幅の広いホスト材料を用いることができる。これまでのところ筆者らは酸化物である Y_2O_3，Gd_2O_3，$LaPO_4$，YPO_4，$LaVO_4$，YVO_4，フッ化物である $NaYF_4$，LaF_3，YF_3，オキシハロゲン化物である LaOCl などをホスト材料とし，Er と Yb を共ドープすることによる 980 nm 励起 1550 nm 蛍光をはじめとし，Nd，Tm，Ho などをドープした RED-CNP を作製して OTN-NIR-FBI を実証してきている[5, 11~13)]。

Y_2O_3 は粒径制御の方法に富み，様々な表面修飾の実績が証明されている点で有用な RED-CNP である[12~15)]。また Yb と Er，Yb と Tm を共ドープした Y_2O_3 はそれぞれ緑／赤，青色の上方変換蛍光を示すとともにそれぞれ 1550 nm と 1650 nm において良好な OTN-NIR 蛍光を示すことから，上方変換と下方変換の双方の蛍光を用いることができる点で有用である。しかし，下方変換によって OTN-NIR 発光のみを得る場合には上方変換による発光過程は励起エネルギーの損失をもたらす。図 5 - 8 に Er ドープセラミックスにおける上方及び下方波長変換蛍光のスキームを示す。①，②は 980 nm 励起光による励起を示す。まず $^4I_{11/2}$ 準位に励起が起こってから，上方変換蛍光である③の緑色発光や④の赤色発光を効率良く起こすためには⑤の多フォノン緩和を抑制しなければならない。このためにはフォノンエネルギーは小さいほど望ましい。ところが，⑥の OTN-NIR 発光を強くするには逆に⑤の多フォノン緩和を起こりやすくし，②の上方変換過程を抑制することが望ましい。このためにはある程度フォノンエネルギーが大きいことが望ましいが，フォノンエネルギーが大きすぎると⑦の多フォノン緩和をも助長するため，適切なホストを選ばなければならない。一般にアップコンバージョンを効率良く起こすためには 500 cm^{-1} 以下のフォノンエネルギーが好適であるのに対し，⑤の多フォノン緩和を促進するためには 1000 cm^{-1} 程度のフォノンエネルギーが必要である。フォノンエネルギーが 1500 cm^{-1} 程度になってしまうと⑦の多フォノン緩和が⑥の OTN-NIR 発光を遥かに上回り，発光が得られなくなってしまう。これらを考えると OTN-NIR 発光材料としてはリン酸塩や石英系の材料が望ましいと考えられる。なお，同様の材料設計は光通信用の 1.5 μm 帯光増幅器の設計において

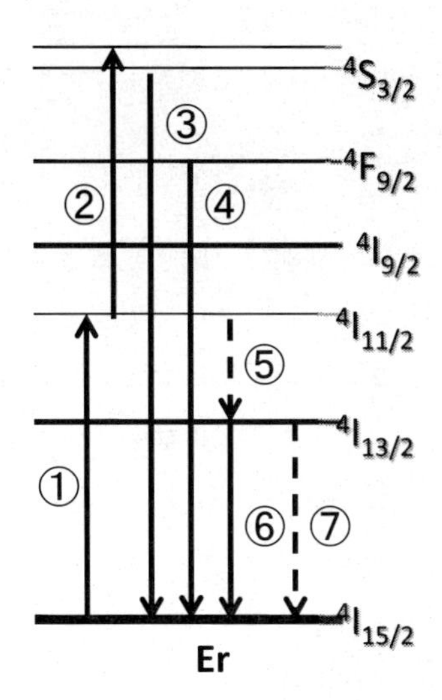

図5-8　Er ドープセラミックスにおける上方及び下方波長変換蛍光のスキーム

1990年代に報告されている[16]。実際には発光の設計においては濃度消光を起こさず，効率の良いエネルギー伝達による励起が起こるための濃度の最適化も重要になる。図5-9に示したのはErをドープしたリン酸イットリウム YPO_4 を用いたOTN-NIRバイオイメージングの例である[11]。線虫の消化管のイメージングにおいて極めて明るい発光が観測されている。

RED-CNPの組成が決定されると，次に重要なのが粒径の制御である。粒径が500 nmを超えると，粒子はいかなる表面修飾を施しても水溶液中での沈降により用いることが難しくなるばかりでなく，動物の体内では細網内皮系に瞬時にトラップされるため，イメージングの用途が限ら

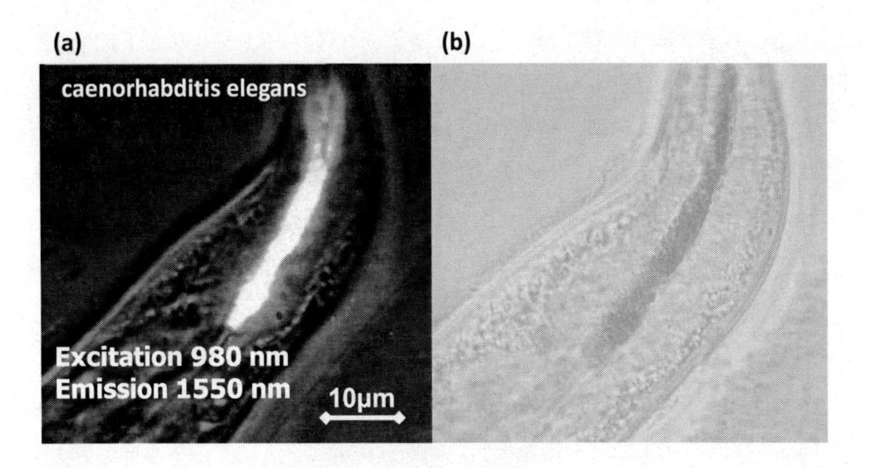

図5-9　Er ドープ YPO_4 粒子を食した線虫の OTN-NIR 顕微イメージングシステムによる消化管の顕微イメージング[11]

(a) 980 nm励起のErの1550 nm蛍光による蛍光像　(b) 可視光線による明視野像

れてくる。一方，RED-CNPは希土類イオンという局在中心の発光であり，その発光は周囲に存在するホストであるセラミックスの存在によってコントロールされる。この際上述のように周囲のイオンや原子の振動の影響は大きく，その影響は10 nm程度に及ぶ。従って発光する希土類イオンが10 nmの厚みのホストによって被覆されているためには最低20 nm程度の粒径が効率の良い発光には必要である。さらに多くのイメージングで粒子1個当たりの発光の明るさは均一であることが望ましく，そのために分布が小さく均一な粒径が求められる。筆者らは均一沈殿法や酵素沈殿法を用いてイットリアナノ粒子の前駆体であるYCO_3OHを均一粒径で合成し，これを900～1200℃で焼成することにより，20～500 nmの範囲で粒径を制御したRED-CNPを作製可能であることを報告してきた[17]。セラミックス粒子は一般に表面電位を有するために純水中では容易に分散可能である。しかし，100 nmを割る粒径では純水中でも単分散状態を得ることが粒子濃度によっては困難であり，大きい粒子についても生体環境は0.15 mol/Lを超えるイオン濃度の水溶液環境であるため，イオンの吸着によってRED-CNPは表面電位を失い，凝集沈降してしまう。これを防ぐためには親水性高分子を粒子表面に導入し，高分子の立体反発によりRED-CNPの分散安定化を図る必要がある。さらには分子イメージングのプローブとして用いるためには，観察対象と特異的な相互作用を示すリガンド分子を，高分子とともに粒子表面に導入する必要がある。水溶液中で分散安定化された粒子であっても，イメージングにおいては非特異的に生体各部に粒子が吸着することを防がなければならない。ポリエチレングリコール（PEG）はナノ粒子に導入することにより分散安定性と非特異的な相互作用の抑制効果の両者をもたらし，生体に対する毒性のない高分子として知られている。筆者らはカルボキシ基が連鎖したアイオノマーであるポリアクリル酸（PAAc）とPEGのブロック共重合体であるPEG-*b*-PAAcを用いると，アイオノマー鎖がRED-CNPとの相互作用により多点吸着し，PEG鎖が立体反発と非特異吸着の抑制効果を持つこと，さらにはリガンド分子を導入するためにPEG-*b*-PAAcとストレプトアビジンを同時導入したRED-CNPを作製し，この粒子がビオチンに対して良好な特異的な吸着を示すことを明らかにした[14]。一方，リポソームは動物細胞と類似した膜構造を有するナノサイズの小胞として作製することができ，様々な分子を結合した脂質の導入によりその表面を自由に設計できることから，DDSのための小胞として様々な応用が検討されている。筆者らはリポソームへのRED-CNPの導入によるOTN-NIRバイオイメージングも試みており，OTN-NIR-FBIにより動態観察が可能なDDS製剤への応用を進めている[13]。

1.2.4　OTN-NIR-FBIのためのイメージングシステム

OTN-NIR-FBIの実際においては，近赤外光で励起し，InGaAs-CCDカメラを搭載することによりOTN-NIR蛍光の観察を可能にしたイメージングシステムが必要である。また，バイオイメージングでは細胞や組織を観察するための顕微イメージングシステムと，マウスなどの小動物における生きたままの観察を可能にする*in vivo*蛍光バイオイメージング（IFBI）システムの双方が必要となる。先の図5-9は筆者らが特注品として作製した顕微イメージングシステムを用いて観察を行ったものである[11]。上記の励起システムとカメラに加え，顕微システムでは励起光と蛍光を同じ光学系に収める必要があり，その際の反射のコントロールのために顕微鏡内部に多くの特殊コーティングを施した光学部品を導入することが必要である。

一方，OTN-NIR 蛍光が真の威力を発揮できるのは IFBI システムにおいてである。既往の波長での IFBI の観察深度は数 mm に限られているが，OTN-NIR-IFBI では図 5 - 10 に示すように 2 cm 程度の筋肉組織を透過しての観察が可能であることが実証されており，マウスの全身を透過した IFBI が可能になるものと期待を集めている[12]。筆者らと島津製作所は共同で OTN-NIR-IFBI システム，NIS-OPT を開発した。図 5 - 11 にマウスの餌に RED-CNP を混ぜ込み，これを食したマウスの消化管を開腹せずに NIS-OPT を用いて OTN-NIR 蛍光観察を行った例を示す。散乱の少ない OTN-NIR を用いるとボケのない極めて明瞭な蛍光イメージング像が得られることが証明された[5]。

以上のように RED-CNP を用いた OTN-NIR-FBI はすでに実用化の域に達しており，これまでにない深部の生体イメージングを可能にする新たな技術として注目を浴びている。

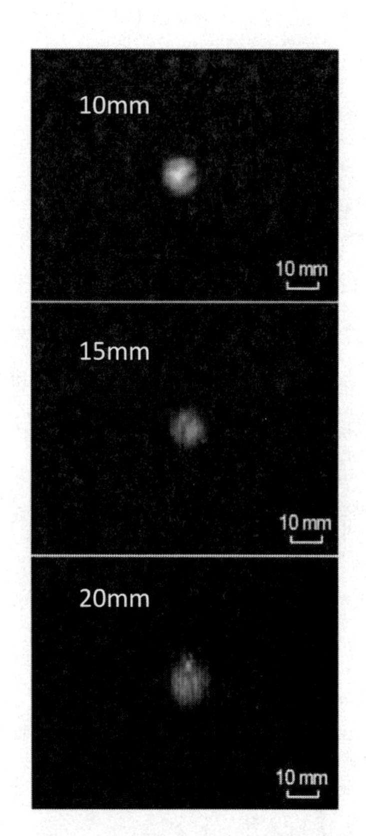

図 5 - 10　10，15，20 mm の豚肉片を通して励起光の照射と蛍光観察を行った結果

20 mm の肉片を通しても明瞭な蛍光像が観察できる（励起波長 980 nm，蛍光波長 1550 nm）[5]

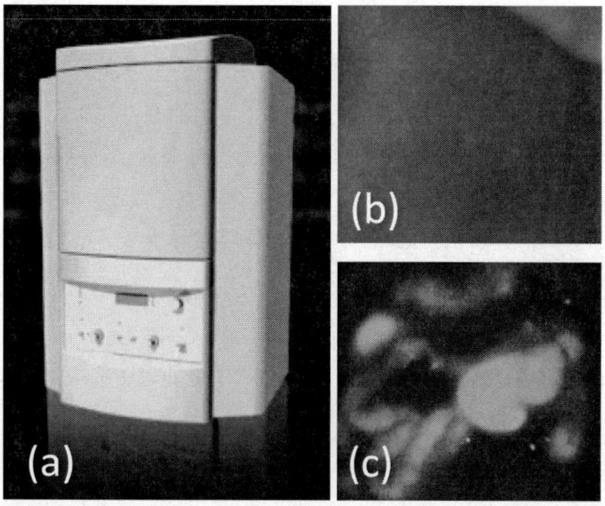

図 5 - 11　島津製作所と東京理科大学が共同開発した NIS-OPT（a）と，マウスの経皮消化管 *in vivo* イメージング像（b，c）

（b）励起光なしの白色光下の明視野像　（c）980 nm 励起 1550 nm 蛍光像

文　献

1）H. J. M. A. A. Zijlmans *et al.*, *Analytical Biochemistry*, **267**, 30（1999）
2）曽我公平ほか，応用物理，**77**，1458（2008）
3）R. C. Powell, “Physics of Solid State Laser Materials”, Springer, New York（1998）
4）S. Sudo *et al.*, “Optical Fiber Amplifiers: Materials, Devices, and Applications, Artech House Publishers”, Norwood, MA, USA（1997）
5）曽我公平，*Dojin News*，**141**，6（2012）
6）R. R. Anderson *et al.*, *J. Investive Dermatology*, **77**, 13（1981）
7）飯沼武ほか編，“医用物理学”，医歯薬出版，162（1998）
8）Q. Ma *et al.*, *Analyst*, **135**, 1867（2010）
9）山本重夫監修，“量子ドットの生命科学領域への応用”，シーエムシー出版（2007）
10）K. Soga *et al.*, *J. Appl. Phys.*, **93**, 2946（2003）
11）曽我公平，分析化学，**58**，461（2009）
12）K. Soga *et al.*, *Proc. SPIE*, **7598**, 759807-1（2010）
13）K. Soga *et al.*, *Eur. J. Inorg. Chem.*, **2010**, 2673（2010）
14）M. Kamimura *et al.*, *Langmuir*, **24**, 8864（2008）
15）M. Kamimura *et al.*, *Nanoscale*, **3**, 3705（2011）
16）Bor-Chyuan Hwang *et al.*, *IEEE Photonics Tech. Lett.*, **13**, 197（2001）
17）N. Venkatachalam *et al.*, *J. Am. Ceram. Soc.*, **92**, 1006（2009）

2　上方変換を利用したバイオ用可視蛍光体

和田裕之*

2.1　はじめに

上方変換（アップコンバージョン）は，複数のフォトンで励起して，励起光より短波長の発光を得るもので[1~3]，様々な分野での応用が検討されている。バイオメディカル分野においては，アップコンバージョン材料をナノ粒子化して，近赤外光励起による可視発光をバイオイメージングやがん治療に用いる検討がなされている。アップコンバージョンナノ粒子を用いるのは生体透過性の高い近赤外光励起を利用するためで，バイオイメージングにおける課題の解決や低侵襲性がん治療の実現に向けた研究が進められている。

2.2　アップコンバージョン材料

近年，バイオメディカル分野でのアップコンバージョンナノ粒子の重要性が着目され，多くの研究機関で広く研究されている。

2.2.1　付活剤（activator）

アップコンバージョンナノ粒子としては，バルク材料と同様に，希土類のエルビウム Er^{3+}，ツリウム Tm^{3+}，ホルミウム Ho^{3+} を付活剤として用い，イッテルビウム Yb^{3+} を増感剤として用いるものが多い。図5-12にこれらのエネルギー準位図を示す[4]。各付活剤の発光は，Er^{3+} では図5-13に示すように545 nm近傍の緑色（$^2H_{11/2}/^4S_{3/2} \rightarrow {}^4I_{15/2}$）と660 nm近傍の赤色（$^4F_{9/2} \rightarrow$

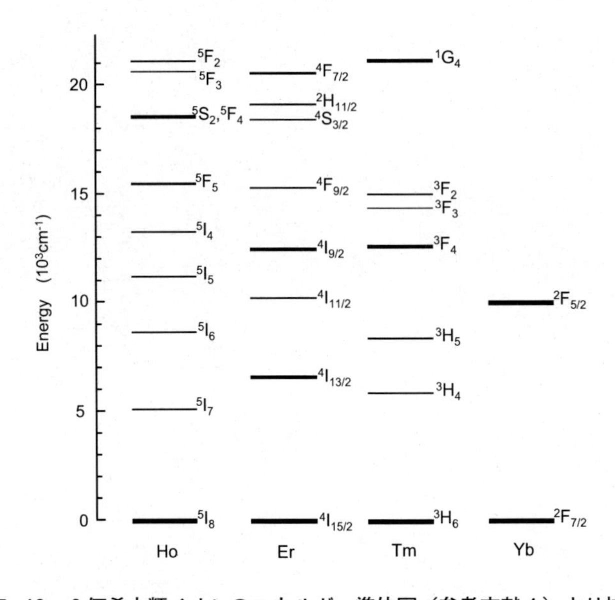

図5-12　3価希土類イオンのエネルギー準位図（参考文献4）より抜粋）

* Hiroyuki Wada　東京工業大学　総合理工学研究科　准教授

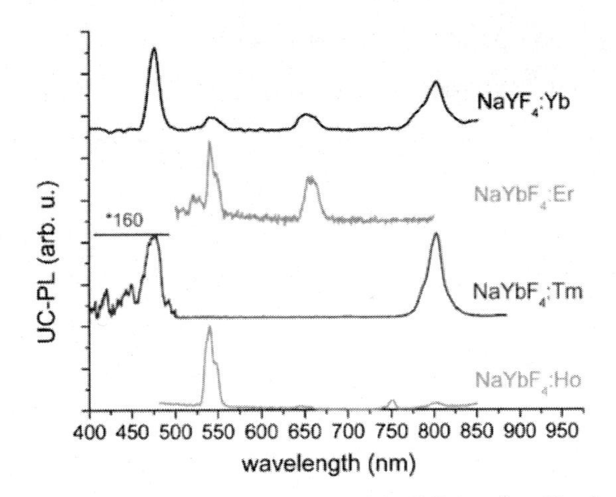

Reprinted with permission from ACS nano. Copyright 2008 American Chemical Society.

図5-13　アップコンバージョンスペクトル（Er^{3+}，Tm^{3+}，Ho^{3+}，Yb^{3+}，励起980 nm）[5)]

$^4I_{15/2}$)，Tm^{3+}では475 nm近傍の青色（$^1G_4 \rightarrow {}^3H_6$, $^1D_2 \rightarrow {}^3F_4$)，$Ho^{3+}$では545 nm近傍の緑色（$^5F_4/{}^5S_2 \rightarrow {}^5I_8$）となる[5)]。$Er^{3+}$の緑色と赤色の発光強度比は粒径等によって変化し，ナノ粒子化すると赤色が強くなる[6)]。これはナノ粒子化により比表面積が増加して，赤色発光過程の$^4I_{15/2} \rightarrow {}^4I_{11/2}$と$^4I_{13/2} \rightarrow {}^4F_{9/2}$間の緩和が促進されるためとされている。$Yb^{3+}$($^2F_{5/2} \rightarrow {}^2F_{7/2}$）から$Er^{3+}$($^4I_{13/2} \rightarrow {}^4F_{9/2}$および$^4I_{11/2} \rightarrow {}^4F_{7/2}$）へのエネルギー伝達が起こりやすいため，$Yb^{3+}$は980 nmの半導体レーザー励起の際の増感剤として用いられることが多いが，紫色の付活剤として用いることもある[5)]。

2.2.2　母体結晶（host material，matrix）

アップコンバージョンナノ粒子の母体結晶としてはフッ化物系が広く研究されている。これはフッ化物系の最大フォノンエネルギーが酸化物系のものより小さく，多フォノン緩和が抑制でき，発光強度が高くできるためである[7~9)]。多フォノン緩和速度wは式(1)で表わされる[10)]。

$$w \propto \exp\left(-k\frac{\Delta E}{h\nu_{\mathrm{max}}}\right) \tag{1}$$

ここでΔEは直下の準位とのエネルギー間隔，ν_{max}は最大フォノン振動数，hはプランク定数である。Haaseらによって$NaYF_4$:Er,Ybナノ粒子が溶液法で合成されて以来[11)]，水熱合成法[12~14)]，熱分解法[5, 15, 16)]やその他の方法[17)]で合成が試みられている。α-$NaYF_4$（立方晶）に比べてβ-$NaYF_4$（六方晶）の方が強い発光を示す[18~20)]。これらの合成の反応原料としては，水熱合成法ではフッ化ナトリウムと希土類硝酸塩等，熱分解法ではナトリウムや希土類のトリフルオロ酢酸塩，または，フッ化ナトリウムと希土類オレイン酸塩等が用いられている[12~16)]。同様の原料で合成したYF_3やLaF_3[21~24)]や$NaYF_4$のYをGdで置換した$NaGdF_4$[26, 25)]，レーザー媒質として使われる$LiYF_4$(YLF)[27)]も母体結晶として研究されている。

化学的に安定性で比較的低いフォノンエネルギーのY_2O_3等も母体結晶として広く研究されて

おり，ゾルゲル法等でナノ粒子合成が試みられている[28~30]。

これらの母体結晶の生体毒性に関しては様々な報告があるが[30~35]，培養細胞を用いたもの（*in vitro*）に比べてマウス等の小動物を用いたもの（*in vivo*）の報告は少なく今後更なる調査が期待される。

2.2.3 発光効率改善

一般に，蛍光体をナノ粒子化すると比表面積の増大のために発光効率が低下する傾向がある[36]。このため，バイオイメージング等のアプリケーションにおいて影響のないレベルで粒径を大きくすることは発光効率改善の1つの方法であるとされている[36]。また，増感剤である Yb^{3+} の濃度増加による改善が報告されている[37]。ナノ粒子を別の材料でコートしてコア／シェル構造を作ることによる改善も検討されており，付活剤をドープしない母体結晶によるコーティング[36, 38]やシリカ SiO_2 によるコーティング[20]による発光効率改善が数多く報告されている。

2.3 アプリケーション

近赤外領域の光は生体透過性が高いため，様々な応用が検討されている。アップコンバージョンナノ粒子はこの波長領域近傍での励起と発光が可能なため，バイオメディカル分野ではバイオイメージングやがん治療などへの応用が期待されている。

2.3.1 バイオイメージング

バイオイメージングとは，生体内において特定の細胞の認識や移動経路を把握するために，マーカーを用いて可視化するものであり，バイオメディカル分野の研究開発を加速するために重要な技術である。従来は蛍光マーカーとしてシアニン系やローダミン系，フルオレセイン系などの有機系蛍光色素を用いてきたが，褪色性などのため長時間観察においては課題がある。近年，遺伝子工学の手法を用いて臓器を可視化できる蛍光タンパク質[39]や，ホットソープ法等により合成可能な量子ドット[40, 41]を用いた研究が広く行われている。これらと比較して，アップコンバージョンナノ粒子を用いると高い生体透過性のため，自家蛍光や生体細胞の損傷の低減などの利点がありこの分野での研究が進められている。図5-14に生体構成物質であるヘモグロビン（HbO_2）と水の吸収係数の波長依存性を示す。可視領域には血液中のヘモグロビンによる吸収があり，赤外領域には生体の主要構成物質である水の吸収があるが，近赤外領域はこれらの吸収が低いため「生体の窓」と呼ばれている[42]。吸収された光は熱に変換され細胞やDNAの損傷を引き起こす。近赤外領域は低吸収のためこのような問題を生じにくい。また，可視光や紫外光は生体内に存在する蛍光物質（NADH，トリプトファン等）を励起して発光するため，この蛍光波長によってはマーカーの蛍光波長と重なってマーカーの認識を困難にする「自家蛍光」を生じる。これに対して，生体内の蛍光物質はアップコンバージョン特性を示さないため，バイオイメージングの大きな課題の1つである自家蛍光を低減することができる。

生体内で用いるナノ粒子の粒径に関しては多くの報告がある。バイオイメージングやがん治療などの目的で，生体内の血液中に長期滞留させるための粒径としては数10 nmから200 nm程度

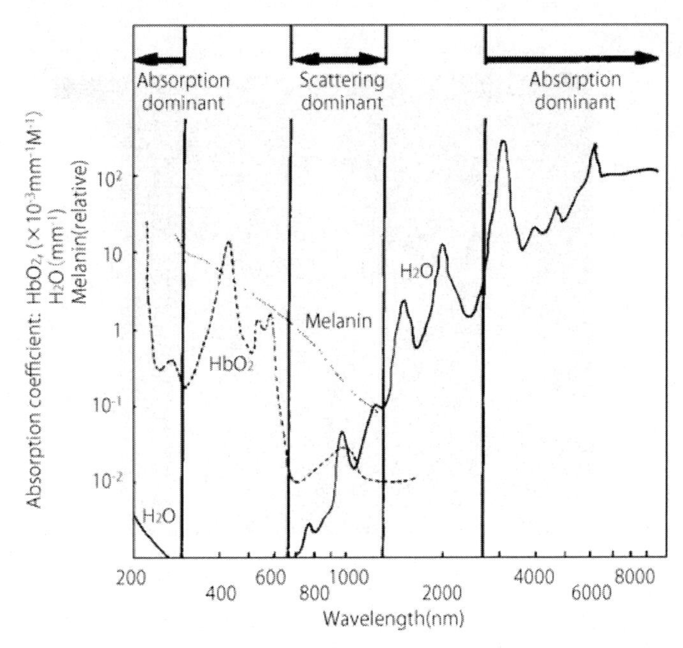

Reproduced by permission of Lasers in medical Science

図5-14　ヘモグロビンと水の吸収スペクトル[42)]

が示されており，10 nm 程度以下の粒子は速やかに腎臓から排出され，200 nm 程度以上のものはKupffer 細胞の貪食により肝臓に取り込まれるためとされている[43, 44)]。また，がん細胞へのナノ粒子の取り込みに関しては，EPR（Enhanced Permeability and Retention）効果が報告されており上記程度の粒径が最適とされている[45)]。これらの特性については，粒径だけでなく表面状態も大切とされている[46)]。

アップコンバージョンナノ粒子を用いたバイオイメージングとして広く研究されているものの１つにがん細胞の可視化があり，マウス等の小動物でも実験が進められている[32, 47)]。アップコンバージョンナノ粒子を用いたバイオイメージングが従来のものと大きく異なる点は，励起光と発光の生体透過性を利用して，切開手術を行わなくても生体内の可視化が可能な点であり，図5-15にその例を示す[32)]。アップコンバージョンナノ粒子の投与後の時間の経過とともに，肝臓等の内臓のアップコンバージョン発光が減少し，後脚のがん（矢印部）のアップコンバージョン発光が増加していることが分かる[32)]。また，リンパ管[47)]や血管[30)]を可視化したものや，細胞追跡[47)]を行ったものなど様々な研究が行われている。この際に重要となるのが，ナノ粒子を生体内の特定部位に輸送（delivery）するターゲティングの技術である。これに関しては，抗体を用いるもの[48～51)]，ペプチドを用いるもの[32)]，葉酸を用いるもの[52)]などの多くの報告がある。抗体等をナノ粒子表面に結合するにはペプチド結合等が利用される。これは，ナノ粒子表面のカルボキシル基と抗体等のアミノ基の結合を利用するものや[53)]，ナノ粒子表面のアミノ基と抗体等のカルボキシル基の結合を利用するものなどがある[32, 54)]。これらはナノ粒子表面とDNA，アビジン，ビオ

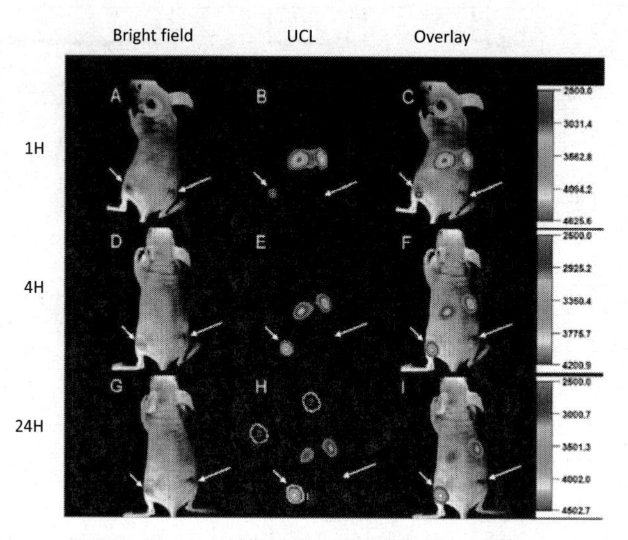

Reprinted with permission from Analytical chemistry. Copyright 2009 American Chemical Society.

図5-15　アップコンバージョンナノ粒子を用いたがんの可視化[32]

チンなどとの結合に用いることもできる。また，実際にバイオイメージングに用いる装置としては，顕微鏡上の培養細胞に対してガルバノスキャナーを用いて近赤外光を照射して観察するものや，図5-16に示すようにステージ上の小動物にビームエキスパンダで広げられた近赤外レーザー光を照射して観察するもの[32]などがある。励起光波長に関する研究もあり，一般的に用いられる980 nm以外の波長を用いて体温上昇を抑制する検討も報告されている[51]。

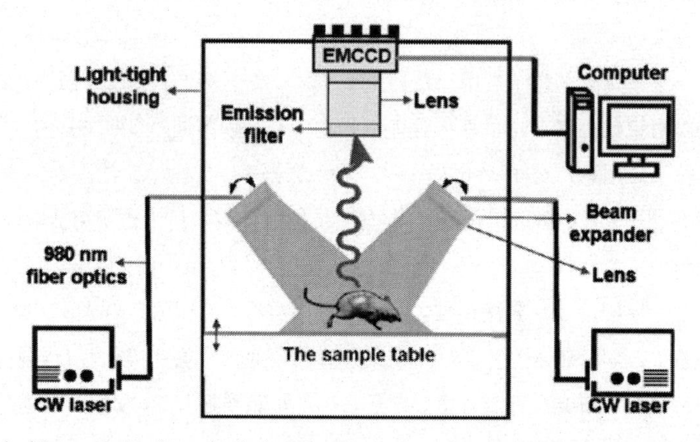

Reprinted with permission from Analytical chemistry. Copyright 2009 American Chemical Society.

図5-16　アップコンバージョンナノ粒子を用いた小動物のイメージング装置[32]

2.3.2　がん治療

低侵襲性がん治療法の1つとして光線力学的療法 Photodynamic therapy（PDT）がある。これは，がん細胞に選択的に取り込まれやすいポルフィリン系化合物やフタロシアニン系化合物を光感受性物質として生体に投与し，がん細胞に可視レーザー光を照射することによって活性酸素（一重項酸素）を発生させ，がん細胞を死滅させる治療法である。しかし，可視レーザー光が生体を透過しにくいため，PDT では大きながんの治療が困難とされている[55]。そこで，アップコンバージョンナノ粒子を光感受性物質と一緒にがん細胞に投与し，生体透過性が高い近赤外光を照射することにより，PDT による大きながん細胞の治療が可能となる[55~59]。また，この方法を用いると，生体外からの近赤外光の照射による治療も可能となる。がん細胞へのターゲティングには，ナノ粒子粒径に関して EPR 効果を考慮して受動的に行うものと，アップコンバージョンナノ粒子に抗体等を結合して能動的に行うものがある。図5-17 にアップコンバージョンナノ粒子によるマウスのがん治療の例を示す[59]。アップコンバージョンナノ粒子と光感受性物質（クロリン e6）を投与して近赤外レーザー照射したものは，がんが消失していることが確認できる[59]。

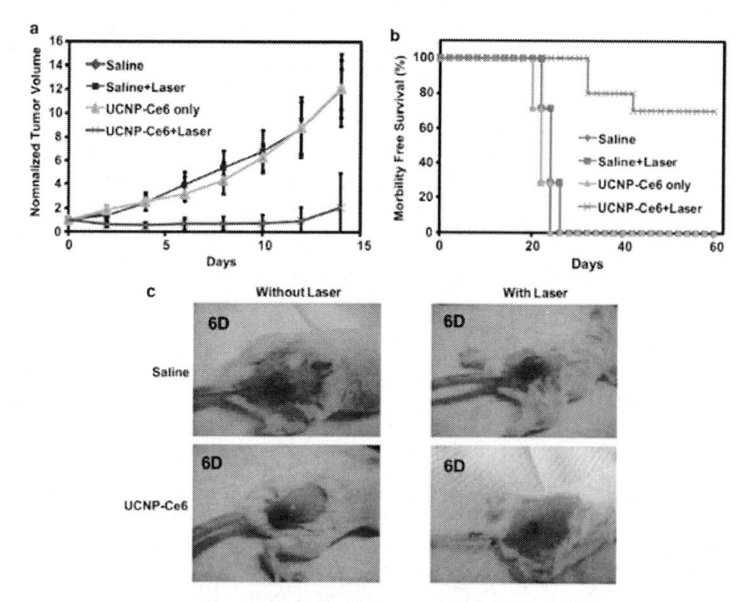

Reprinted with permission from Biomaterials. Copyright 2011 Elsevier Science & Technology Journals.

図5-17　アップコンバージョンナノ粒子を用いた光線力学的療法[59]

2.4　まとめ

アップコンバージョンナノ粒子の合成とその応用に関する研究が多くの研究機関で盛んに行われている。この重要な応用の1つが，バイオメディカル分野におけるバイオイメージングとがん治療で，現在では培養細胞だけでなくマウスなどの小動物による実験が進められている。これは近赤外光の生体透過性を利用したもので，今後の更なる研究開発の進展が期待される研究分野である。

謝辞

本稿の執筆にあたり東京工科大学名誉教授の山元明先生，三田陽先生にご助言を頂きましたので，ここに深く感謝の意を表します。

文　献

1） F. Auzel, *Chem. Rev.*, **104**, 139 (2004)
2） Y. Mita, *J. Appl. Phys.*, **43**, 1772 (1972)
3） M. Pollnau, D. R. Gamelin, S. R. Luthi, H. U. Gudel, *Phys. Rev. B*, **61**, 3337 (2000)
4） G. H. Dieke, H. M. Crosswhite, *Appl. Opt.*, **2**, 675 (1963)
5） O. Ehlert, R. Thomann, M. Darbandi, T. Nann, *ACS Nano*, **2**, 120 (2008)
6） H. Song, B. Sun, T. Wang, S. Lu, L. Yang, B. Chen, X. Wang, X. Kong, *Solid State Commun.*, **132**, 409 (2004)
7） T. Kano, H. Yamamoto, Y. Otomo, *J. Electrochem. Soc.*, **119**, 1561 (1972)
8） N. Menyuk, K. Dwight, J. W. Pierce, *Appl. Phys. Lett.*, **21**, 159 (1972)
9） J. Zhou, Z. Liu, F. Li, *Chem. Soc. Rev.*, DOI: 10.1039/C1CS15187H (2012)
10） T. Kano, "Luminescence centers of rare-earth ions," in: W. M. Yen, S. Shionoya, H. Yamamoto (*Eds.*), Phosphor Handbook, CRC Press, Chapter 3.3 (2006)
11） S. Heer, K. Kompe, H. U. Gudel, M. Haase, *Adv. Mater.*, **16**, 2102 (2004)
12） X. Wang, J. Zhuang, Q. Peng, Y. Li, *Nature*, **437**, 121 (2005)
13） F. Wang, D. K. Chatterjee, Z. Li, Y. Zhang, X. Fan, M. Wang, *Nanotechnology*, **17**, 5786 (2006)
14） F. Zhang, Y. Wan, T. Yu, F. Zhang, Y. Shi, S. Xie, Y. Li, L. Xu, B. Tu, D. Zhao, *Angew. Chem. Int. Ed.*, **46**, 7976 (2007)
15） Y. Wei, F. Lu, X. Zhang, D. Chen, *Chem. Mater.*, **18**, 5733 (2006)
16） H. Schafer, P. Ptacek, H. Eickmeier, M. Haase, *Adv. Funct. Mater.*, **19**, 3091 (2009)
17） C. Chen, L. D. Sun, Z. X. Li, L. L. Li, J. Zhang, Y. W. Zhang, C. H. Yan, *Langmuir*, **26**, 8797 (2010)
18） K. W. Kramer, D. Biner, G. Frei, H. U. Gudel, M. P. Hehlen, S. R. Luthi, *Chem. Mater.*, **16**, 1244 (2004)
19） Y. Wei, F. Lu, X. Zhang, D. Chen, *Chem. Mater.*, **18**, 5733 (2006)
20） C. H. Liu, H. Wang, X. Li, D. P. Chen, *J. Mater. Chem.*, **19**, 3546 (2009)
21） R. X. Yan, Y. D. Li, *Adv. Funct. Mater.*, **15**, 763 (2005)
22） G. S. Yi, G. M. Chow, *J. Mater. Chem.*, **15**, 4460 (2005)
23） C. H. Liu, D. P. Chen, *J. Mater. Chem.*, **17**, 3875 (2007)
24） D. Li, C. R. Ding, G. Song, S. Z. Lu, Z. Zhang, Y. N. Shi, H. Shen, Y. L. Zhang, H. Q. Ouyang, H. Wang, *J. Phys. Chem. C*, **114**, 21378 (2010)
25） C. H. Liu, H. Wang, X. R. Zhang, D. P. Chen, *J. Mater. Chem.*, **19**, 489 (2009)
26） D. Q. Chen, Y. L. Yu, F. Huang, A. P. Yang, Y. S. Wang, *J. Mater. Chem.*, **21**, 6186 (2011)
27） G. Y. Chen, T. Y. Ohulchanskyy, A. V. Kachynski, H. Agren, P. N. Prasad, *ACS Nano*, **5**, 4981 (2011)

28) M. Kamimura, D. Miyamoto, Y. Saito, K. Soga, Y. Nagasaki, *Langmuir*, **24**, 8864 (2008)
29) T. Zako, H. Nagata, N. Terada, A. Utsumi, M. Sakono, M. Yohda, H. Ueda, K. Soga, M. Maeda, *Biochem. Biophys. Res. Commun.*, **381**, 54 (2009)
30) S. A. Hilderbrand, F. Shao, C. Salthouse, U. Mahmood, R. Weissleder, *Chem. Commun.*, 4188 (2009)
31) M. Nyk, R. Kumar, T. Y. Ohulchanskyy, E. J. Bergey, P. N. Prasad, *Nano Lett.*, **8**, 3834 (2008)
32) L. Q. Xiong, Z. G. Chen, Q. W. Tian, T. Y. Cao, C. J. Xu, F. Y. Li, *Anal. Chem.*, **81**, 8687 (2009)
33) Q. Liu, Y. Sun, C. G. Li, J. Zhou, C. Y. Li, T. S. Yang, X. Z. Zhang, T. Yi, D. M. Wu, F. Y. Li, *ACS Nano*, **5**, 3146 (2011)
34) L. Cheng, K. Yang, Y. G. Li, J. H. Chen, C. Wang, M. W. Shao, S. T. Lee, Z. Liu, *Angew. Chem., Int. Ed.*, **50**, 7385 (2011)
35) S. Jeong, N. Won, J. Lee, J. Bang, J. H. Yoo, S. G. Kim, J. A. Chang, J. Kim, S. Kim, *Chem. Commun.*, **47**, 8022 (2011)
36) F. Wang, J. Wang, X. Liu, *Angew. Chem., Int. Ed.*, **49**, 7456 (2010)
37) G. Y. Chen, T. Y. Ohulchanskyy, R. Kumar, H. Agren, P. N. Prasad, *ACS Nano*, **4**, 3163 (2010)
38) H. X. Mai, Y. W. Zhang, L. D. Sun, C. H. Yan, *J. Phys. Chem. C*, **111**, 13721 (2007)
39) O. Shimomura, *Angew. Chem. Int. Ed.*, **48**, 5590 (2009)
40) M. Bruchez, M. Moronne, P. Gin, S. Weiss, A. P. Alivisatos, *Science*, **281**, 2013 (1998)
41) W. C. W. Chan, S. Nie, *Science*, **281**, 2016 (1998)
42) M. S. Patterson, B. C. Wilson, D. R. Wyman, *Lasers Med. Sci.*, **6**, 379 (1991)
43) A. Schadlich, H. Caysa, T. Mueller, F. Tenambergen, C. Rose, A. Gopferich, J. Kuntsche, K. Mader, *ACS Nano*, **5**, 8710 (2011)
44) M. Ohlson, J. Sorensson, B. Haraldsson, *Am. J. Physiol. Renal Physiol.*, **280**, F396 (2001)
45) Y. Matsumura, H. Maeda, *Cancer Res.*, **46**, 6387 (1986)
46) R. H. Muller, E. B. Souto, T. Goppert, S. Gohla, "Production of Biofunctionalized Solid Lipid Nanoparticles for Site-specific Drug Delivery," in: C. S. S. R. Kumar (*Eds.*), Biological and Pharmaceutical Nanomaterials, Wiley-VCH, Chap.10.4, p.295 (2006)
47) L. Cheng, K. Yang, S. Zhang, M. W. Shao, S. T. Lee, Z. Liu, *Nano Res.*, **3**, 722 (2010)
48) M. Wang, C. C. Mi, Y. X. Zhang, J. L. Liu, F. Li, C. B. Mao, S. K. Xu, *J. Phys. Chem. C*, **113**, 19021 (2009)
49) R. Kumar, M. Nyk, T. Y. Ohulchanskyy, C. A. Flask, P. N. Prasad, *Adv. Funct. Mater.*, **19**, 853 (2009)
50) M. Wang, C. C. Mi, W. X. Wang, C. H. Liu, Y. F. Wu, Z. R. Xu, C. B. Mao, S. K. Xu, *ACS Nano*, **3**, 1580 (2009)
51) Q. Q. Zhan, J. Qian, H. J. Liang, G. Somesfalean, D. Wang, S. L. He, Z. G. Zhang, S. Andersson-Engels, *ACS Nano*, **5**, 3744 (2011)
52) Q. Liu, Y. Sun, C. G. Li, J. Zhou, C. Y. Li, T. S. Yang, X. Z. Zhang, T. Yi, D. M. Wu, F. Y. Li, *ACS Nano*, **5**, 3146 (2011)
53) Z. G. Chen, H. L. Chen, H. Hu, M. X. Yu, F. Y. Li, Q. Zhang, Z. G. Zhou, T. Yi, C. H. Huang, *J. Am. Chem. Soc.*, **130**, 3023 (2008)
54) L. Y. Wang, R. X. Yan, Z. Y. Hao, L. Wang, J. H. Zeng, H. Bao, X. Wang, Q. Peng, Y. D. Li, *Angew. Chem., Int. Ed.*, **44**, 6054 (2005)

55) H. C. Guo, H. S. Qian, N. M. Idris, Y. Zhang, *Nanomed.: Nanotechnol., Biol. Med.*, **6**, 486 (2010)
56) P. Zhang, W. Steelant, M. Kumar, M. Scholfield, *J. Am. Chem. Soc.*, **129**, 4526 (2007)
57) D. Bechet, P. Couleaud, C. Frochot, M. L. Viriot, F. Guillemin, M. Barberi-Heyob, *Trends Biotechnol.*, **26**, 612 (2008)
58) D. K. Chatterjee, L. S. Fong, Y. Zhang, *Adv. Drug Delivery Rev.*, **60**, 1627 (2008)
59) C. Wang, H. Q. Tao, L. Cheng, Z. Liu, *Biomaterials*, **32**, 6145 (2011)

3　磁性機能と複合化させたバイオ用蛍光体

磯部徹彦*

3.1　はじめに

前節に紹介されたように，バイオイメージング・センシングの分野では，従来の蛍光有機色素のほかに，量子ドットや希土類ドープナノ粒子が開発されてきた。さらに，蛍光機能で生体分子を認識することに加え，磁気的な機能を付加した複合粒子が提案されている。磁気的な機能を付加する目的としては，①磁気的に粒子を誘導すること，②磁気共鳴イメージング（MRI）によって観察すること，③癌組織に集積させた磁性ナノ粒子を交流磁場により発熱することによって，癌組織を選択的に昇温し，癌細胞を死滅させること（磁性ハイパーサーミア）などが挙げられる[1)]。

特定の生体分子を検出・分離する操作において，非特異的に吸着した分子を洗浄・除去することはきわめて重要である。このため，洗浄操作において良好に分散した蛍光粒子を磁気的に誘導して回収するために磁性ナノ粒子が利用されている。例えば，磁石に複合粒子を集積し，磁石を取り除くと複合粒子が再分散する。また，複合粒子に薬物分子をさらに複合化させると，薬剤の磁気的な輸送が可能になる。

磁性・蛍光の機能性複合粒子には，ナノサイズからミクロンサイズまでの大きさで，さまざまな複合形態の粒子が提案されている。図5 - 18に示すように，複合形態としては，磁性材料と蛍光材料が直接複合化している場合，励起光や蛍光に対して透明なマトリックス中に磁性・蛍光材料が分散している場合，磁性・蛍光材料がマトリックス粒子表面に吸着している場合などが挙げられる。また，酸化鉄（Fe_3O_4，γ-Fe_2O_3）などの磁性粒子はたいてい紫外光・可視光を吸収するため，より強い蛍光を取り出せるように磁性粒子の周囲に蛍光材料を複合化させる方がよいと考えられる。

MRIは，造影剤（磁性材料）を投入し^{1}Hの核磁気緩和を促進することにより，非侵襲に3次元形態画像を取得する撮像法である。MRIの分解能は25～100 μmであるのに対し，蛍光イメージングの分解能は*in vivo*で2～3 mm，*in vitro*でsub-μmである[2)]。また，MRIの感度はμM～mMであるのに対し，蛍光イメージングの感度はpM～nMである。したがって，蛍光と磁気共鳴（MR）によるマルチモーダルイメージング（デュアルモーダルイメージング）によってさまざまなスケールでの組織の情報を相補的に取得できる。蛍光・MRによるマルチモーダルイメージングはMRI試薬と蛍光試薬をそれぞれ用いても可能であるが，両者の試薬が必ずしも同じ部位に到達するとは限らない。このため，ひとつのプローブで蛍光観察とMRI造影を同時に行うことのできる複合材料が提案されている。複合材料としては，図5 - 19に示すように，さまざまな蛍光試薬とMRI造影剤との組み合わせが挙げられる。さらに，発光する希土類イオンと常磁性Gd^{3+}イオンを共ドープしたナノ粒子が新規な材料として提案されている。

*　Tetsuhiko Isobe　慶應義塾大学　理工学部　応用化学科　教授

本節ではMRI陽性造影剤として機能するナノ粒子をまず紹介し，続いて量子ドットおよび希土類ドープナノ粒子がかかわるマルチモーダルイメージング用複合材料について解説する。

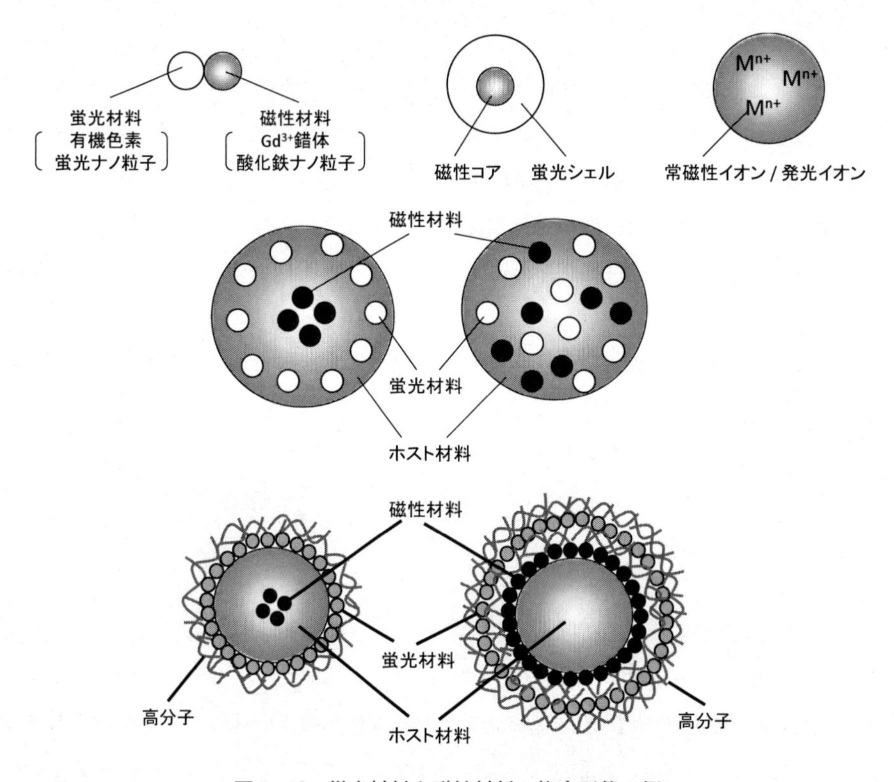

図5-18　蛍光材料と磁性材料の複合形態の例

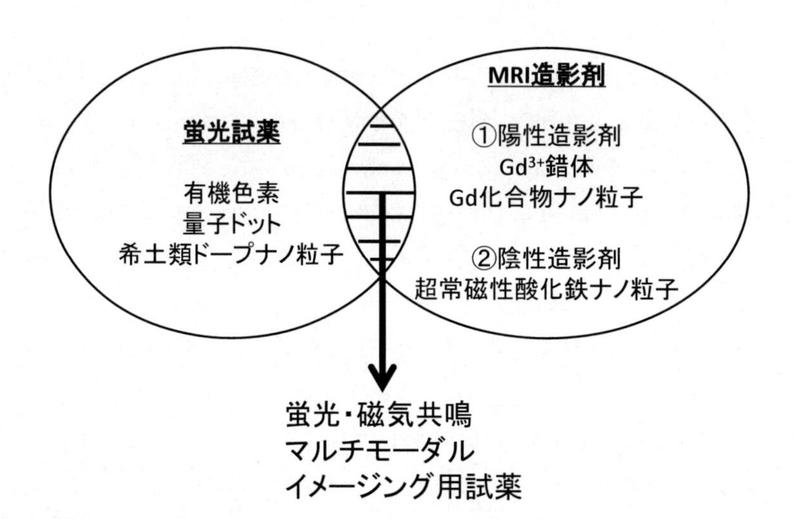

図5-19　蛍光試薬とMRI造影剤とを組み合わせたマルチモーダルイメージング用試薬

3.2　MRI 陽性造影剤として作用するナノ粒子

MRI 造影剤は陽性と陰性の造影剤に分類される。陽性造影剤として 4f 軌道に 7 つ不対電子を持つ常磁性 Gd^{3+} イオンの錯体があげられる。この造影剤を用いると ^{1}H 核の T_1 緩和時間が短くなり，造影剤の濃度が高い検体ほど画像が白く明るくなる。陰性造影剤として超常磁性酸化鉄ナノ粒子があげられる。この造影剤を用いると T_2 緩和時間が短くなり，造影剤の濃度が高いほど画像が黒く暗くなる。このようなコントラストの違いにより，造影剤が集積した部位を特定できる。

通常，MRI 陽性造影剤の造影能は，^{1}H の緩和時間 T_1 の Gd^{3+} 濃度依存性を測定し，$1/T_1 = 1/T_0 + r_1[Gd^{3+}]$ の関係式から 1 分子の Gd^{3+} 錯体当たりの T_1 短縮能である r_1 値から評価される。Prinzen らは，図 5 - 20 に示すように，ストレプトアビジンの付いた CdSe/ZnS 量子ドットに，ビオチンが結合した 1 個の Gd^{3+} 錯体（Gd-DTPA）を結合させる場合と，8 個の Gd^{3+} 錯体が連結した分子を結合させる場合とを比較した。その結果，前者と後者の 1 粒子あたりの造影能はそれぞれ 420 ～ 630 $mM^{-1}\ s^{-1}$ および 3000 ～ 4500 $mM^{-1}\ s^{-1}$ であり，1 分子あたりの造影能 17.5 $mM^{-1}\ s^{-1}$ よりもはるかに高いことが示された[3]。

Gd^{3+} 錯体のほかに，$GdPO_4$[4]，$Gd_2O(CO_3)_2H_2O$ および Gd_2O_3[5] などのガドリニウム化合物ナ

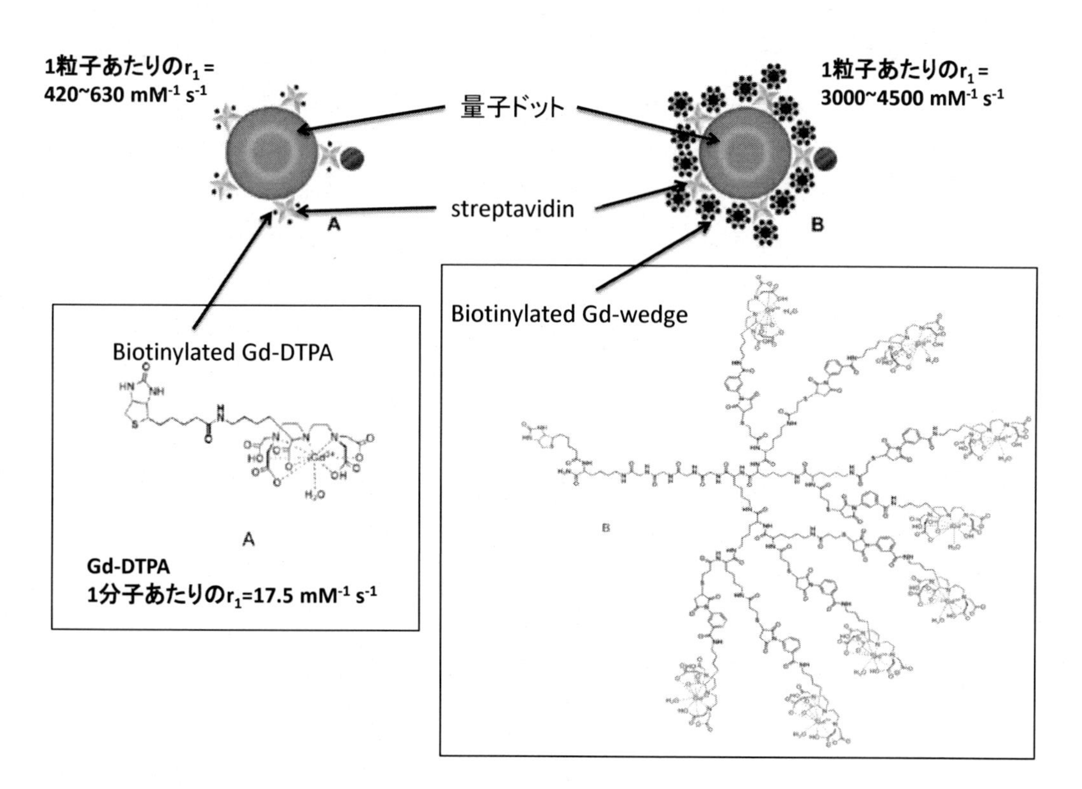

図 5 - 20　ストレプトアビジンの付いた CdSe/ZnS 量子ドットへの Gd^{3+} 錯体（Gd-DTPA）の複合化の形態
（左）ビオチンが結合した 1 個の Gd^{3+} 錯体（Gd-DTPA）を結合させる場合，（右）ビオチンが結合した 8 個の Gd^{3+} 錯体が連結した分子を結合させる場合。

（Reproduced with permission from ref. 3. Copyright 2007, The American Chemical Society.）

ノ粒子が陽性造影剤として作用することが報告されている。ナノ粒子が着目される理由のひとつは，ナノ粒子が Gd^{3+} の集積体として機能するため，MRIの感度が高められるためである。実際に1個のナノ粒子の造影能が1分子の Gd^{3+} 錯体の造影能に比べてはるかに高いことが示されている[6)]。

3.3 マルチモーダルイメージング用ナノ粒子

3.3.1 量子ドットを利用する場合

量子ドットに陽性造影剤である Gd^{3+} 錯体を複合化させる方法は，下記の例に示すように，ミセルを修飾する方法と，高分子やシリカで被覆する方法に大別される。後者の複合形態は，ひとつの量子ドットがシェルに被覆されたコア／シェル型の形態と，マトリックス中に複数の量子ドットを含有する形態とに分類される。

Mulderらは，図5-21に示すように，トリオクチルフォスフィンオキシド（TOPO）とヘキサデシルアミンで被覆されたCdSe/ZnS量子ドットをポリエチレングリコールの付いたリン脂質と Gd^{3+} 錯体を結合した脂質で被覆した親水性ミセルを作製した[7)]。Bengらは，図5-22に示すように，SH基とカルボキシル基を両末端に持つ3-メルカプトプロピオン酸（3MPS）を添加し，TOPOで被覆されたCdSe/ZnS量子ドットを親水化し，複数の量子ドットと Gd^{3+} 錯体を含有するキトサンナノ粒子（粒子径50 nm）を作製した[8)]。Yangらは，図5-23に示すように，逆ミセル法によって作製した $CdS:Mn^{2+}/ZnS$ 量子ドット溶液に，テトラエトキシシラン，3-アミノプロピルトリエトキシシラン，アンモニアを含む逆ミセル溶液を添加した後，カルボキシル基をもつシランカップリング剤および酢酸ガドリニウムの逆ミセル溶液を添加して，カルボキシ

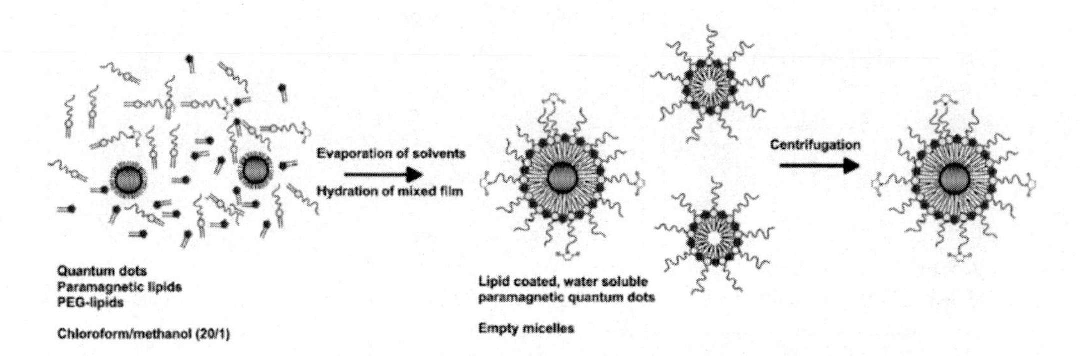

図5-21　トリオクチルフォスフィンオキシドとヘキサデシルアミンで被覆されたCdSe/ZnS量子ドットを含有し，ポリエチレングリコール（PEG）の付いたリン脂質と Gd^{3+} 錯体Gd-DTPA-bis (stearylamide) を結合した脂質で被覆された親水性ミセルの作製スキーム

量子ドットを含有しないミセルは遠心分離によって除去される。PEGの付いたリン脂質には，PEG-DSPE（1,2-distearoyl-sn-glycero-3-phosphoethanolamine-N-[methoxy-(poly(ethylene glycol))-2000]）とMal-PEG-DSPE(1,2-distearoyl-sn-glycero-3-phosphoethanolamine-N-[maleimide(poly(ethylene glycol))-2000]）とが使用されている。

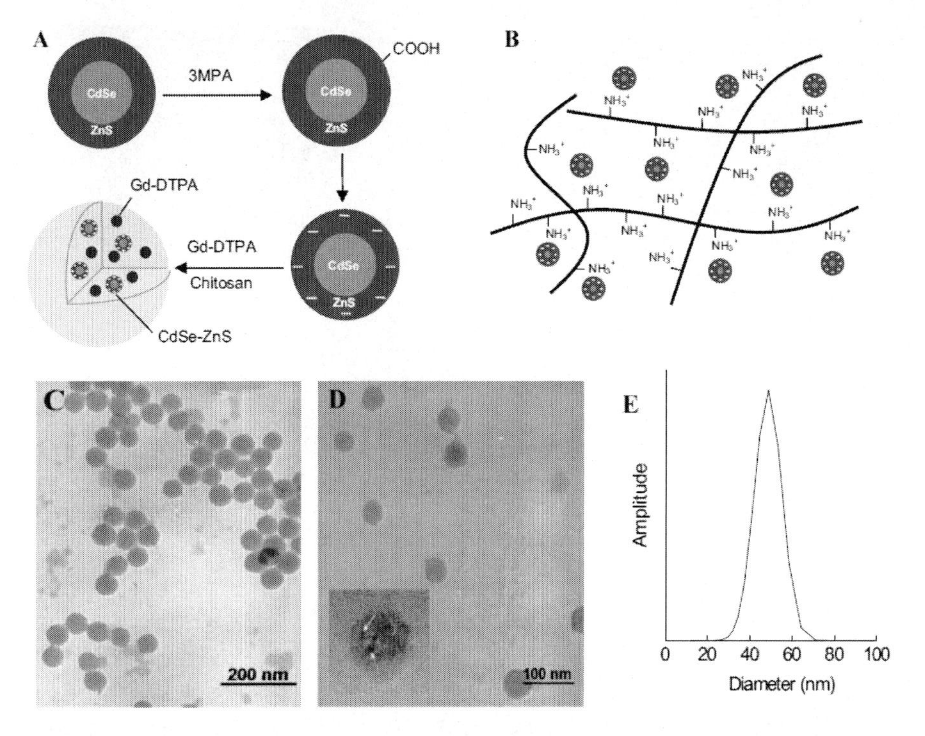

図5-22　量子ドットと Gd^{3+} 錯体（Gd-DTPA）を含有したキトサンビーズの作製スキーム（A）とその微細構造（B），透過型電子顕微鏡写真（C，D）および動的光散乱によって計測された粒度分布（E）

(Reproduced with permission from ref. 8. Copyright 2005, John Wiley & Sons, Inc.)

ル基に Gd^{3+} が配位したシリカ被覆 $CdS:Mn^{2+}/ZnS$ 量子ドットを作製した[9]。上記のいずれの場合も，蛍光・MR マルチモーダルイメージングのプローブとして機能することが示された。

量子ドットと陰性造影剤の超常磁性酸化鉄ナノ粒子とを複合化する方法としては，高分子やシリカ中に両者を分散させる方法が提案されている[10]。

3.3.2　希土類ドープナノ粒子を利用する場合

筆者らは，近赤外蛍光を示す Yb^{3+} と陽性の MRI 増感能を有する Gd^{3+} イオンをドープした $GdPO_4:Yb^{3+}$ を，蛍光・MR マルチモーダルイメージング用プローブとして作製した。その理由は，リン酸化合物は親水性で水中に良好に分散できること，Yb^{3+} の励起・蛍光は $^2F_{5/2}-{}^2F_{7/2}$ 遷移を通じて生体の窓である近赤外領域で起こることなどが挙げられる。このナノ粒子は波長 883 nm の近赤外光によって Yb^{3+} を励起すると波長 1000 nm 付近に近赤外蛍光を示し，陽性の MR 造影能を有することが示された[11]。

次に筆者らは，YAG を母体として MR 造影能を付与し，続いて希土類イオンのドープにより近赤外蛍光を付与することを考えた。まず初めに，(i) $Y_3Al_5O_{12}$（YAG）および $Gd_3Al_5O_{12}$（GAG）の全率固溶体（(Gd,Y)AG）のナノ粒子すなわち Gd^{3+} が粒子全体に均一に分布したナノ粒子と，(ii) 予め作製した YAG ナノ粒子に Gd^{3+} を Y^{3+} とイオン交換したナノ粒子（Gd-YAG）すなわ

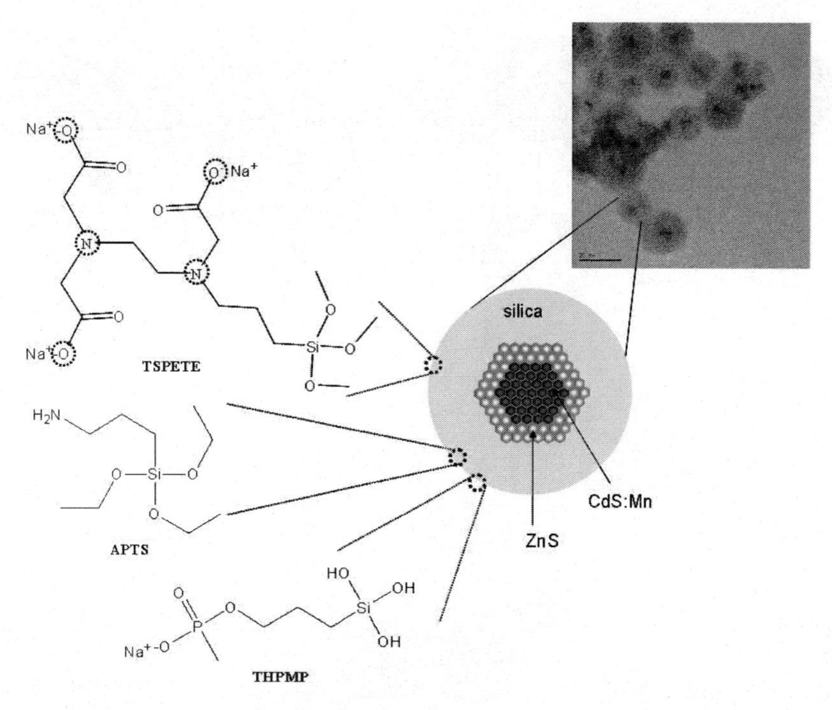

図5-23　Gd^{3+}を含有したシリカ被覆 $CdS:Mn^{2+}/ZnS$ 量子ドットのモデル図と透過型電子顕微鏡写真
(Reproduced with permission from ref. 9. Copyright 2006, John Wiley & Sons, Inc.)

ち Gd^{3+}が粒子表面に局在したナノ粒子を作製し，これらのナノ粒子をアガロースゲル中に分散させた検体のMR画像を比較検討した[12, 13]。(Gd,Y) AGナノ粒子は陰性造影剤として機能したのに対し，Gd-YAGナノ粒子は陽性造影剤として機能した。このように，ナノ粒子表面近傍に局在した Gd^{3+}とその周囲の H_2O との相互作用が T_1 短縮効果に重要であることが明らかにされた。また，Yb^{3+}をドープしたGd-YAGナノ粒子（1次粒子径～10 nm）は陽性造影剤として機能すると同時に，波長940 nmの近赤外レーザー励起により Yb^{3+}の $^2F_{5/2} \rightarrow {}^2F_{7/2}$ 遷移による波長1030 nmの近赤外発光を示し，マルチモーダルイメージングに応用できることが示された。

Kumarらは，近赤外光励起によるアップコンバージョンを利用した蛍光イオンとして Yb^{3+}および Er^{3+}，MR増感イオンとして Gd^{3+}をドープした25～30 nmの $Na(Y,Gd)F_4:Yb^{3+}, Er^{3+}$ナノ粒子を作製した[14]。このナノ粒子は陽性および陰性の造影能を有することが示された。また，このナノ粒子は水中に分散した状態で波長975 nmのレーザーで励起すると，Yb^{3+}が $^2F_{7/2} \rightarrow {}^2F_{5/2}$ 遷移により吸収した2光子エネルギーが Er^{3+}へ伝達され，$^4F_{9/2} \rightarrow {}^4I_{15/2}$ 遷移により赤色蛍光を示した。$Na(Y,Gd)F_4:Yb^{3+}, Er^{3+}$ナノ粒子をメルカプトプロピオン酸によって表面修飾し，EDCによってナノ粒子のCOOH基と抗体の NH_2 基を結合させると，アップコンバージョンにより癌細胞をイメージングできることが実証された。そのほかに，$NaGdF_4:Tm^{3+}, Er^{3+}, Yb^{3+}$ナノ粒子[15]や $NaGdF_4:Er^{3+}, Yb^{3+}/NaGdF_4$ コア／シェルナノ粒子[16]が近赤外光励起アップコンバージョンを用いた蛍光・MRイメージング用プローブとして提案されている。

3.4　まとめ

CdSe/ZnS 量子ドットの開発により，ナノ粒子の蛍光バイオイメージング・センシングへの応用の道が新たに切り開かれた。一方，下方および上方波長変換による希土類ドープナノ粒子もバイオ応用として提案されている。また，MR の感度向上を目指して常磁性 Gd^{3+} イオンを含む化合物ナノ粒子の造影能が検討されている。そして，蛍光と磁気共鳴の機能を併せ持つさまざまなタイプの複合粒子の開発へと展開されており，バイオ応用へのナノ粒子の今後の発展が期待される。

文　　献

1）中川貴，清野智史，山本孝夫，阿部正紀，低温工学，**45**，436（2010）
2）J. Cheon, J.-H. Lee, *Acc. Chem Res.*, **41**, 1630（2008）
3）L. Prinzen, R. J. J. H. M. Miserus, A. Dirksen, T. M. Hackeng, N. Deckers, N. J. Bitsch, R. T. A. Megens, K. Douma, J. W. Heemskerk, M. E. Kooi, P. M. Frederik, D. W. Slaaf, M. A. M. J. van Zandvoort, C. P. M. Reutelingsperger, *Nano Lett.*, **7**, 93（2007）
4）H. Hifumi, S. Yamaoka, A. Tanimoto, D. Citterio, K. Suzuki, *J. Am. Chem. Soc.*, **128**, 15090（2006）
5）I. F. Li, C. H. Su, H. S. Sheu, H. C. Chiu, Y. W. Lo, W. T. Lin, J. H. Chen, C. S. Yeh, *Adv. Funct. Mater.*, **18**, 766（2008）
6）J. L. Bridot, A. C. Faure, S. Laurent, C. Riviere, C. Billotey, B. Hiba, M. Janier, V. Josserand, J. L. Coll, L. V. Elst, R. Müller, S. Roux, P. Perriat, O. Tillement, *J. Am. Chem. Soc.*, **129**, 5076（2007）
7）W. J. M. Mulder, R. Koole, R. J. Brandwijk, G. Storm, P. T. K. Chin, G. J. Strijkers, C. M. Donega, K. Nicolay, A. W. Griffioen, *Nano Lett.*, **6**, 1（2006）
8）W. Beng, Y. Zhang, *Adv. Mater.*, **17**, 2375（2005）
9）H. Yang, S. Santra, G. A. Walter, P. H. Holloway, *Adv. Mater.*, **18**, 2890（2006）
10）Y. F. Tan, P. Chandrasekharan, D. Maity, C. X. Yong, K.-H. Chuang, Y. Zhao, S. Wang, J. Ding, S.-S. Feng, *Biomater.*, **32**, 2969（2011）
11）朝倉亮，吉川若菜，坂根宏志，磯部徹彦，森田将史，犬伏俊郎，*JSMI Report*，**1**，120（2008）
12）坂根宏志，朝倉亮，磯部徹彦，森田将史，犬伏俊郎，希土類，No. 52，32（2008）
13）R. Asakura, H. Sakane, K. Noda, T. Isobe, M. Morita, T. Inubushi, *Mater. Res. Soc. Symp. Proc.*, **1064**, 1064-PP03-06（2008）
14）R. Kumar, M. Nyk, T. Y. Ohulchansky, C. A. Flask, P. N. Prasad, *Adv. Funct. Mater.*, **19**, 853（2009）
15）J. Zhou, Y. Sun, X. Du, L. Xiong, H. Hua, F. Li, *Biomater.*, **31**, 3287（2010）
16）Y. Park, J. H. Kim, K. T. Lee, K. S. Jeon, H. B. Na, J. H. Yu, H. M. Kim, N. Lee, S. H. Choi, S.-I. Baik, H. Kim, S. P. Park, B.-J. Park, Y. W. Kim, S. H. Lee, S.-Y. Yoon, I. C. Song, W. K. Moon, Y. D. Suh, T. Hyeon, *Adv. Mater.*, **21**, 4467（2009）

波長変換用蛍光体材料
—白色LED・太陽電池への応用を中心として— 《普及版》（B1278）

2012年8月31日　初　版　第1刷発行
2019年3月11日　普及版　第1刷発行

監　修　山元　明，磯部徹彦　Printed in Japan
発行者　辻　賢司
発行所　株式会社シーエムシー出版
東京都千代田区神田錦町1-17-1
電話03 (3293) 7066
大阪市中央区内平野町1-3-12
電話06 (4794) 8234
http://www.cmcbooks.co.jp/

〔印刷　㈱遊文舎〕

ISBN978-4-7813-1361-0 C3058 ¥6000E